수학 좀 한다면

디딤돌 초등수학 원리 4-1

펴낸날 [초판 1쇄] 2024년 8월 26일 [초판 2쇄] 2025년 2월 4일 | **펴낸이** 이기열 | **펴낸곳** (주)디딤돌 교육 | **주소** (03972) 서울특별시 마포구 월드컵북로 122 청원선와이즈타워 | **대표전화** 02-3142-9000 | **구입문의** 02-322-8451 | **내용문의** 02-323-9166 | **팩시밀리** 02-338-3231 | **홈페이지** www.didimdol.co.kr | **등록번호** 제10-718호 | 구입한 후에는 철회되지 않으며 잘못 인쇄된 책은 바꾸어 드립니다.
[2502440]

내 실력에 딱!
최상위로 가는 '맞춤 학습 플랜'

STEP 1 On-line

나에게 맞는 공부법은?
맞춤 학습 가이드를 만나요.

교재 선택부터 공부법까지! 디딤돌에서 제공하는 시기별
맞춤 학습 가이드를 통해 아이에게 맞는 학습 계획을 세워 주세요.
(학습 가이드는 디딤돌 학부모카페 '맘이가'를 통해 상시 공지합니다.
cafe.naver.com/didimdolmom)

STEP 2 Book

맞춤 학습 스케줄표
계획에 따라 공부해요.

교재에 첨부된 '맞춤 학습 스케줄표'에 맞춰 공부 목표를
달성합니다.

STEP 3 On-line

이럴 땐 이렇게!
'맞춤 Q&A'로 해결해요.

궁금하거나 모르는 문제가 있다면,
'맘이가' 카페를 통해 질문을 남겨 주세요.
디딤돌 수학쌤 및 선배맘님들이 친절히 답변해 드립니다.

STEP 4 Book

다음에는 뭐 풀지?
다음 교재를 추천받아요.

학습 결과에 따라 후속 학습에 사용할 교재를 제시해 드립니다.
(교재 마지막 페이지 수록)

★ 디딤돌 플래너 만나러 가기

디딤돌 초등수학 원리 4-1

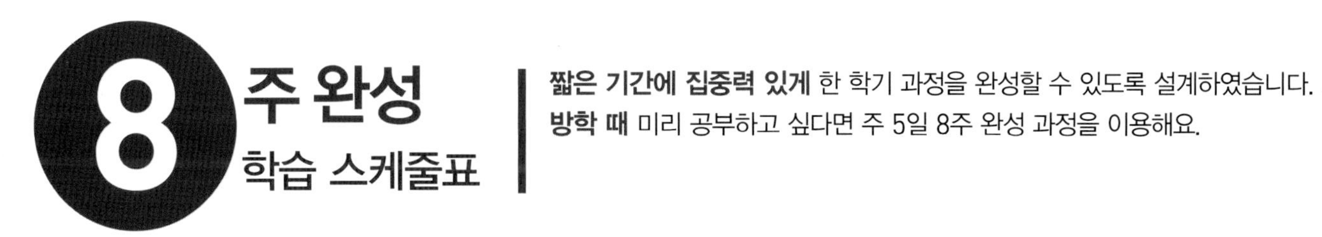

짧은 기간에 집중력 있게 한 학기 과정을 완성할 수 있도록 설계하였습니다.
방학 때 미리 공부하고 싶다면 주 5일 8주 완성 과정을 이용해요.

공부한 날짜를 쓰고 하루 분량 학습을 마친 후, 부모님께 확인 check ☑를 받으세요.

1 큰 수

1주					2주	
☐	☐	☐	☐	☐	☐	☐
월 일	월 일	월 일	월 일	월 일	월 일	월 일
8~11쪽	12~14쪽	15~17쪽	18~21쪽	22~25쪽	26~29쪽	30~32쪽

3 곱

3주					4주	
☐	☐	☐	☐	☐	☐	☐
월 일	월 일	월 일	월 일	월 일	월 일	월 일
45~47쪽	48~51쪽	52~53쪽	54~57쪽	58~60쪽	61~63쪽	66~69쪽

4 평면도형의 이동

5주					6주	
☐	☐	☐	☐	☐	☐	☐
월 일	월 일	월 일	월 일	월 일	월 일	월 일
82~85쪽	86~89쪽	90~92쪽	96~99쪽	100~103쪽	104~107쪽	108~110쪽

5 막대그래프 / 6 규칙 찾기

7주					8주	
☐	☐	☐	☐	☐	☐	☐
월 일	월 일	월 일	월 일	월 일	월 일	월 일
124~125쪽	126~128쪽	129~130쪽	131~133쪽	136~139 쪽	140~142쪽	143~145쪽

MEMO

자르는 선 ✂

월 일 24~25쪽	월 일 26~27쪽	월 일 28~30쪽
월 일 48~51쪽	월 일 52~53쪽	월 일 54~55쪽
월 일 76~79쪽	월 일 80~81쪽	월 일 82~83쪽
월 일 104~105쪽	월 일 106~107쪽	월 일 108~109쪽
월 일 128~129쪽	월 일 130쪽	월 일 131~133쪽
월 일 150~152쪽	월 일 153~155쪽	월 일 156~158쪽

효과적인 수학 공부 비법

X 시켜서 억지로

O  내가 스스로

억지로 하는 일과 즐겁게 하는 일은 결과가 달라요.
목표를 가지고 스스로 즐기면 능률이 배가 돼요.

X 가끔 한꺼번에

O 매일매일 꾸준히

급하게 쌓은 실력은 무너지기 쉬워요.
조금씩이라도 매일매일 단단하게 실력을 쌓아가요.

X 정답을 몰래

O  개념을 꼼꼼히

모든 문제는 개념을 바탕으로 출제돼요.
쉽게 풀리지 않을 땐, 개념을 펼쳐 봐요.

X 채점하면 끝

O 틀린 문제는 다시

왜 틀렸는지 알아야 다시 틀리지 않겠죠?
틀린 문제와 어림짐작으로 맞힌 문제는
꼭 다시 풀어 봐요.

자르는 선 ✂

디딤돌 초등수학 원리 4-1

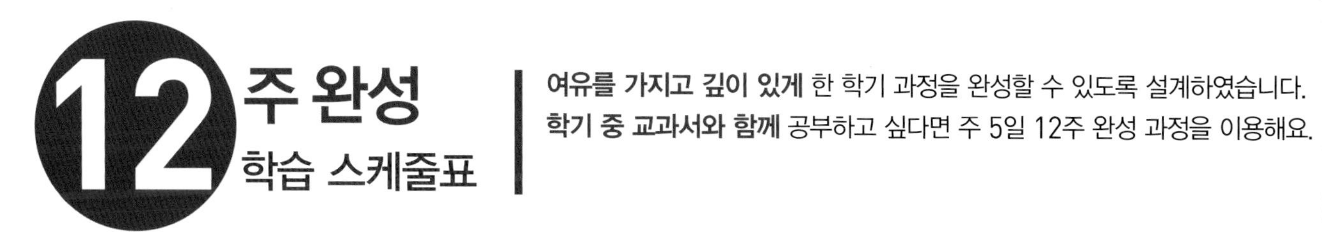

공부한 날짜를 쓰고 하루 분량 학습을 마친 후, 부모님께 확인 check ☑를 받으세요.

단원	주	☐	☐	☐	☐	☐	주	☐	☐
1 큰 수	1주	월 일 8~9쪽	월 일 10~11쪽	월 일 12~13쪽	월 일 14~15쪽	월 일 16~17쪽	2주	월 일 18~21쪽	월 일 22~23쪽
2 각도	3주	월 일 31~32쪽	월 일 33~35쪽	월 일 38~39쪽	월 일 40~41쪽	월 일 42~43쪽	4주	월 일 44~45쪽	월 일 46~47쪽
3 곱셈과 나눗셈	5주	월 일 56~58쪽	월 일 59~60쪽	월 일 61~63쪽	월 일 66~69쪽	월 일 70~71쪽	6주	월 일 72~73쪽	월 일 74~75쪽
4 평면도형의 이동	7주	월 일 84~85쪽	월 일 86~87쪽	월 일 88~89쪽	월 일 90~92쪽	월 일 96~99쪽	8주	월 일 100~101쪽	월 일 102~103쪽
5 막대그래프	9주	월 일 110~111쪽	월 일 112~114쪽	월 일 115~117쪽	월 일 120~121쪽	월 일 122~123쪽	10주	월 일 124~125쪽	월 일 126~127쪽
6 규칙 찾기	11주	월 일 136~137쪽	월 일 138~139쪽	월 일 140~141쪽	월 일 142~143쪽	월 일 144~145쪽	12주	월 일 146~147쪽	월 일 148~149쪽

	2 각도	
☐ 월 일 33~35쪽	☐ 월 일 38~41쪽	☐ 월 일 42~44쪽

셈과 나눗셈

☐ 월 일 70~72쪽	☐ 월 일 73~75쪽	☐ 월 일 76~81쪽

☐ 월 일 111~114쪽	☐ 월 일 115~117쪽	☐ 월 일 120~123쪽

☐ 월 일 146~149쪽	☐ 월 일 150~155쪽	☐ 월 일 156~158쪽

효과적인 수학 공부 비법

X 시켜서 억지로

O 내가 스스로

억지로 하는 일과 즐겁게 하는 일은 결과가 달라요.
목표를 가지고 스스로 즐기면 능률이 배가 돼요.

X 가끔 한꺼번에

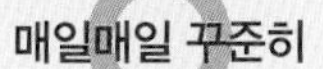

O 매일매일 꾸준히

급하게 쌓은 실력은 무너지기 쉬워요.
조금씩이라도 매일매일 단단하게 실력을 쌓아가요.

X 정답을 몰래

O 개념을 꼼꼼히

모든 문제는 개념을 바탕으로 출제돼요.
쉽게 풀리지 않을 땐, 개념을 펼쳐 봐요.

X 채점하면 끝

O 틀린 문제는 다시

왜 틀렸는지 알아야 다시 틀리지 않겠죠?
틀린 문제와 어림짐작으로 맞힌 문제는
꼭 다시 풀어 봐요.

수학 좀 한다면

디딤돌

초등수학 원리

상위권을 향한 첫걸음

4-1

교과서의 핵심 개념을 한눈에 이해하고

교과서 개념

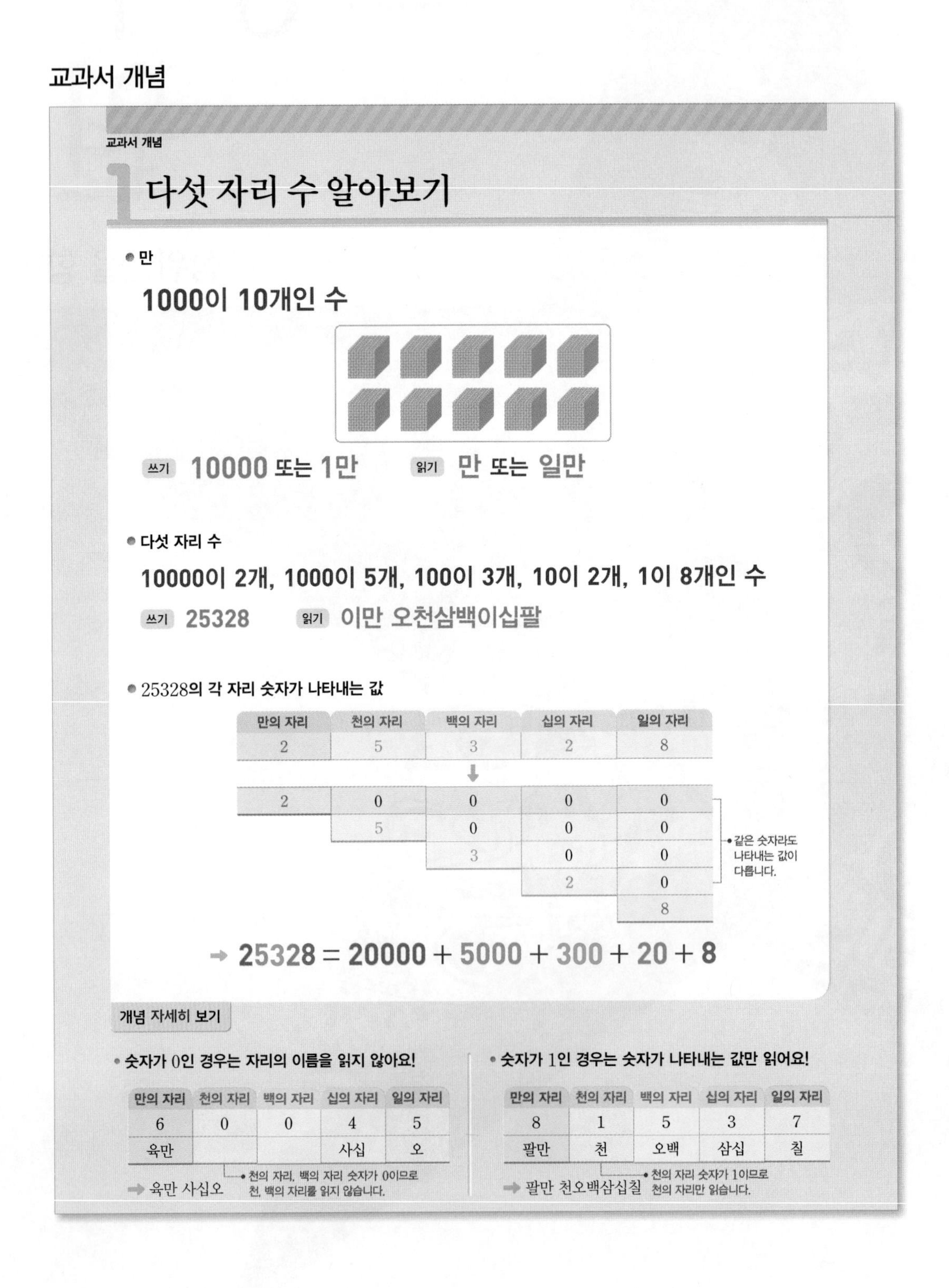
교과서 개념

1 다섯 자리 수 알아보기

● 만

1000이 10개인 수

쓰기 10000 또는 1만 읽기 만 또는 일만

● 다섯 자리 수

10000이 2개, 1000이 5개, 100이 3개, 10이 2개, 1이 8개인 수

쓰기 25328 읽기 이만 오천삼백이십팔

● 25328의 각 자리 숫자가 나타내는 값

만의 자리	천의 자리	백의 자리	십의 자리	일의 자리
2	5	3	2	8

2	0	0	0	0
	5	0	0	0
		3	0	0
			2	0
				8

같은 숫자라도 나타내는 값이 다릅니다.

→ $25328 = 20000 + 5000 + 300 + 20 + 8$

개념 자세히 보기

● 숫자가 0인 경우는 자리의 이름을 읽지 않아요!

만의 자리	천의 자리	백의 자리	십의 자리	일의 자리
6	0	0	4	5
육만			사십	오

천의 자리, 백의 자리 숫자가 0이므로 천, 백의 자리를 읽지 않습니다.

→ 육만 사십오

● 숫자가 1인 경우는 숫자가 나타내는 값만 읽어요!

만의 자리	천의 자리	백의 자리	십의 자리	일의 자리
8	1	5	3	7
팔만	천	오백	삼십	칠

천의 자리 숫자가 1이므로 천의 자리만 읽습니다.

→ 팔만 천오백삼십칠

쉬운 유형의 문제를 반복 연습하여 기본기를 강화하는 학습

기본기 강화 문제

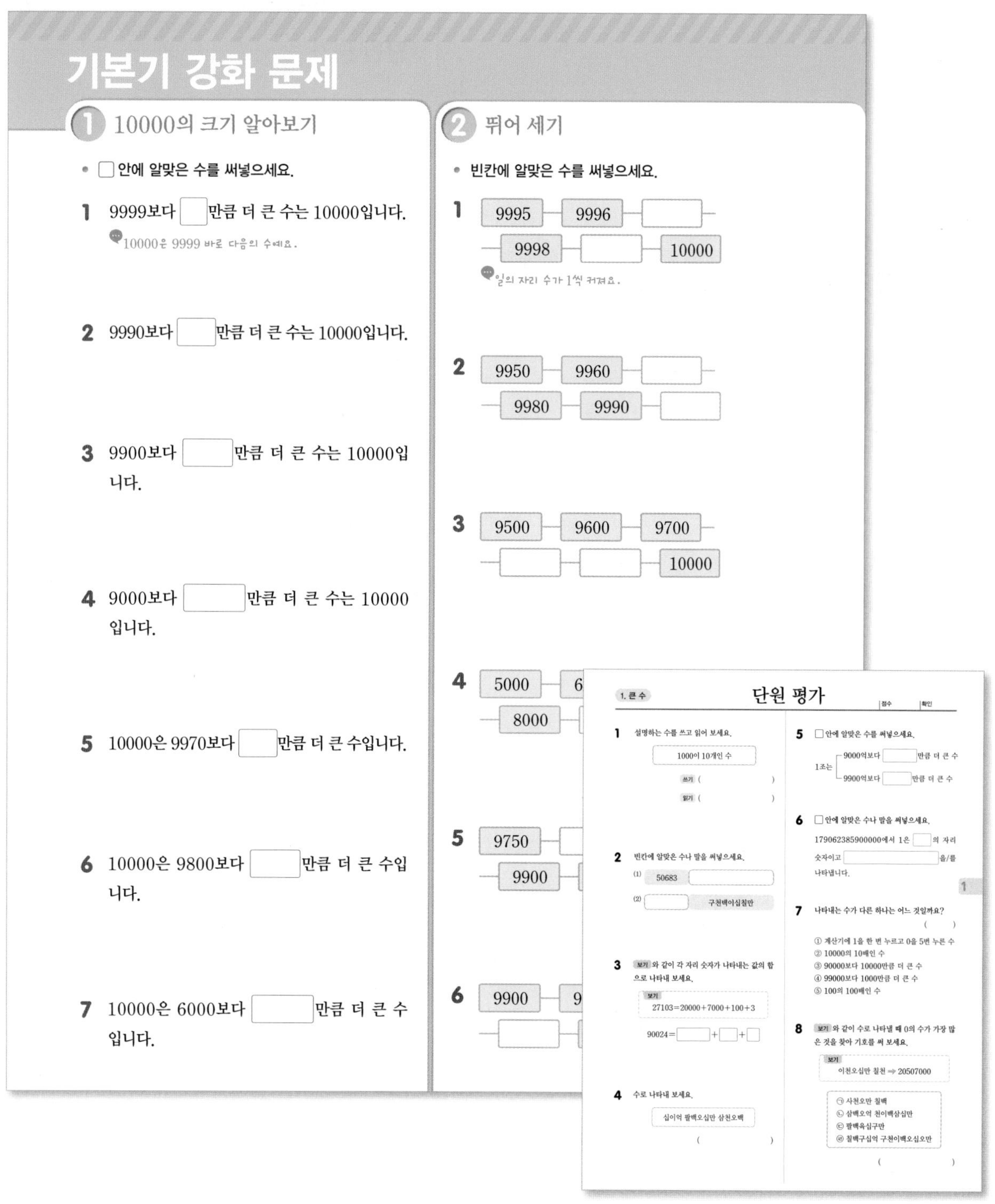

기본기 강화 문제

1 10000의 크기 알아보기

• □ 안에 알맞은 수를 써넣으세요.

1 9999보다 □ 만큼 더 큰 수는 10000입니다.

10000은 9999 바로 다음의 수예요.

2 9990보다 □ 만큼 더 큰 수는 10000입니다.

3 9900보다 □ 만큼 더 큰 수는 10000입니다.

4 9000보다 □ 만큼 더 큰 수는 10000입니다.

5 10000은 9970보다 □ 만큼 더 큰 수입니다.

6 10000은 9800보다 □ 만큼 더 큰 수입니다.

7 10000은 6000보다 □ 만큼 더 큰 수입니다.

2 뛰어 세기

• 빈칸에 알맞은 수를 써넣으세요.

1 9995 — 9996 — □ — 9998 — □ — 10000

일의 자리 수가 1씩 커져요.

2 9950 — 9960 — □ — 9980 — 9990 — □

3 9500 — 9600 — 9700 — □ — □ — 10000

4 5000 — 6 … — 8000 — …

5 9750 — … — 9900 — …

6 9900 — 9 … — □ — …

단원 평가

1. 큰 수 | 점수 | 확인

1 설명하는 수를 쓰고 읽어 보세요.

1000이 10개인 수

쓰기 (　　　)

읽기 (　　　)

2 빈칸에 알맞은 수나 말을 써넣으세요.

(1) 50683 □

(2) □ 구천백이십칠만

3 보기 와 같이 각 자리 숫자가 나타내는 값의 합으로 나타내 보세요.

보기 27103=20000+7000+100+3

90024=□+□+□

4 수로 나타내 보세요.

십이억 팔백오십만 삼천오백

(　　　)

5 □ 안에 알맞은 수를 써넣으세요.

1조는 9000억보다 □ 만큼 더 큰 수

1조는 9900억보다 □ 만큼 더 큰 수

6 □ 안에 알맞은 수나 말을 써넣으세요.

179062385900000에서 1은 □ 의 자리 숫자이고 □ 을/를 나타냅니다.

7 나타내는 수가 다른 하나는 어느 것일까요? (　　　)

① 계산기에 1을 한 번 누르고 0을 5번 누른 수
② 10000의 10배인 수
③ 90000보다 10000만큼 더 큰 수
④ 99000보다 1000만큼 더 큰 수
⑤ 100의 100배인 수

8 보기 와 같이 수로 나타낼 때 0의 수가 가장 많은 것을 찾아 기호를 써 보세요.

보기 이천오십만 칠천 ⇒ 20507000

㉠ 사천오만 칠백
㉡ 삼백오억 천이백삼십만
㉢ 팔백육십구만
㉣ 칠백구십억 구천이백오십오만

(　　　)

단원 평가

차례

1 큰 수

2 각도

3 곱셈과 나눗셈

4 평면도형의 이동

5 막대그래프

6 규칙 찾기

1 큰 수

백설공주

조회수

100000000회

신데렐라

조회수

20000회

피노키오

조회수

5000회

다율이와 하진이는 온라인 학습을 하면서 가장 조회 수가 많은 영어 동화를 보려고 해요.
다율이와 하진이가 볼 영어 동화를 찾아 ☐ 안에 제목을 써넣으세요.

1 다섯 자리 수 알아보기

● 만

1000이 10개인 수

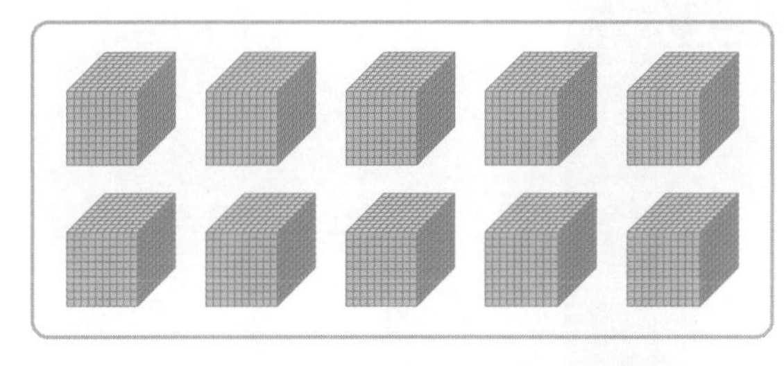

쓰기 10000 또는 1만 읽기 만 또는 일만

● 다섯 자리 수

10000이 2개, 1000이 5개, 100이 3개, 10이 2개, 1이 8개인 수

쓰기 25328 읽기 이만 오천삼백이십팔

● 25328의 각 자리 숫자가 나타내는 값

만의 자리	천의 자리	백의 자리	십의 자리	일의 자리
2	5	3	2	8

↓

2	0	0	0	0
	5	0	0	0
		3	0	0
			2	0
				8

같은 숫자라도 나타내는 값이 다릅니다.

➡ $25328 = 20000 + 5000 + 300 + 20 + 8$

개념 자세히 보기

• 숫자가 0인 경우는 자리의 이름을 읽지 않아요!

만의 자리	천의 자리	백의 자리	십의 자리	일의 자리
6	0	0	4	5
육만			사십	오

➡ 육만 사십오

천의 자리, 백의 자리 숫자가 0이므로 천, 백의 자리를 읽지 않습니다.

• 숫자가 1인 경우는 숫자가 나타내는 값만 읽어요!

만의 자리	천의 자리	백의 자리	십의 자리	일의 자리
8	1	5	3	7
팔만	천	오백	삼십	칠

➡ 팔만 천오백삼십칠

천의 자리 숫자가 1이므로 천의 자리만 읽습니다.

정답과 풀이 1쪽

1 10000만큼 색칠해 보세요.

1000	1000	1000	1000	1000	1000	1000
1000	1000	1000	1000	1000	1000	1000

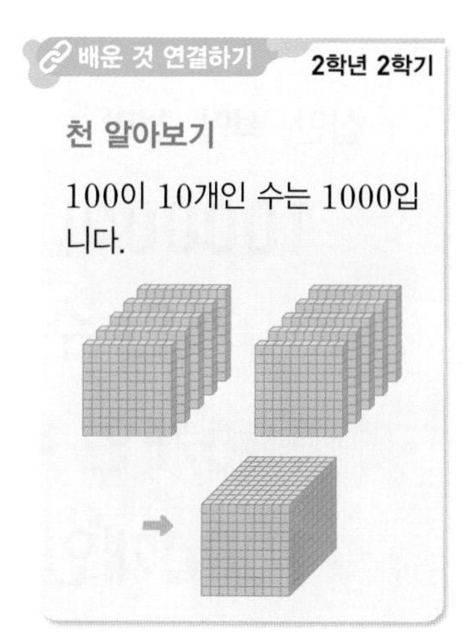

2 빈칸에 알맞은 수를 써넣으세요.

10000이 5개, 1000이 3개, 100이 8개, 10이 6개, 1이 2개인 수

만의 자리	천의 자리	백의 자리	십의 자리	일의 자리
		8	6	2

↓

[ ]

3 수를 읽거나 수로 써 보세요.

① 72483 ( )

② 81605 ( )

③ 삼만 오천구백육십이 ( )

④ 육만 사천팔십칠 ( )

몇만까지 끊어서 읽고 만 단위로 띄어 써야 해요.
2 | 1000 → 이만 천
만

4 89674의 각 자리 숫자는 얼마를 나타내는지 빈칸에 알맞은 수를 써넣으세요.

만의 자리	천의 자리	백의 자리	십의 자리	일의 자리
8	9	6	7	4
	9000		70	4

89674 = [ ] + 9000 + [ ] + 70 + 4

수는 각 자리 숫자가 나타내는 값의 합으로 나타낼 수 있어요.

2 십만, 백만, 천만 알아보기

● 십만, 백만, 천만

10000이	쓰기	읽기
10개인 수 →	100000 또는 10만	십만
100개인 수 →	1000000 또는 100만	백만
1000개인 수 →	10000000 또는 1000만	천만

● 천만 단위까지의 수

10000이 1243개인 수

쓰기 12430000 또는 1243만 읽기 천이백사십삼만

● 12430000의 각 자리 숫자가 나타내는 값

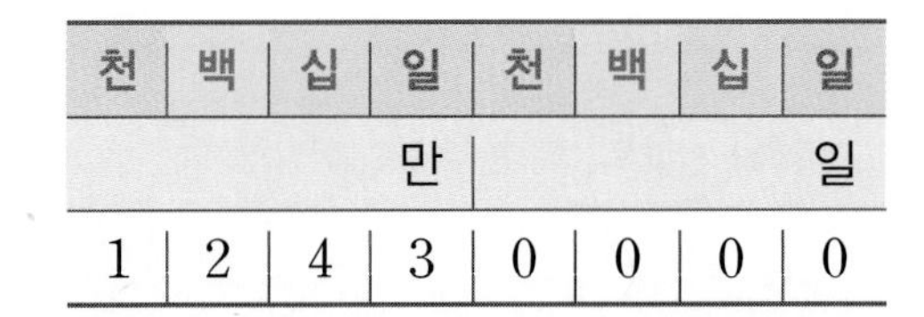

천	백	십	일	천	백	십	일
			만				일
1	2	4	3	0	0	0	0

→ 12430000 = 10000000 + 2000000 + 400000 + 30000

개념 자세히 보기

● 일의 자리부터 네 자리씩 끊어 읽어요!

- 3274|1000 → 3274만 1000 → 삼천이백칠십사만 천
  (만)
- 1052|4200 → 1052만 4200 → 천오십이만 사천이백
  (만)

● 1만, 10만, 100만, 1000만의 관계를 알아보아요!

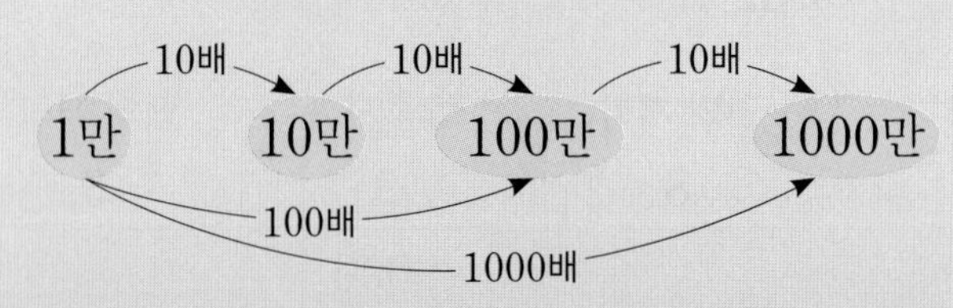

→ 10배가 될 때마다 수의 끝자리에 0이 한 개씩 붙습니다.

1 같은 수끼리 이어 보세요.

10000이 10개인 수 •	• 1000만 •	• 백만
10000이 100개인 수 •	• 10만 •	• 십만
10000이 1000개인 수 •	• 100만 •	• 천만

2 보기 와 같이 나타내 보세요.

숫자가 0인 자리는 읽지 않아요.

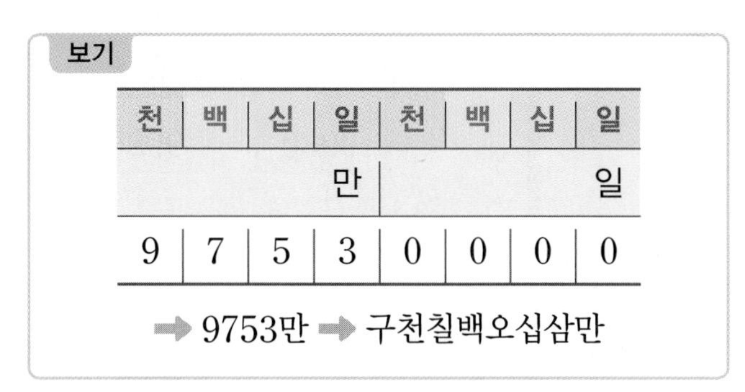

보기

천	백	십	일	천	백	십	일
			만				일
9	7	5	3	0	0	0	0

➡ 9753만 ➡ 구천칠백오십삼만

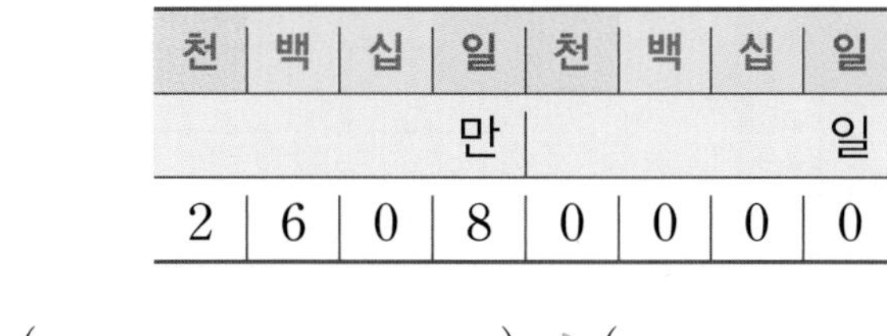

천	백	십	일	천	백	십	일
			만				일
2	6	0	8	0	0	0	0

➡ (　　　　　　　　) ➡ (　　　　　　　　)

3 수를 보고 □ 안에 알맞은 수를 써넣으세요.

같은 숫자라도 자리에 따라 나타내는 값이 달라요.

9129 0000

① 천만의 자리 숫자는 □이고 □을/를 나타냅니다.

② 만의 자리 숫자는 □이고 □을/를 나타냅니다.

4 7584 0000을 표로 나타낸 것입니다. 빈칸에 알맞은 수를 써넣으세요.

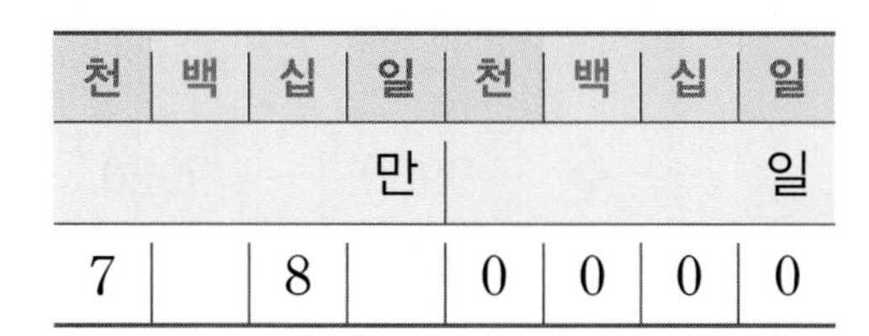

천	백	십	일	천	백	십	일
			만				일
7		8		0	0	0	0

7584 0000 = □ + 500 0000 + □ + 4 0000

기본기 강화 문제

1 10000의 크기 알아보기

• □ 안에 알맞은 수를 써넣으세요.

1 9999보다 □ 만큼 더 큰 수는 10000입니다.

10000은 9999 바로 다음의 수예요.

2 9990보다 □ 만큼 더 큰 수는 10000입니다.

3 9900보다 □ 만큼 더 큰 수는 10000입니다.

4 9000보다 □ 만큼 더 큰 수는 10000입니다.

5 10000은 9970보다 □ 만큼 더 큰 수입니다.

6 10000은 9800보다 □ 만큼 더 큰 수입니다.

7 10000은 6000보다 □ 만큼 더 큰 수입니다.

2 뛰어 세기

• 빈칸에 알맞은 수를 써넣으세요.

1

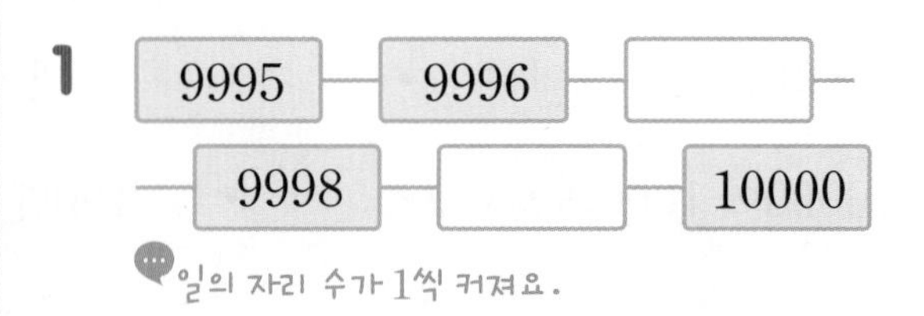

일의 자리 수가 1씩 커져요.

2

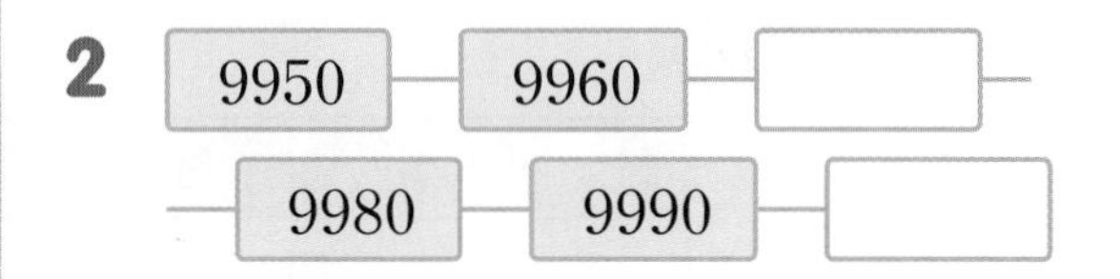

3

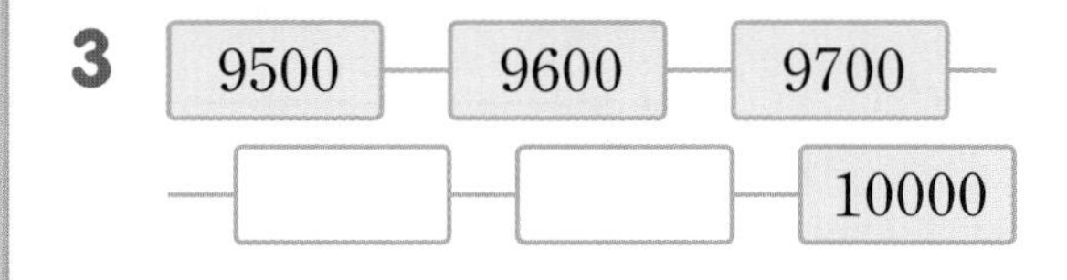

4

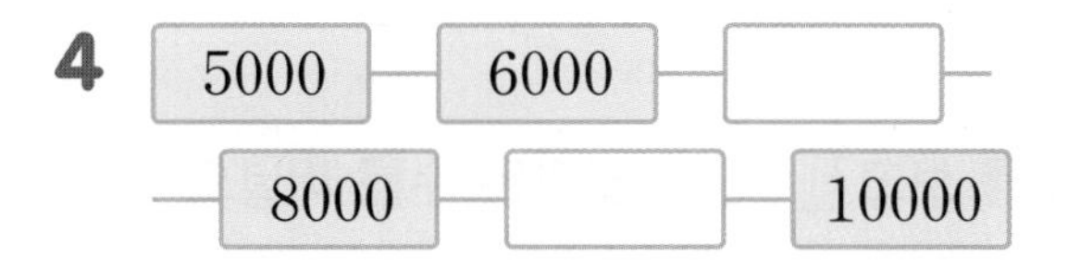

5

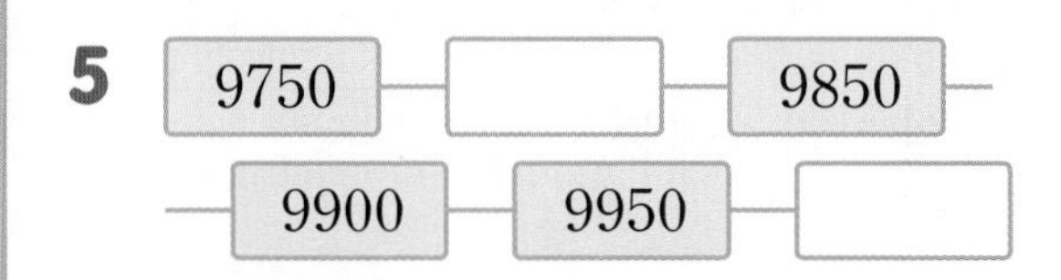

6

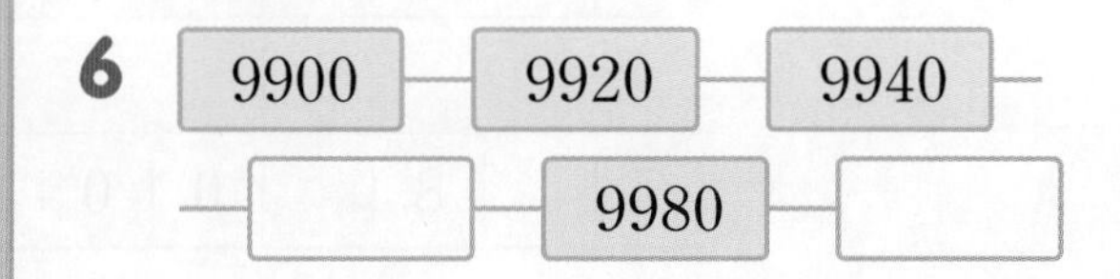

3 다섯 자리 수를 쓰고 읽기

• 보기 와 같이 빈칸에 알맞은 수나 말을 써넣으세요.

보기

89247	팔만 구천이백사십칠

1

32958	

몇만까지 끊어서 읽고 만 단위로 띄어 써요.
3|2958
만

2

	사만 육천칠백삼십일

3

20673	

4

	구만 천이백사

5

18067	

6

	육만 이천사백오십

4 돈이 얼마인지 알아보기

• 돈이 모두 얼마인지 써 보세요.

1

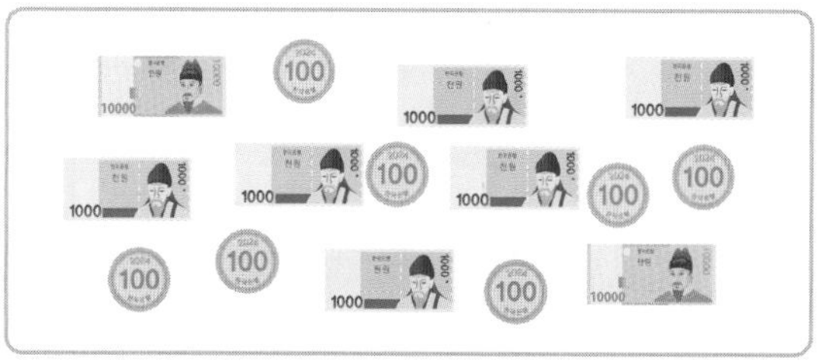

(　　　　　　　　)

10000원짜리, 1000원짜리, 100원짜리의 수를 각각 세어 봐요.

2

(　　　　　　　　)

3

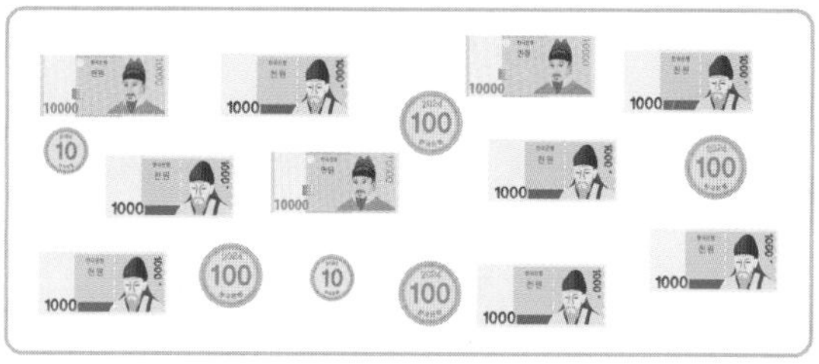

(　　　　　　　　)

4

(　　　　　　　　)

1

5 가로 · 세로 숫자 퀴즈

- 가로와 세로의 설명에 맞게 빈칸에 알맞은 수를 써넣으세요.

①, ❶, ❷, ②, ❸, ③, ❹, ④, ❺, ❻, ⑤, ⑥

가로

① 10000이 5개, 1000이 6개, 100이 8개, 10이 2개, 1이 4개인 수

② 10000이 6개, 100이 5개, 10이 8개, 1이 3개인 수

③ 삼만 팔천이백사십을 수로 나타내기

④ 10000이 6개, 1000이 4개, 100이 9개인 수

⑤ 50000보다 3000만큼 더 큰 수

⑥ 팔만 칠천오백을 수로 나타내기

세로

❶ 10000이 2개, 1000이 8개, 100이 6개, 10이 3개, 1이 2개인 수

❷ 10000이 5개, 1000이 3개, 1이 6개인 수

❸ 10000이 8개, 10이 6개인 수

❹ 육만 구천삼십오를 수로 나타내기

❺ 칠만 구백오십을 수로 나타내기

❻ 80000보다 5000만큼 더 큰 수

정답과 풀이 3쪽

6 각 자리 숫자가 나타내는 값의 합으로 나타내기

• 보기 와 같이 각 자리 숫자가 나타내는 값의 합으로 나타내 보세요.

보기

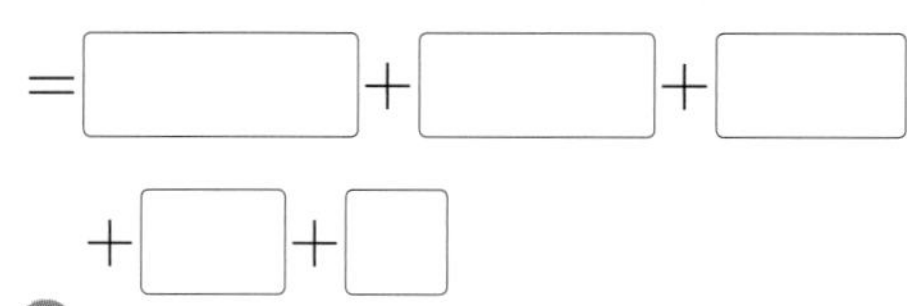

$74652=70000+4000+600+50+2$

1 58178

$=\square+\square+\square+\square+\square$

같은 숫자라도 자리에 따라 나타내는 값이 달라요.

2 26749

$=\square+\square+\square+\square+\square$

3 76013

$=\square+\square+\square+\square$

4 60824

$=\square+\square+\square+\square$

5 19506

$=\square+\square+\square+\square$

7 천만 단위까지의 수를 쓰고 읽기

• 보기 와 같이 빈칸에 알맞은 수나 말을 써넣으세요.

보기

57930000	오천칠백구십삼만

1

42680000	

일의 자리부터 네 자리씩 끊어서 읽어요.
4268|0000
만

2

	칠백구십사만

3

28050000	

4

	육천구십칠만

5

31500000	

6

	이백구만

1

8 설명하는 수 구하기

• 설명하는 수를 구해 보세요.

1 1000만이 9개, 100만이 5개, 10만이 6개, 만이 3개인 수

( )

2 1000만이 3개, 100만이 4개, 10만이 8개, 만이 6개인 수

( )

3 1000만이 4개, 100만이 7개, 만이 2개인 수

( )

4 1000만이 6개, 10만이 5개, 만이 1개인 수

( )

5 100만이 19개, 10만이 7개, 만이 5개인 수

( )

9 각 자리 숫자가 나타내는 값 구하기

• 밑줄 친 숫자가 나타내는 값을 써 보세요.

1 $7\underline{5}420000$

$7\underline{5}42|0000$ → 백만의 자리 숫자

( )

2 $\underline{2}9810000$

( )

3 $50\underline{6}30000$

( )

4 $740\underline{9}0000$

( )

5 $\underline{8}230000$

( )

6 $6810\underline{7}300$

( )

7 $320\underline{4}5870$

( )

➲ 정답과 풀이 4쪽

10 생활 속에서 큰 수 찾아 읽기

• 가전 제품을 할인하여 판매하고 있습니다. 할인된 가격을 읽어 보세요.

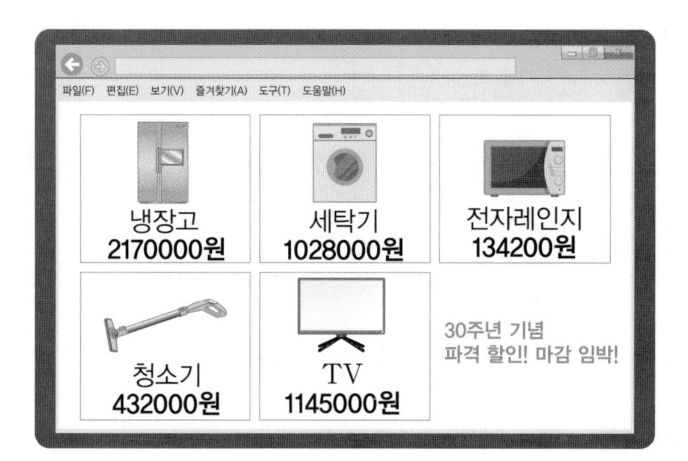

1 냉장고

( ) 원

그림에서 냉장고를 찾아 가격을 읽어 봐요.

2 세탁기

( ) 원

3 청소기

( ) 원

4 TV

( ) 원

5 전자레인지

( ) 원

11 나타내는 수가 다른 것 찾기

• 나타내는 수가 다른 하나를 찾아 기호를 써 보세요.

1

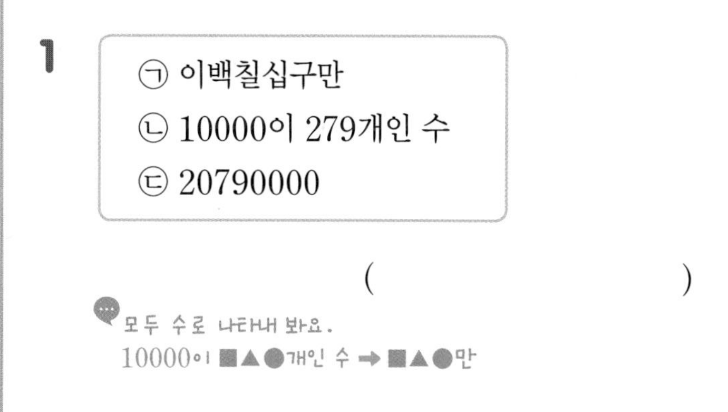

㉠ 이백칠십구만
㉡ 10000이 279개인 수
㉢ 20790000

( )

모두 수로 나타내 봐요.
10000이 ■▲●개인 수 ➡ ■▲●만

2

㉠ 오천십사만
㉡ 51040000
㉢ 10000이 5104개인 수

( )

3

㉠ 3068만
㉡ 삼천육십팔만
㉢ 30680000
㉣ 10000이 3608개인 수

( )

4

㉠ 팔백구십만
㉡ 890000
㉢ 10000이 890개인 수
㉣ 1000이 8900개인 수

( )

1

3 억 알아보기

● 억

1000만이 10개인 수

쓰기 100000000 또는 1억 (0이 8개)   읽기 억 또는 일억

● 천억 단위까지의 수

1억이 7284개인 수

쓰기 728400000000 또는 7284억   읽기 칠천이백팔십사억

● 7284억의 각 자리 숫자가 나타내는 값

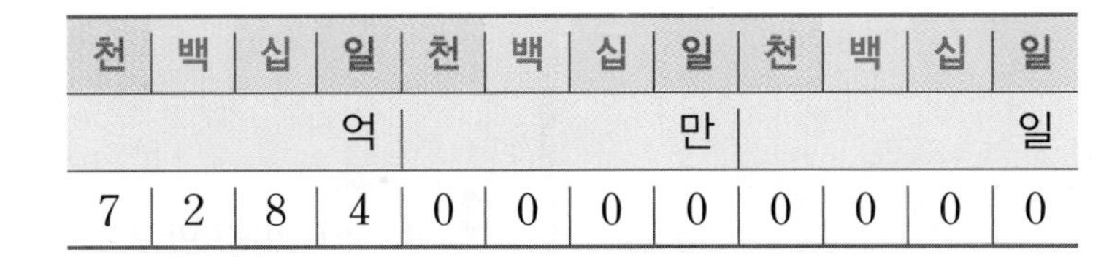

천	백	십	일	천	백	십	일	천	백	십	일
			억				만				일
7	2	8	4	0	0	0	0	0	0	0	0

$$\rightarrow 728400000000 = 700000000000 + 20000000000 + 8000000000 + 400000000$$

개념 자세히 보기

● 1억, 10억, 100억, 1000억의 관계를 알아보아요!

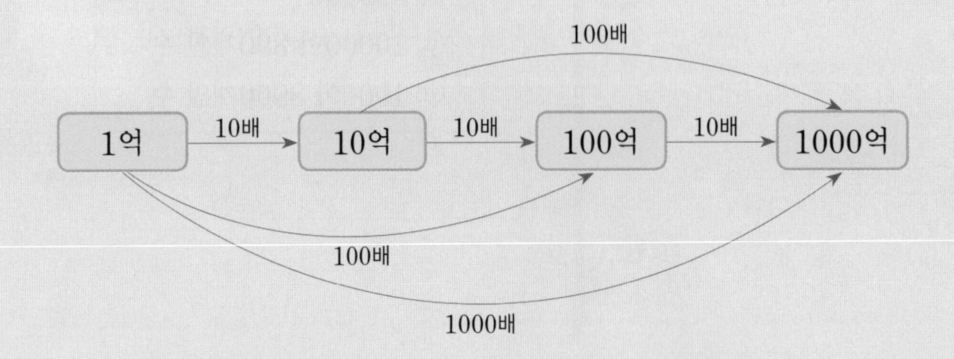

1 같은 수끼리 이어 보세요.

1억의 10배인 수 •		• 1000억
1억의 100배인 수 •		• 10억
1억의 1000배인 수 •		• 100억

2 □ 안에 알맞은 수를 써넣으세요.

1억은
- 9000만보다 □ 만큼 더 큰 수입니다.
- 9900만보다 □ 만큼 더 큰 수입니다.
- 9990만보다 □ 만큼 더 큰 수입니다.

9000만 ➡ 1000만이 9개
1억 ➡ 1000만이 10개

3 보기 와 같이 나타내 보세요.

보기

3005┊6800┊7000 ➡ 3005억 6800만 7000
➡ 삼천오억 육천팔백만 칠천

9020┊0537┊0000 ➡ (　　　　　　　　　　)
➡ (　　　　　　　　　　)

네 자리마다 수를 표현하는 단위가 바뀌므로 일의 자리부터 네 자리씩 끊어서 단위를 붙여요.

4 1845┊0000┊0000을 표로 나타낸 것입니다. 빈칸에 알맞게 써넣으세요.

천	백	십	일	천	백	십	일	천	백	십	일
			억				만				일
				0	0	0	0	0	0	0	0

① 8은 □ 의 자리 숫자이고 □ 을/를 나타냅니다.

② 십억의 자리 숫자는 □ 이고 □ 을/를 나타냅니다.

4 조 알아보기

● 조

1000억이 10개인 수

쓰기 1000000000000 또는 1조　　읽기 조 또는 일조

└● 0이 12개

● 천조 단위까지의 수

1조가 2158개인 수

쓰기 2158000000000000 또는 2158조

조

읽기 이천백오십팔조

● 2158조의 각 자리 숫자가 나타내는 값

천	백	십	일	천	백	십	일	천	백	십	일	천	백	십	일
			조				억				만				일
2	1	5	8	0	0	0	0	0	0	0	0	0	0	0	0

→ 2158000000000000 = 2000000000000000
+ 100000000000000
+ 50000000000000
+ 8000000000000

개념 자세히 보기

• 1조, 10조, 100조, 1000조의 관계를 알아보아요!

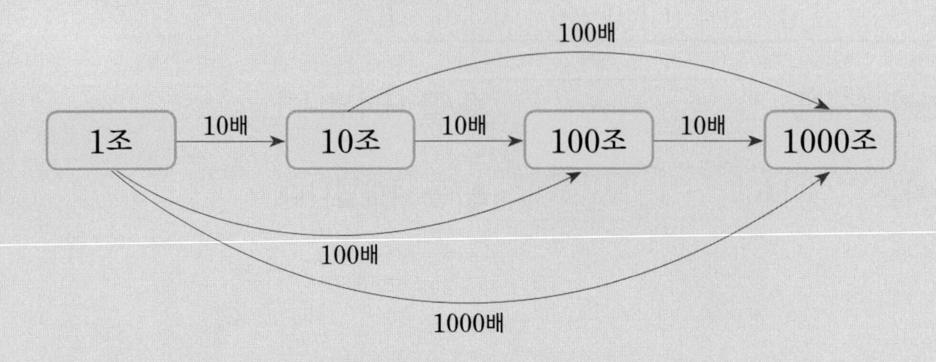

➔ 정답과 풀이 5쪽

1 같은 수끼리 이어 보세요.

1조의 10배인 수 •		• 100조
1조의 100배인 수 •		• 10조
1조의 1000배인 수 •		• 1000조

2 □ 안에 알맞은 수를 써넣으세요.

1조는
- 9999억보다 □ 만큼 더 큰 수입니다.
- 9990억보다 □ 만큼 더 큰 수입니다.
- 9900억보다 □ 만큼 더 큰 수입니다.

1

3 빈칸에 알맞은 수를 써넣으세요.

①

②

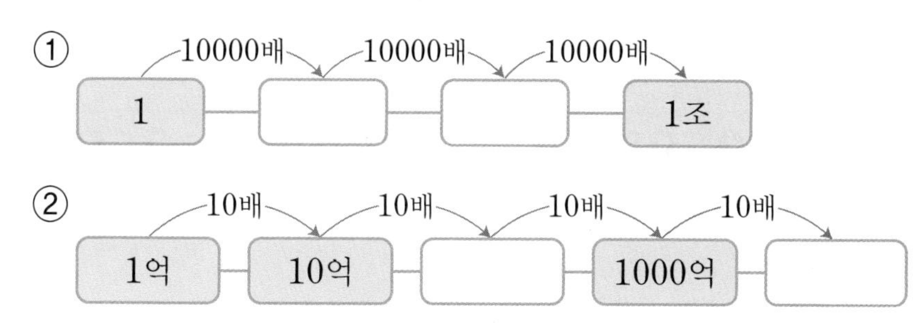

1부터 시작하여 10000배가 될 때마다 수를 나타내는 단위가 바뀌어요.

4 수를 보고 □ 안에 알맞게 써넣으세요.

4178 0254 0000 0000

천	백	십	일	천	백	십	일	천	백	십	일	천	백	십	일
			조				억				만				일
4	1	7	8	0	2	5	4	0	0	0	0	0	0	0	0

① 7은 □ 의 자리 숫자이고 □ 을/를 나타냅니다.

② 수를 읽으면 □ 입니다.

천조 단위의 수는 일의 자리부터 네 자리씩 끊어서 조가 몇 개, 억이 몇 개, 만이 몇 개, 일이 몇 개인지 알아보고 읽어야 해요.

5 뛰어 세기

- 10000씩 뛰어 세기

24500 – 34500 – 44500 – 54500 – 64500

→ 만의 자리 수가 1씩 커집니다.

- 1000만씩 뛰어 세기

3357만 – 4357만 – 5357만 – 6357만 – 7357만

→ 천만의 자리 수가 1씩 커집니다.

- 10억씩 뛰어 세기

42억 7만 – 52억 7만 – 62억 7만 – 72억 7만 – 82억 7만

→ 십억의 자리 수가 1씩 커집니다.

- 100억씩 뛰어 세기

3193억 – 3293억 – 3393억 – 3493억 – 3593억

→ 백억의 자리 수가 1씩 커집니다.

- 1조씩 뛰어 세기

65조 8억 – 66조 8억 – 67조 8억 – 68조 8억 – 69조 8억

→ 조의 자리 수가 1씩 커집니다.

개념 다르게 보기

- **어느 자리 수가 변하는지 보면 몇씩 뛰어 세었는지 알 수 있어요!**

3250000 – 3260000 – 3270000 – 3280000 – 3290000

→ 만의 자리 수가 1씩 커지므로 10000씩 뛰어 세었습니다.

3260000 – 4260000 – 5260000 – 6260000 – 7260000

→ 백만의 자리 수가 1씩 커지므로 100만씩 뛰어 세었습니다.

➡ 정답과 풀이 5쪽

1 뛰어 세기를 했습니다. □ 안에 알맞은 수나 말을 써넣으세요.

52|0000 — 53|0000 — 54|0000 — 55|0000 — □

① □의 자리 수가 1씩 커지므로 □씩 뛰어 세었습니다.

② 빈칸에 알맞은 수는 □입니다.

2 뛰어 세어 보세요.

① 100만씩

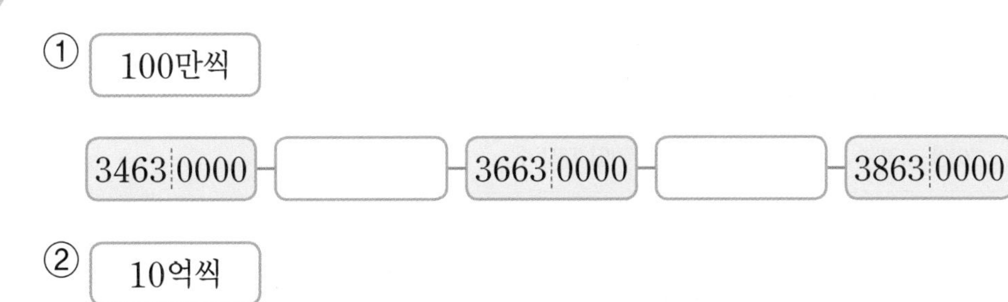

3463|0000 — □ — 3663|0000 — □ — 3863|0000

② 10억씩

1739억 — 1749억 — □ — 1769억 — □

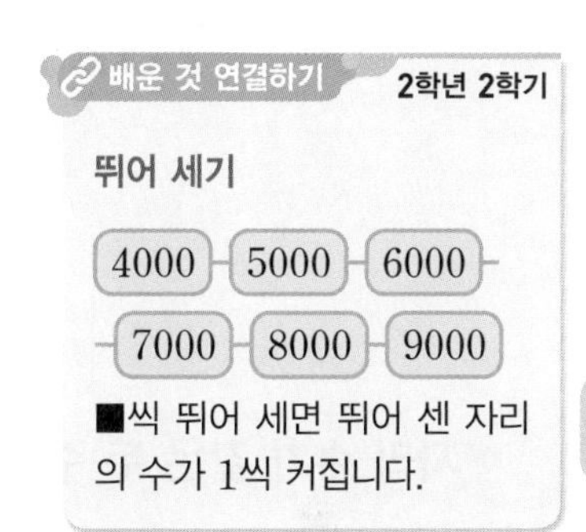

배운 것 연결하기 2학년 2학기

뛰어 세기

4000 — 5000 — 6000 — 7000 — 8000 — 9000

■씩 뛰어 세면 뛰어 센 자리의 수가 1씩 커집니다.

3 몇씩 뛰어 세었는지 써 보세요.

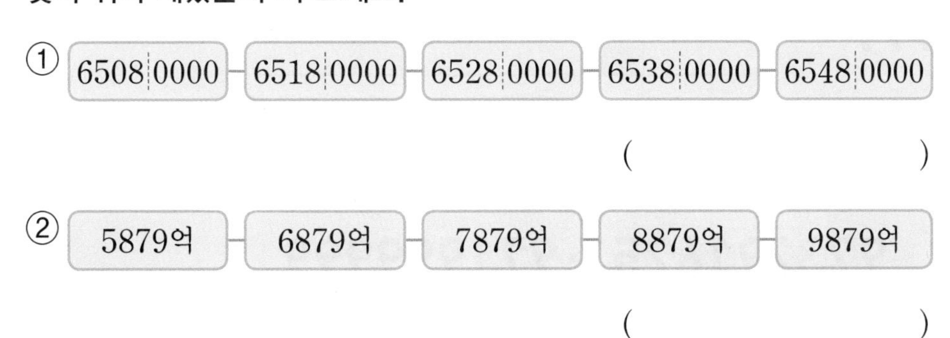

① 6508|0000 — 6518|0000 — 6528|0000 — 6538|0000 — 6548|0000

(　　　　　　)

② 5879억 — 6879억 — 7879억 — 8879억 — 9879억

(　　　　　　)

어느 자리 수가 변하고 있는지 알아봐요.

4 뛰어 센 규칙에 따라 빈칸에 알맞은 수를 써넣으세요.

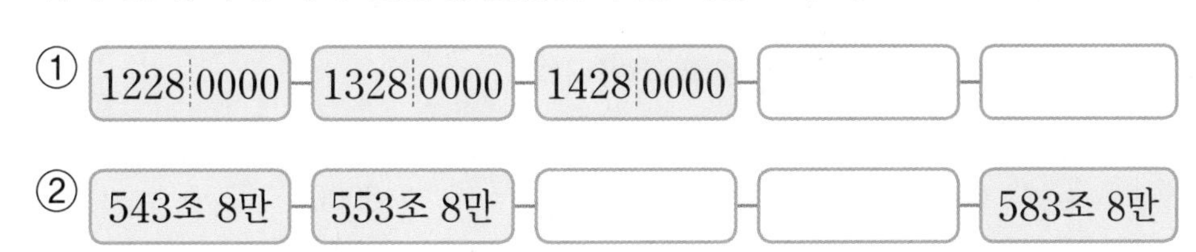

① 1228|0000 — 1328|0000 — 1428|0000 — □ — □

② 543조 8만 — 553조 8만 — □ — □ — 583조 8만

변하는 자리의 수를 찾아서 규칙에 따라 뛰어 세면 돼요.

6 수의 크기 비교하기

● **자리 수가 다른 두 수의 크기 비교**

자리 수가 다를 때에는 **자리 수가 많은 쪽**이 더 큰 수입니다.

	일	천	백	십	일	천	백	십	일
	억				만				일
973291625 →	9	7	3	2	9	1	6	2	5
73291625 →		7	3	2	9	1	6	2	5

973291625 > 73291625

아홉 자리 수   여덟 자리 수

● **자리 수가 같은 두 수의 크기 비교**

자리 수가 같을 때에는 **높은 자리 수**부터 차례로 비교합니다. — 높은 자리에 있는 수일수록 큰 수를 나타내기 때문입니다.

	일	천	백	십	일	천	백	십	일
	억				만				일
973291625 →	9	7	3	2	9	1	6	2	5
971999999 →	9	7	1	9	9	9	9	9	9

아랫자리 수는 비교하지 않아도 됩니다.

억, 천만의 자리 수가 같으므로 다음으로 높은 자리인 백만의 자리 수를 비교합니다.

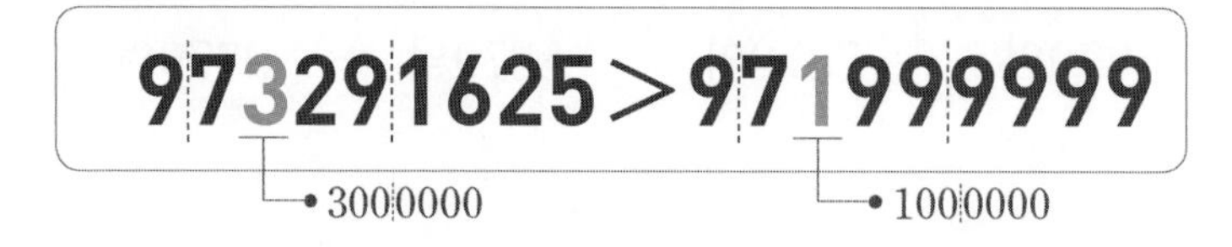

3000000   1000000

개념 다르게 보기

• **수직선을 이용하여 두 수의 크기를 비교해 보아요!**

수직선에서는 오른쪽에 있을수록 큰 수, 왼쪽에 있을수록 작은 수입니다.

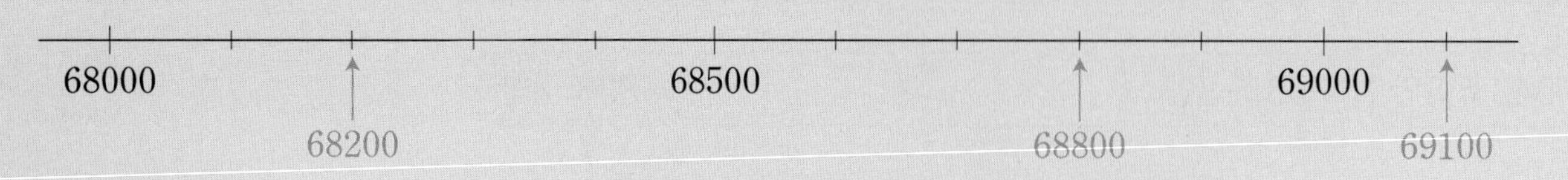

→ $68200 < 68800 < 69100$

부등호($>$, $<$)를 사용하여 여러 수의 크기 비교를 한꺼번에 나타낼 수 있습니다.

정답과 풀이 6쪽

1 두 수의 크기를 비교하려고 합니다. 물음에 답하세요.

284910000	7230000

① □ 안에 알맞은 수를 써넣으세요.

284910000은 9자리 수이고 7230000은 □자리 수입니다.

② 두 수의 크기를 비교하여 ○ 안에 >, =, < 중 알맞은 것을 써넣으세요.

284910000 ○ 7230000

큰 수의 크기를 비교할 때에는 두 수의 자리 수를 먼저 비교해요.

2 수직선에 나타낸 수의 크기를 비교하여 알맞은 말에 ○표 하세요.

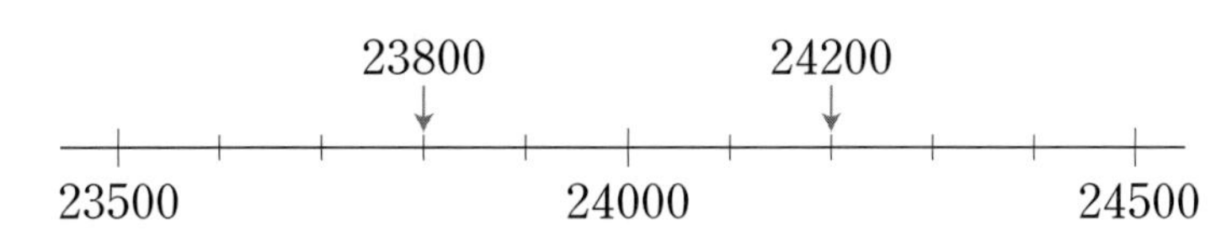

23800은 24200보다 (큽니다 , 작습니다).

수직선에서는 오른쪽에 있을수록 큰 수예요.

3 두 수를 □ 안에 써넣고 크기를 비교하여 ○ 안에 >, =, < 중 알맞은 것을 써넣으세요.

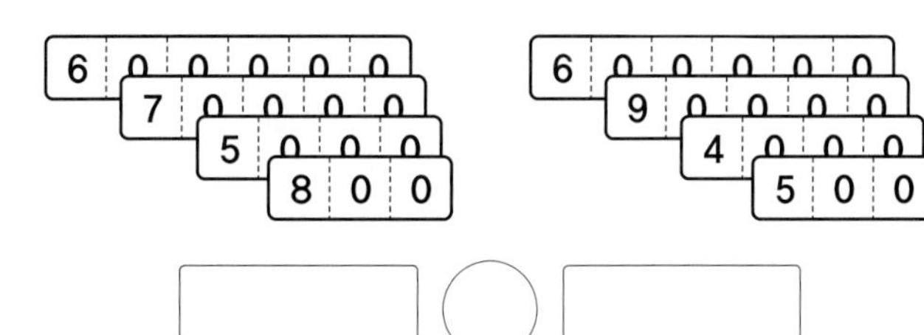

□ ○ □

배운 것 연결하기 2학년 2학기

네 자리 수의 크기 비교하기

네 자리 수의 크기는 천, 백, 십, 일의 자리 순서로 비교합니다.

3824 < 3901 (8 < 9)

4 두 수의 크기를 비교하여 ○ 안에 >, =, < 중 알맞은 것을 써넣으세요.

① 9274800 ○ 18270000

② 2945100000 ○ 2782500000

③ 724조 490억 ○ 724조 4900억

네 자리씩 끊어서 자리 수를 비교하고 자리 수가 같으면 높은 자리 수부터 차례로 비교해요.

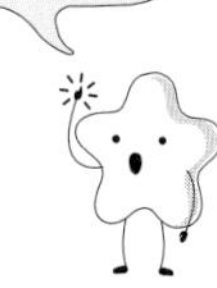

기본기 강화 문제

12 천억 단위까지의 수를 쓰고 읽기

• 수를 읽거나 수로 써 보세요.

1 251700000000

( )

2517|0000|0000
억 만

2 74200000000

( )

3 56303820000

( )

4 684929050000

( )

5 구백삼십오억

( )

6 사천구백이십육억

( )

7 칠천사억 팔천구십만

( )

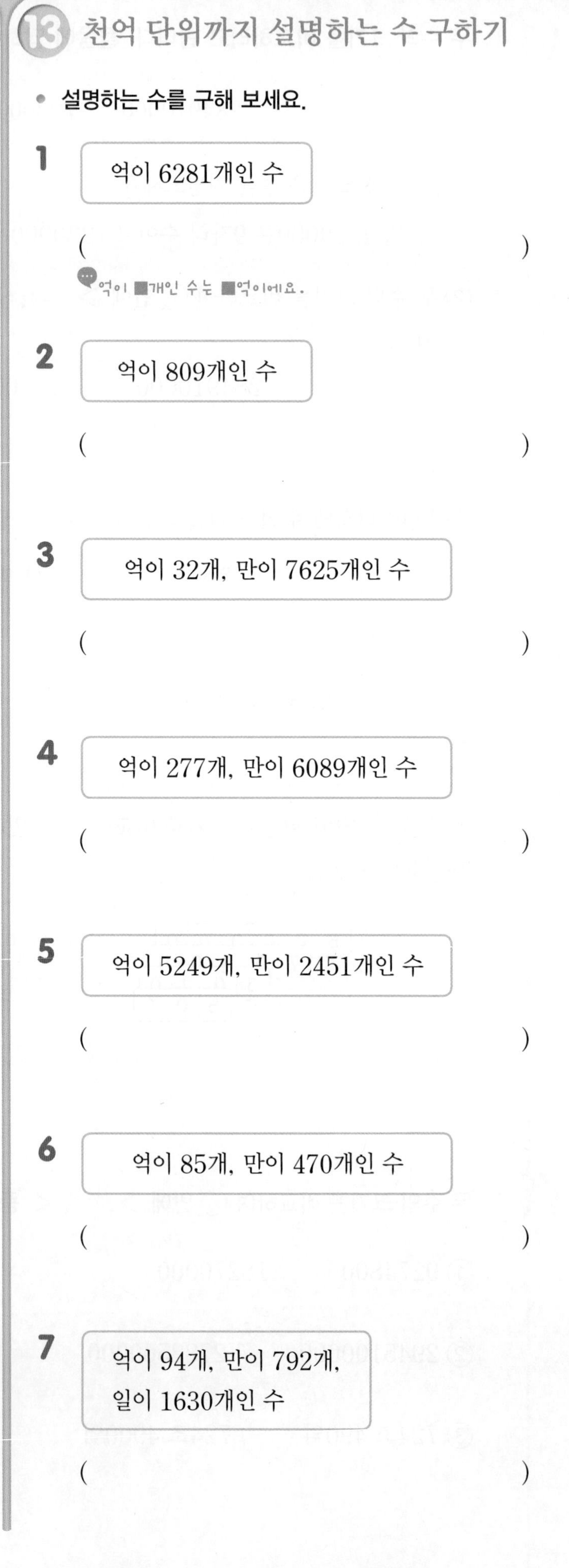

13 천억 단위까지 설명하는 수 구하기

• 설명하는 수를 구해 보세요.

1 억이 6281개인 수

( )

억이 ■개인 수는 ■억이에요.

2 억이 809개인 수

( )

3 억이 32개, 만이 7625개인 수

( )

4 억이 277개, 만이 6089개인 수

( )

5 억이 5249개, 만이 2451개인 수

( )

6 억이 85개, 만이 470개인 수

( )

7 억이 94개, 만이 792개, 일이 1630개인 수

( )

➔ 정답과 풀이 6쪽

14 천조 단위까지의 수를 쓰고 읽기

• 수를 읽거나 수로 써 보세요.

1 | 57000000000000 |

( )

57|0000|0000|0000
조 억 만

2 | 8253000000000000 |

( )

3 | 4287507400000000 |

( )

4 | 71630845920000 |

( )

5 | 구천삼백오십육조 |

( )

6 | 사십조 팔천사백이억 |

( )

7 | 이천사백십오조 삼천칠억 구백칠십오만 |

( )

15 천조 단위까지 설명하는 수 구하기

• 설명하는 수가 얼마인지 써 보세요.

1 | 조가 5026개인 수 |

( )

조가 ■개인 수는 ■조예요.

2 | 조가 392개, 억이 7921개인 수 |

( )

3 | 조가 2905개, 억이 86개인 수 |

( )

4 | 조가 8358개, 억이 148개, 만이 906개인 수 |

( )

5 | 조가 31개, 억이 797개, 만이 5425개인 수 |

( )

6 | 조가 154개, 억이 9014개, 만이 350개인 수 |

( )

16 천조 단위까지 수의 각 자리 숫자가 나타내는 값 구하기

• □ 안에 알맞은 수나 말을 써넣으세요.

1 380427370000에서 8은 □의 자리 숫자이고 □을/를 나타냅니다.

3804|2737|0000
→ 백억의 자리 숫자

2 7201583260000에서 7은 □의 자리 숫자이고 □을/를 나타냅니다.

3 96984509000에서 6은 □의 자리 숫자이고 □을/를 나타냅니다.

4 452891467020000에서 5는 □의 자리 숫자이고 □을/를 나타냅니다.

5 276539807600에서 2는 □의 자리 숫자이고 □을/를 나타냅니다.

6 2936431800000000에서 9는 □의 자리 숫자이고 □을/를 나타냅니다.

17 뛰어 세기

• 뛰어 세어 보세요.

1 10000씩

240000 → 250000 → □ → □ → 280000

10000씩 뛰어 세면 만의 자리 수가 1씩 커져요.

2 100만씩

5690000 → 6690000 → □ → 8690000 → □

3 10억씩

827억 → 837억 → □ → 857억 → □

4 200억씩

160억 23만 → □ → 560억 23만 → 760억 23만 → □

5 3조씩

70조 492억 → 73조 492억 → □ → □ → 82조 492억

18 뛰어 센 규칙 찾기

• 몇씩 뛰어 세었는지 구해 보세요.

1

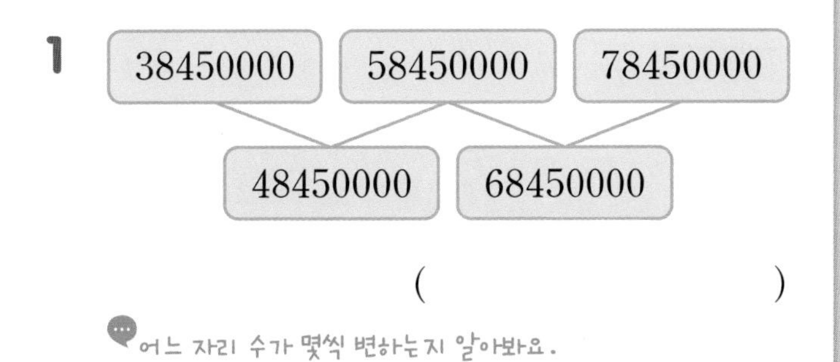

(　　　　　　　　)

어느 자리 수가 몇씩 변하는지 알아봐요.

2

1680000　1880000　2080000

1780000　1980000

(　　　　　　　　)

3

9544억　9546억　9548억

9545억　9547억

(　　　　　　　　)

4

22억　82억　142억

52억　112억

(　　　　　　　　)

5

292조 85억　692조 85억　1092조 85억

492조 85억　892조 85억

(　　　　　　　　)

19 규칙을 찾아 뛰어 세기

• 뛰어 세기를 하여 빈칸에 알맞은 수를 써넣으세요.

1

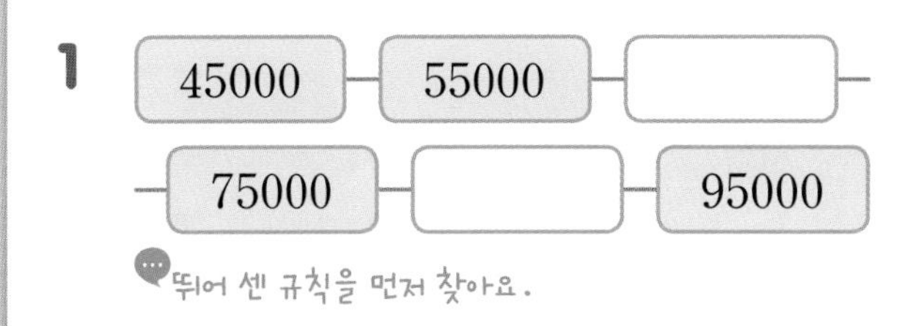

뛰어 센 규칙을 먼저 찾아요.

2

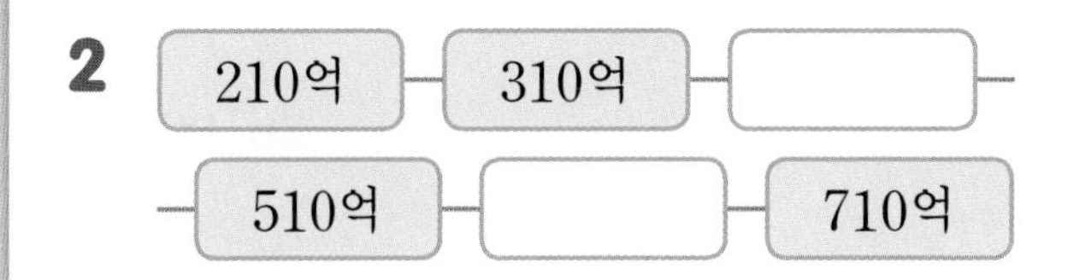

3

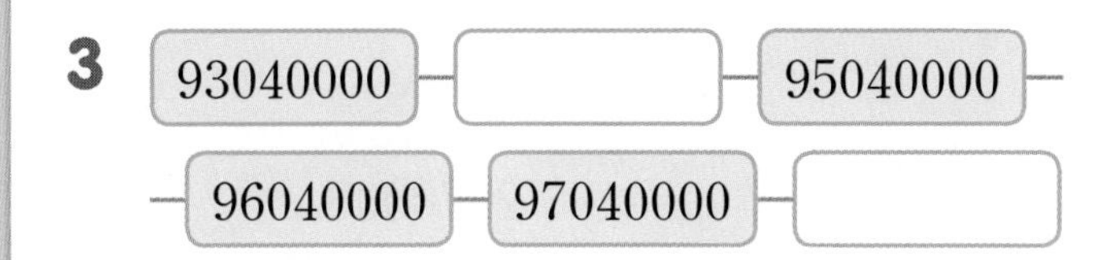

4

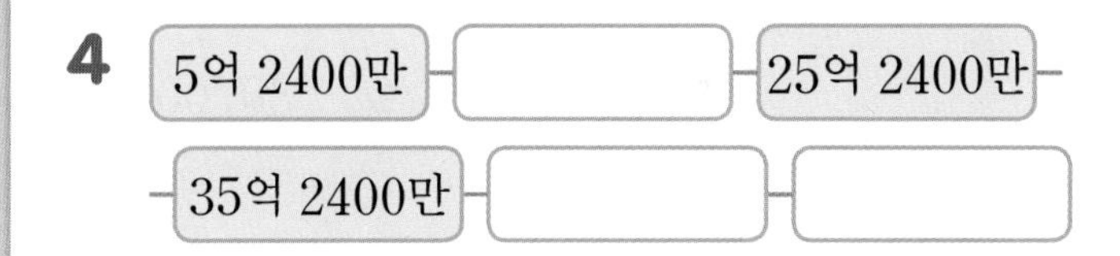

5

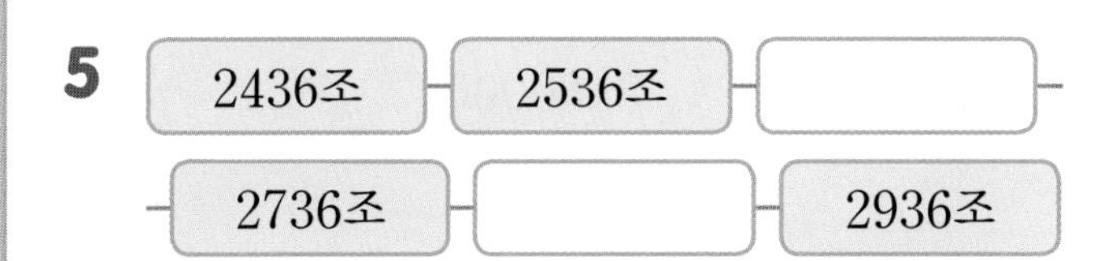

6

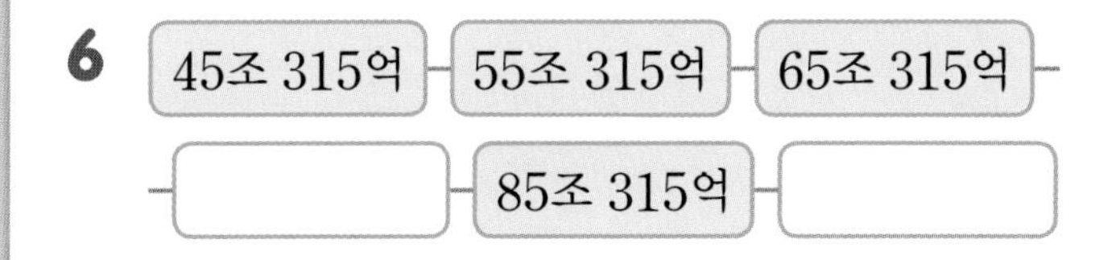

20 뛰어 세어 징검다리 건너기

- 10만씩 뛰어 센 수가 되도록 징검다리를 건너 보세요.

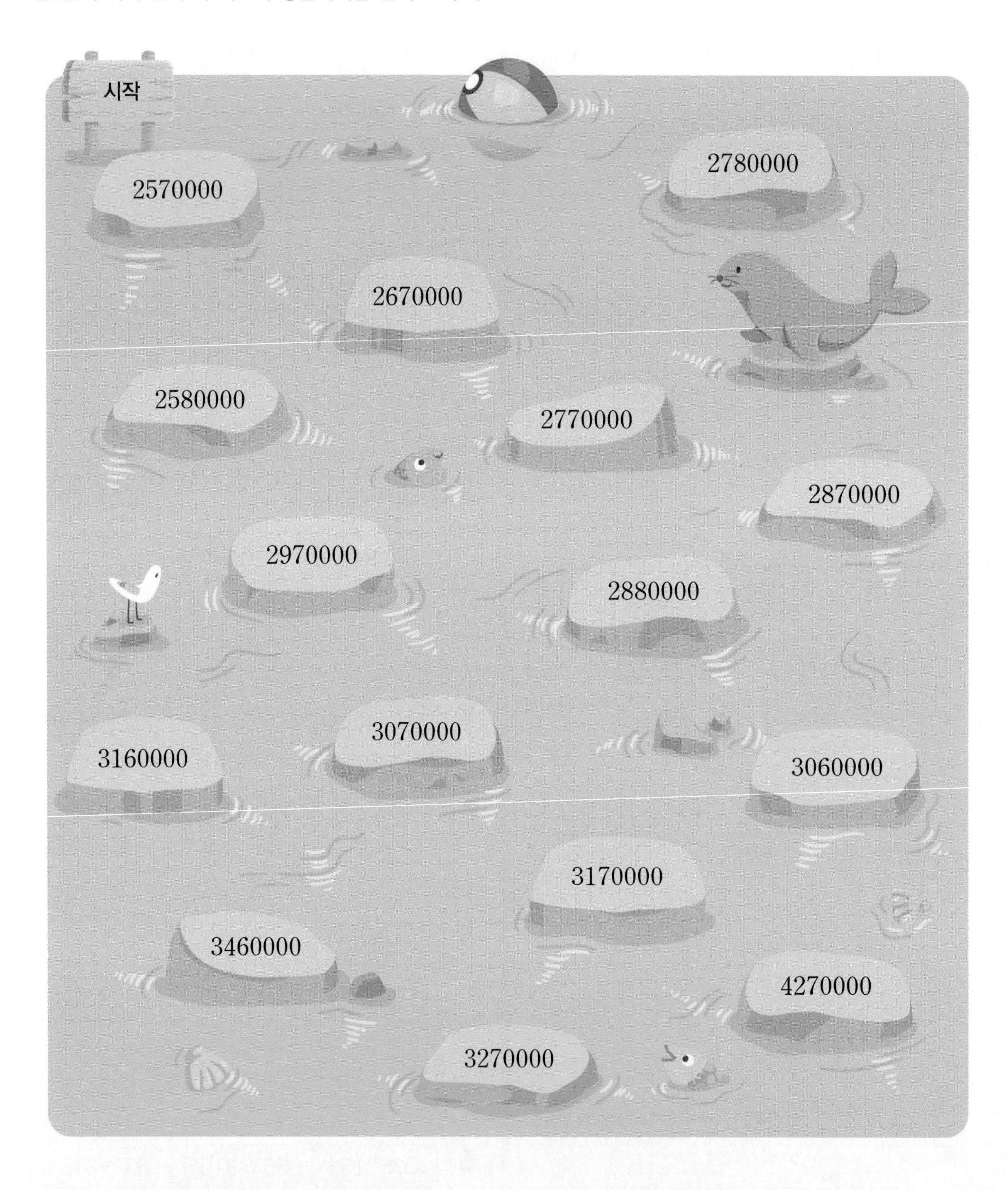

21 뛰어 세기의 활용

1 은재는 29000원을 가지고 있습니다. 만 원씩 몇 번 모으면 59000원이 될까요?

(　　　　　　　　　)

29000에서 59000이 될 때까지 10000씩 뛰어 세어 봐요.

2 민주네 가족이 여행을 가는 데 150만 원이 필요합니다. 매달 30만 원씩 모으면 몇 개월이 걸릴까요?

(　　　　　　　　　)

3 수혁이네 가족은 환경 보호 단체에 3월부터 매달 5만 원씩 기부하였습니다. 수혁이네 가족이 8월까지 기부한 금액은 모두 얼마일까요?

(　　　　　　　　　)

4 어느 회사의 2020년도 수출액은 2581조 원입니다. 매년 10조 원씩 수출액이 늘어난다면 2024년도 수출액은 얼마가 될까요?

(　　　　　　　　　)

22 두 수의 크기 비교하기

• 두 수의 크기를 비교하여 ○ 안에 >, =, < 중 알맞은 것을 써넣으세요.

1 2890467 ○ 720967

자리 수를 비교하여 자리 수가 많은 쪽이 더 큰 수예요.

2 45178028 ○ 47178028

3 835조 4320억 ○ 8230조 1900억

4 799억 2360만 ○ 796억 2517만

5 328504017 ○ 3억 2590만

6 8256억 7481만 ○ 67조 967억

7 340조 2707억 ○ 340조 2689억

23 여러 수의 크기 비교하기

• 큰 수부터 차례로 기호를 써 보세요.

1

㉠ 59783963
㉡ 609574
㉢ 4927601

(　　　　　　　　)

먼저 자리 수를 비교해요.

2

㉠ 7390278400
㉡ 7465297030
㉢ 7280293589

(　　　　　　　　)

3

㉠ 억이 395개, 만이 8209개인 수
㉡ 39297360000
㉢ 삼백구십칠억 육천사십만
㉣ 380억 5000만

(　　　　　　　　)

4

㉠ 24029308410000
㉡ 조가 18개, 억이 820개인 수
㉢ 십이조 육천칠백억
㉣ 14조 8000억

(　　　　　　　　)

24 수 카드로 수 만들기

1 수 카드를 한 번씩만 사용하여 가장 큰 다섯 자리 수를 만들어 보세요.

8　5　2　7　4

(　　　　　　　　)

높은 자리 수가 클수록 큰 수예요.

2 수 카드를 한 번씩만 사용하여 가장 작은 다섯 자리 수를 만들어 보세요.

3　2　1　0　7

(　　　　　　　　)

3 수 카드를 한 번씩만 사용하여 가장 큰 아홉 자리 수를 만들어 보세요.

1　2　3　4　5
6　7　8　9

(　　　　　　　　)

4 수 카드를 한 번씩만 사용하여 가장 작은 아홉 자리 수를 만들어 보세요.

0　1　2　3　4
5　6　7　8

(　　　　　　　　)

단원 평가

점수 | 확인

1 설명하는 수를 쓰고 읽어 보세요.

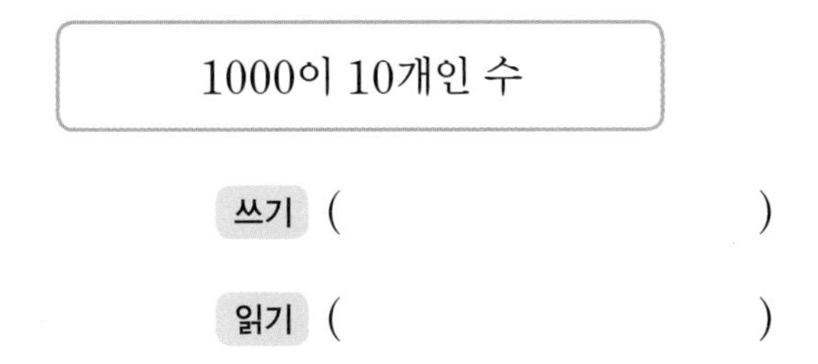

쓰기 (　　　　　　　　　)

읽기 (　　　　　　　　　)

2 빈칸에 알맞은 수나 말을 써넣으세요.

(1) 50683 [　　　]

(2) [　　　] 구천백이십칠만

3 보기 와 같이 각 자리 숫자가 나타내는 값의 합으로 나타내 보세요.

보기
27103=20000+7000+100+3

90024=[　　]+[　]+[　]

4 수로 나타내 보세요.

십이억 팔백오십만 삼천오백

(　　　　　　　　　)

5 □ 안에 알맞은 수를 써넣으세요.

1조는 ─ 9000억보다 [　　] 만큼 더 큰 수
　　　└ 9900억보다 [　　] 만큼 더 큰 수

6 □ 안에 알맞은 수나 말을 써넣으세요.

179062385900000에서 1은 [　] 의 자리 숫자이고 [　　　] 을/를 나타냅니다.

7 나타내는 수가 다른 하나는 어느 것일까요?

(　　　)

① 계산기에 1을 한 번 누르고 0을 5번 누른 수
② 10000의 10배인 수
③ 90000보다 10000만큼 더 큰 수
④ 99000보다 1000만큼 더 큰 수
⑤ 100의 100배인 수

8 보기 와 같이 수로 나타낼 때 0의 수가 가장 많은 것을 찾아 기호를 써 보세요.

보기
이천오십만 칠천 ➡ 20507000

㉠ 사천오만 칠백
㉡ 삼백오억 천이백삼십만
㉢ 팔백육십구만
㉣ 칠백구십억 구천이백오십오만

(　　　　　　　)

1

9 ㉠과 ㉡이 나타내는 수를 수직선에 나타내고 크기를 비교하려고 합니다. □ 안에 알맞은 수를 써넣으세요.

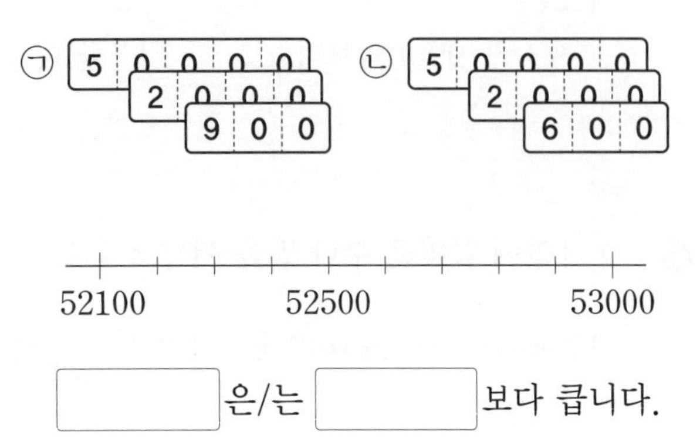

□ 은/는 □ 보다 큽니다.

10 10만씩 뛰어 세어 보세요.

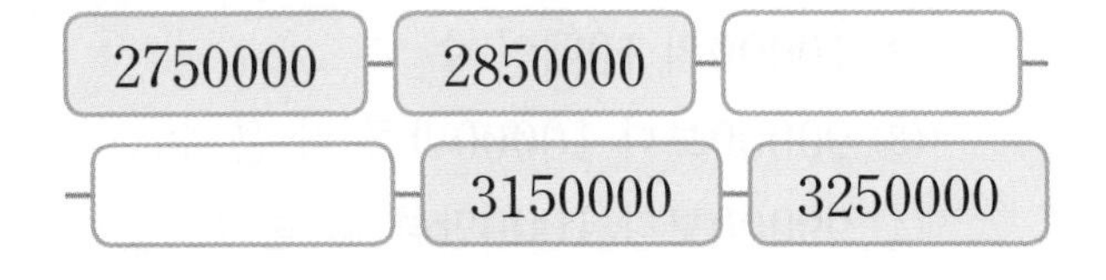

11 영진이는 10000원짜리 지폐 3장, 1000원짜리 지폐 4장, 100원짜리 동전 8개, 10원짜리 동전 7개를 저금하였습니다. 영진이가 저금한 돈은 모두 얼마일까요?

( )

12 ㉠과 ㉡이 나타내는 값을 각각 써 보세요.

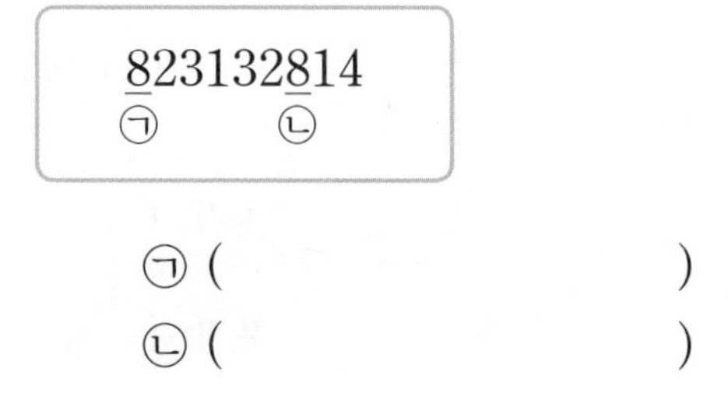

㉠ ( )

㉡ ( )

13 설명하는 수를 쓰고 읽어 보세요.

조가 710개, 억이 2408개, 만이 90개인 수

쓰기 ( )

읽기 ( )

14 뛰어 세기를 하여 빈칸에 알맞은 수를 써넣으세요.

15 두 수의 크기를 비교하여 ○ 안에 >, =, < 중 알맞은 것을 써넣으세요.

천억 이백육십사만 팔백이 ○ 100248920000

16 컴퓨터의 판매 가격이 낮은 가게부터 차례로 기호를 써 보세요.

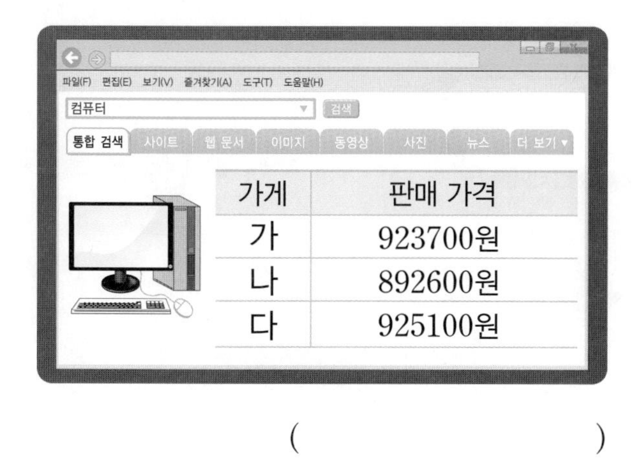

가게	판매 가격
가	923700원
나	892600원
다	925100원

(　　　　　　　　)

17 다음은 태양과 행성 사이의 거리를 나타낸 표입니다. 태양과의 거리가 목성보다 더 먼 행성을 쓰고 거리를 읽어 보세요.

행성	태양과의 거리(km)
지구	1억 4960만
금성	108210000
토성	14억 2667만
목성	778340000

행성 (　　　　　　　　)

거리 (　　　　　　　　) km

18 수 카드를 한 번씩만 사용하여 가장 작은 일곱 자리 수를 만들어 보세요.

3　5　0　1　9　7　4

(　　　　　　　　)

19 백만의 자리 숫자가 가장 큰 수를 찾아 기호를 쓰려고 합니다. 보기 와 같이 풀이 과정을 쓰고 답을 구해 보세요.

㉠ 64548000	㉡ 38251640
㉢ 173069850	㉣ 9827413051

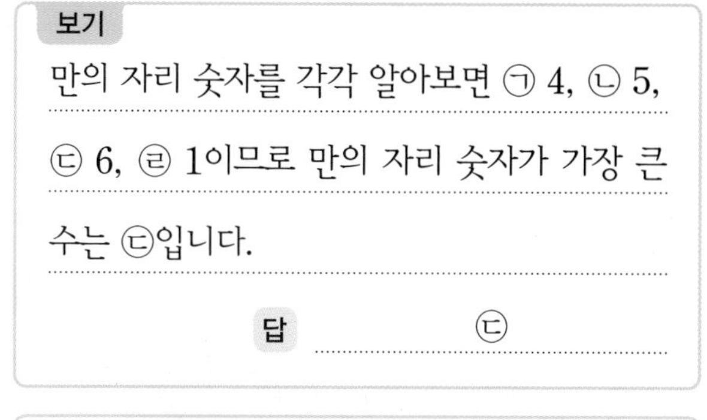

보기

만의 자리 숫자를 각각 알아보면 ㉠ 4, ㉡ 5, ㉢ 6, ㉣ 1이므로 만의 자리 숫자가 가장 큰 수는 ㉢입니다.

답 ㉢

백만의 자리 숫자를 각각 알아보면

답

20 6190억에서 1000억씩 3번 뛰어 센 수는 얼마인지 보기 와 같이 풀이 과정을 쓰고 답을 구해 보세요.

보기

6190억에서 100억씩 3번 뛰어 세면

6190억−6290억−6390억−6490억입니다.

답 6490억

6190억에서 1000억씩 3번 뛰어 세면

답

1

2 각도

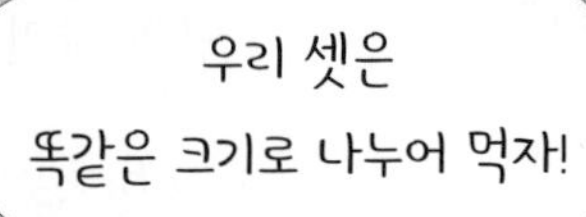

즐거운 간식 시간이에요. 6명의 친구들이 피자를 나누어 먹으려고 해요.
대화를 읽고 대화에 맞게 2개의 선을 그어 피자를 나누어 보세요.

1 각의 크기 비교, 각의 크기 재기

각의 크기 비교

변의 길이와 관계없이 두 변이 벌어진 정도가 클수록 큰 각입니다.

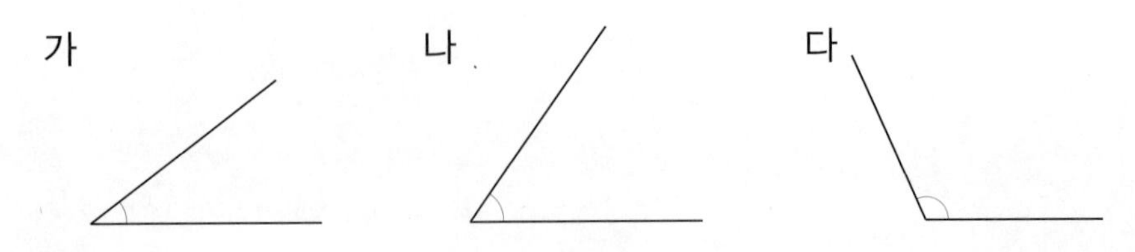

➡ (가의 각의 크기) < (나의 각의 크기) < (다의 각의 크기)

각의 크기 알아보기

- 각도: 각의 크기
- 도(°): 각도를 나타내는 단위
- 1도(1°): 직각의 크기를 똑같이 90으로 나눈 것 중 하나
- 직각의 크기: 90°

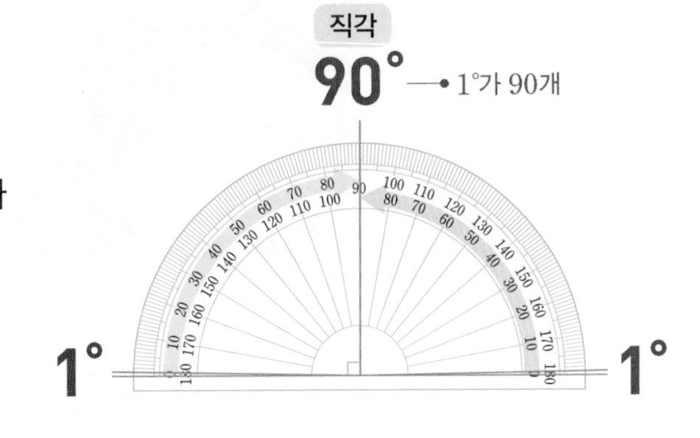

각도기를 사용하여 각도 재기

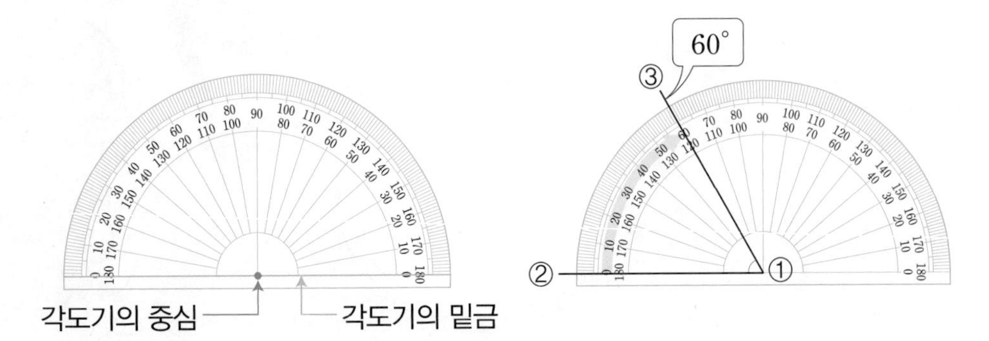

① 각도기의 중심을 각의 꼭짓점에 맞춥니다.
② 각도기의 밑금을 각의 한 변에 맞춥니다.
③ 각의 다른 변이 가리키는 눈금을 읽습니다. ➡ 60°

개념 자세히 보기

- **각도기의 밑금과 각의 변이 만날 때 눈금 0에서부터 시작하여 눈금을 따라 읽어요!**

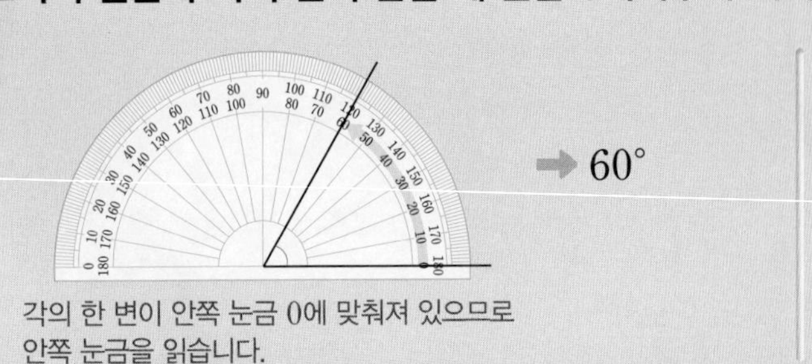

각의 한 변이 안쪽 눈금 0에 맞춰져 있으므로 안쪽 눈금을 읽습니다.

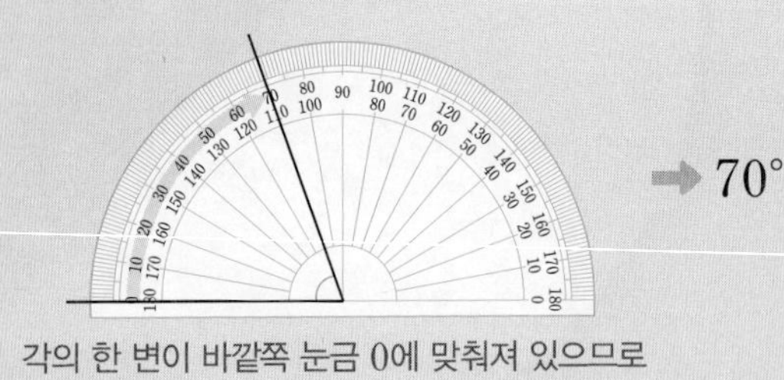

각의 한 변이 바깥쪽 눈금 0에 맞춰져 있으므로 바깥쪽 눈금을 읽습니다.

정답과 풀이 11쪽

1 더 많이 벌어진 부채를 찾아 기호를 써 보세요.

가

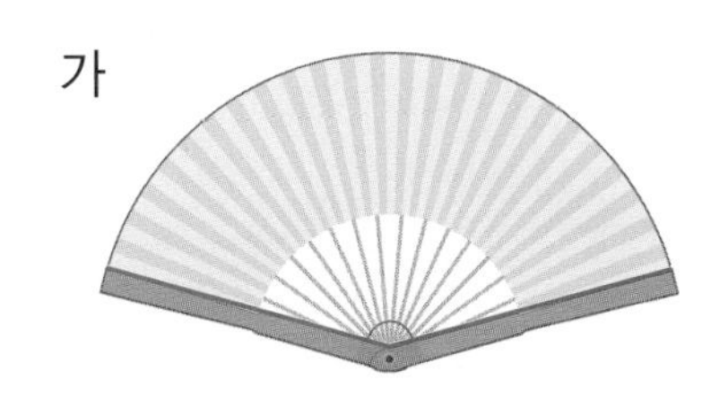

나

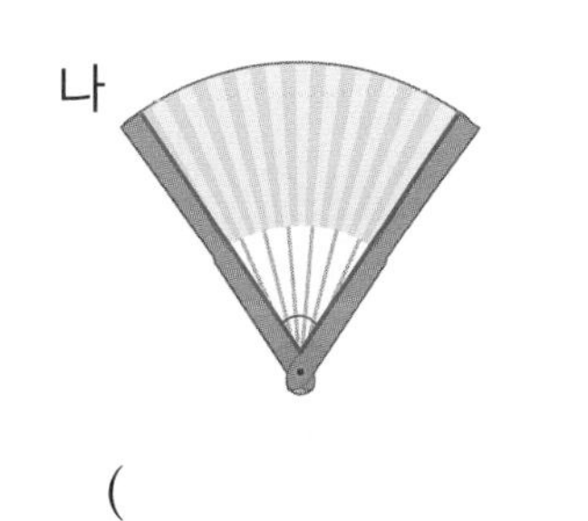

(　　　　　　　　　)

2 두 각 중 더 작은 각을 찾아 ○표 하세요.

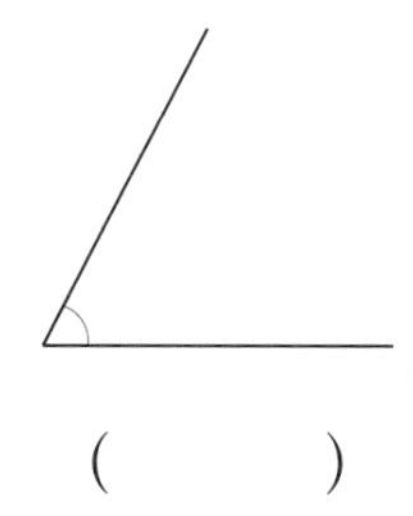

(　　　)

(　　　)

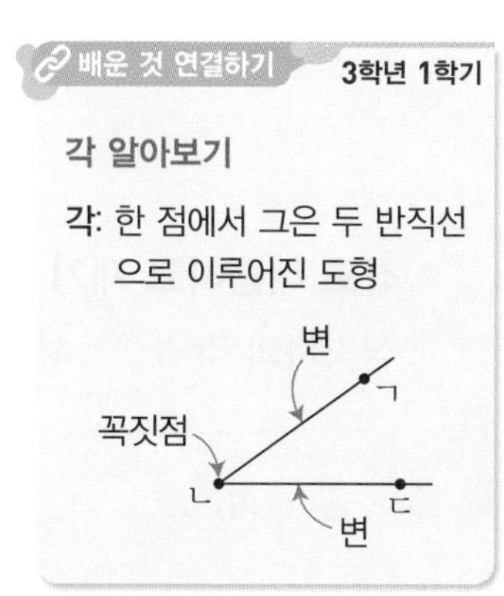

3 각도를 바르게 잰 것에 ○표 하세요.

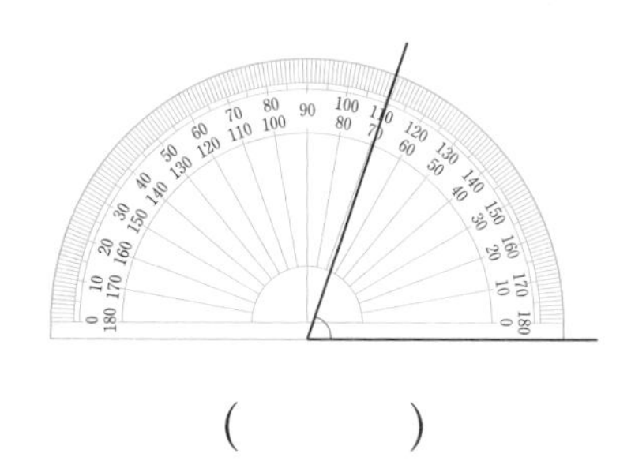

(　　　)

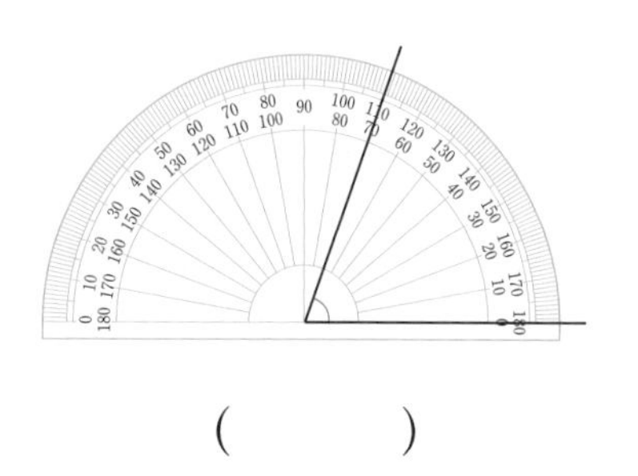

(　　　)

4 각도를 구해 보세요.

①

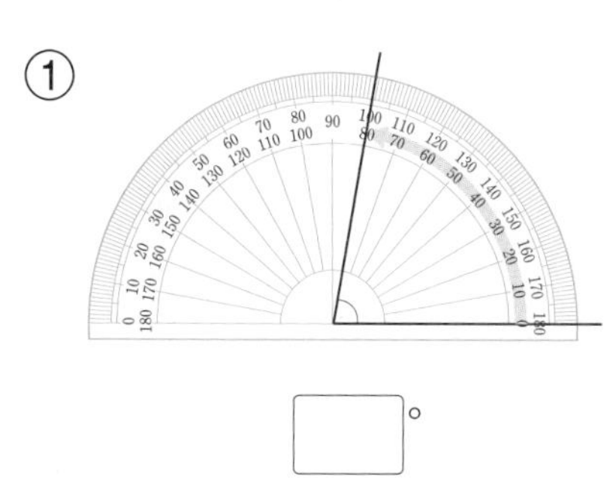

□°

②

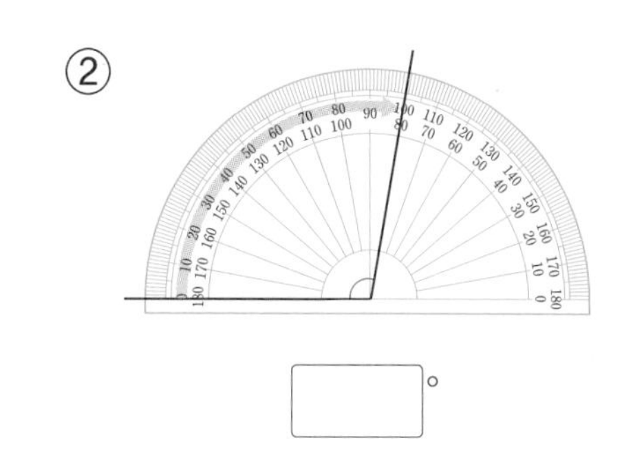

□°

각의 한 변이 각도기의 안쪽 눈금 0에 맞춰져 있을 때는 안쪽 눈금을 읽어요.

2 예각과 둔각 알아보기, 각도 어림하고 재기

예각과 둔각

• **예각**: 0°보다 크고 직각보다 작은 각

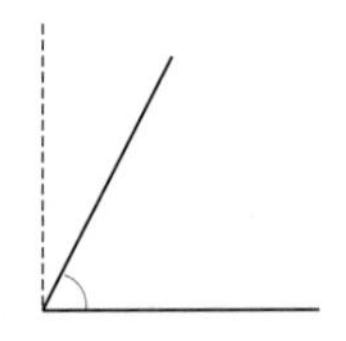

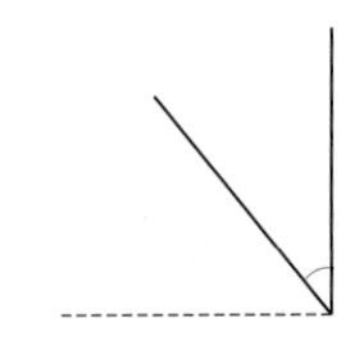

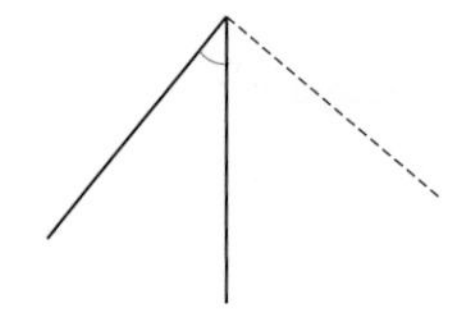

• **둔각**: 직각보다 크고 180°보다 작은 각

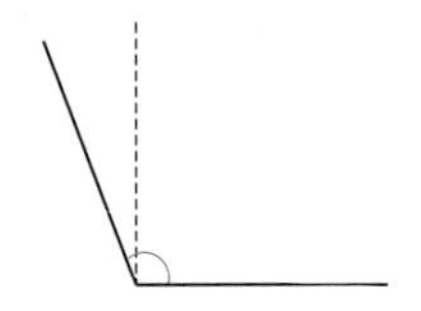

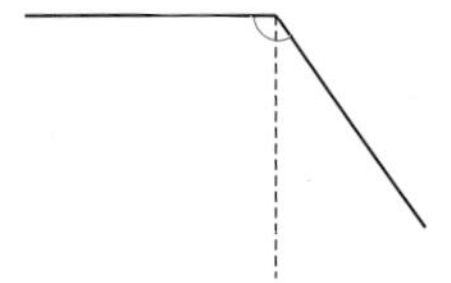

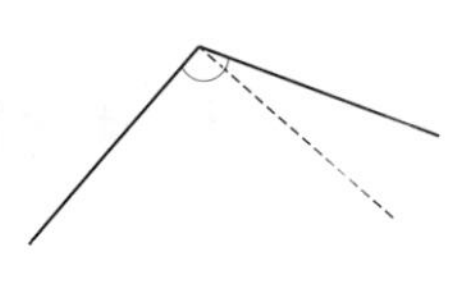

각도 어림하고 재기

삼각자의 각 **30°, 45°, 60°, 90°와 비교하여 어림**합니다. → 어림한 각도가 각도기로 잰 각도에 가까울수록 어림을 잘한 것입니다.

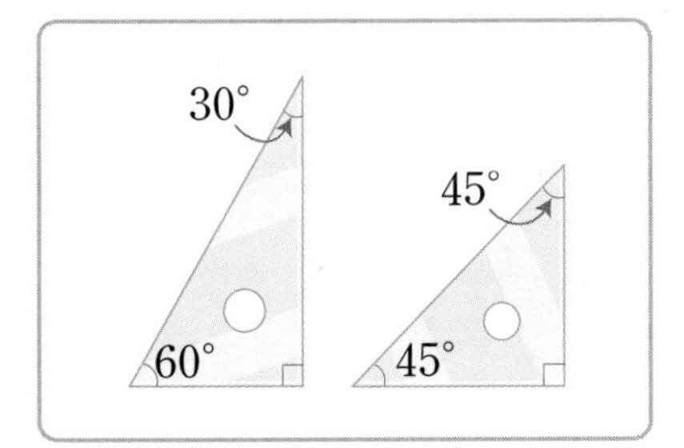

- 어림한 각도: 약 35°
- 잰 각도: 40°

삼각자의 45°보다 약간 작으므로 약 35°로 어림할 수 있습니다.

- 어림한 각도: 약 70°
- 잰 각도: 65°

삼각자의 60°보다 약간 크므로 약 70°로 어림할 수 있습니다.

개념 자세히 보기

• 시계의 긴바늘과 짧은바늘이 이루는 작은 쪽의 각이 예각, 둔각인 시각을 알아보아요!

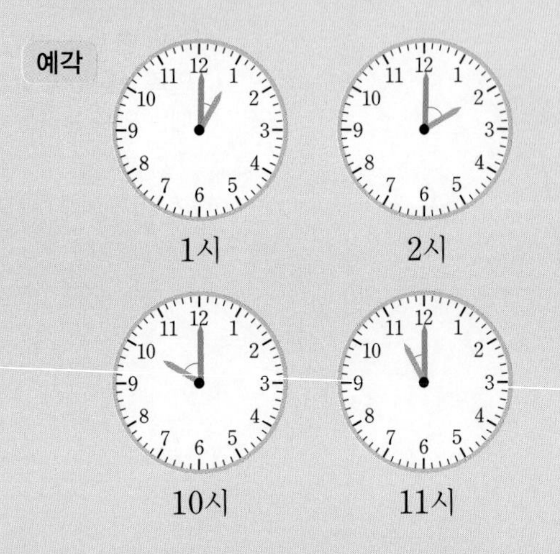

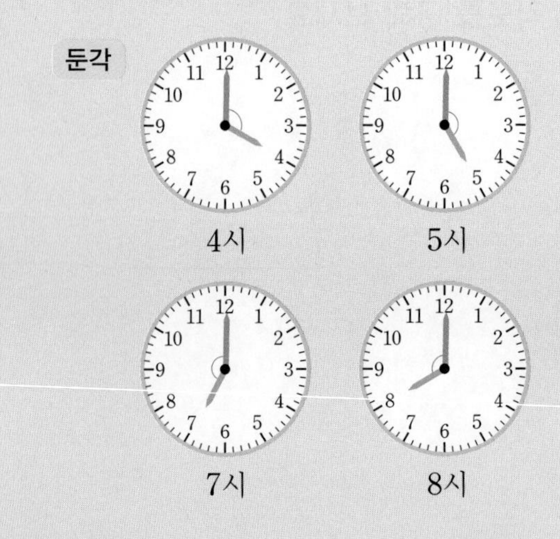

➲ 정답과 풀이 11쪽

1 주어진 각이 예각, 둔각 중 어느 것인지 써 보세요.

① 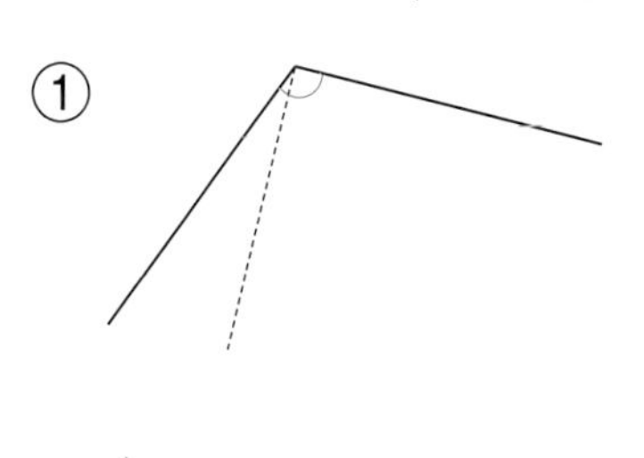

( )

②

( )

2 조건에 맞게 각 ㄱㄴㄷ을 그리려고 합니다. 점 ㄷ이 될 수 있는 점의 기호를 써 보세요.

① 예각

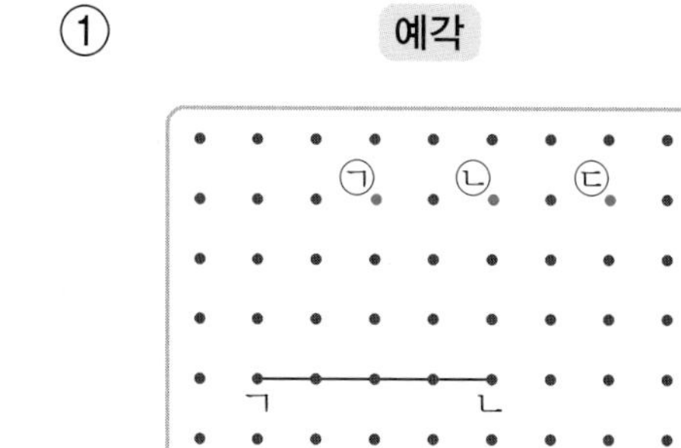

( )

② 둔각

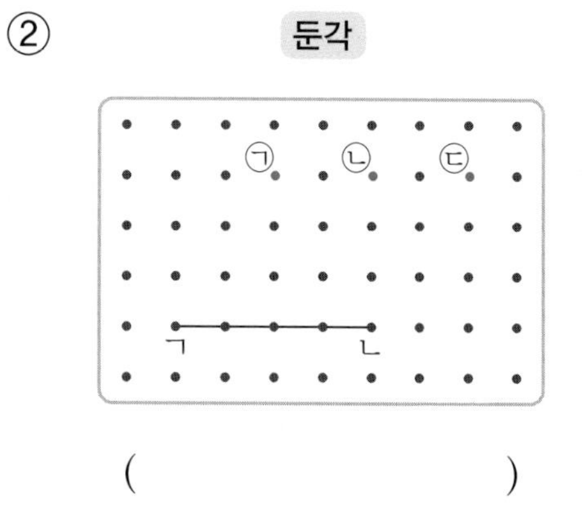

( )

3 삼각자의 각과 비교하여 각도를 어림하고, 각도기로 재어 확인해 보세요.

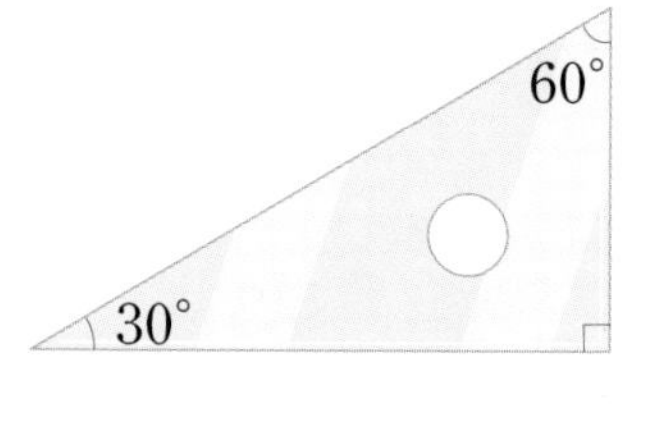

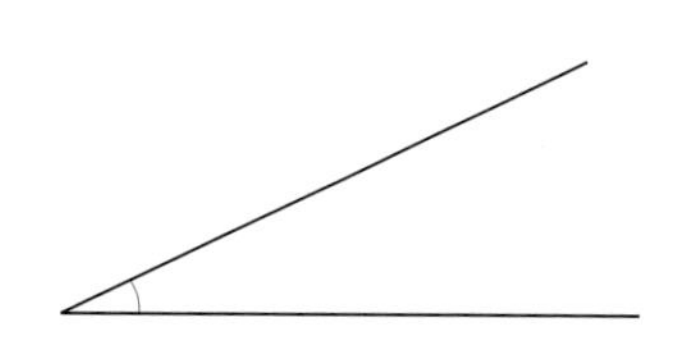

어림한 각도: 약 $\square$°, 잰 각도: $\square$°

4 각도를 어림하고 각도기로 재어 확인해 보세요.

① 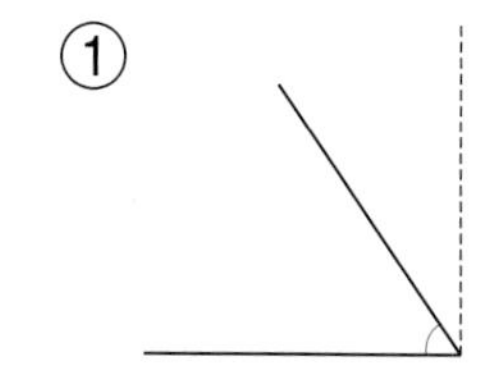

어림한 각도: 약 $\square$°

잰 각도: $\square$°

② 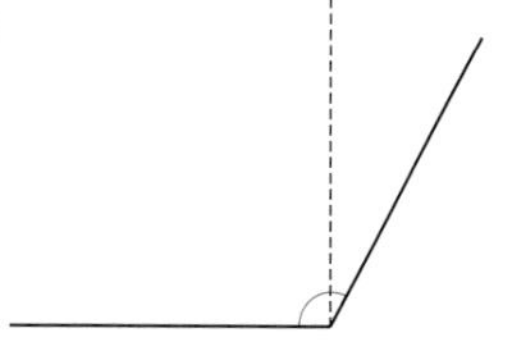

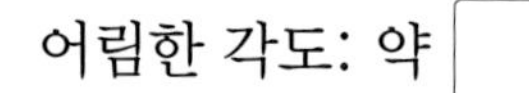

어림한 각도: 약 $\square$°

잰 각도: $\square$°

기본기 강화 문제

1 각의 크기 비교

• 두 각 중 더 큰 각을 찾아 기호를 써 보세요.

1

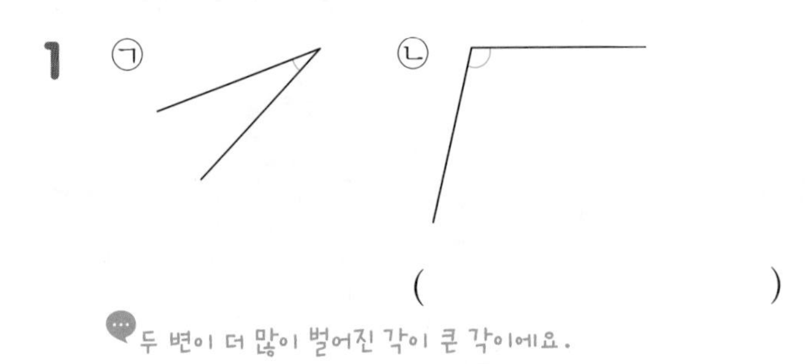

(　　　　　　　　)

두 변이 더 많이 벌어진 각이 큰 각이에요.

2

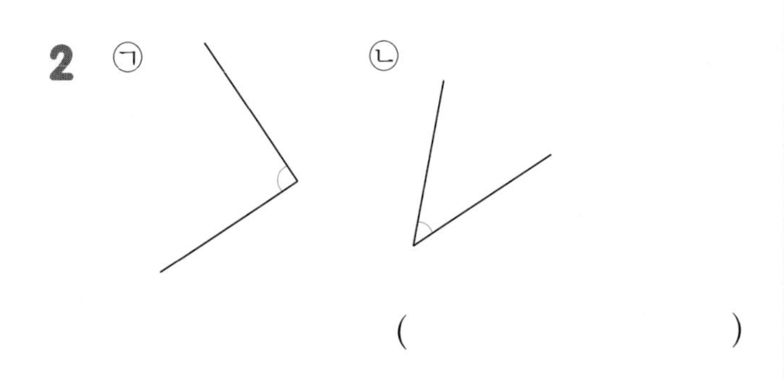

(　　　　　　　　)

• 보기 의 각보다 더 작은 각에 ○표 하세요.

3

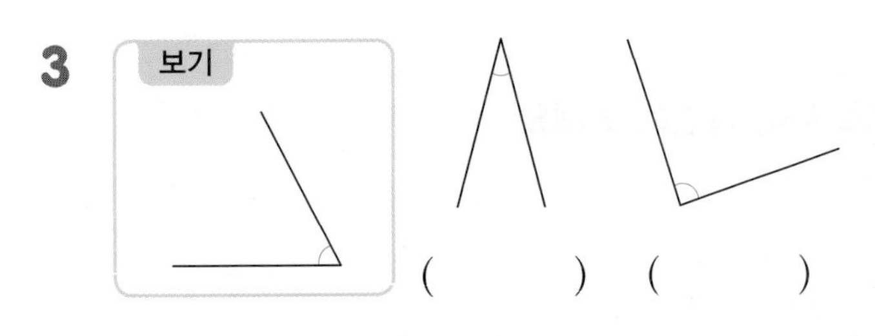

(　　　) (　　　)

4

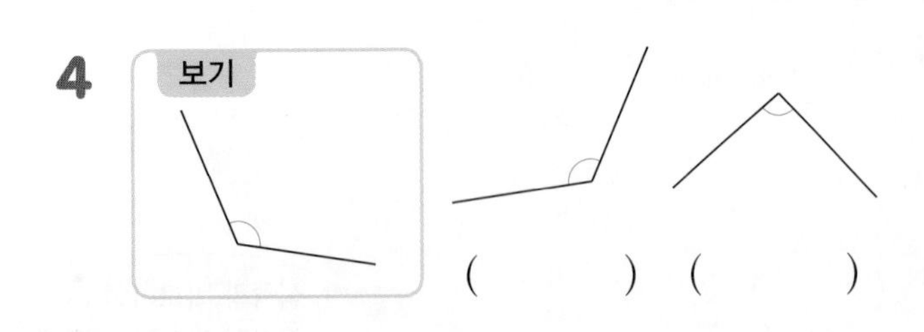

(　　　) (　　　)

5

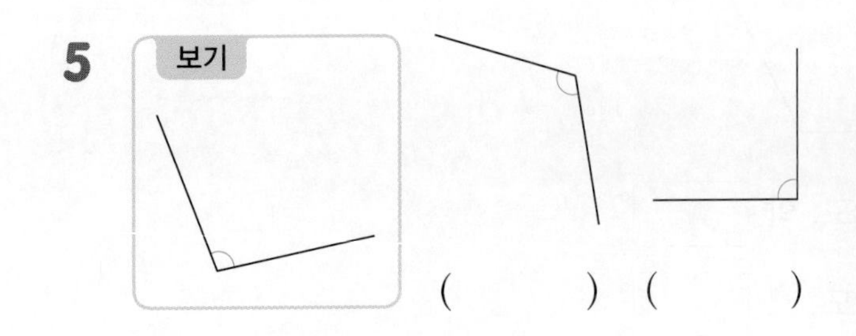

(　　　) (　　　)

2 각도 읽기

• 각도를 구해 보세요.

1

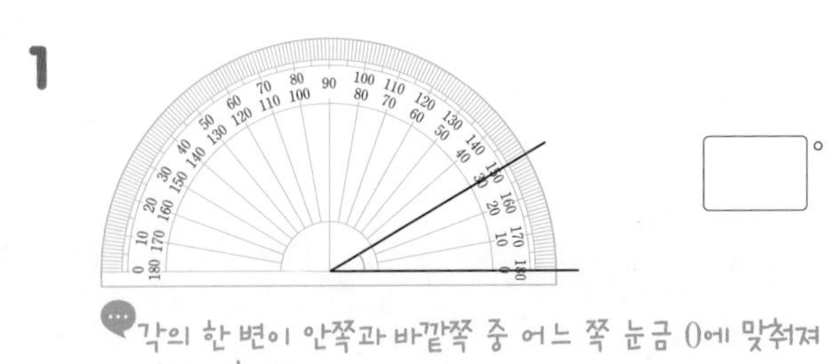

□°

각의 한 변이 안쪽과 바깥쪽 중 어느 쪽 눈금 0에 맞춰져 있는지 확인해요.

2

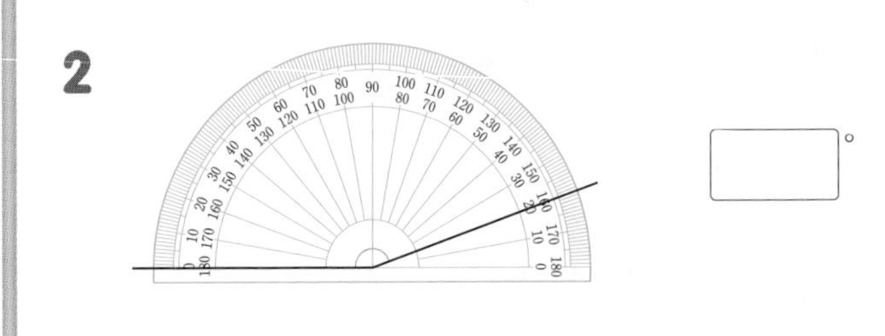

□°

3

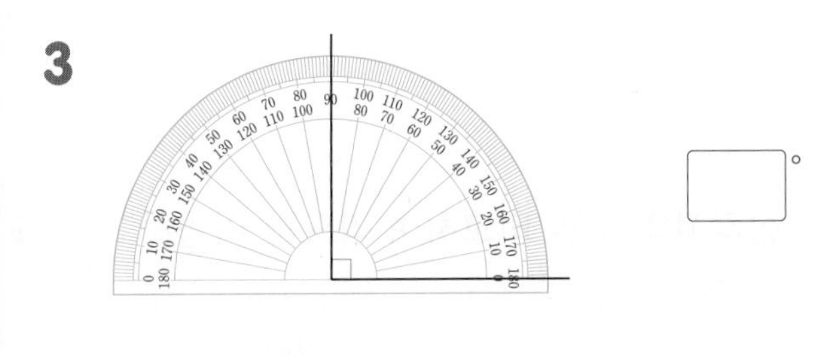

□°

4

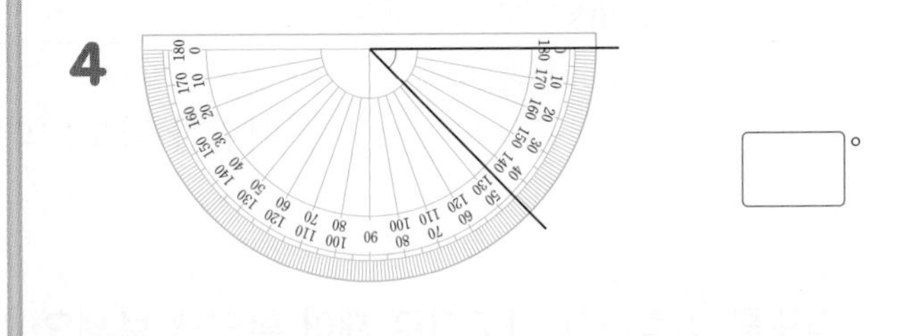

□°

5

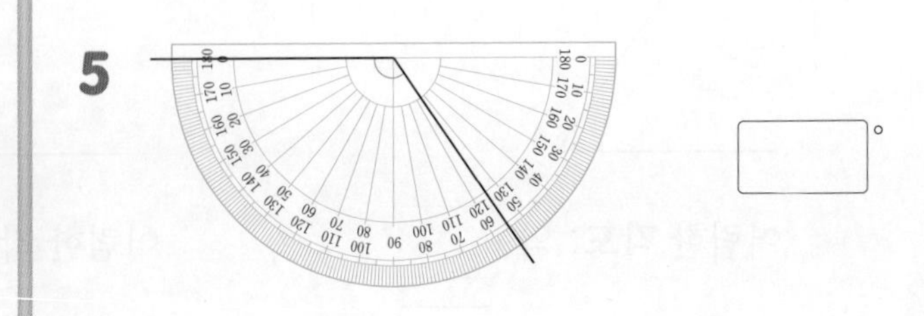

□°

정답과 풀이 12쪽

3 각도기를 사용하여 각도 재기

• 각도기를 사용하여 각도를 재어 보세요.

1

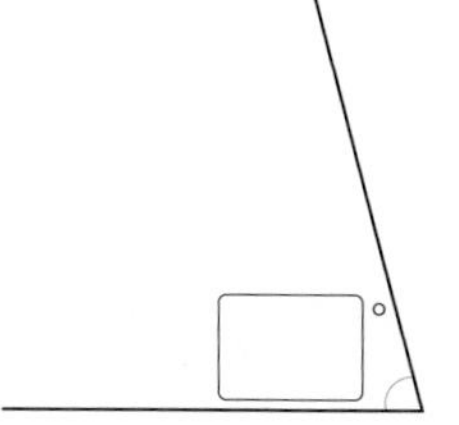

① 각도기의 중심은 각의 꼭짓점에,
② 각도기의 밑금은 각의 한 변에,
③ 다른 변이 가리키는 눈금 읽기!

2

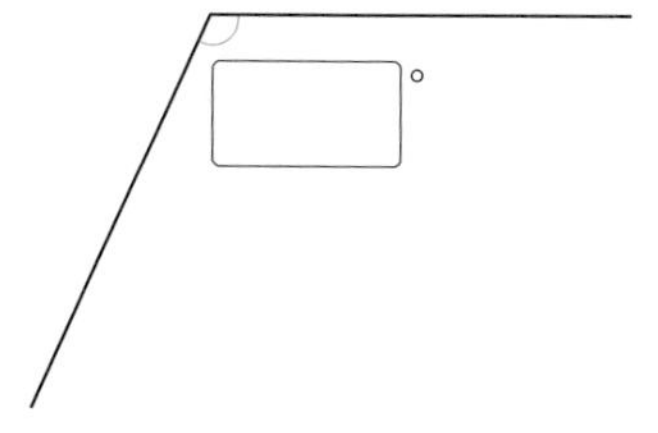

3

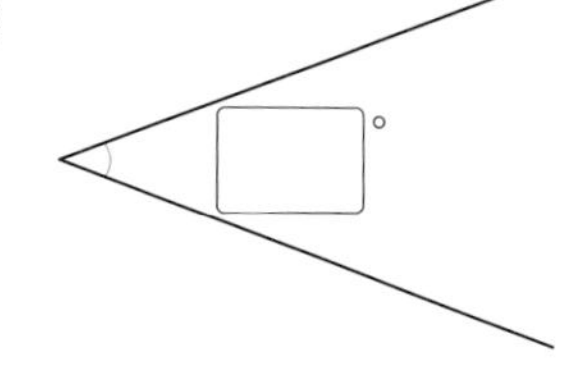

4

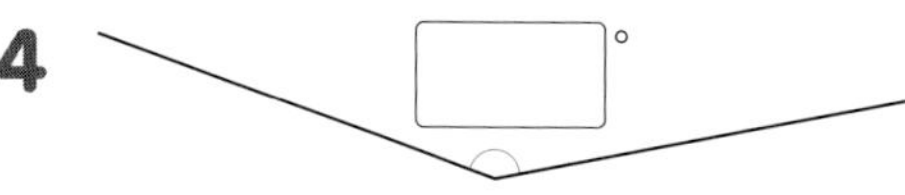

5

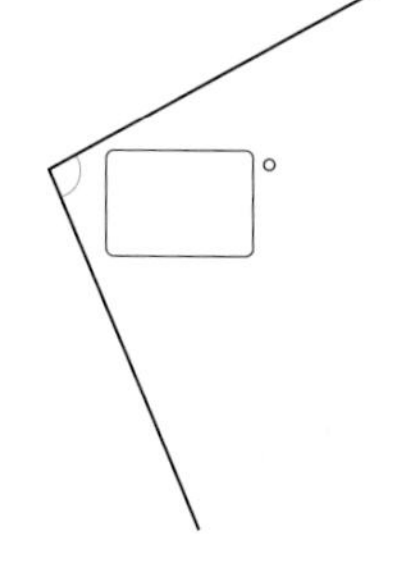

4 도형의 각도 재기

• 각도기를 사용하여 도형의 각도를 재어 보세요.

1

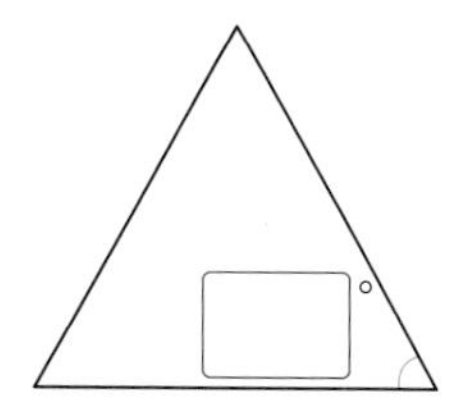

2

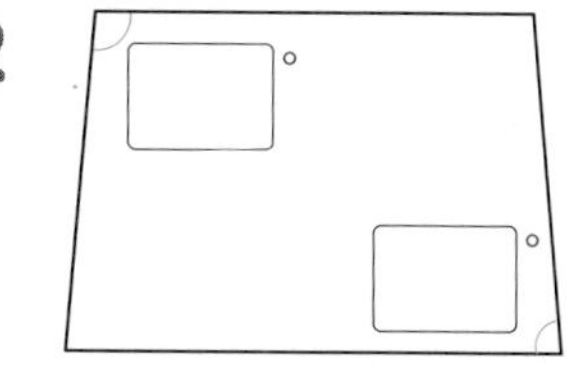

3

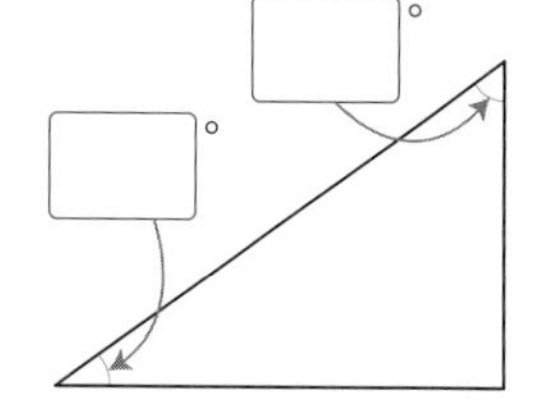

4

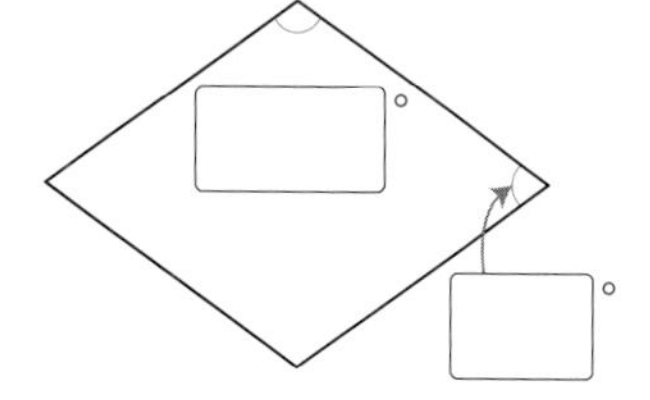

5

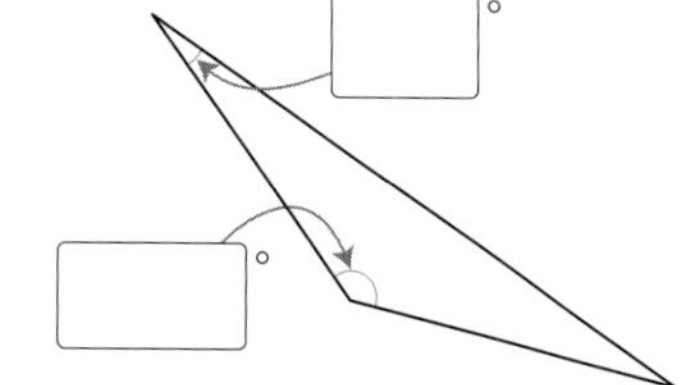

2

재미 팡팡!

5 모양 조각의 각도 재기

- 각도기를 사용하여 모양 조각의 각도를 재어 보세요.

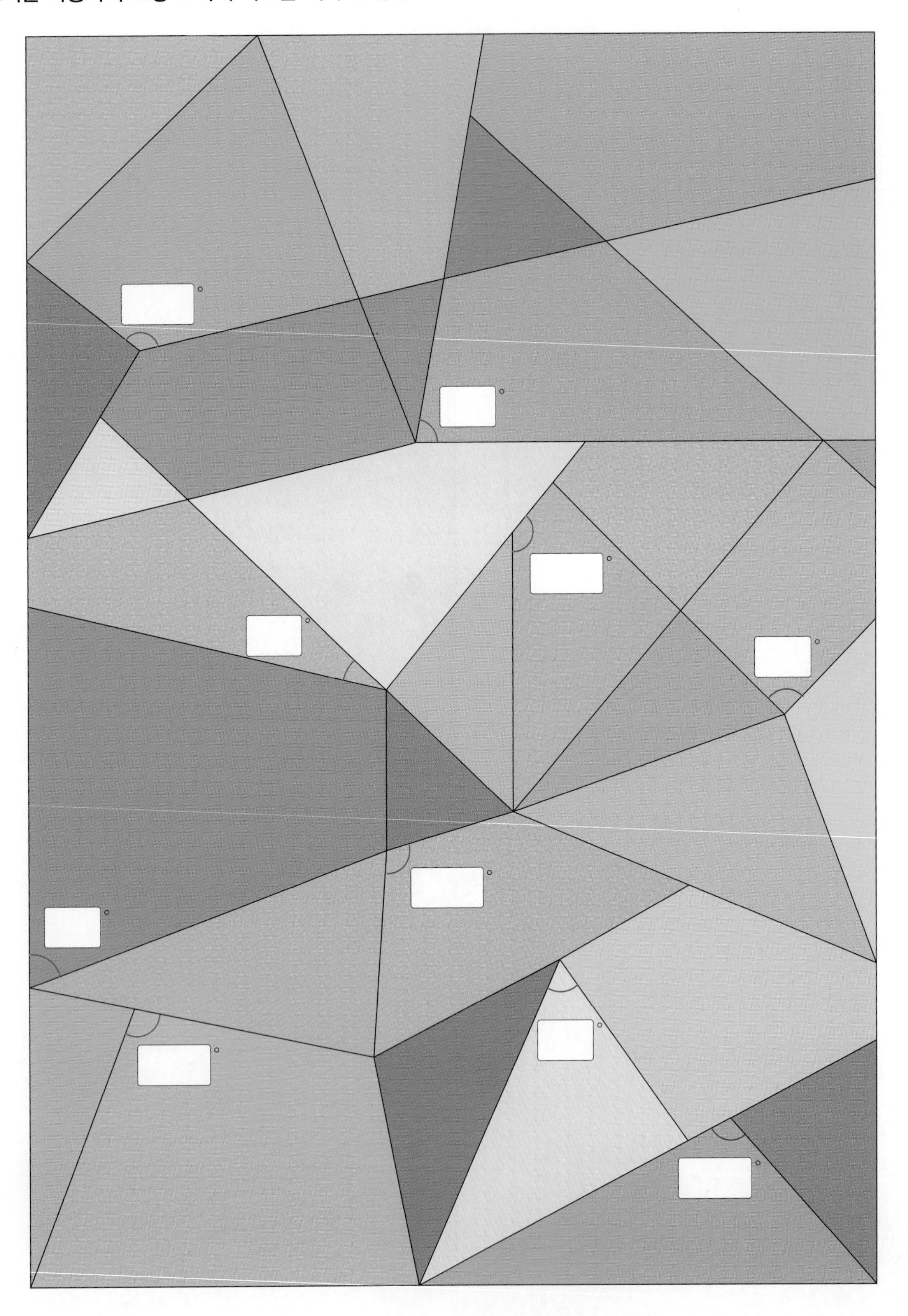

6 예각, 직각, 둔각으로 분류하기

- 주어진 각을 예각, 직각, 둔각으로 분류하여 기호를 써 보세요.

1

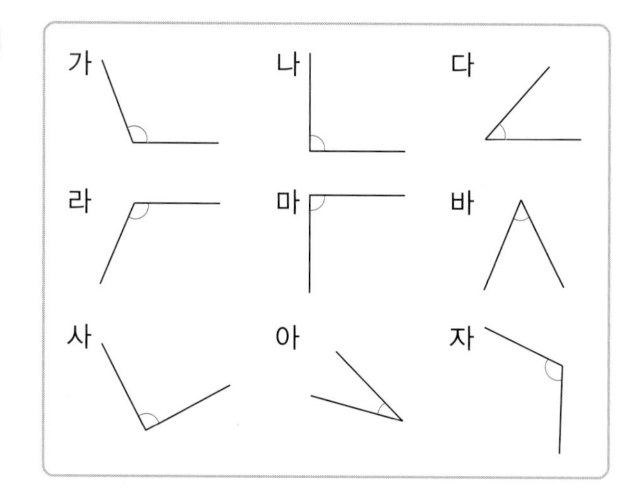

예각	직각	둔각

$0° <$ 예각 $<$ 직각$(90°) <$ 둔각 $< 180°$

2

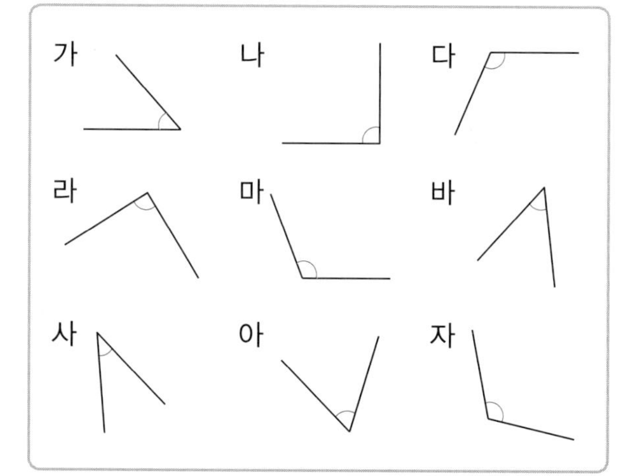

예각	직각	둔각

7 도형에서 예각, 둔각 찾기

- □ 안에 예각은 '예', 둔각은 '둔'을 써넣으세요.

1

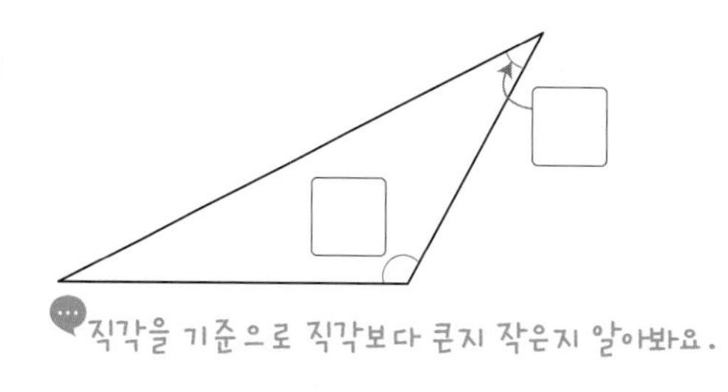

직각을 기준으로 직각보다 큰지 작은지 알아봐요.

2

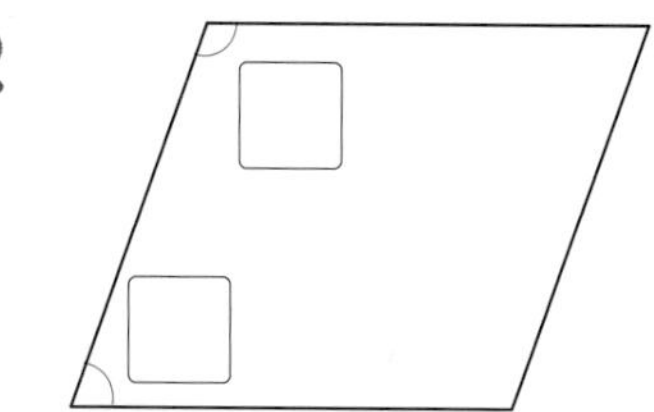

3

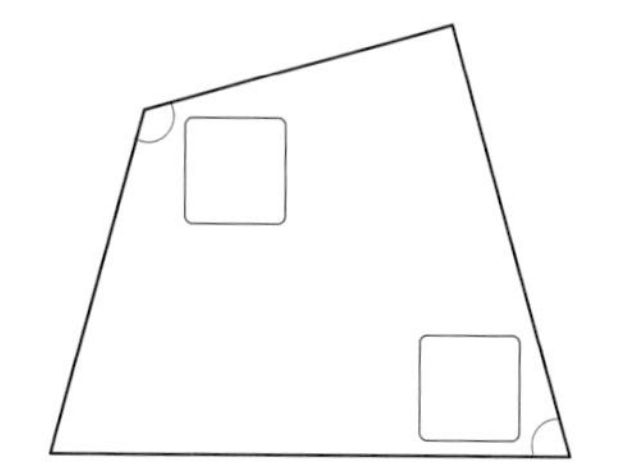

4

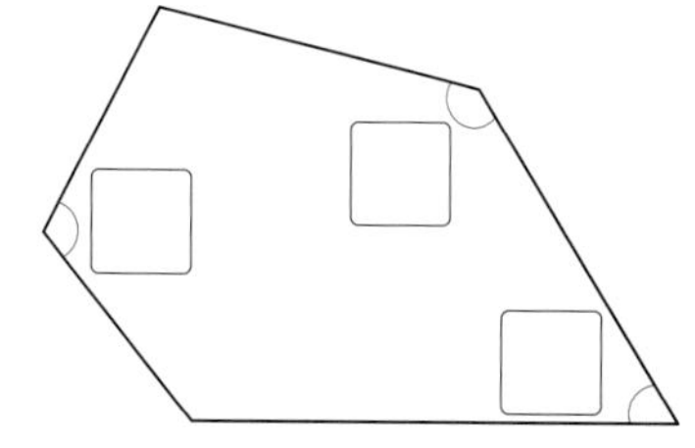

5

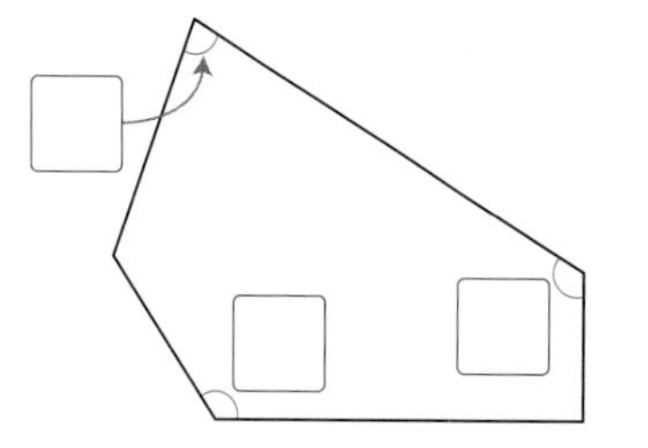

8 예각, 둔각 그리기

● 주어진 선분을 이용하여 예각과 둔각을 그려 보세요.

1

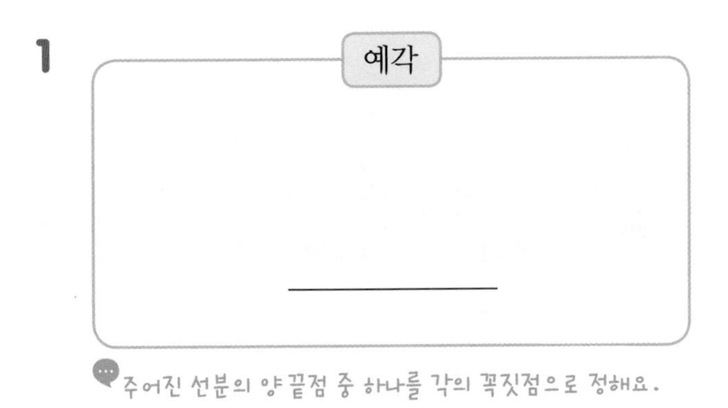

주어진 선분의 양 끝점 중 하나를 각의 꼭짓점으로 정해요.

2

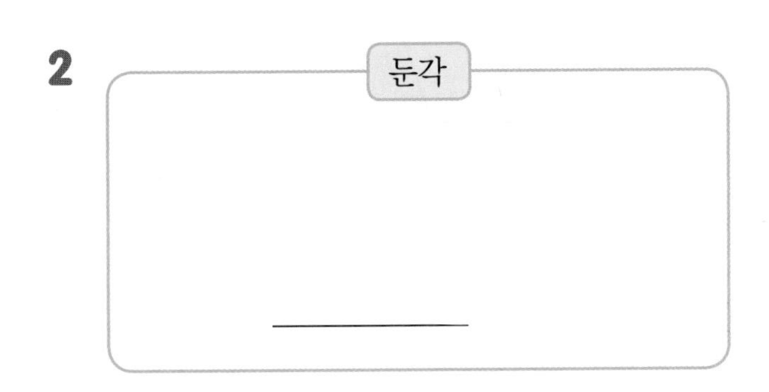

3

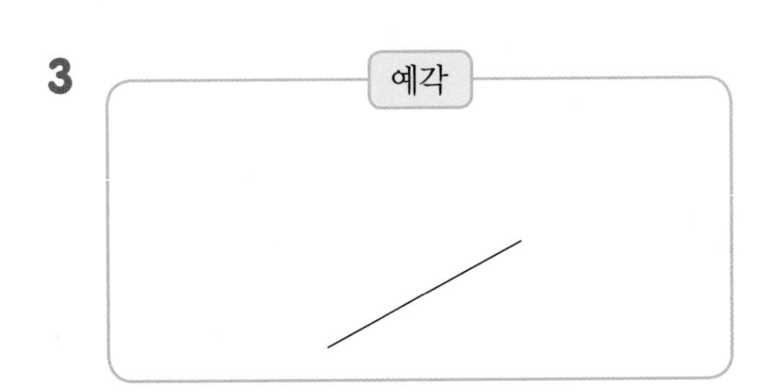

4

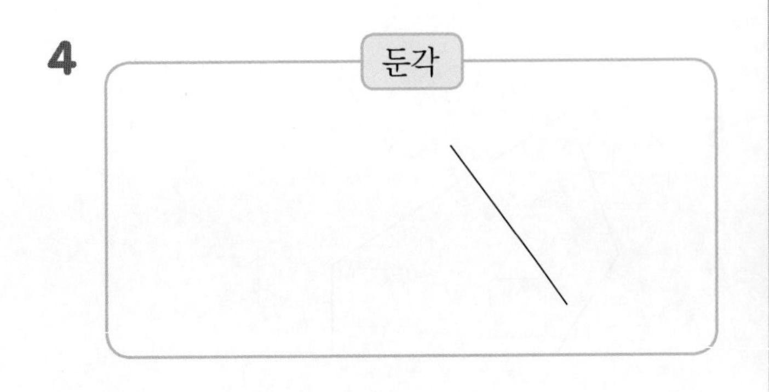

9 시계에서 예각, 직각, 둔각 찾기

● 긴바늘과 짧은바늘이 이루는 작은 쪽의 각이 예각, 직각, 둔각 중 어느 것인지 써 보세요.

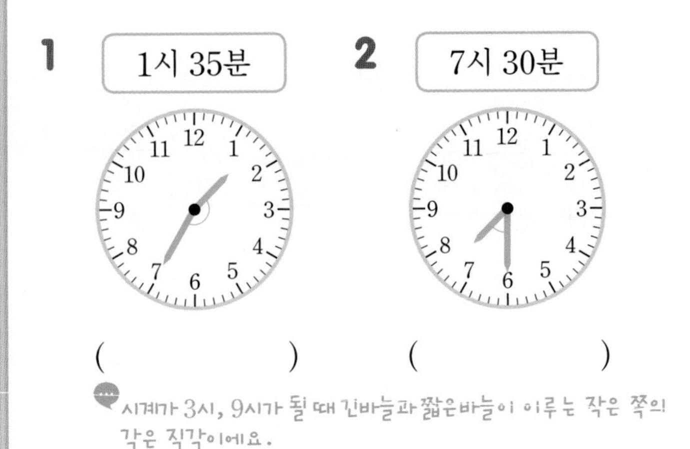

( ) ( )

시계가 3시, 9시가 될 때 긴바늘과 짧은바늘이 이루는 작은 쪽의 각은 직각이에요.

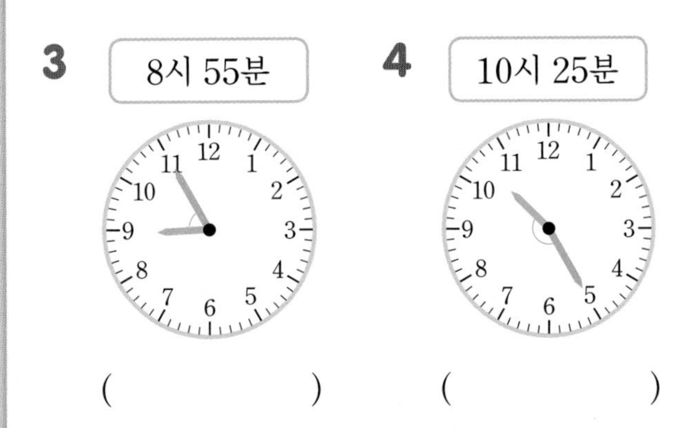

( ) ( )

5

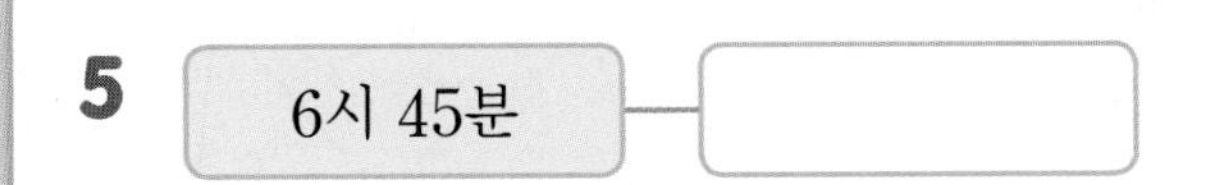

6

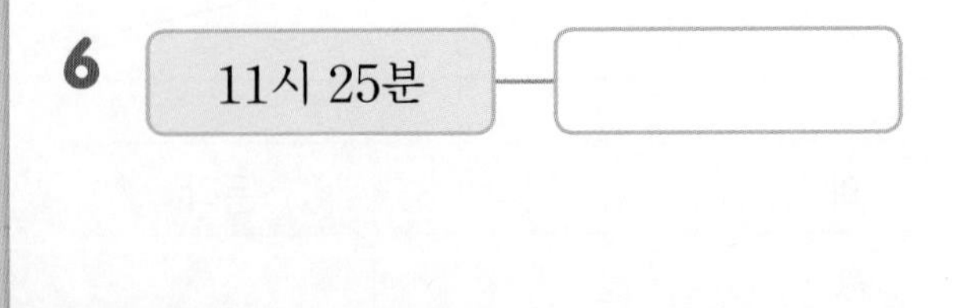

7

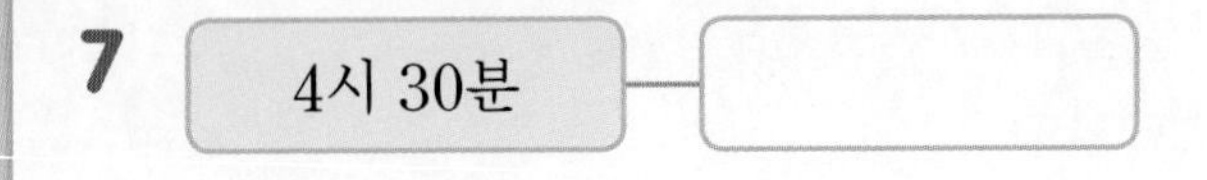

정답과 풀이 13쪽

10 각도 어림하기

• 각도를 어림하고 각도기로 재어 확인해 보세요.

1

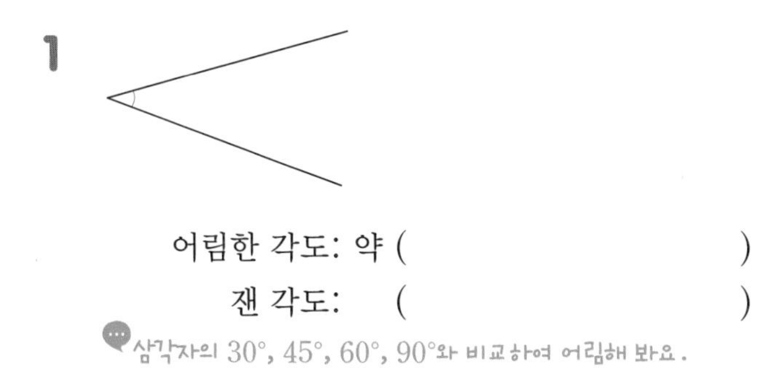

어림한 각도: 약 (　　　　　)
잰 각도: (　　　　　)

삼각자의 30°, 45°, 60°, 90°와 비교하여 어림해 봐요.

2

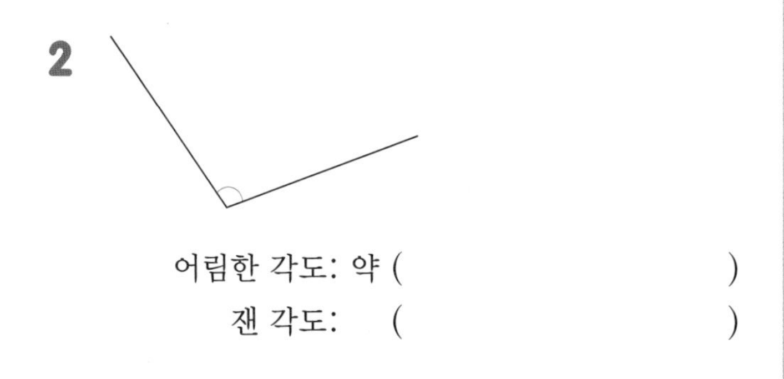

어림한 각도: 약 (　　　　　)
잰 각도: (　　　　　)

3

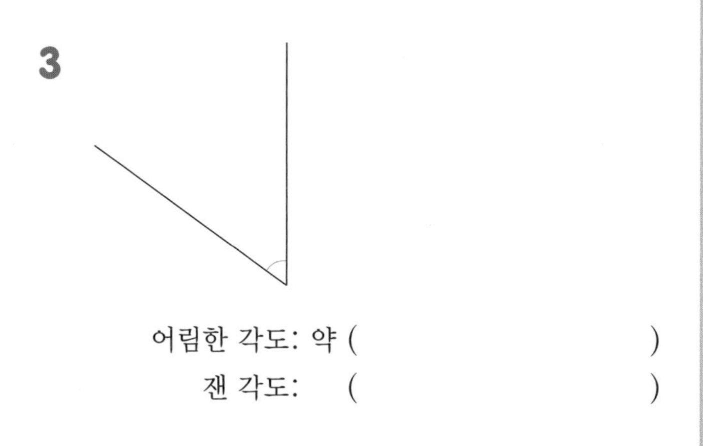

어림한 각도: 약 (　　　　　)
잰 각도: (　　　　　)

4

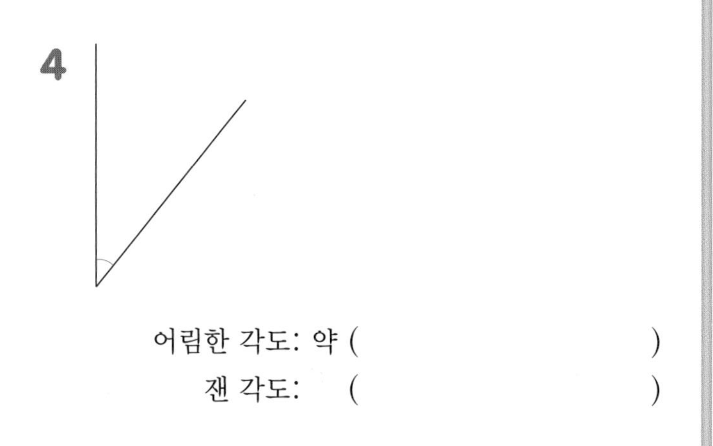

어림한 각도: 약 (　　　　　)
잰 각도: (　　　　　)

11 어림을 잘한 사람 찾기

• 실제 각도에 더 가깝게 어림한 사람은 누구인지 각도기로 재어 확인해 보세요.

1

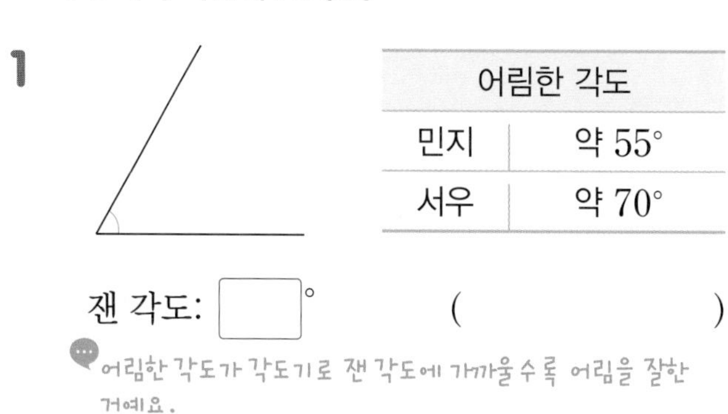

어림한 각도	
민지	약 55°
서우	약 70°

잰 각도: □° (　　　　　)

어림한 각도가 각도기로 잰 각도에 가까울수록 어림을 잘한 거예요.

2

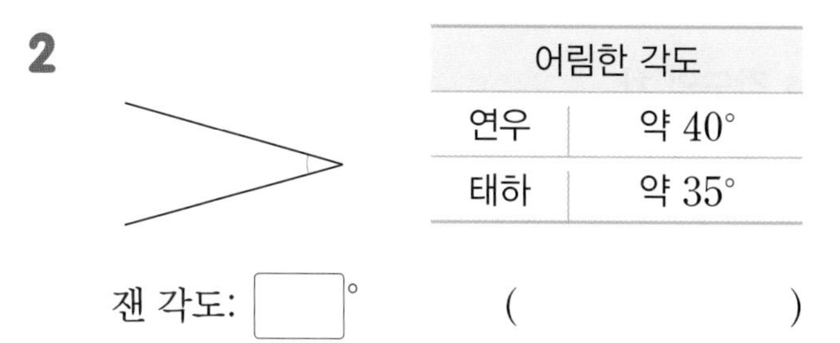

어림한 각도	
연우	약 40°
태하	약 35°

잰 각도: □° (　　　　　)

3

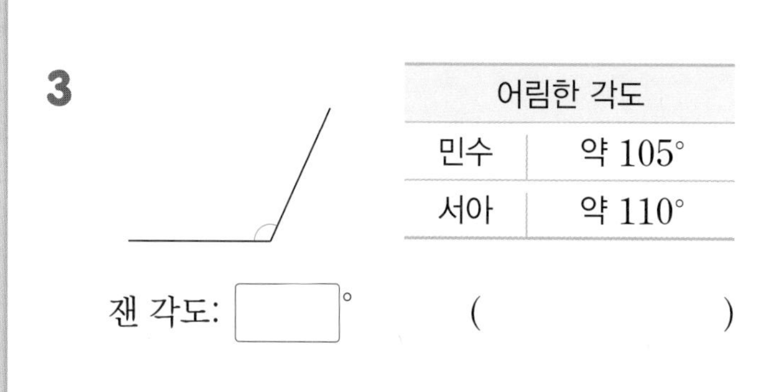

어림한 각도	
민수	약 105°
서아	약 110°

잰 각도: □° (　　　　　)

4

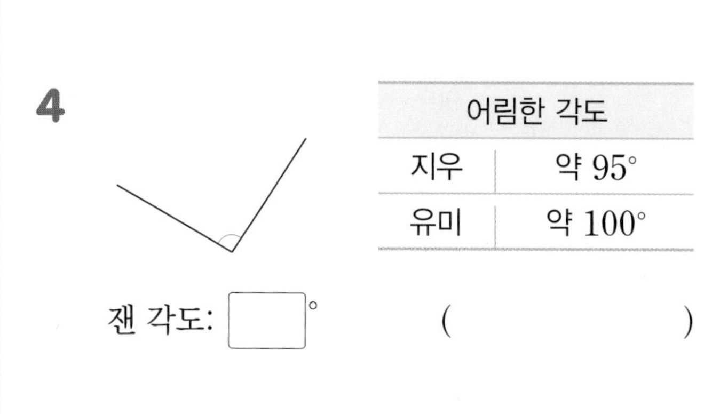

어림한 각도	
지우	약 95°
유미	약 100°

잰 각도: □° (　　　　　)

3 각도의 합과 차

● 각도의 합

각도의 합은 자연수의 덧셈과 같은 방법으로 계산합니다.

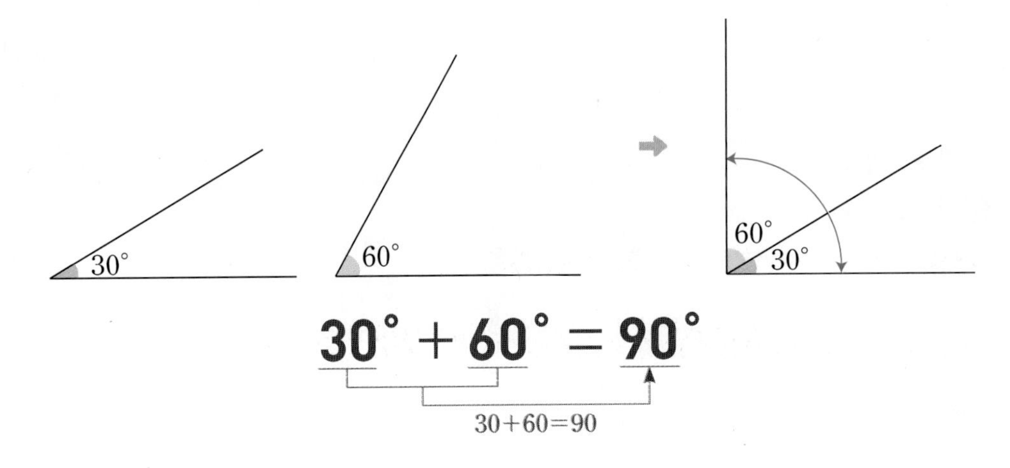

● 각도의 차

각도의 차는 자연수의 뺄셈과 같은 방법으로 계산합니다.

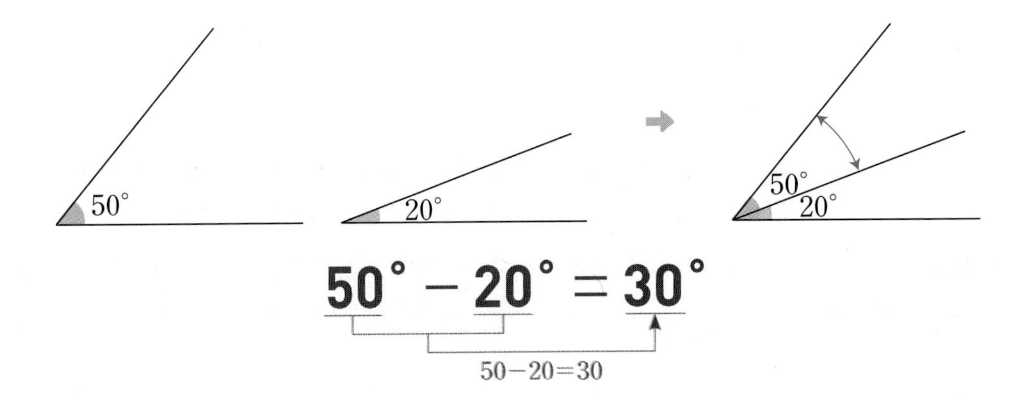

개념 자세히 보기

• 90°**가 모이면** 180°, 270°, 360°**가 돼요!**

정답과 풀이 14쪽

1 각도의 합을 구하는 과정입니다. 두 각도의 합을 구해 보세요.

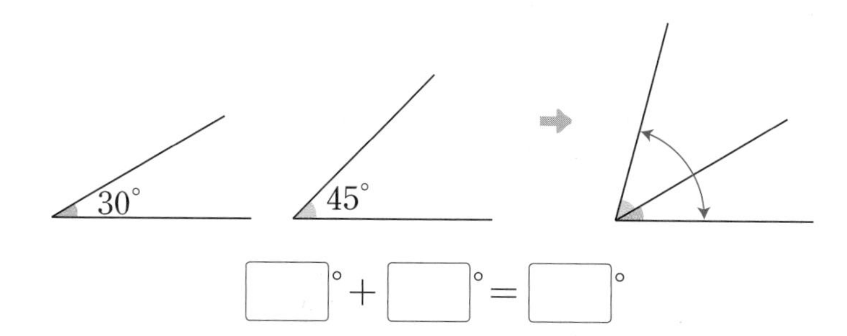

□° + □° = □°

2 각도의 차를 구하는 과정입니다. 두 각도의 차를 구해 보세요.

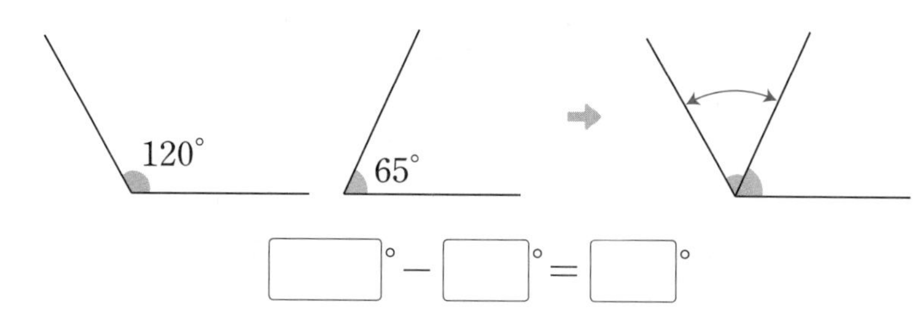

□° − □° = □°

배운 것 연결하기 2학년 1학기

두 자리 수 계산하기

- 덧셈: $54+17=71$
- 뺄셈: $54-17=37$

3 각도의 합과 차를 구해 보세요.

① $55°+30°=$ □°

$55+30=$ □

② $60°+105°=$ □°

$60+105=$ □

③ $70°-40°=$ □°

$70-40=$ □

④ $85°-35°=$ □°

$85-35=$ □

각도의 합과 차는 자연수의 덧셈, 뺄셈과 같은 방법으로 계산하고 계산 결과에 °를 붙여요.

4 두 각도의 합과 차를 구해 보세요.

각도의 차는 큰 각도에서 작은 각도를 빼요.

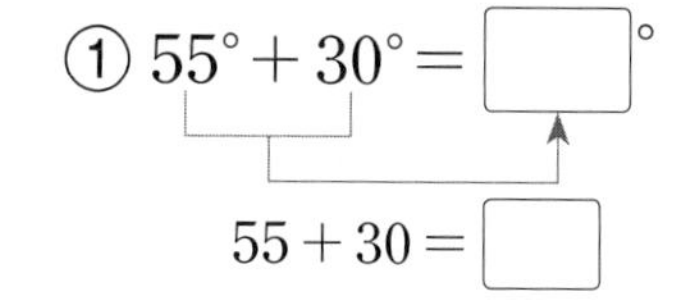

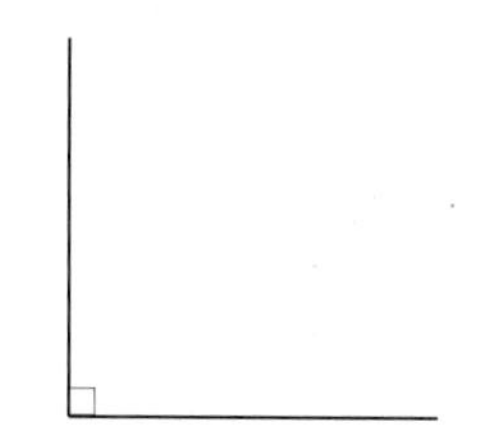

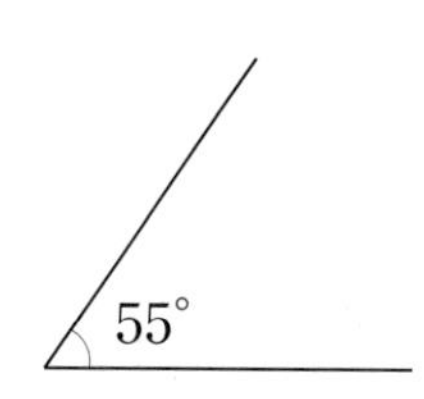

합: □°, 차: □°

삼각형의 세 각의 크기의 합

● **삼각형의 세 각의 크기를 각도기로 재어 세 각의 크기의 합 구하기** — 모양과 크기에 관계없이 삼각형의 세 각의 크기의 합은 180°입니다.

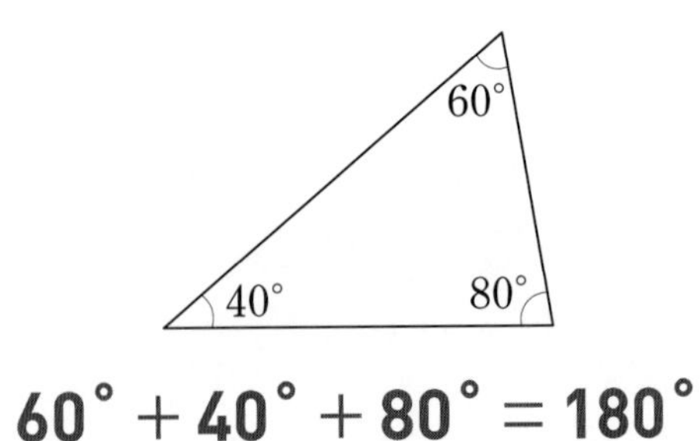

60° + 40° + 80° = 180°

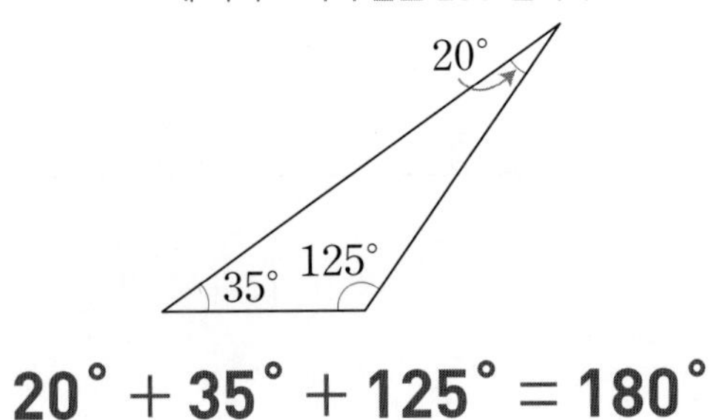

20° + 35° + 125° = 180°

● **삼각형을 잘라서 세 각의 크기의 합 구하기**

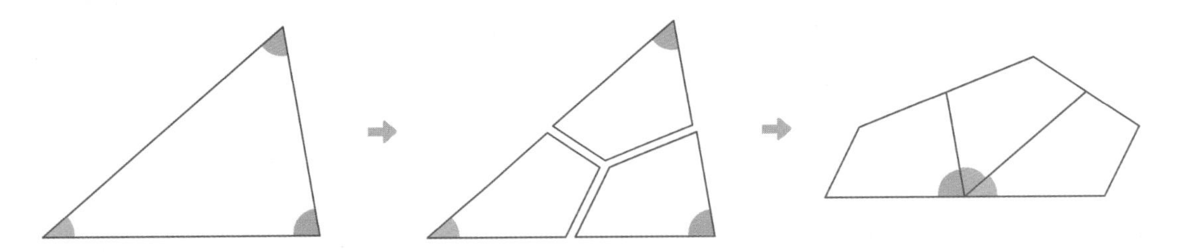

삼각형의 **세 각의 크기의 합은 180°** 입니다.

개념 자세히 보기

• **삼각형을 접어서 세 각의 크기의 합을 구할 수 있어요!**

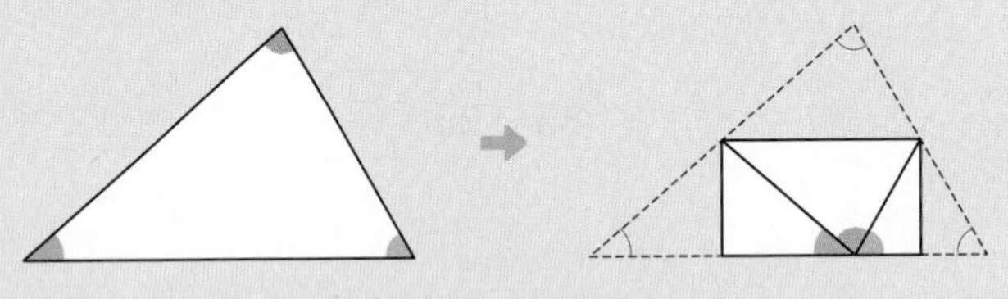

➡ 이어 붙인 세 각이 직선 위에 꼭 맞추어지므로 세 각의 크기의 합은 180°입니다.

• **삼각형의 두 각의 크기를 알면 나머지 한 각의 크기를 구할 수 있어요!**

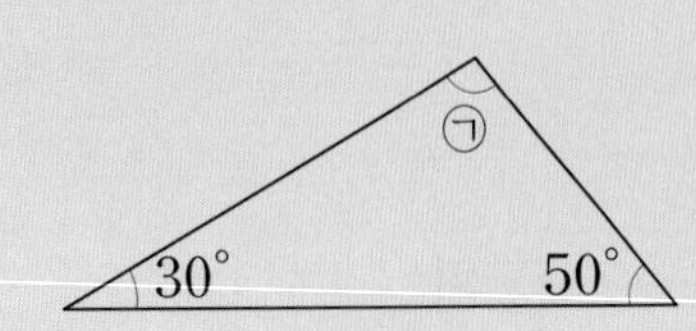

㉠ + 30° + 50° = 180°

➡ ㉠ = 180° − 30° − 50°

= 100°

1

각도기를 사용하여 삼각형의 세 각의 크기를 각각 재어 보고 합을 구하려고 합니다. □ 안에 알맞은 수를 써넣으세요.

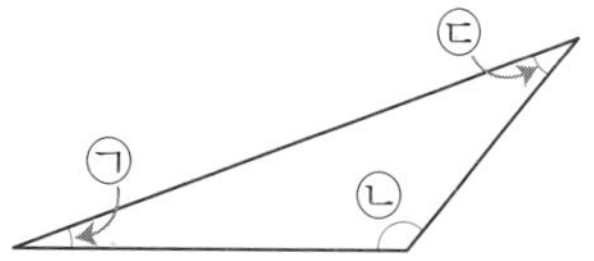

① ㉠ $=$ □$^\circ$, ㉡ $=$ □$^\circ$, ㉢ $=$ □$^\circ$

② 삼각형의 세 각의 크기의 합:

㉠ $+$ ㉡ $+$ ㉢ $=$ □$^\circ +$ □$^\circ +$ □$^\circ =$ □$^\circ$

2

삼각형을 잘라서 세 꼭짓점이 한 점에 모이도록 겹치지 않게 이어 붙였습니다. □ 안에 알맞은 수를 써넣으세요.

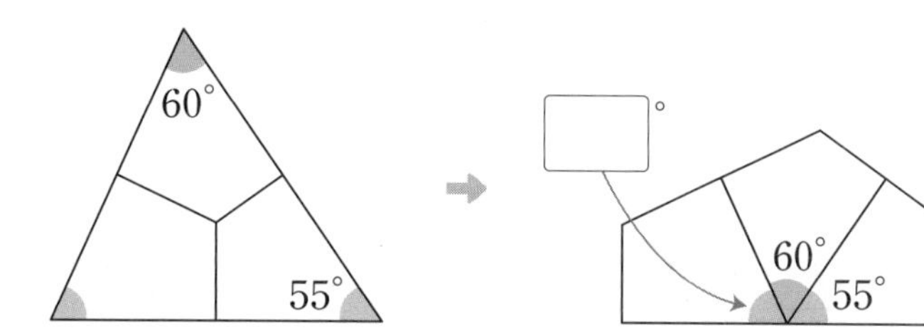

한 직선이 이루는 각도는 180°임을 이용하여 나머지 한 각의 크기를 구해야 해요.

3

㉠의 각도를 구하려고 합니다. □ 안에 알맞은 수를 써넣으세요.

① 80°, 50°, ㉠

$㉠ + 50^\circ + 80^\circ =$ □$^\circ$

㉠ $=$ □$^\circ - 50^\circ - 80^\circ$

$=$ □$^\circ$

②

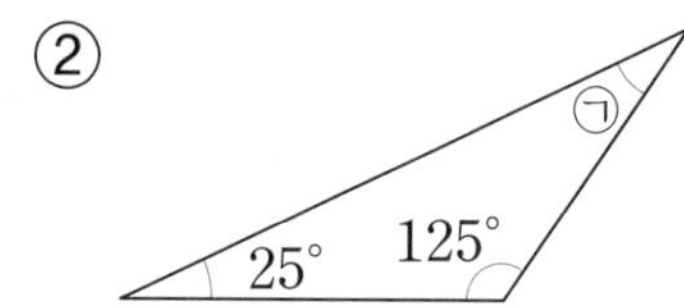

$㉠ + 25^\circ + 125^\circ =$ □$^\circ$

㉠ $=$ □$^\circ - 25^\circ - 125^\circ$

$=$ □$^\circ$

삼각형의 세 각의 크기의 합에서 주어진 두 각의 크기를 빼면 나머지 한 각의 크기를 구할 수 있어요.

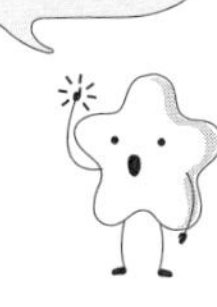

4

㉠과 ㉡의 각도의 합을 구해 보세요.

①

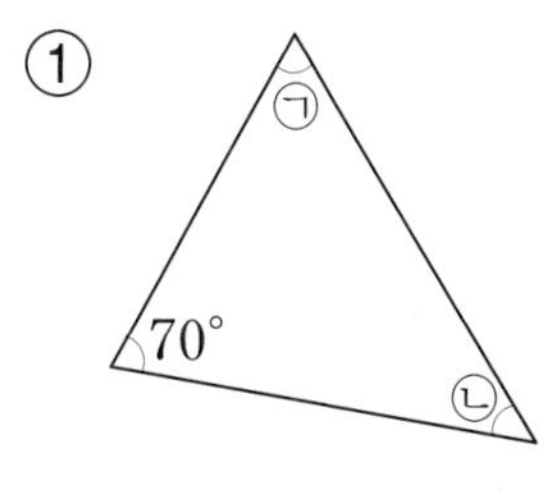

$㉠ + ㉡ + 70^\circ =$ □$^\circ$

➡ ㉠ $+$ ㉡ $=$ □$^\circ - 70^\circ$

$=$ □$^\circ$

②

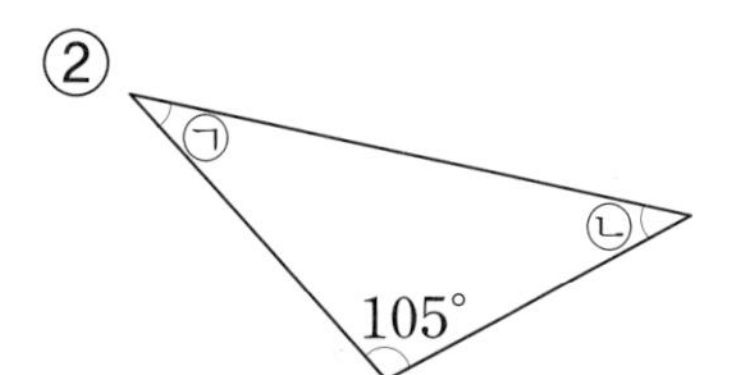

$㉠ + ㉡ + 105^\circ =$ □$^\circ$

➡ ㉠ $+$ ㉡ $=$ □$^\circ - 105^\circ$

$=$ □$^\circ$

삼각형의 세 각의 크기의 합에서 주어진 한 각의 크기를 빼면 나머지 두 각의 크기의 합을 구할 수 있어요.

5 사각형의 네 각의 크기의 합

● **사각형의 네 각의 크기를 각도기로 재어 네 각의 크기의 합 구하기** — 모양과 크기에 관계없이 사각형의 네 각의 크기의 합은 360°입니다.

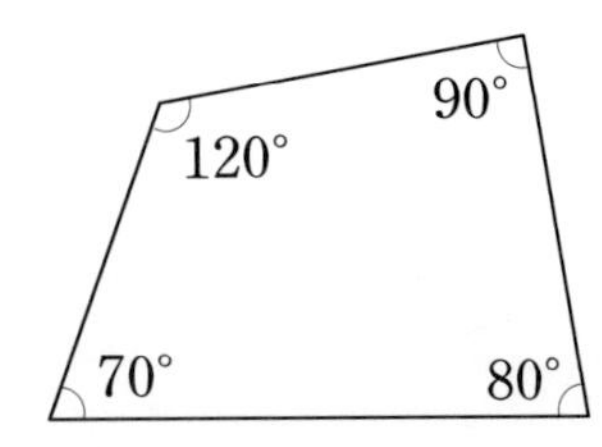

120° + 70° + 80° + 90° = 360°

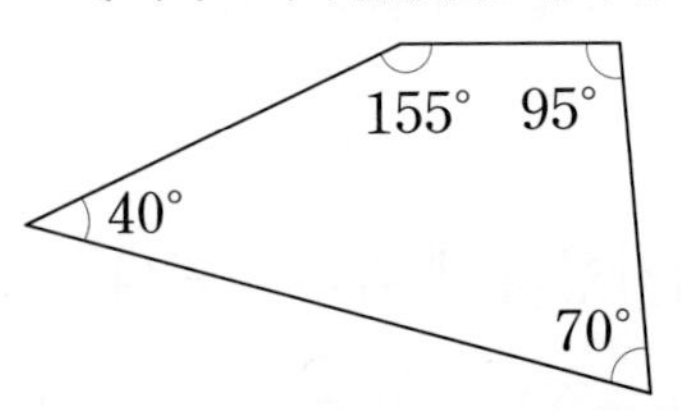

155° + 40° + 70° + 95° = 360°

● **사각형을 잘라서 네 각의 크기의 합 구하기**

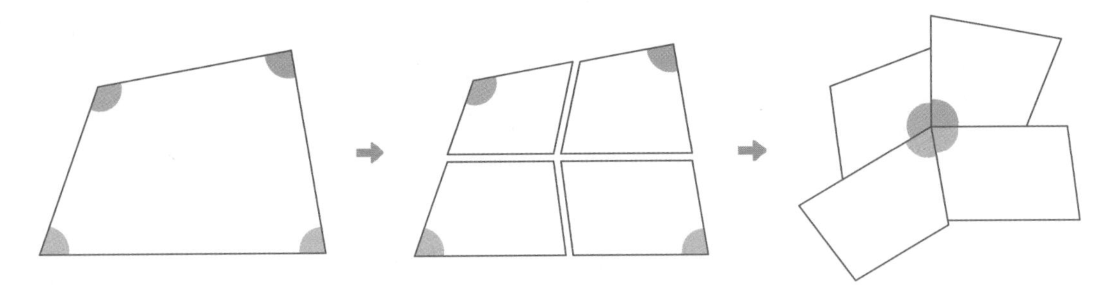

사각형의 **네 각의 크기의 합은 360°**입니다.

개념 자세히 보기

● **사각형을 삼각형으로 나누어 네 각의 크기의 합을 구할 수 있어요!**

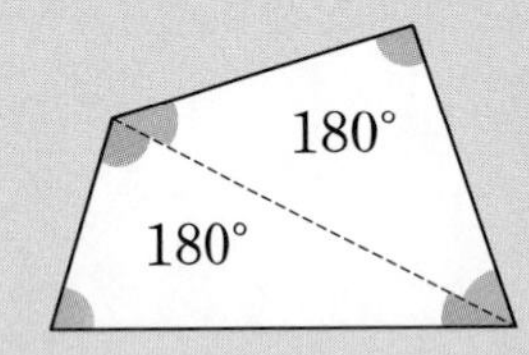

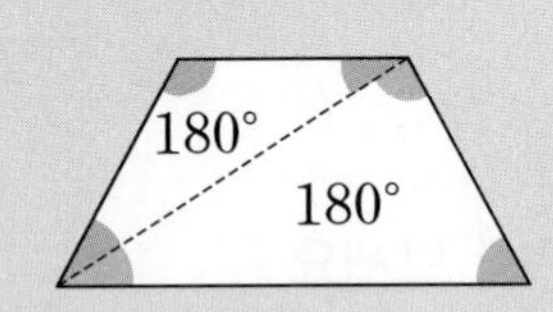

➡ 사각형은 삼각형 2개로 나눌 수 있고 삼각형의 세 각의 크기의 합은 180°이므로 사각형의 네 각의 크기의 합은 $180° \times 2 = 360°$입니다.

● **사각형의 세 각의 크기를 알면 나머지 한 각의 크기를 구할 수 있어요!**

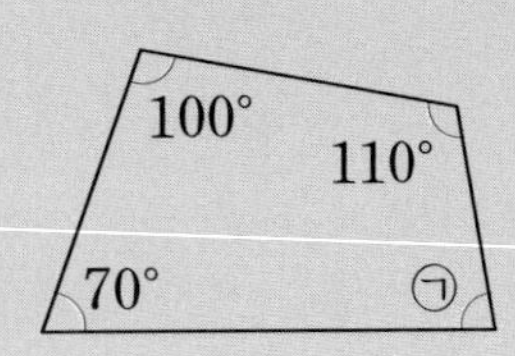

㉠ $+ 110° + 100° + 70° = 360°$

➡ ㉠ $= 360° - 110° - 100° - 70°$

$= 80°$

➔ 정답과 풀이 15쪽

1 각도기를 사용하여 사각형의 네 각의 크기를 각각 재어 보고 합을 구하려고 합니다. □ 안에 알맞은 수를 써넣으세요.

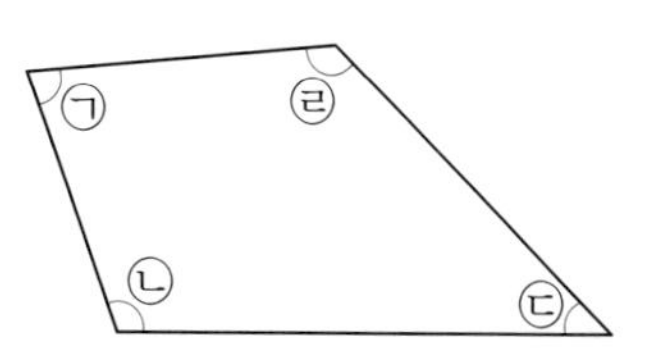

① ㉠ = □°, ㉡ = □°, ㉢ = □°, ㉣ = □°

② 사각형의 네 각의 크기의 합:

㉠ + ㉡ + ㉢ + ㉣ = □° + □° + □° + □°

= □°

사각형을 2개의 삼각형으로 나누는 방법은 두 가지가 있어요.

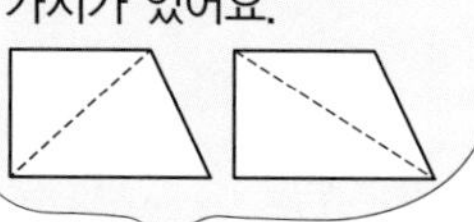

2 □ 안에 알맞은 수를 써넣으세요.

(사각형의 네 각의 크기의 합)

= (삼각형의 세 각의 크기의 합) × □

= □° × □ = □°

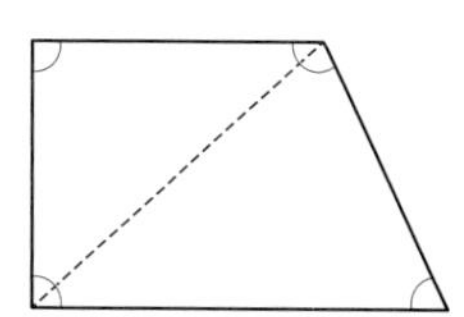

3 ㉠의 각도를 구하려고 합니다. □ 안에 알맞은 수를 써넣으세요.

사각형의 네 각의 크기의 합에서 주어진 세 각의 크기를 빼면 나머지 한 각의 크기를 구할 수 있어요.

①

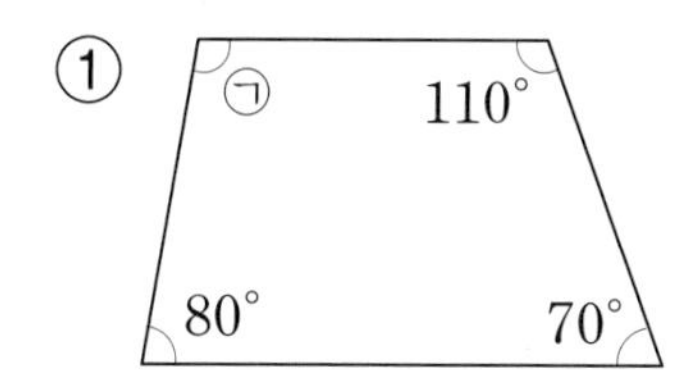

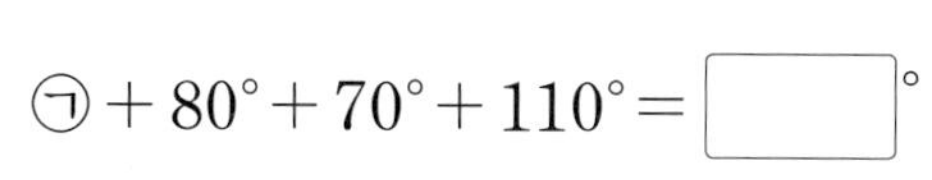

㉠ + 80° + 70° + 110° = □°

㉠ = □° − 80° − 70° − 110°

= □°

②

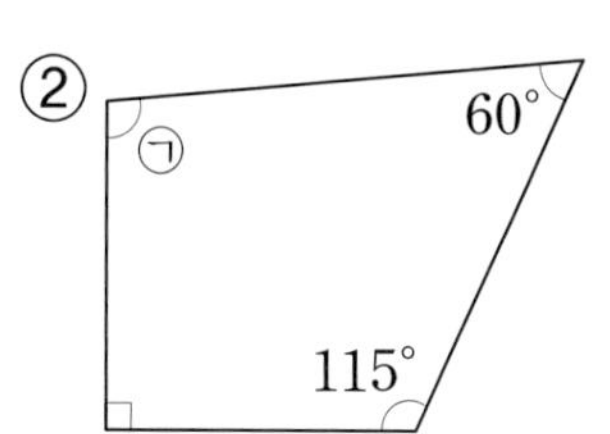

㉠ + 90° + 115° + 60° = □°

㉠ = □° − 90° − 115° − 60°

= □°

4 ㉠과 ㉡의 각도의 합을 구해 보세요.

①

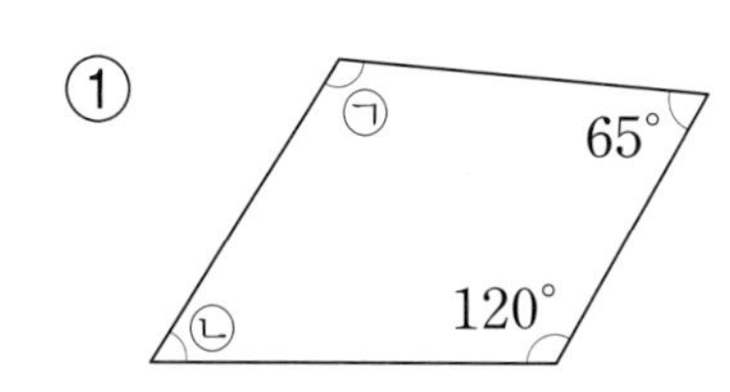

㉠ + ㉡ + 120° + 65° = □°

➡ ㉠ + ㉡ = □° − 120° − 65°

= □°

②

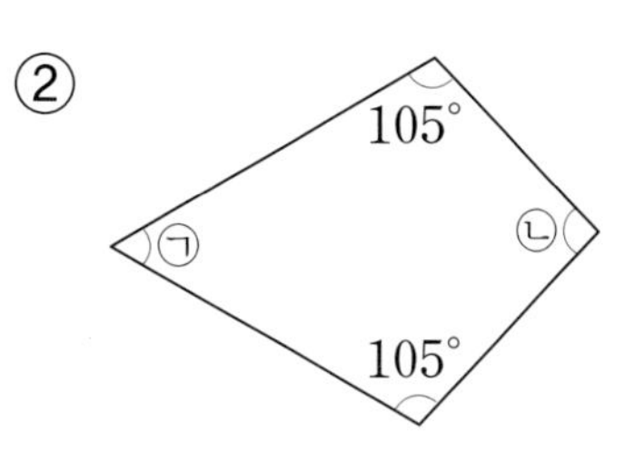

㉠ + 105° + ㉡ + 105° = □°

➡ ㉠ + ㉡ = □° − 105° − 105°

= □°

기본기 강화 문제

12 각도의 합과 차

• 계산 결과에 맞게 빈칸에 알맞은 글자를 써넣어 단어를 완성해 보세요.

국　나

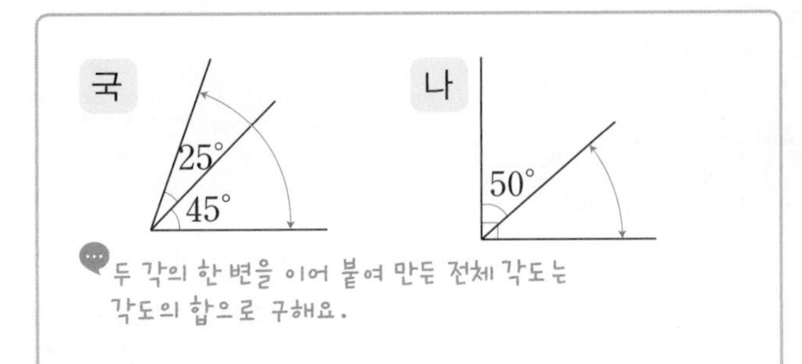

두 각의 한 변을 이어 붙여 만든 전체 각도는 각도의 합으로 구해요.

람　미

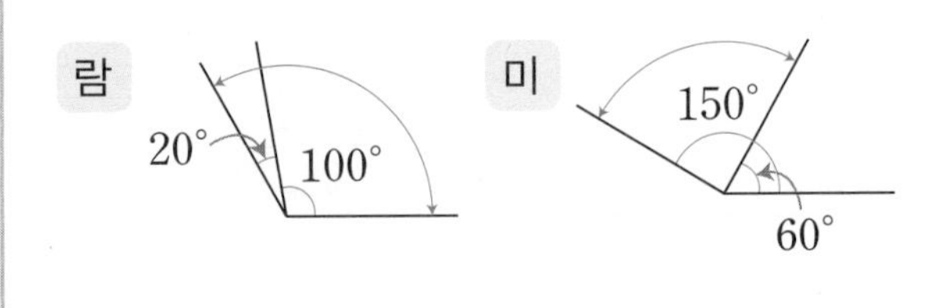

바　무

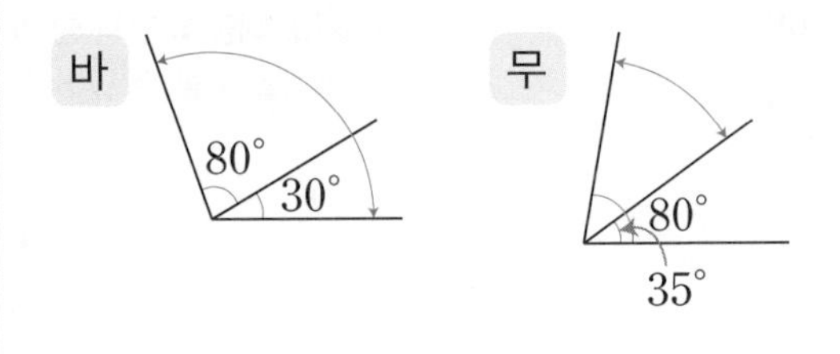

장 $65°+75°$　　팔 $130°-115°$

화 $125°+25°$　　꽃 $150°-70°$

글자			
각도	140°	90°	80°

13 각도의 계산에서 예각, 직각, 둔각 찾기

• 각도의 합과 차를 계산하여 예각, 직각, 둔각 중 어느 것인지 써 보세요.

1

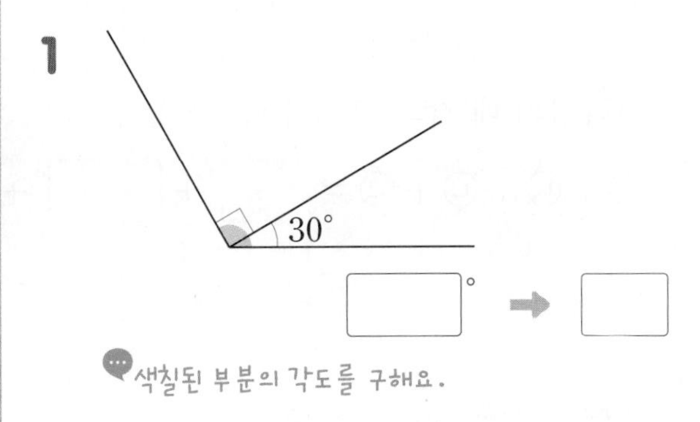

$\square°$ ➡ $\square$

색칠된 부분의 각도를 구해요.

2

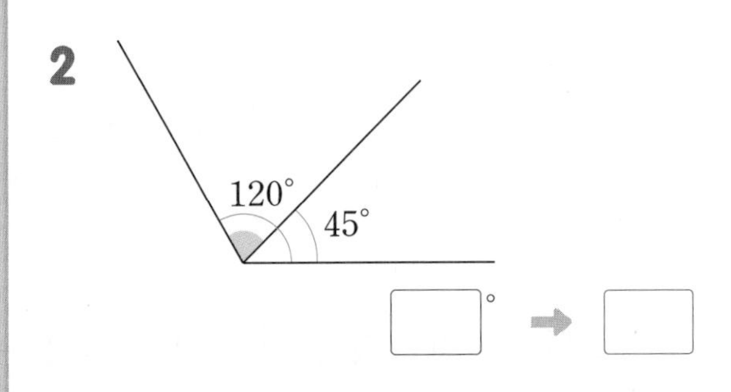

$\square°$ ➡ $\square$

3

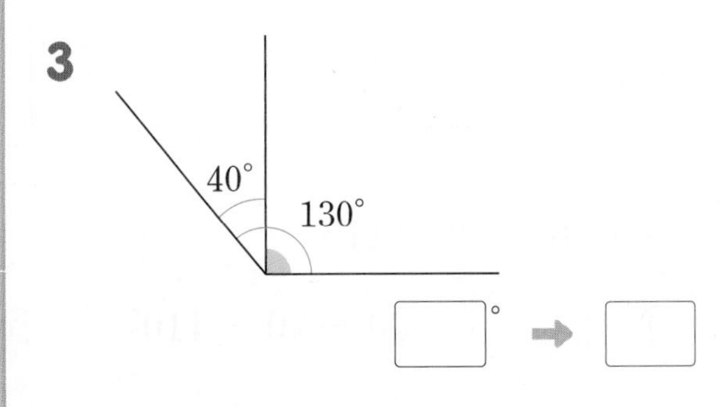

$\square°$ ➡ $\square$

4 $110°-55°=\square°$ ➡ $\square$

5 $136°-29°=\square°$ ➡ $\square$

6 $124°-85°=\square°$ ➡ $\square$

정답과 풀이 15쪽

14 각도를 재어 가장 큰 각과 가장 작은 각의 합, 차 구하기

- 아기 돼지 삼형제가 각자 집을 지었어요. 각도기로 지붕에 표시된 각도를 재어 보고, 가장 큰 각과 가장 작은 각의 합과 차를 구해 보세요.

1

□° □° □°

합 ( ), 차 ( )

2

□° □° □°

합 ( ), 차 ( )

15 직선을 이용하여 각도 구하기

- □ 안에 알맞은 수를 써넣으세요.

1

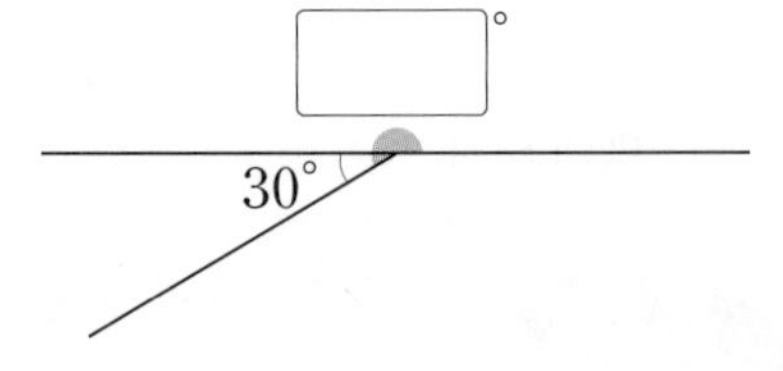

$180° + 30° = \square°$

한 직선이 이루는 각도는 180°예요.

2

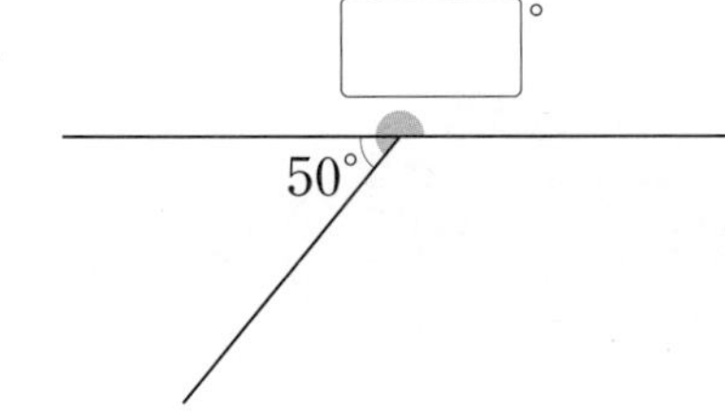

3

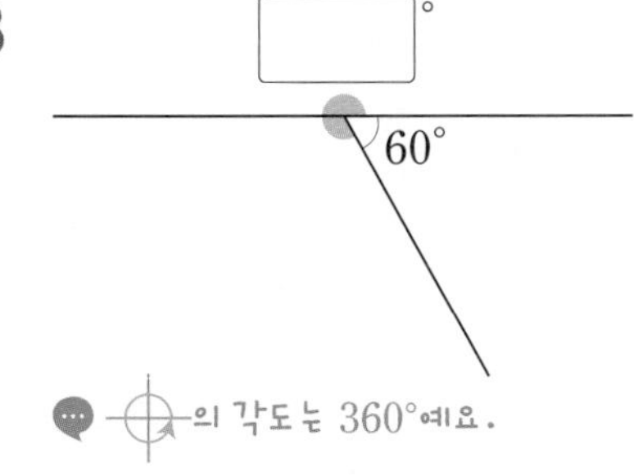

의 각도는 360°예요.

4

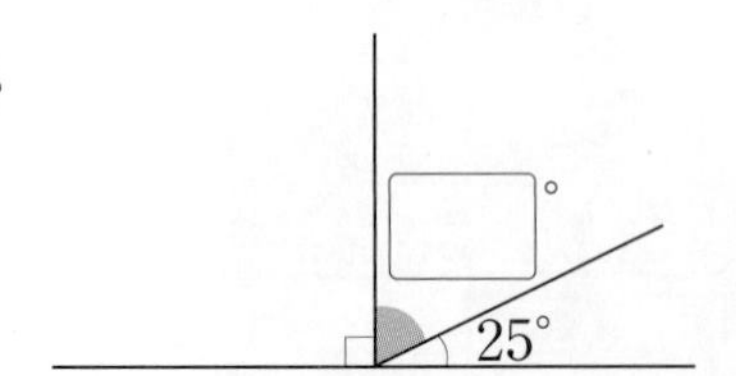

5

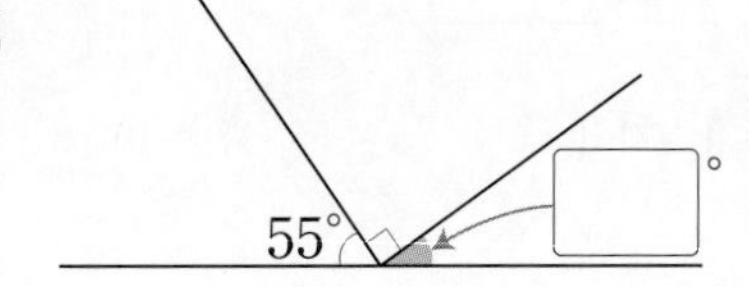

16 삼각형에서 각도 구하기

- □ 안에 알맞은 수를 써넣으세요.

1

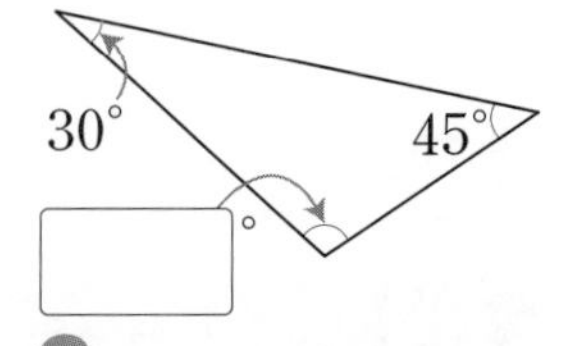

삼각형의 세 각의 크기의 합은 180°예요.

2

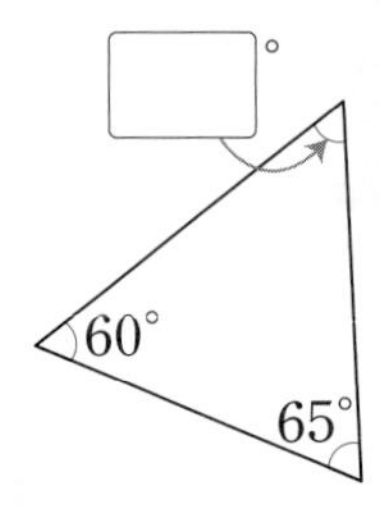

3

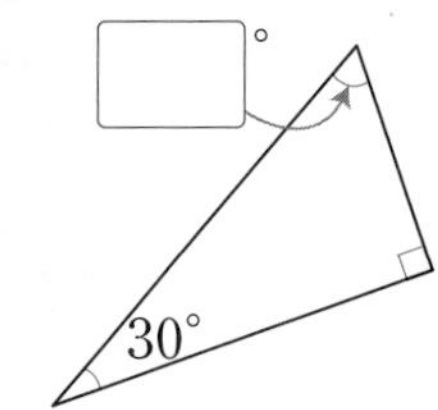

- 삼각형의 세 각의 크기를 나타낸 것입니다. □ 안에 알맞은 각도를 구해 보세요.

4

70°	□	25°

( )

5

( )

6

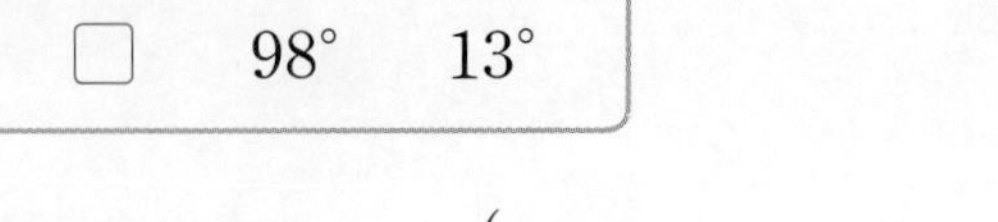

( )

➲ 정답과 풀이 15쪽

17 삼각형의 세 각의 크기 알아보기

• 옆, 위, 아래에 있는 세 각도가 삼각형의 세 각의 크기인 곳을 모두 찾아 ◯표 하세요.

1

25°	50°	110°	20°
65°	45°	75°	50°
90°	100°	20°	80°
40°	30°	100°	65°
30°	60°	90°	40°

더해서 180°가 되는 세 각도를 찾아봐요.

2

45°	10°	115°	55°
90°	60°	20°	90°
35°	70°	80°	50°
60°	50°	20°	70°
85°	30°	80°	40°

18 삼각자로 만들어진 각도 구하기

• 두 삼각자를 겹쳐서 ㉠을 만든 것입니다. ㉠의 각도를 구해 보세요.

1

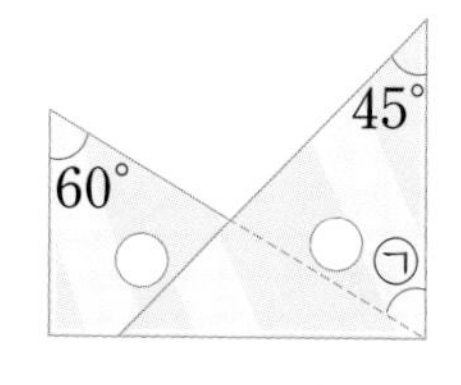

( )

삼각자는 30°, 60°, 90°인 삼각자와 45°, 45°, 90°인 삼각자 두 종류가 있어요.

2

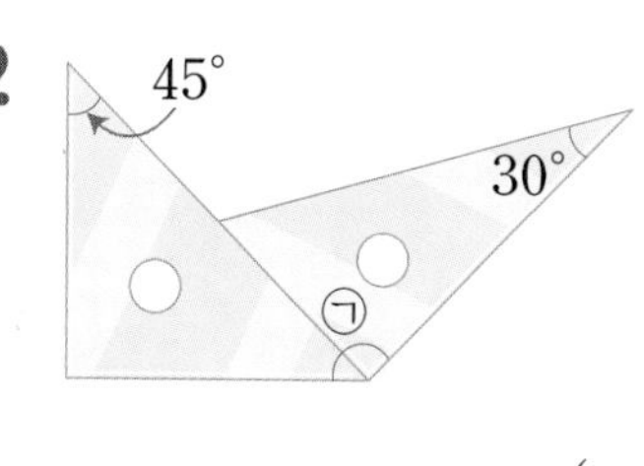

( )

3

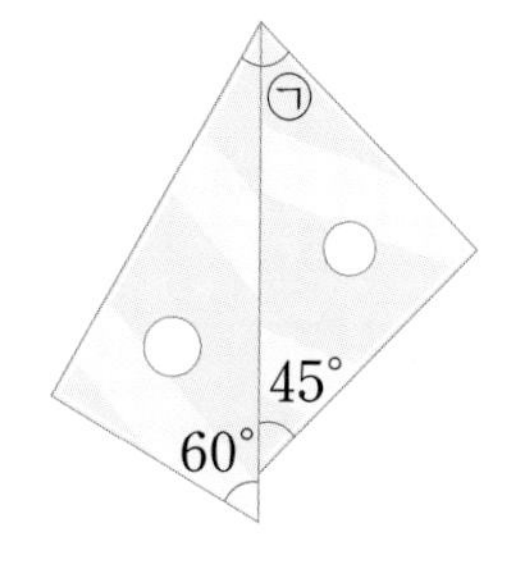

( )

4

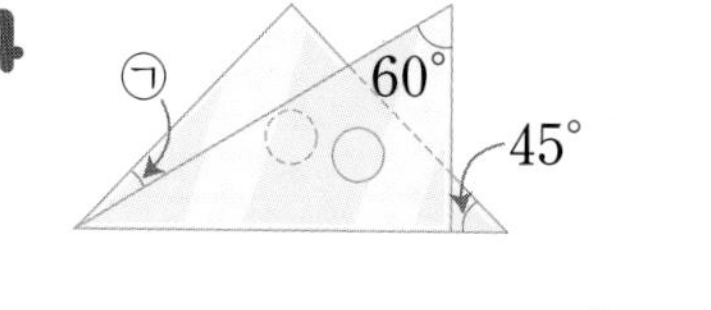

( )

19 사각형에서 각도 구하기

● □ 안에 알맞은 수를 써넣으세요.

1

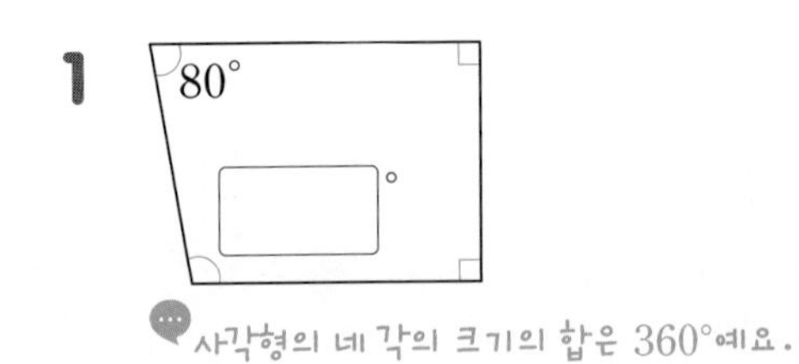

2

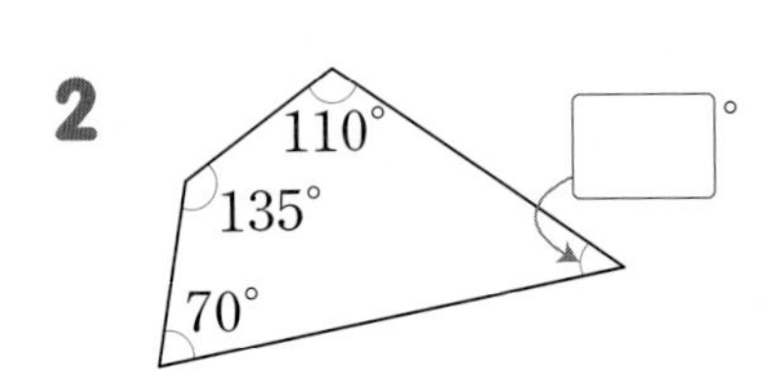

3

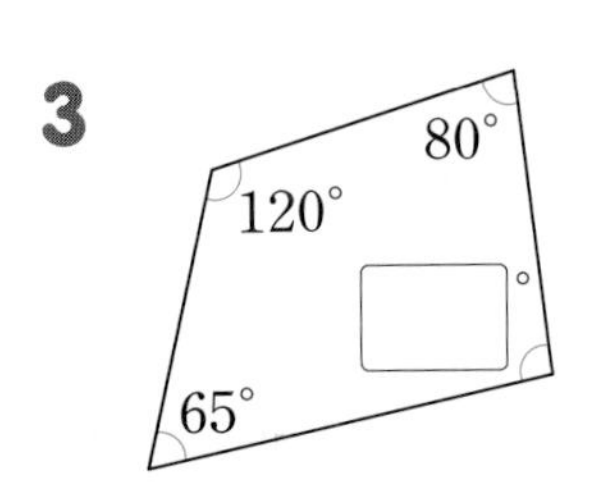

● 사각형의 네 각의 크기를 나타낸 것입니다. □ 안에 알맞은 각도를 구해 보세요.

4

( )

5

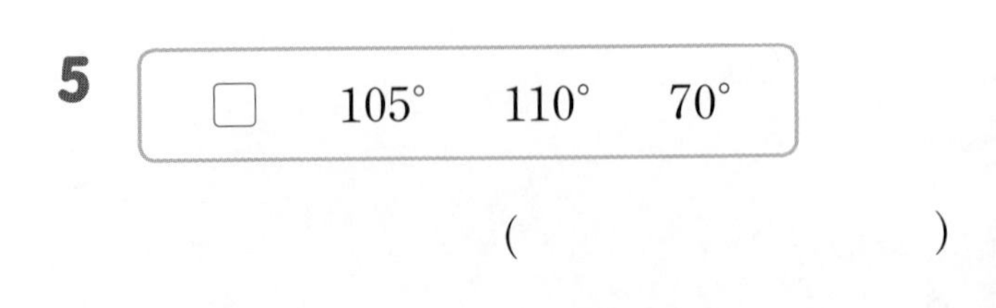

( )

6

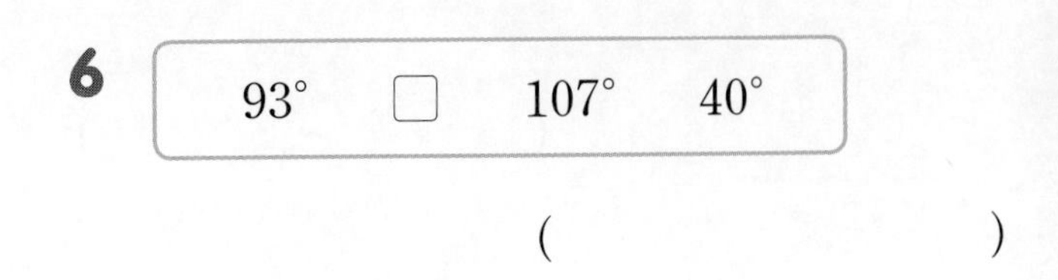

( )

20 사각형의 네 각의 크기 알아보기

● 사각형의 네 각의 크기로 잘못된 것을 찾아 기호를 써 보세요.

1

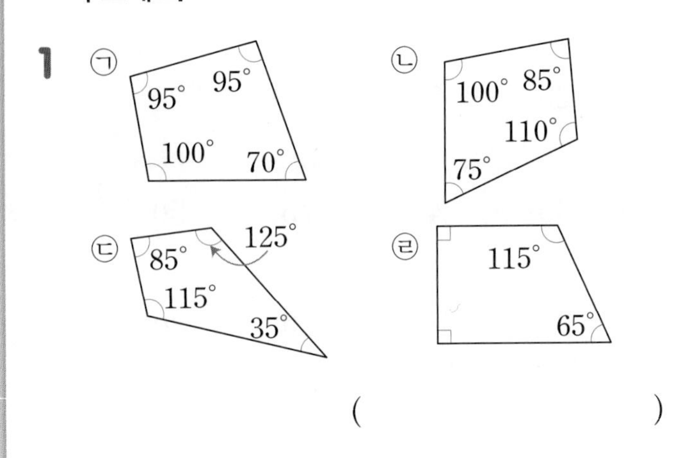

( )

2

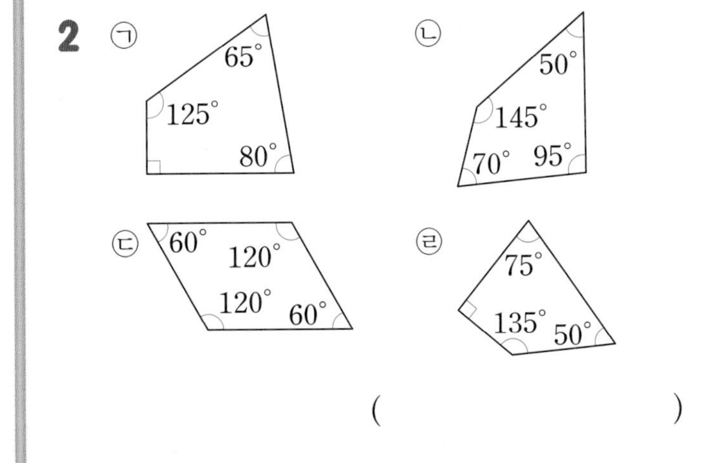

( )

3

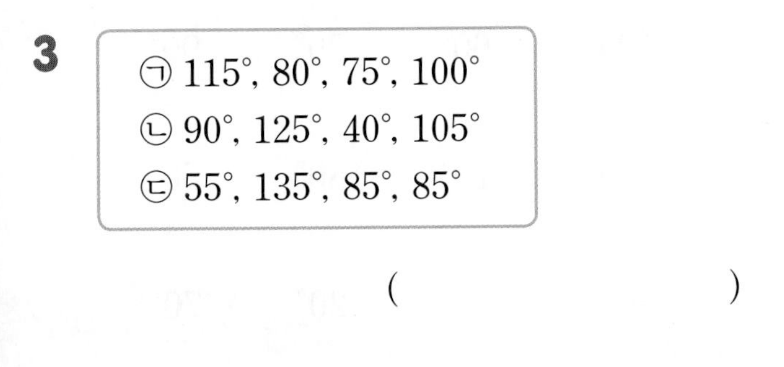

( )

4

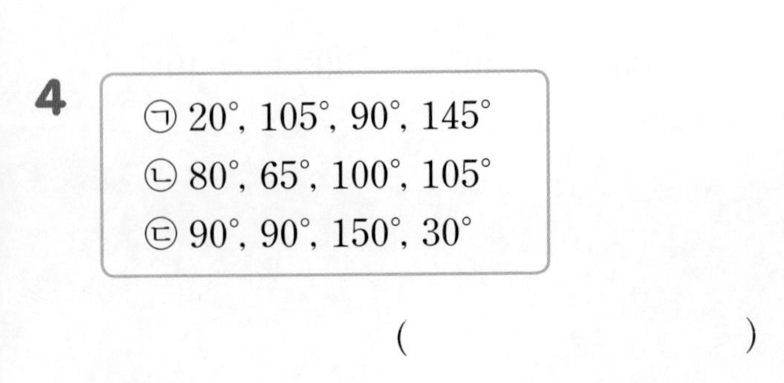

( )

정답과 풀이 16쪽

21 사각형의 네 각의 크기의 합

• 사각형의 네 각의 크기를 가로와 세로에 나타냈습니다. 빈칸에 알맞은 수를 써넣으세요.

1

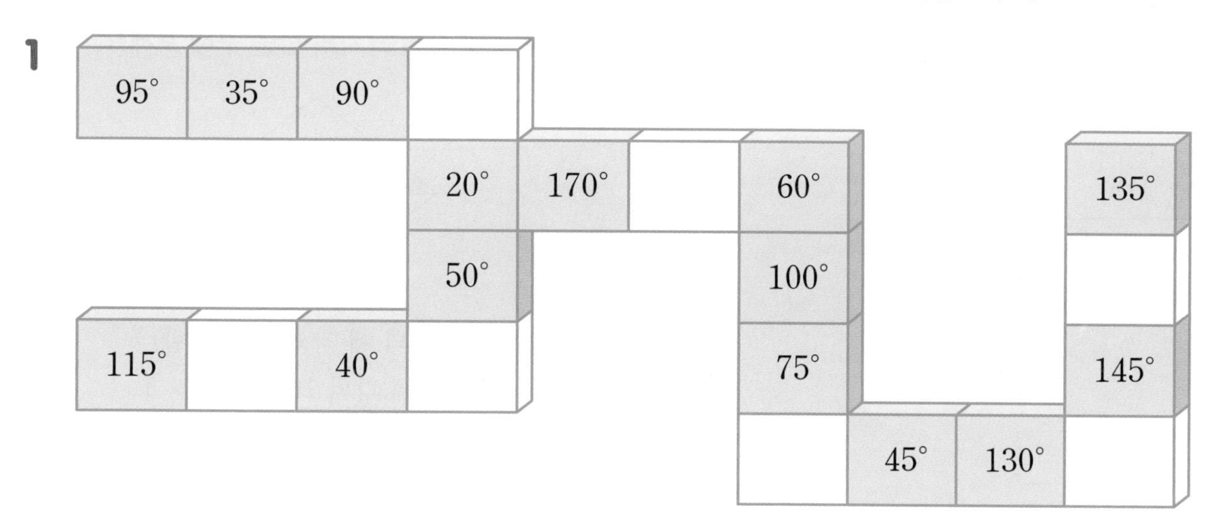

2

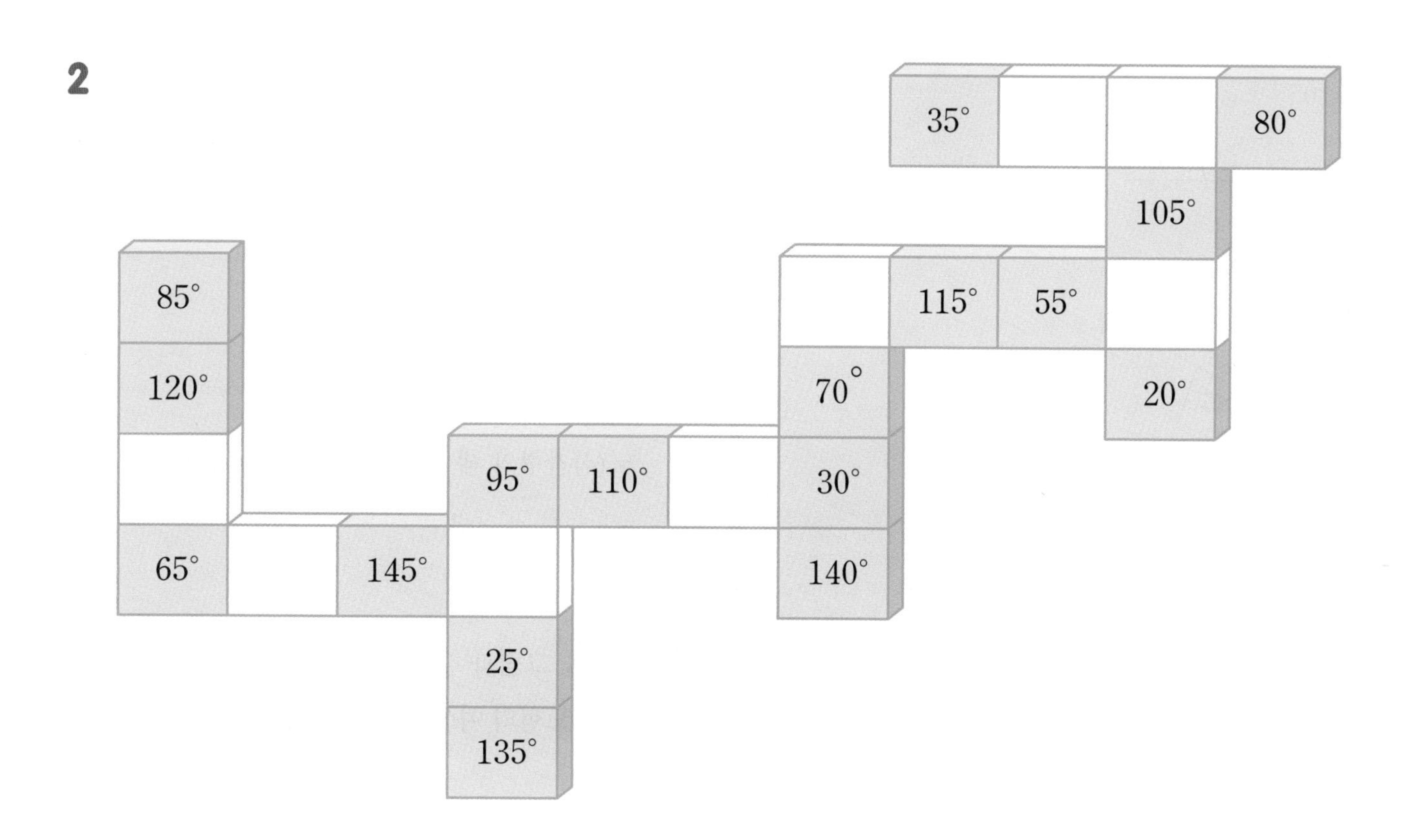

정답과 풀이 17쪽

22 도형 밖의 각도 구하기

- □ 안에 알맞은 수를 써넣으세요.

1

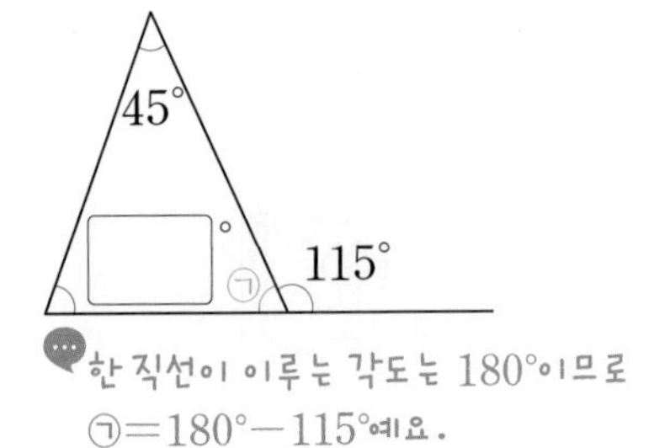

한 직선이 이루는 각도는 180°이므로 ㉠=180°−115°예요.

2

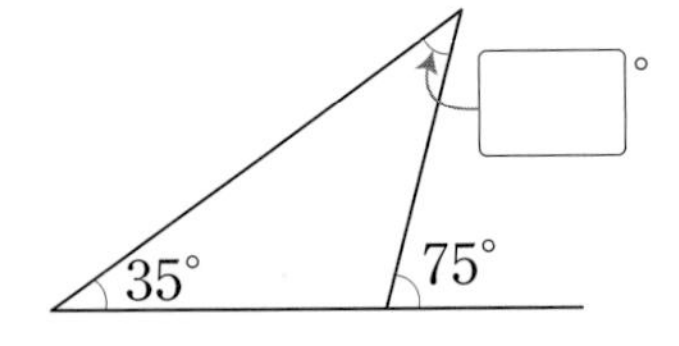

3

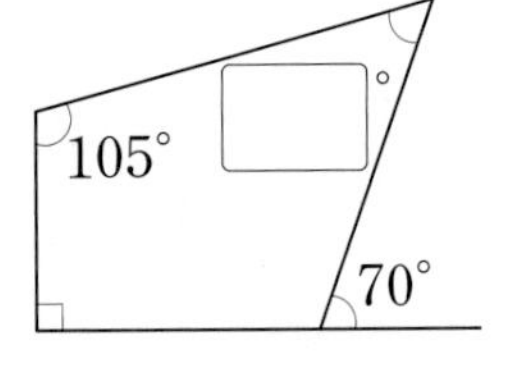

4

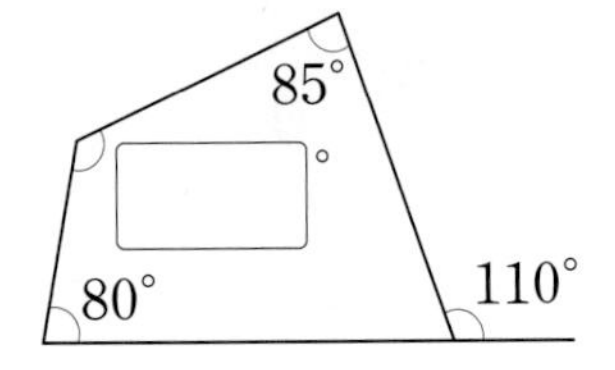

5

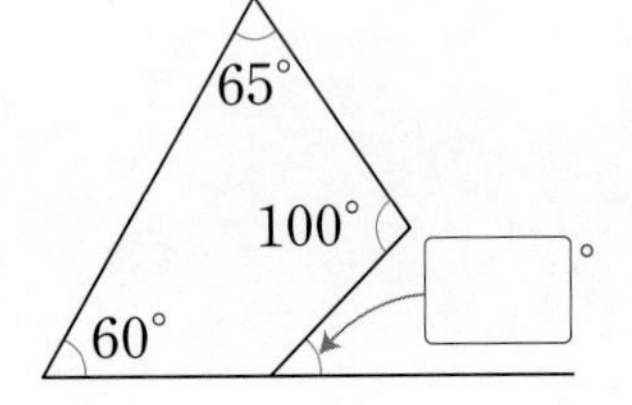

23 모든 각의 크기의 합 구하기

1 사각형을 그림과 같이 4개의 삼각형으로 나누어 사각형의 네 각의 크기의 합을 구해 보세요.

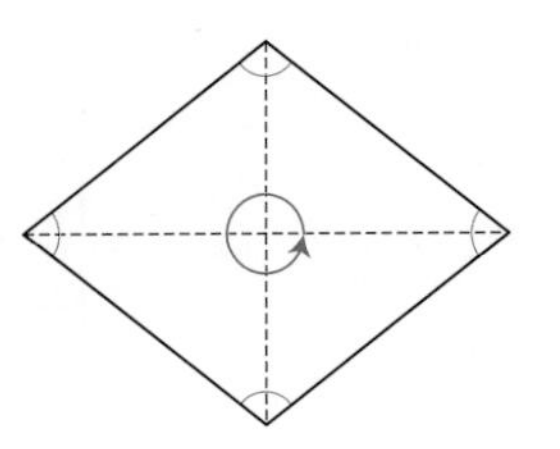

- (4개의 삼각형의 세 각의 크기의 합)
  = (삼각형의 세 각의 크기의 합) × 4
  = □° × 4 = □°
- (사각형의 네 각의 크기의 합)
  = (4개의 삼각형의 세 각의 크기의 합)
  − (의 각도)
  = □° − 360° = □°

2 도형을 그림과 같이 3개의 삼각형으로 나누었습니다. 도형의 다섯 각의 크기의 합을 구해 보세요.

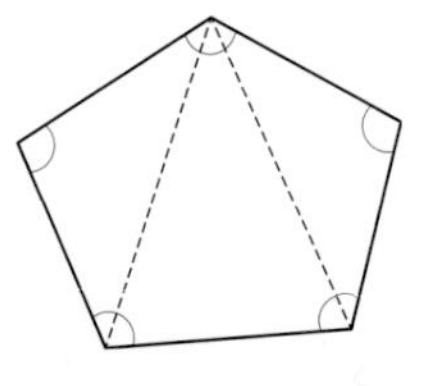

(도형의 다섯 각의 크기의 합)
= (삼각형의 세 각의 크기의 합) × 3
= □° × 3 = □°

3 도형을 그림과 같이 4개의 삼각형으로 나누었습니다. 도형의 여섯 각의 크기의 합을 구해 보세요.

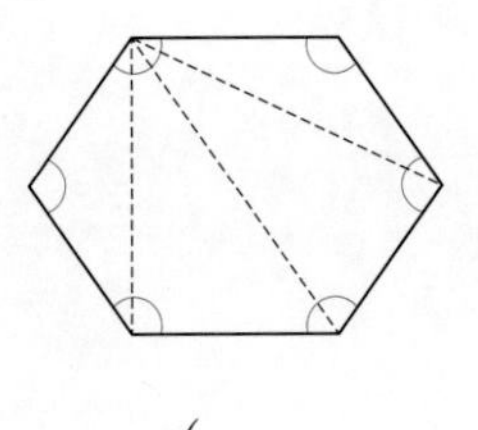

( )

단원 평가

점수 | 확인

1 보기 의 각보다 작은 각을 찾아 ○표 하세요.

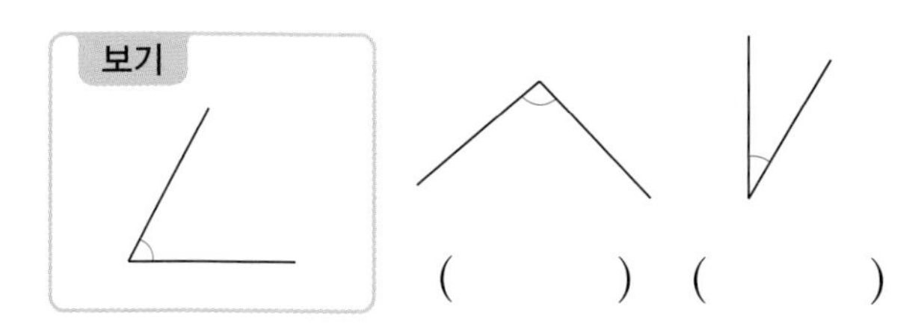

( ) ( )

2 각도를 바르게 잰 것에 ○표 하세요.

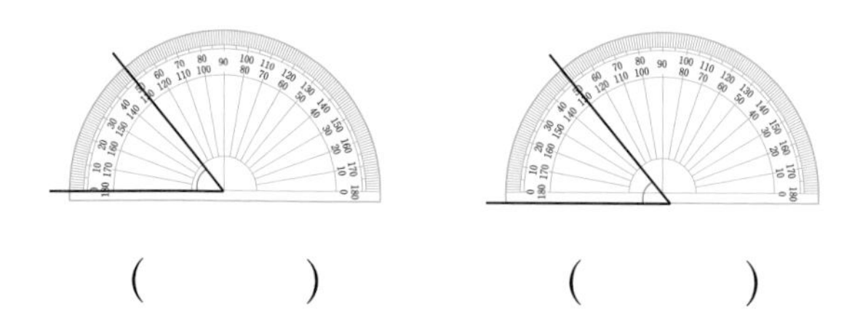

( ) ( )

3 큰 각부터 차례로 기호를 써 보세요.

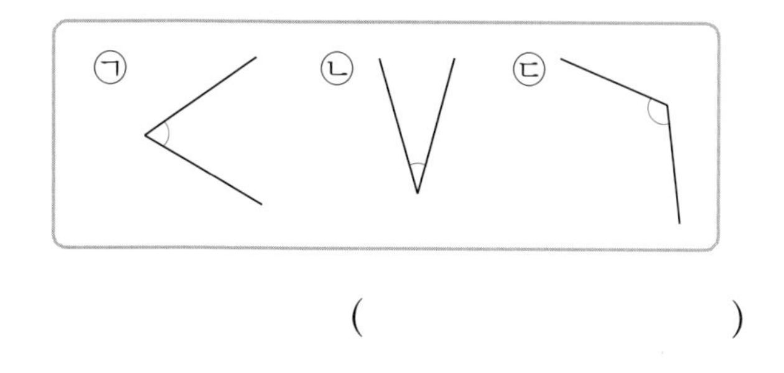

( )

4 각도기를 사용하여 각도를 재어 보세요.

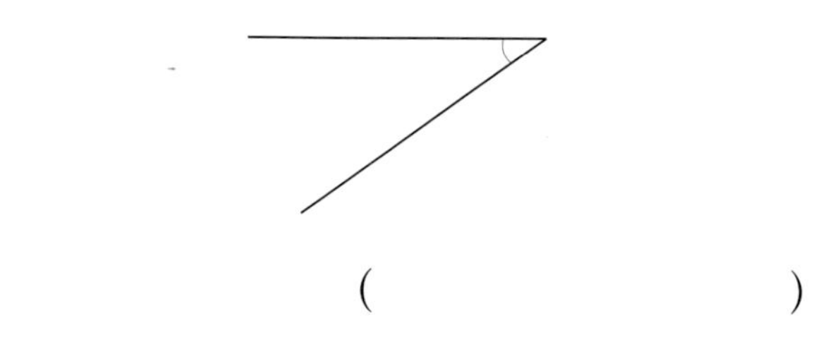

( )

5 삼각자의 각을 보고 각도를 어림하고 각도기로 재어 확인해 보세요.

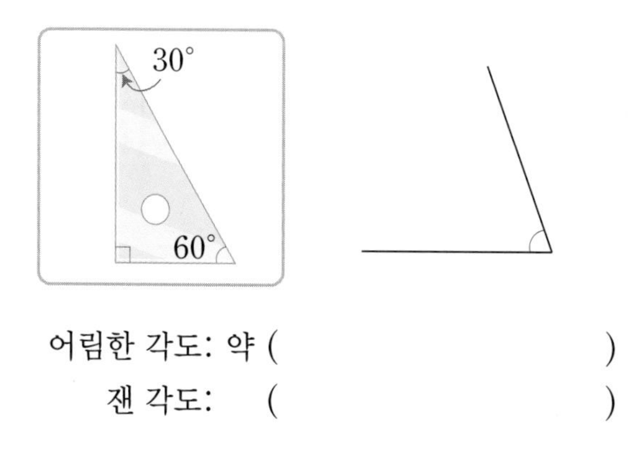

어림한 각도: 약 ( )

잰 각도: ( )

6 예각을 모두 고르세요. ( )

① 60° ② 90° ③ 80°

④ 180° ⑤ 120°

7 □ 안에 예각은 '예', 둔각은 '둔'을 써넣으세요.

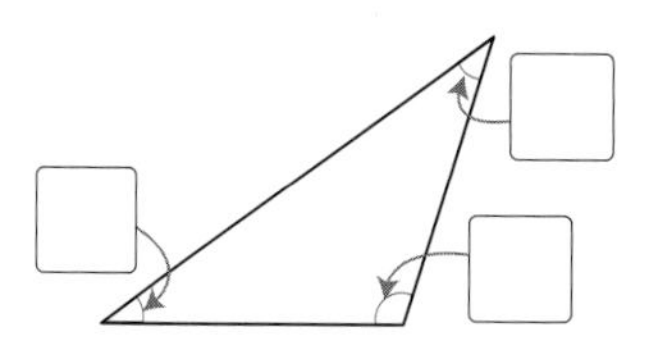

8 은희와 준서가 각자 그린 삼각형의 세 각의 크기를 재었습니다. 바르게 잰 사람의 이름을 써 보세요.

( )

2

9 시계의 긴바늘과 짧은바늘이 이루는 작은 쪽의 각이 둔각인 것은 어느 것일까요? (　　　)

① 2시 20분　② 4시 15분
③ 5시 35분　④ 6시 40분
⑤ 11시 30분

10 각 ㄱㄴㄷ의 크기를 구해 보세요.

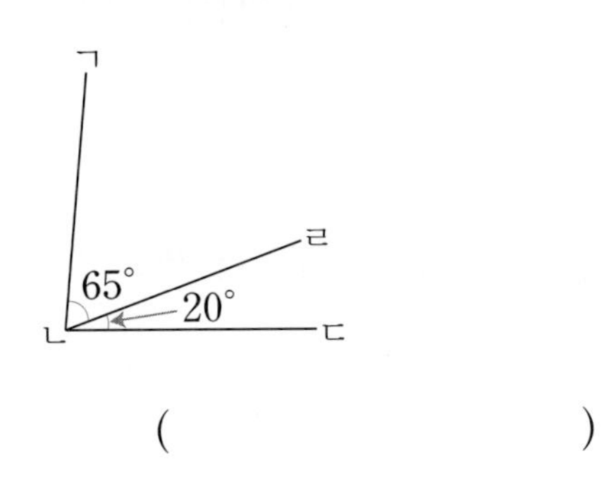

(　　　　　　　　)

11 각도기를 사용하여 각도를 재어 보고 두 각도의 합과 차를 각각 구해 보세요.

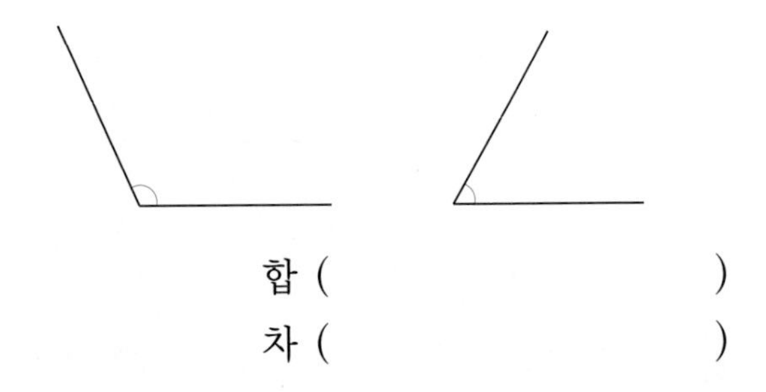

합 (　　　　　　　　)
차 (　　　　　　　　)

12 가장 큰 각도와 가장 작은 각도의 차를 구해 보세요.

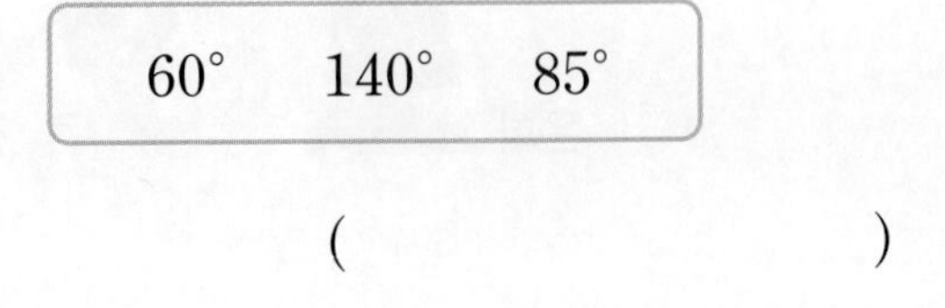

(　　　　　　　　)

13 민결이가 블록 놀이를 할 때는 책을 읽을 때보다 스탠드의 각도를 몇 도 더 높였는지 구해 보세요.

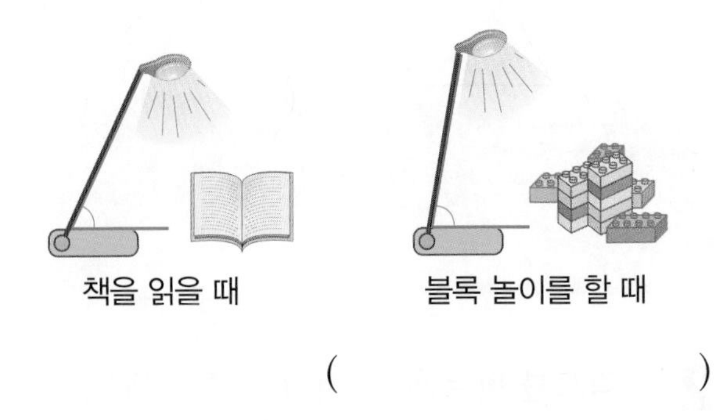

(　　　　　　　　)

14 삼각형의 세 각을 잘라서 직선 위에 맞춘 것입니다. 나머지 한 각의 크기는 몇 도일까요?

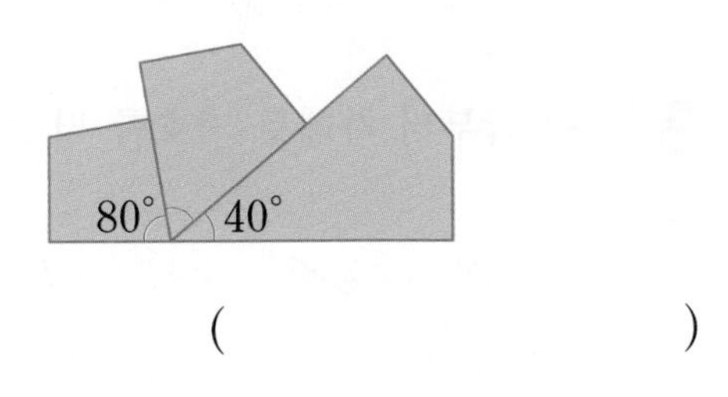

(　　　　　　　　)

15 □ 안에 알맞은 수를 써넣으세요.

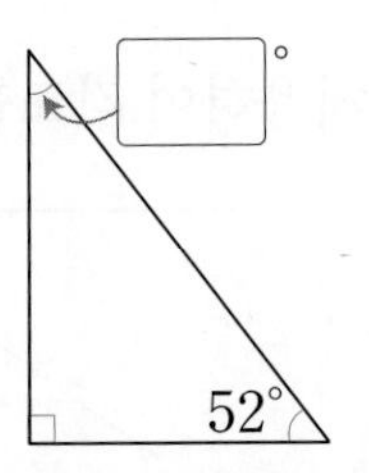

16 보기 의 삼각자를 이용하여 만든 것입니다. □ 안에 알맞은 수를 써넣으세요.

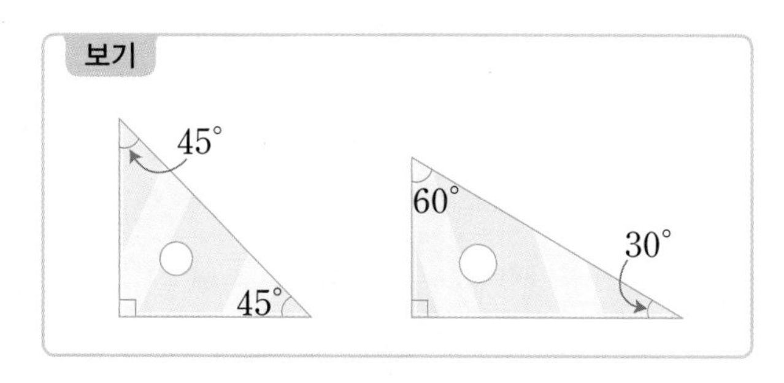

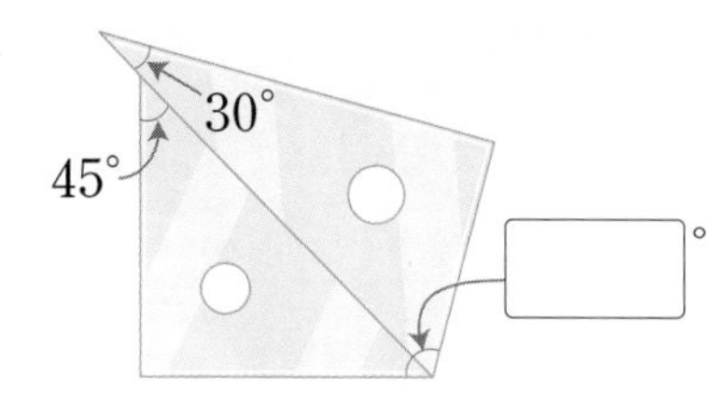

17 사각형의 네 각의 크기를 나타낸 것입니다. □ 안에 알맞은 각도를 구해 보세요.

95°	145°	□	40°

( )

18 도형의 여섯 각의 크기의 합을 구해 보세요.

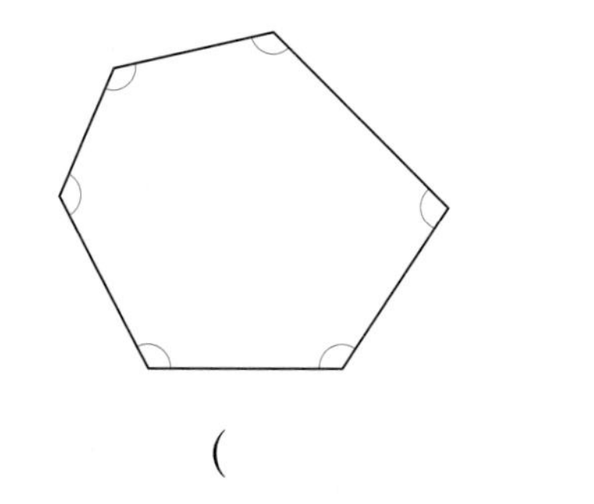

( )

19 각도를 잘못 구한 까닭을 보기 와 같이 설명하고 바르게 구해 보세요.

보기

130°

각도기의 바깥쪽 눈금을 읽어야 하는데 안쪽 눈금을 읽었습니다.

답 50°

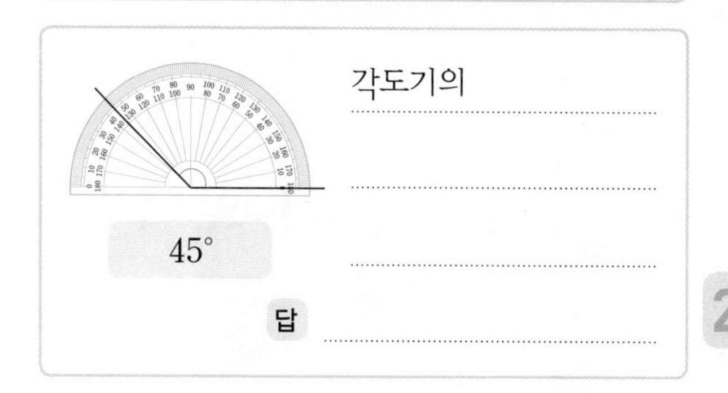

각도기의

답

20 ㉠과 ㉡의 각도의 합은 몇 도인지 보기 와 같이 풀이 과정을 쓰고 답을 구해 보세요.

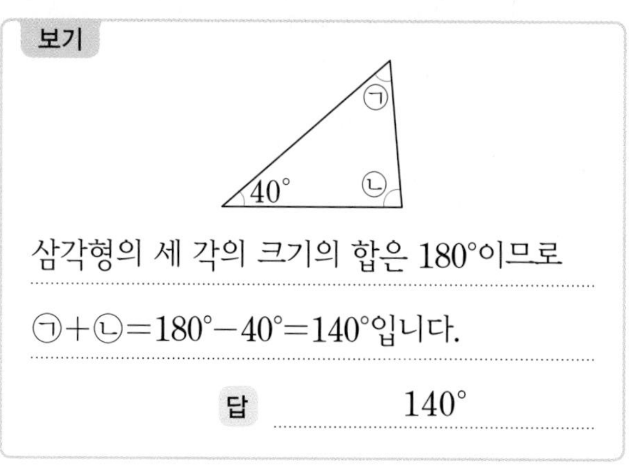

삼각형의 세 각의 크기의 합은 180°이므로

㉠+㉡=180°−40°=140°입니다.

답 140°

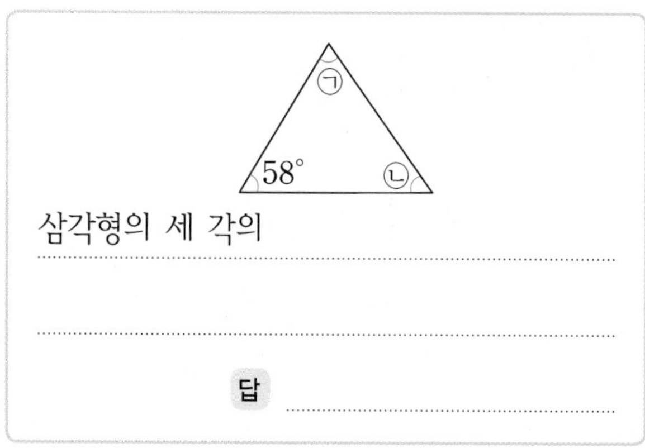

삼각형의 세 각의

답

3 곱셈과 나눗셈

준수와 친구들은 가게에서 각자 좋아하는 사탕을 사려고 해요.
친구들이 사탕을 사는 데 필요한 금액을 □ 안에 알맞게 써넣으세요.

1 (세 자리 수)×(몇십)

● **(세 자리 수)×(몇십)**

(세 자리 수)×(몇)을 계산한 다음 0을 1개 붙입니다.

$$123 \times 30 = 123 \times 3 \times 10 = 369 \times 10 = 3690$$

$$123 \times 3 = 369$$

10배 ↓ 10배 ↓

$$123 \times 30 = 3690$$

$$\begin{array}{r} 123 \\ \times \quad 3 \\ \hline 369 \end{array} \rightarrow \begin{array}{r} 123 \\ \times \quad 30 \\ \hline 3690 \end{array}$$

● **(몇백)×(몇십)**

(몇)×(몇)을 계산한 다음 두 수의 0의 개수만큼 0을 붙입니다.

0이 3개

$$200 \times 30 = 6000$$

2×3=6

$$\begin{array}{r} 200 \\ \times \quad 30 \\ \hline 6000 \end{array}$$

개념 자세히 보기

• **(몇)×(몇)에서도 0이 생길 수 있으므로 0의 개수에 주의해요!**

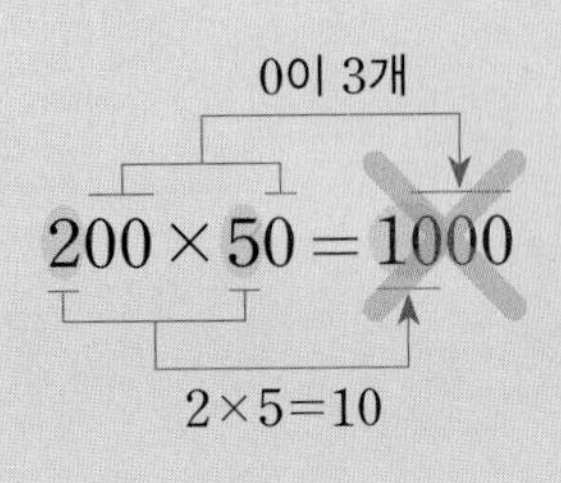

0이 3개

$200 \times 50 = 10000$ (O)

2×5=10

개념 다르게 보기

• **어림하여 계산할 수 있어요!**

197×30

197을 어림하면 200쯤이므로 197×30을 어림하여 구하면 약 200×30=6000입니다.

1

317×30에서 317을 몇백몇십쯤으로 어림하여 계산한 것입니다. □ 안에 알맞은 수를 써넣으세요.

> 317을 어림하면 □쯤이므로 317×30을 어림하여 구하면
> 약 □×□=□입니다.

2

□ 안에 알맞은 수를 써넣으세요.

① 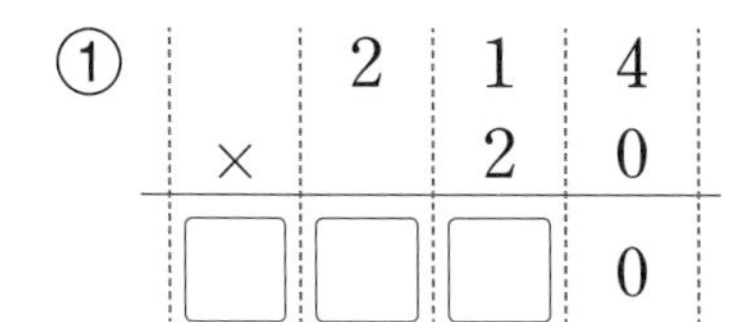

	2	1	4
×		2	0
□	□	□	0

②

	1	1	2
×		4	0
□	□	□	0

③

	4	2	4
×		2	0
□	□	□	0

④

		2	3	2
	×		6	0
□	□	□	□	0

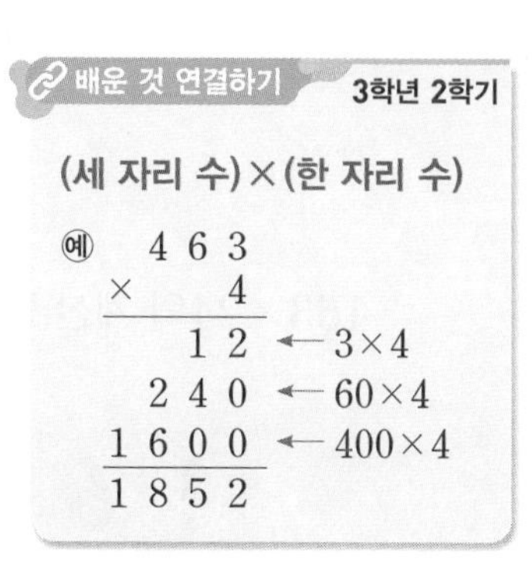

배운 것 연결하기 3학년 2학기

(세 자리 수)×(한 자리 수)

예
```
    4 6 3
  ×     4
  -------
      1 2 ← 3×4
    2 4 0 ← 60×4
  1 6 0 0 ← 400×4
  -------
  1 8 5 2
```

3

□ 안에 알맞은 수를 써넣으세요.

① 430× 2 =□
10배 ↓ 10배 ↓
430×20=□

② 147× 5 =□
10배 ↓ 10배 ↓
147×50=□

(세 자리 수)×(몇)을 계산한 다음 0을 1개 붙여요.

4

□ 안에 알맞은 수를 써넣으세요.

① 700×20=□000
7×2=□

② 500×90=□000
5×9=□

(몇백)×(몇십)은 (몇)×(몇)을 계산한 값에 0을 3개 붙인 것과 같아요.

(세 자리 수)×(몇십몇)

● **(세 자리 수)×(몇십몇)**

• 163×24의 계산 알아보기
두 자리 수를 몇십과 몇으로 나누어 계산한 후 두 곱을 더합니다.

$$24 \langle 20, 4 \rightarrow 163 \times 24 \quad \begin{array}{r} 163 \times 20 = 3260 \\ 163 \times 4 = 652 \\ \hline 163 \times 24 = 3912 \end{array}$$

• 163×24의 계산 방법

$$\begin{array}{r} 163 \\ \times \; 24 \\ \hline 652 \end{array} \rightarrow \begin{array}{r} 163 \\ \times \; 24 \\ \hline 652 \\ 3260 \end{array} \rightarrow \begin{array}{r} 163 \\ \times \; 24 \\ \hline 652 \\ 3260 \\ \hline 3912 \end{array} \begin{array}{l} \\ \\ \leftarrow 163 \times 4 \\ \leftarrow 163 \times 20 \\ \\ \end{array}$$

① 163×4를 계산한 값을 씁니다.
② 163×20을 계산한 값을 씁니다.
③ 두 곱셈의 계산 결과를 더합니다.

개념 자세히 보기

• **세로 계산에서 십의 자리를 곱할 때 일의 자리 0을 생략할 수 있어요!**

$$\begin{array}{r} 264 \\ \times \; 23 \\ \hline 792 \\ 5280 \\ \hline 6072 \end{array} \rightarrow \begin{array}{r} 264 \\ \times \; 23 \\ \hline 792 \\ 528 \\ \hline 6072 \end{array}$$

세로 계산에서 계산의 편리함을 위해 5280의 0을 생략하여 528로 천의 자리부터 씁니다.

개념 다르게 보기

• **어림하여 계산할 수 있어요!**

205×21

205를 어림하면 200쯤이고, 21을 어림하면 20쯤이므로 205×21을 어림하여 구하면 약 $200 \times 20 = 4000$입니다.

➲ 정답과 풀이 19쪽

1 395×29를 몇백쯤과 몇십쯤으로 어림하여 계산한 것입니다. □ 안에 알맞은 수를 써넣으세요.

395를 어림하면 □쯤이고, 29를 어림하면 □쯤이므로
395×29를 어림하여 구하면 약 □×□=□입니다.

2 621×35를 계산하려고 합니다. □ 안에 알맞은 수를 써넣으세요.

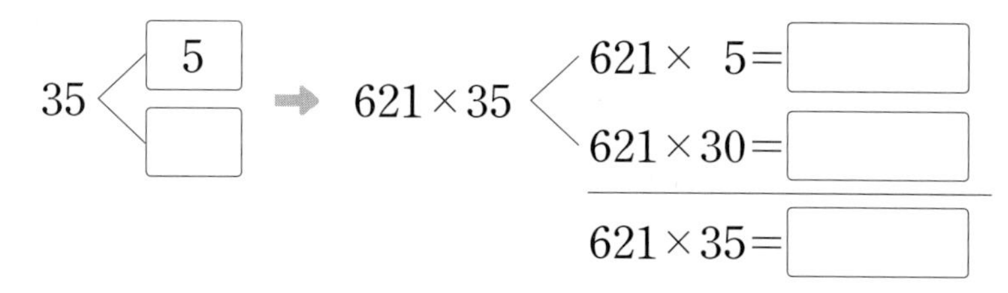

3 □ 안에 알맞은 수를 써넣으세요.

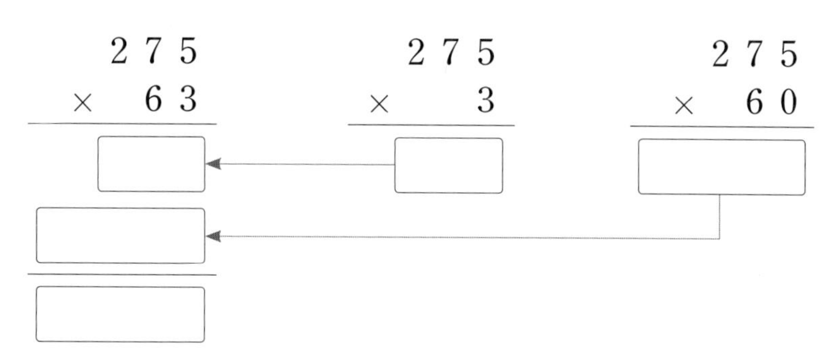

4 □ 안에 알맞은 수를 써넣으세요.

①
```
    7 1 8
×     4 1
    7 1 8  ← 718×1
  □        ← 718×40
  □
```

②
```
    3 5 5
×     8 4
  □        ← 355×4
  □        ← 355×80
  □
```

세로로 계산할 때 계산 결과는 일의 자리부터 높은 자리 순서로 써요.

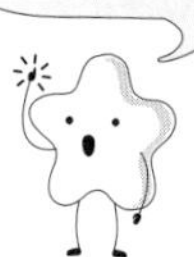

기본기 강화 문제

1 곱셈의 계산 원리(1)

• □ 안에 알맞은 수를 써넣으세요.

1 $380\times 2=\square$

□배 □배

$380\times 20=\square$

곱하는 수가 10배가 되면 곱도 10배가 돼요.

2 $520\times 7=\square$

□배 □배

$520\times 70=\square$

3 $762\times 3=\square$

□배 □배

$762\times 30=\square$

4 $547\times 4=\square$

□배 □배

$547\times 40=\square$

5 $339\times 5=\square$

□배 □배

$339\times 50=\square$

6 $875\times 8=\square$

□배 □배

$875\times 80=\square$

2 (세 자리 수)×(몇십)

• 계산해 보세요.

1 450×20

450×20은 450×2의 10배예요.

2 230×60

3 783×40

4 358×70

5 537×60

6 921×70

7 656×30

8 865×50

9 237×80

10 469×40

11 394×50

12 714×90

➲ 정답과 풀이 20쪽

3 여러 가지 곱셈하기

• □ 안에 알맞은 수를 써넣으세요.

1 $400\times90=$ □

$40\times900=$ □

$4\times9000=$ □

(몇)×(몇)을 계산한 다음 곱하는 두 수의 0의 개수만큼 0을 붙여요.

2 $300\times70=$ □

$30\times700=$ □

$3\times7000=$ □

3 $900\times30=$ □

$90\times300=$ □

$9\times3000=$ □

4 $6000=200\times$ □

$6000=300\times$ □

$6000=600\times$ □

5 $12000=300\times$ □

$12000=400\times$ □

$12000=600\times$ □

4 곱하는 수를 ■배 하여 곱셈하기

• □ 안에 알맞은 수를 써넣으세요.

1

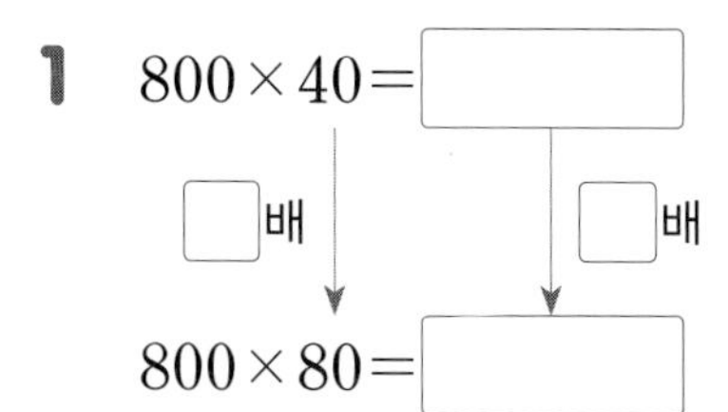

곱하는 수가 2배가 되면 곱도 2배가 돼요.

2

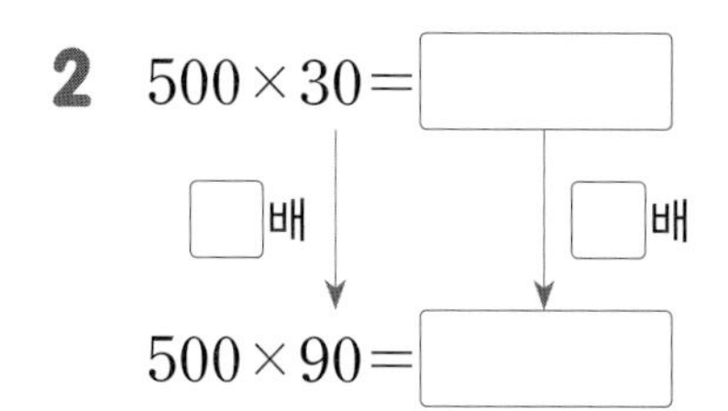

3

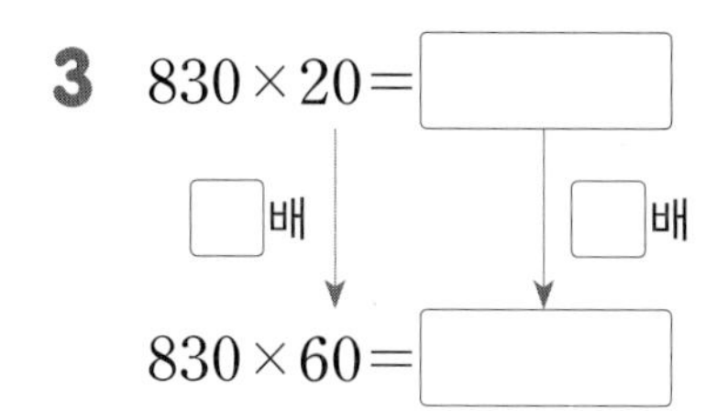

4

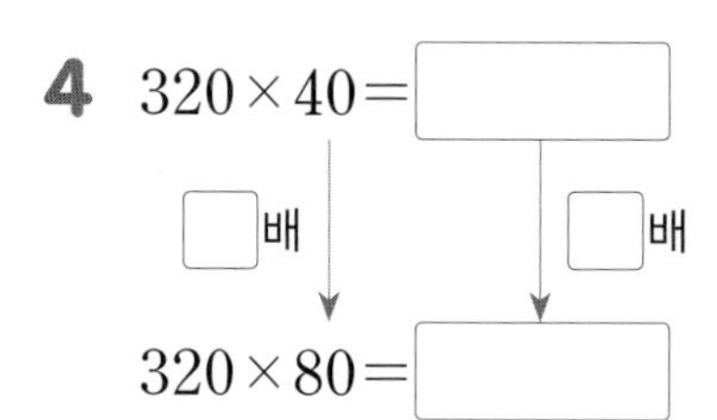

5

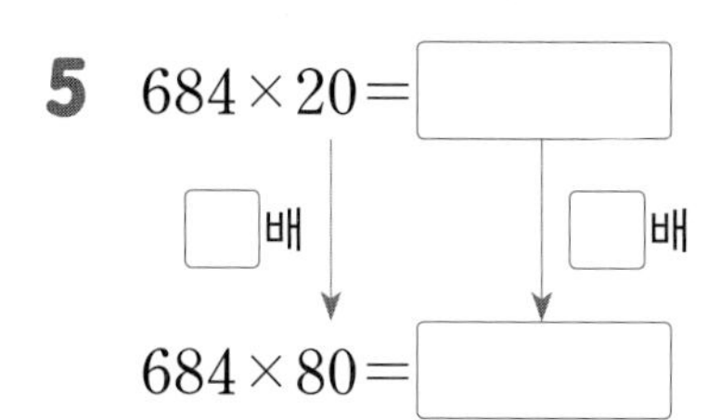

6

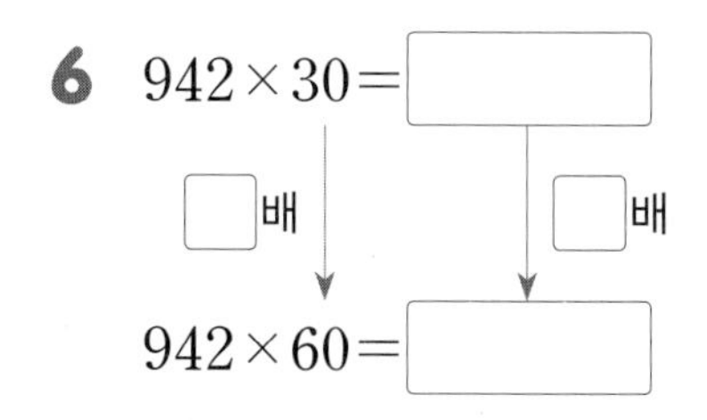

5 곱셈의 계산 원리(2)

• 보기 와 같이 □ 안에 알맞은 수를 써넣으세요.

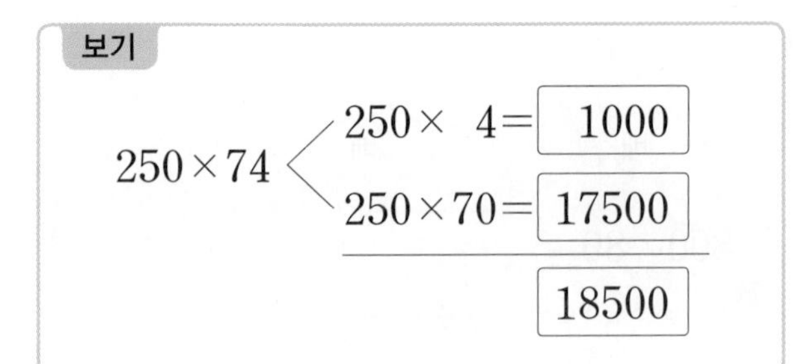

1

176×23
- 176× 3=□
- 176×20=□
- □

23을 3과 20으로 나누어 계산한 후 두 곱을 더해요.

2

459×38
- 459× 8=□
- 459×30=□
- □

3

751×57
- 751× 7=□
- 751×50=□
- □

4

647×82
- 647× 2=□
- 647×80=□
- □

5

353×65
- 353× 5=□
- 353×60=□
- □

6 (세 자리 수)×(몇십몇)

• 계산해 보세요.

1 367×26

2 182×37

3 626×98

4 245×56

5 487×53

6 823×19

7 515×64

8 659×41

9 854×27

10 943×52

➔ 정답과 풀이 20쪽

7 모양 수를 찾아 곱셈하기

- 모양 인형이 들고 있는 수를 찾아 곱셈을 해 보세요.

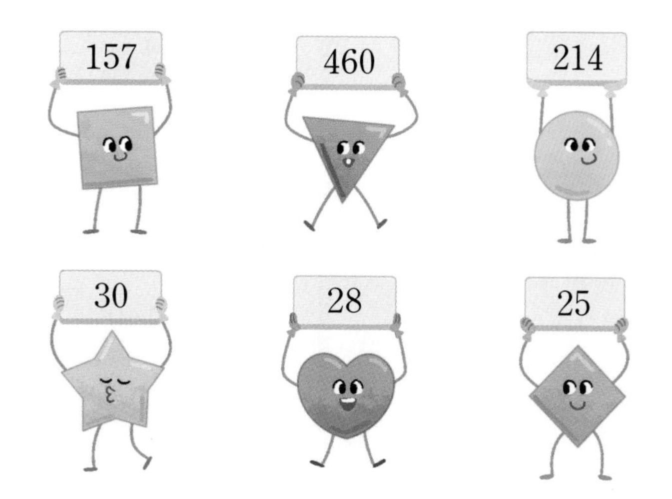

1 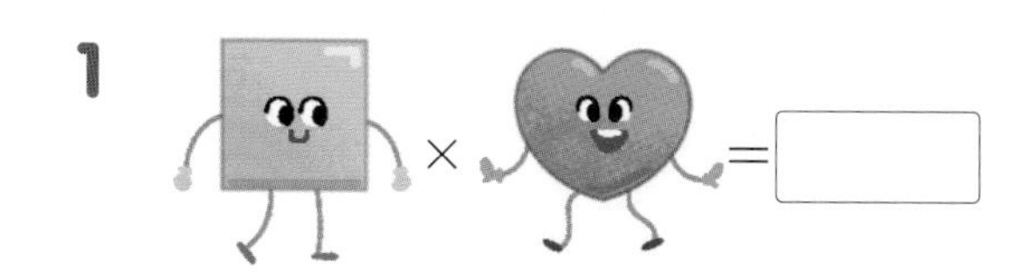

2 

3 

4 × =

5 × =

6 × =

8 곱하는 수를 분해하여 곱하기

- 빈칸에 알맞은 수를 써넣으세요.

1

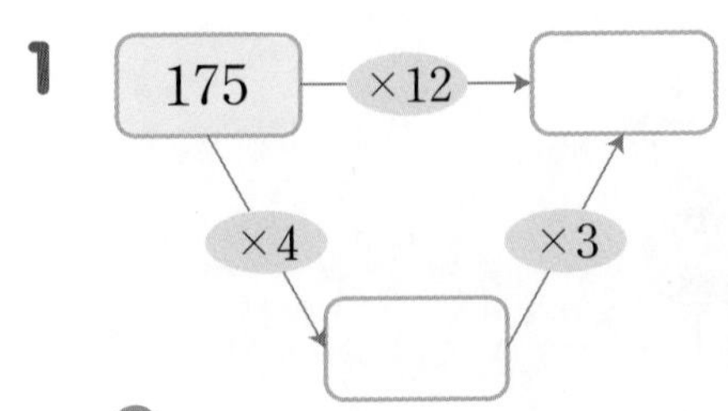

12=4×3이므로 175×12는 175에 4를 곱한 후 3을 곱한 것과 같아요.

2

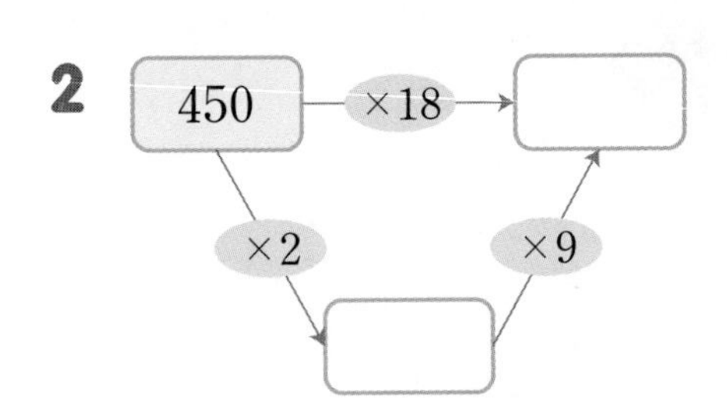

3

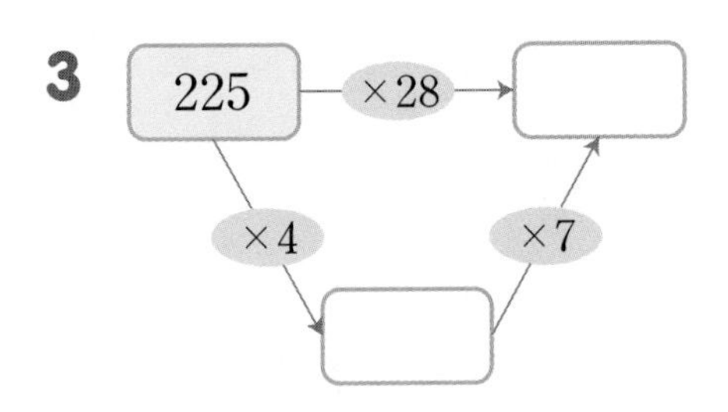

4

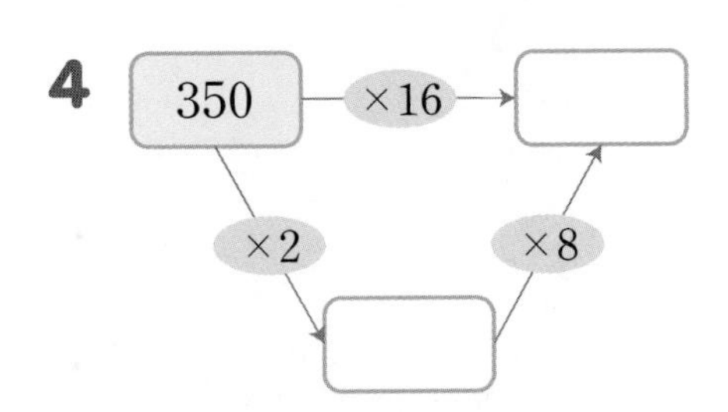

5

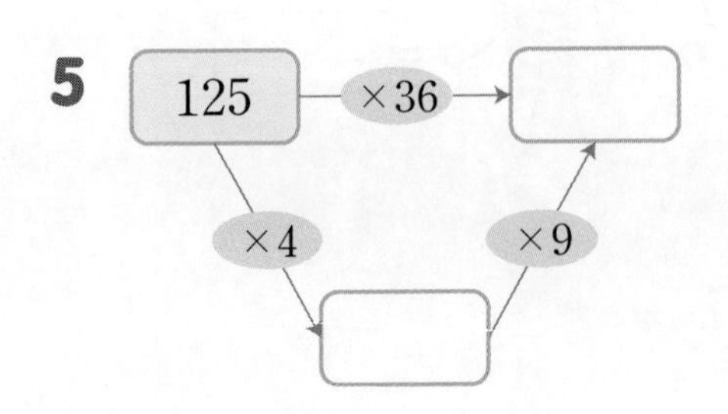

9 계산 결과 비교하기

- 계산 결과를 비교하여 ◯ 안에 >, =, < 중 알맞은 것을 써넣으세요.

1 513×46 ◯ 328×72

각각 계산한 후 크기를 비교해 봐요.

2 700×40 ◯ 426×61

3 622×37 ◯ 805×30

4 276×94 ◯ 724×26

- 계산 결과가 큰 것부터 차례로 기호를 써 보세요.

5

㉠ 528×60
㉡ 653×41
㉢ 833×46

(   )

6

㉠ 600×70
㉡ 714×50
㉢ 535×75

(   )

정답과 풀이 21쪽

10 잘못 계산한 곳 바르게 계산하기

- 잘못 계산한 곳을 찾아 바르게 계산해 보세요.

1

```
  4 7 2
×   2 8
-------
3 7 7 6
  9 4 4
-------
4 7 2 0
```

세로 계산에서 십의 자리를 곱할 때 0을 생략할 수 있지만 자리를 잘 맞추어 써야 해요.

2

```
  7 9 4
×   3 6
-------
4 7 6 4
2 3 8 2
-------
7 1 4 6
```

3

```
    5 2 6
×     1 7
---------
  3 6 8 2
5 2 6
---------
5 6 2 8 2
```

4

```
    3 8 5
×     2 4
---------
  1 5 4 0
7 7 0
---------
7 8 5 4 0
```

11 곱셈의 활용

1 한 봉지에 200개씩 들어 있는 사탕이 15봉지 있습니다. 사탕은 모두 몇 개일까요?

( )

■개씩 ▲봉지 ➡ ■×▲

2 유림이는 하루에 우유를 180 mL씩 마십니다. 유림이가 30일 동안 마시는 우유는 모두 몇 mL일까요?

( )

3 지호는 묶음으로 파는 볼펜을 사려고 합니다. 10000원으로 살 수 있는 볼펜 묶음을 찾아 ○표 하세요.

단색 볼펜	2색 볼펜	4색 볼펜
한 자루 530원 24자루 묶음	한 자루 640원 18자루 묶음	한 자루 720원 12자루 묶음
( )	( )	( )

4 주어진 낱말을 이용하여 125×20에 알맞은 문제를 만들고 해결해 보세요.

구슬 상자

문제 구슬이 한 상자에

답

몇십으로 나누기

● **나머지가 없는 (세 자리 수)÷(몇십)**

• 120÷40의 계산

$$120 \div 40 = 3$$

12÷4=3

$$\begin{array}{r} 3 \\ 40 \overline{)120} \\ -120 \\ \hline 0 \end{array}$$

× → 3 ← 몫

확인 $40 \times 3 = 120$

나누는 수 / 몫 / 나누어지는 수

● **나머지가 있는 (세 자리 수)÷(몇십)**

• 184÷30의 계산

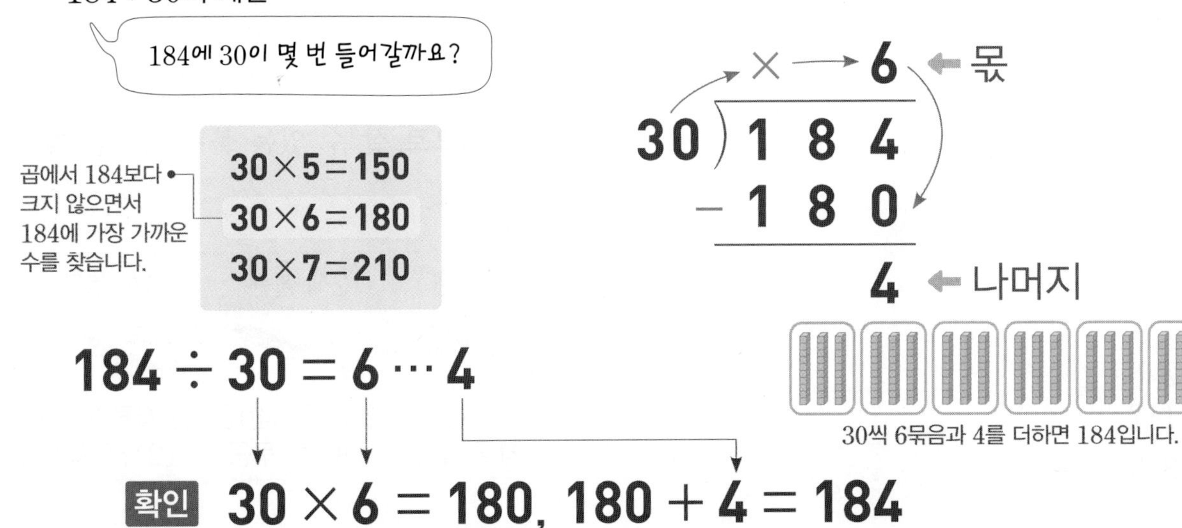

30씩 6묶음과 4를 더하면 184입니다.

확인 $30 \times 6 = 180,\ 180 + 4 = 184$

개념 자세히 보기

• **나누어지는 수와 나누는 수가 각각 10배가 되면 계산 결과는 같아요!**

$12 \div 4 = 3$
10배↓ ↓10배 — 같습니다.
$120 \div 40 = 3$

• **120÷40을 계산하는 방법을 알아보아요!**

120에서 40을 3번 덜어 낼 수 있습니다.

$120-40-40-40=0 \rightarrow 120 \div 40=3$

3번

개념 다르게 보기

• **184÷30의 몫을 어림할 수 있어요!**

184를 어림하면 180쯤이므로 184÷30의 몫을 어림하여 구하면 약 180÷30=6입니다.

정답과 풀이 22쪽

1 수 모형을 보고 □ 안에 알맞은 수를 써넣으세요.

배운 것 연결하기 3학년 2학기

① (몇십)÷(몇)

8 ÷ 2 = 4
↓10배 ↓10배
80 ÷ 2 = 40

② 몫과 나머지

21 ÷ 4 = 5 ⋯ 1
↑몫 ↑나머지

①

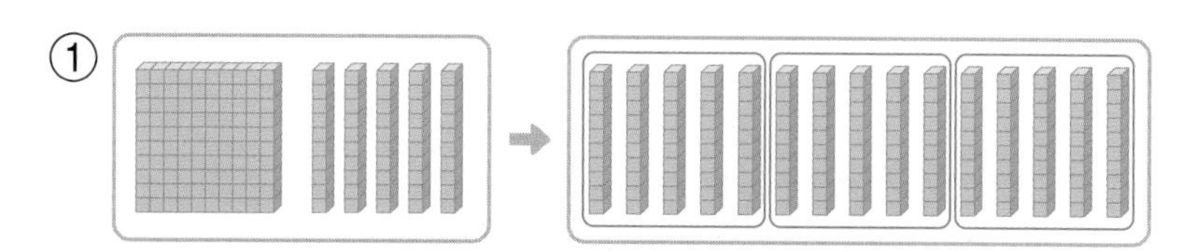

$150 \div 50 = \square$

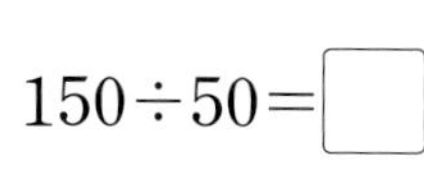

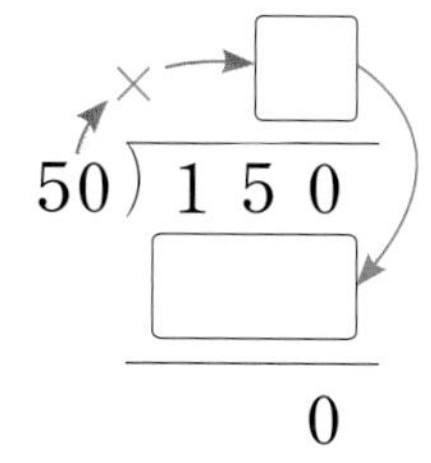

②

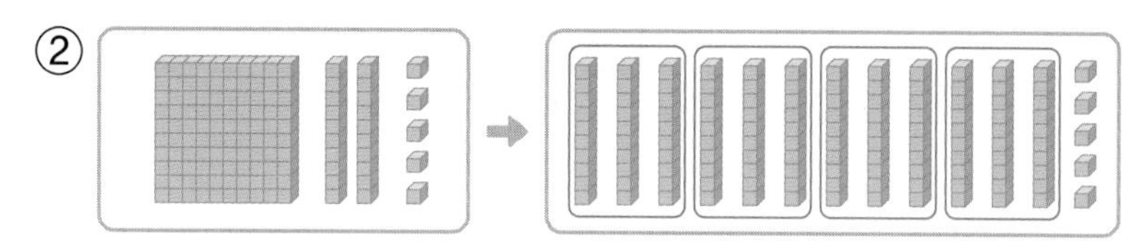

$125 \div 30 = \square \cdots \square$

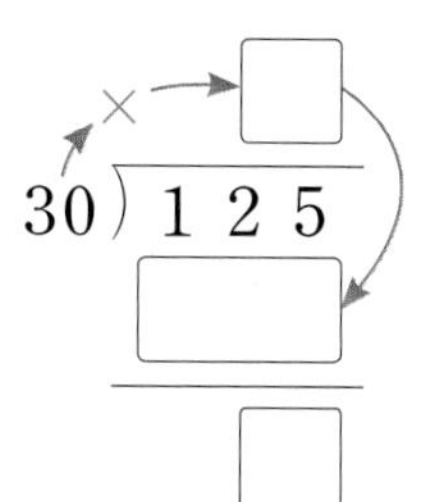

2 빈칸에 알맞은 수를 써넣고 $140 \div 20$의 몫을 구해 보세요.

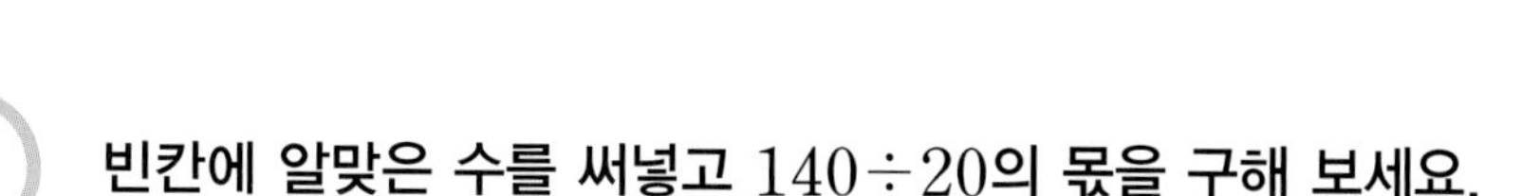

×20	1	2	3	4	5	6	7
	20	40					

$140 \div 20 = \square$

3 □ 안에 알맞은 수를 써넣으세요.

①

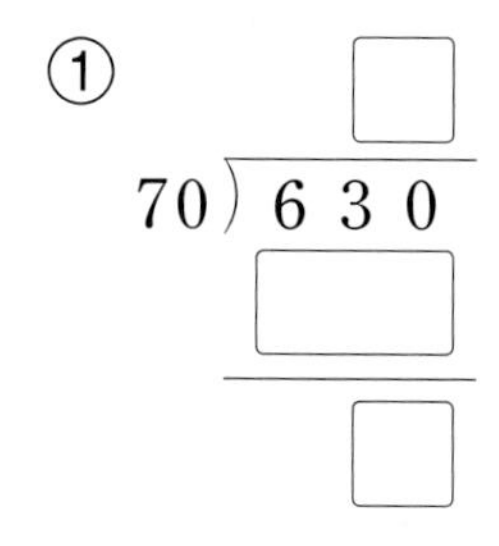

확인 $70 \times \square = \square$

②

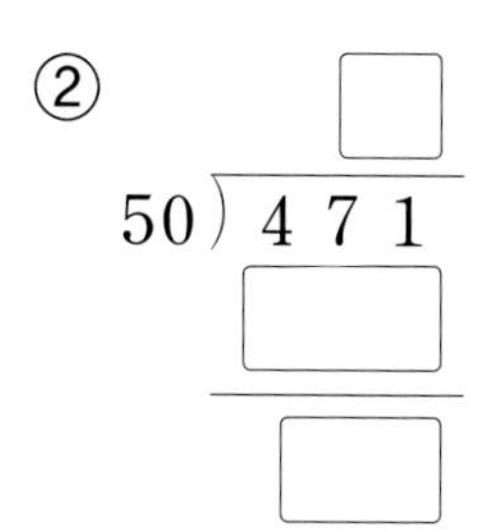

확인 $50 \times \square = \square$,

$\square + \square = 471$

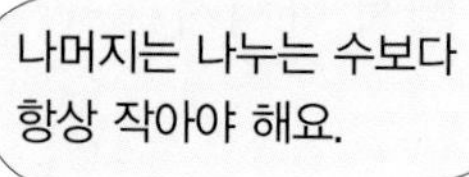

몇십몇으로 나누기(1)

● 몫이 한 자리 수인 (두 자리 수)÷(몇십몇)

• 52÷13의 계산

52에 13이 몇 번 들어갈까요?

$13\times2=26$
$13\times3=39$
$13\times4=52$ ← 곱에서 52가 되는 수를 찾습니다.

$$52\div13=4$$

$$\begin{array}{r} 4 \\ 13\overline{)52} \\ -\underline{52} \\ 0 \end{array}$$

확인 $13\times4=52$

● 몫이 한 자리 수인 (세 자리 수)÷(몇십몇)

• 183÷26의 계산

183에 26이 몇 번 들어갈까요?

$26\times6=156$
$26\times7=182$ ← 곱에서 183보다 크지 않으면서 183에 가장 가까운 수를 찾습니다.
$26\times8=208$

$$183\div26=7\cdots1$$

$$\begin{array}{r} 7 \\ 26\overline{)183} \\ -\underline{182} \\ 1 \end{array}$$

확인 $26\times7=182,\ 182+1=183$

개념 자세히 보기

• 어림한 몫을 수정할 수 있어요!

빼서 나머지를 구할 수 없는 경우 몫을 작게 합니다.

$13\times5=65$
$13\times4=52$

몫을 1만큼 작게 합니다.

$$\begin{array}{r} 5 \\ 13\overline{)52} \\ \underline{65} \end{array} \quad\longrightarrow\quad \begin{array}{r} 4 \\ 13\overline{)52} \\ \underline{52} \\ 0 \end{array}$$

뺄 수 없습니다.

나머지가 나누는 수보다 큰 경우 몫을 크게 합니다.

$26\times6=156$
$26\times7=182$

몫을 1만큼 크게 합니다.

$$\begin{array}{r} 6 \\ 26\overline{)183} \\ \underline{156} \\ 27 \end{array} \quad\longrightarrow\quad \begin{array}{r} 7 \\ 26\overline{)183} \\ \underline{182} \\ 1 \end{array}$$

나머지가 나누는 수보다 큽니다.

정답과 풀이 23쪽

1 곱셈식을 보고 나눗셈의 몫을 구하는 데 필요한 식에 ○표 하세요.

곱에서 나누어지는 수보다 크지 않으면서 나누어지는 수에 가장 가까운 수를 찾아요.

①

$21\times2=42$

$21\times3=63$

$21\times4=84$

$21\overline{)\,7\;7}$

②

$16\times4=64$

$16\times5=80$

$16\times6=96$

$16\overline{)\,9\;4}$

2 $141\div23$을 계산하는 방법을 알아보세요.

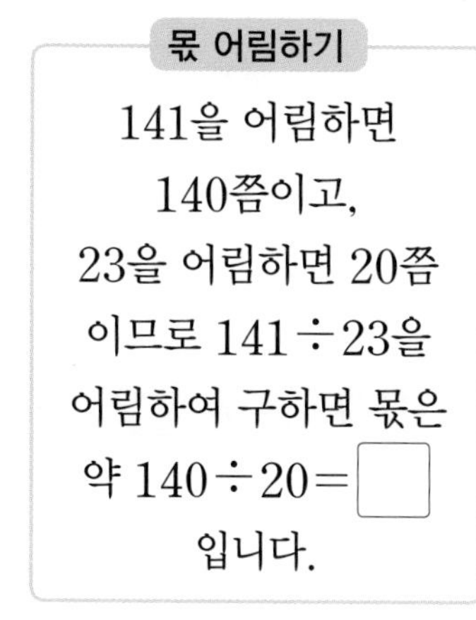

➡

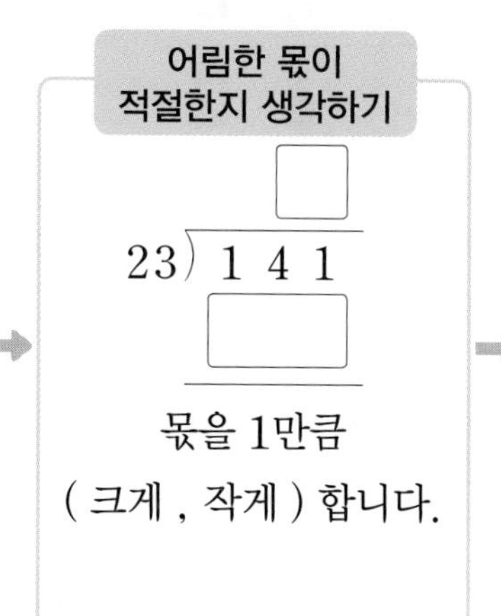

➡

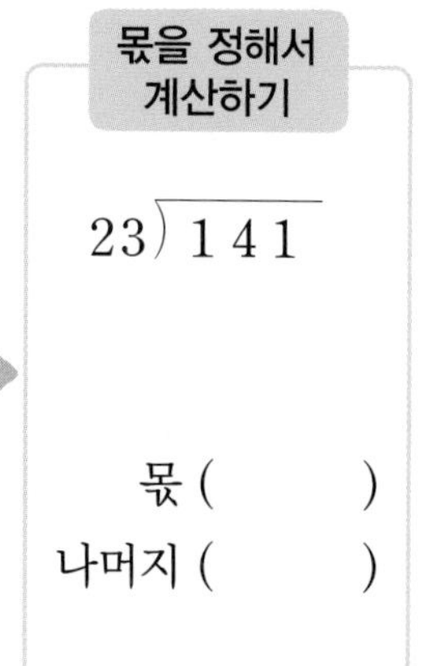

3 어림한 나눗셈의 몫으로 가장 적절한 것에 ○표 하세요.

① $121\div28$ — 4 6 40 60

② $316\div61$ — 4 5 40 50

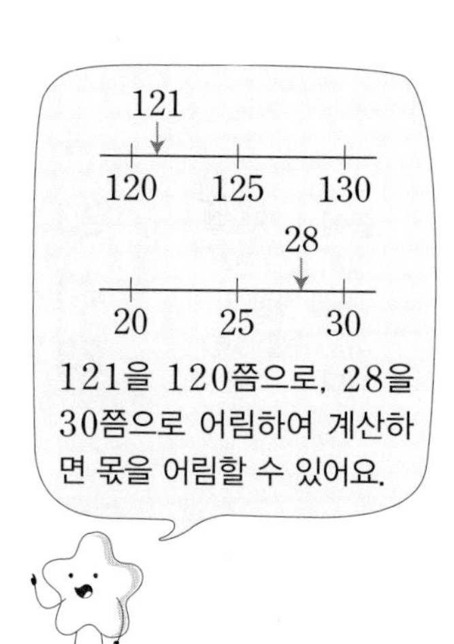

4 □ 안에 알맞은 수를 써넣으세요.

①

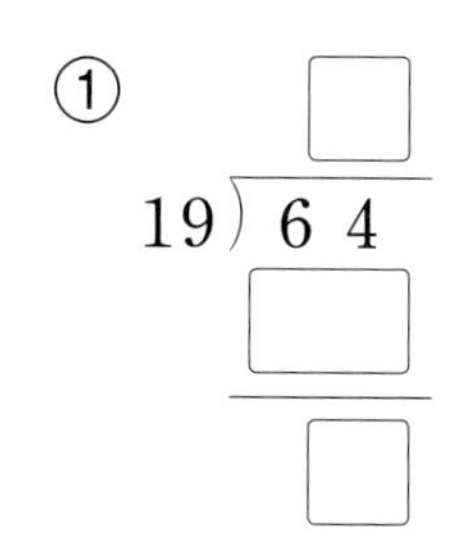

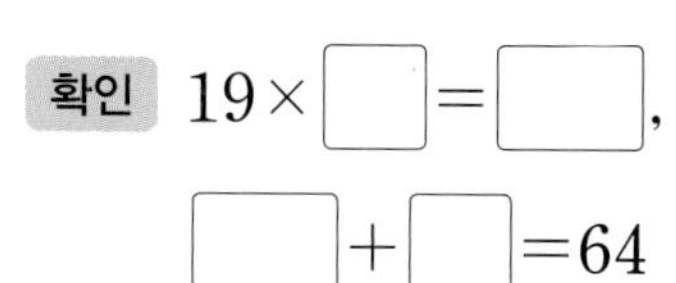

②

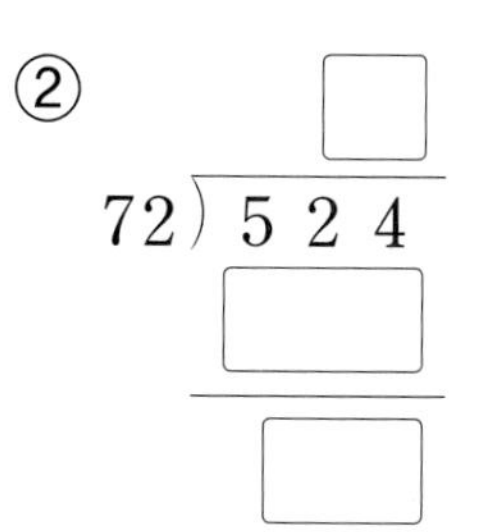

확인 $72\times\square=\square$,

$504+\square=524$

3

몇십몇으로 나누기(2)

● 몫이 두 자리 수인 (세 자리 수)÷(몇십몇)

• 682÷31의 계산

곱에서 68보다 크지 않으면서 68에 가장 가까운 수를 찾습니다.

$31\times1=31$
$31\times2=62$
$31\times3=93$

$$\begin{array}{r} 2 \\ 31\overline{)682} \\ -620 \\ \hline 62 \end{array} \rightarrow \begin{array}{r} 22 \\ 31\overline{)682} \\ 620 \\ \hline 62 \\ -62 \\ \hline 0 \end{array}$$

$682\div31=22$ 확인 $31\times22=682$

● 나머지가 있는 (세 자리 수)÷(몇십몇)

• 785÷23의 계산

곱에서 78보다 크지 않으면서 78에 가장 가까운 수를 찾습니다.

$23\times2=46$
$23\times3=69$
$23\times4=92$

$$\begin{array}{r} 3 \\ 23\overline{)785} \\ -690 \\ \hline 95 \end{array} \rightarrow \begin{array}{r} 34 \\ 23\overline{)785} \\ 690 \\ \hline 95 \\ -92 \\ \hline 3 \end{array}$$

$785\div23=34\cdots3$ 확인 $23\times34=782,\ 782+3=785$

개념 다르게 보기

• 682÷31**의 몫을 어림할 수 있어요!**

	10	20	30
×31	310	620	930

682÷31에서 나누어지는 수 682는 620보다 크고 930보다 작으므로 몫은 20보다 크고 30보다 작습니다.

➲ 정답과 풀이 23쪽

1 빈칸에 알맞은 수를 써넣고 673÷18의 몫을 어림해 보세요.

×18	10	20	30	40	50
	180				

673÷18의 몫은 □보다 크고 □보다 작습니다.

2 몫이 두 자리 수인 나눗셈에 ○표 하세요.

513÷52	298÷36	259÷24
(　　)	(　　)	(　　)

43)258
➡ 25<43(몫이 한 자리 수)
23)316
➡ 31>23(몫이 두 자리 수)

3 □ 안에 알맞은 수를 써넣으세요.

①
```
      2 3
15) 3 4 5
    3 0 0  ← 15×20
    -----
      4 5  ← 345−□
      4 5  ← 15×□
    -----
        0  ← 45−□
```

②
```
      3 7
24) 8 8 9
    7 2 0  ← 24×□
    -----
    1 6 9  ← □−720
    1 6 8  ← 24×□
    -----
        1  ← 169−□
```

4 □ 안에 알맞은 수를 써넣으세요.

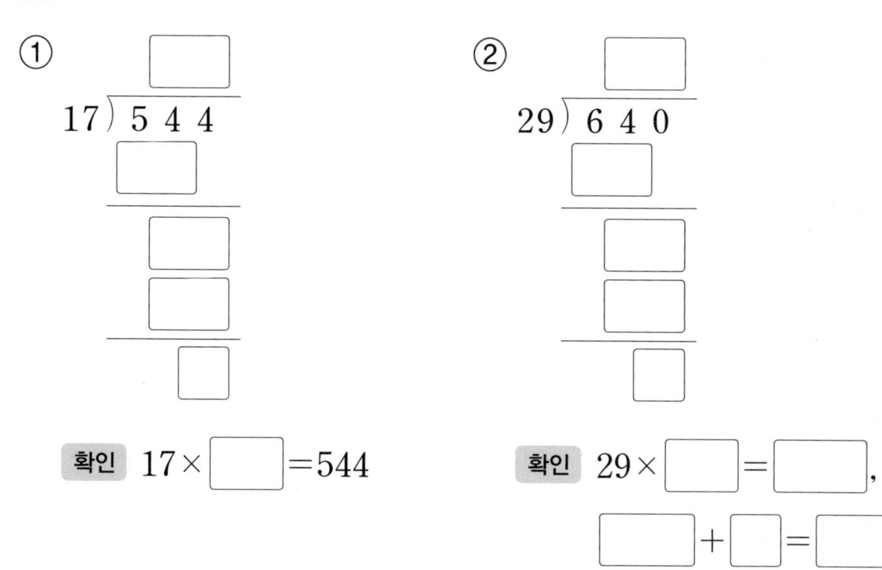

확인 17×□=544

확인 29×□=□, □+□=□

십의 자리의 몫을 구할 때 곱셈 부분의 결과에서 0을 생략해서 쓰면 간편해요.

기본기 강화 문제

12 수 모형을 이용하여 나눗셈 하기

1 수 모형을 20씩 묶고 나눗셈을 해 보세요.

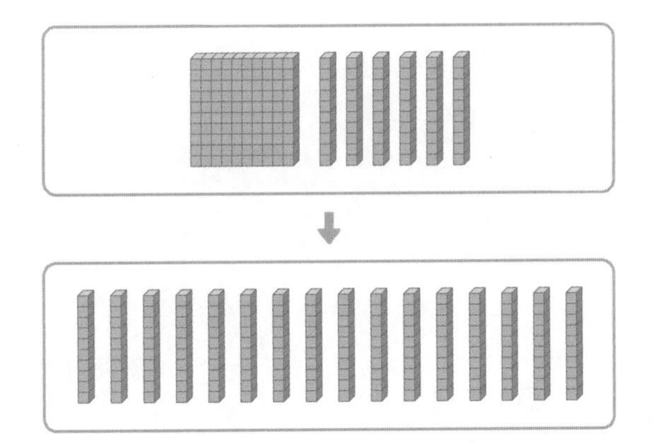

$160 \div 20 = \square$

20씩 묶었을 때 묶음의 수가 나눗셈의 몫이에요.

2 수 모형을 30씩 묶고 나눗셈을 해 보세요.

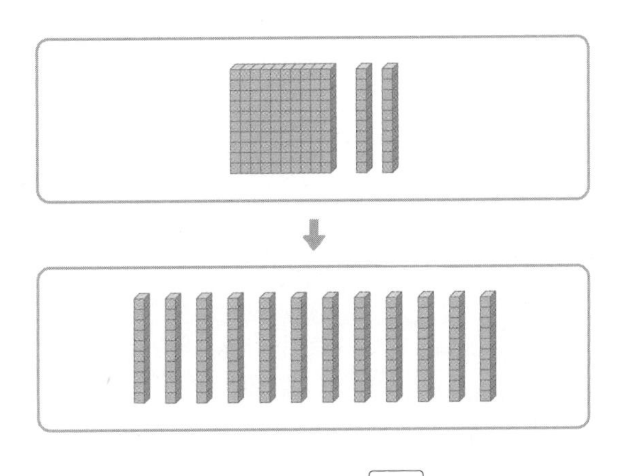

$120 \div 30 = \square$

3 수 모형을 60씩 묶고 나눗셈을 해 보세요.

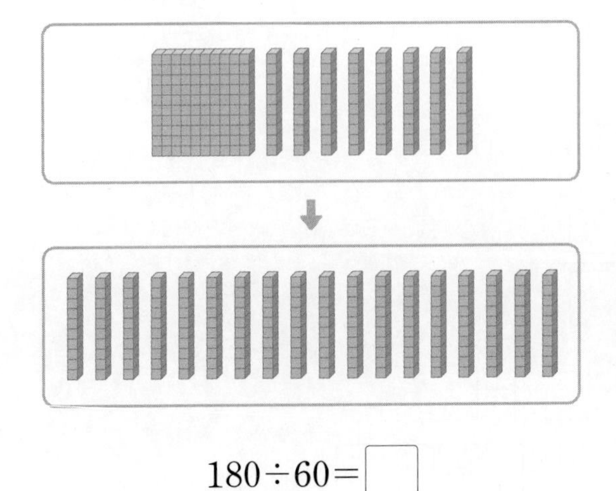

$180 \div 60 = \square$

13 필요한 곱셈식 찾아 몫 구하기

• 나눗셈의 몫을 구하는 데 필요한 곱셈식에 ○표 하고 몫을 구해 보세요.

1

70×4
70×5
70×6

$70\overline{)4\ 2\ 0}$

곱한 결과가 나누어지는 수가 되는 곱셈식을 찾아요.

2

90×3
90×4
90×5

$90\overline{)3\ 6\ 0}$

3

60×7
60×8
60×9

$60\overline{)5\ 4\ 0}$

4

30×7
30×8
30×9

$30\overline{)2\ 1\ 0}$

5

40×6
40×7
40×8

$40\overline{)3\ 2\ 0}$

14 나누는 수를 분해하여 계산하기

• □ 안에 알맞은 수를 써넣으세요.

1

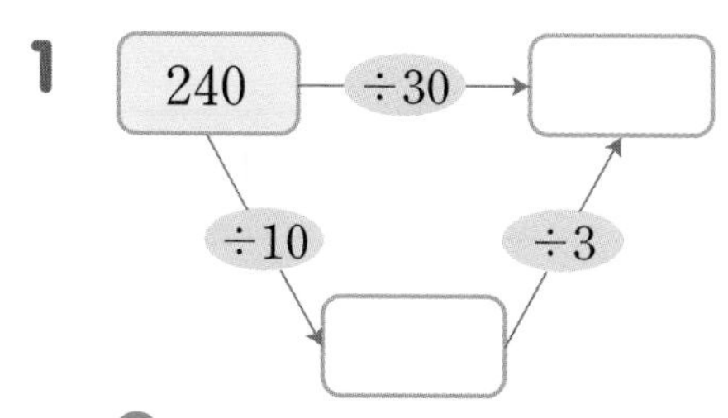

30=10×3이므로 240을 30으로 나눈 값은 240을 10으로 나눈 후 다시 3으로 나눈 값과 같아요.

2

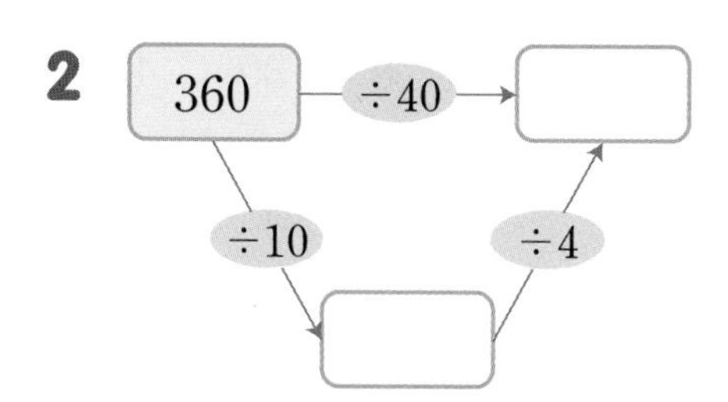

3

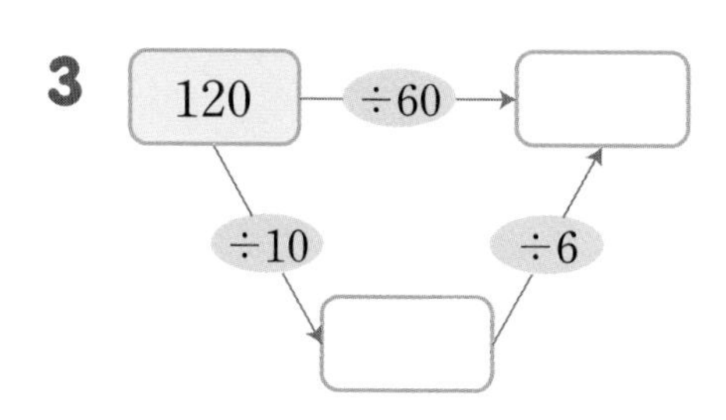

4

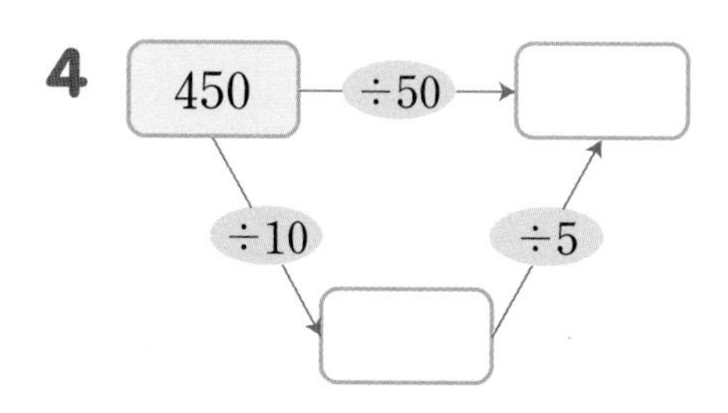

5

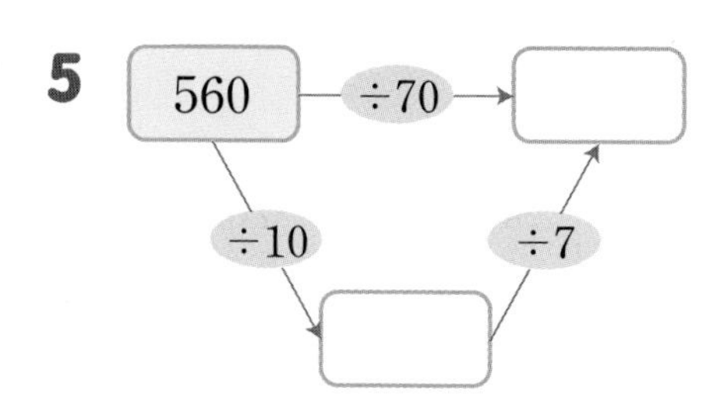

15 (세 자리 수)÷(몇십)

• 나눗셈을 하고 몫과 나머지를 구해 보세요.

1

30)2 7 0

몫 (　　　　　　)

나머지 (　　　　　　)

270에 30이 몇 번 들어가는지 어림해 봐요.

2

70)3 5 0

몫 (　　　　　　)

나머지 (　　　　　　)

3

80)6 2 9

몫 (　　　　　　)

나머지 (　　　　　　)

4

90)5 2 3

몫 (　　　　　　)

나머지 (　　　　　　)

5

50)4 3 7

몫 (　　　　　　)

나머지 (　　　　　　)

6

60)2 6 2

몫 (　　　　　　)

나머지 (　　　　　　)

16 여러 가지 나눗셈

• □ 안에 알맞은 수를 써넣으세요.

1 $48\div6=$ □

$480\div6=$ □

$480\div60=$ □

나누어지는 수가 10배가 되면 몫도 10배가 돼요.

2 $56\div8=$ □

$560\div8=$ □

$560\div80=$ □

3 $28\div7=$ □

$280\div7=$ □

$280\div70=$ □

4 $24\div4=$ □

$240\div4=$ □

$240\div40=$ □

5 $63\div7=$ □

$630\div7=$ □

$630\div70=$ □

17 나머지가 될 수 없는 수 구하기

• 나눗셈에서 나머지가 될 수 없는 수에 모두 ×표 하세요.

1 ■$\div21$ — 5 20 21 17

나머지는 나누는 수보다 항상 작아야 해요.

2 ■$\div32$ — 35 8 30 42

3 ■$\div17$ — 18 1 9 24

4 ■$\div41$ — 9 44 45 13

5 ■$\div54$ — 26 54 55 62

6 ■$\div68$ — 95 83 76 56

정답과 풀이 24쪽

18 몫이 한 자리 수인 나눗셈

• 계산을 하고 나눗셈을 바르게 했는지 확인해 보세요.

나누는 수와 몫의 곱에 나머지를 더하면 나누어지는 수가 돼요.

1 $23\overline{)92}$

확인

2 $25\overline{)84}$

확인

3 $34\overline{)69}$

확인

4 $24\overline{)216}$

확인

5 $32\overline{)293}$

확인

6 $58\overline{)496}$

확인

19 잘못 계산한 곳 바르게 계산하기(1)

• 나눗셈을 다음과 같이 어림해 계산하였습니다. 잘못 계산한 곳을 찾아 바르게 계산해 보세요.

1 $248 \div 51 \rightarrow 250 \div 50 = 5$

$$\begin{array}{r} 5 \\ 51\overline{)248} \\ 255 \\ \hline \end{array}$$ ➡

몫을 어림해 보고 빼서 나머지를 구할 수 없으면 몫을 1만큼 작게 하여 다시 계산해요.

2 $161 \div 17 \rightarrow 160 \div 20 = 8$

$$\begin{array}{r} 8 \\ 17\overline{)161} \\ 136 \\ \hline 25 \end{array}$$ ➡

3 $122 \div 22 \rightarrow 120 \div 20 = 6$

$$\begin{array}{r} 6 \\ 22\overline{)122} \\ 132 \\ \hline \end{array}$$ ➡

4 $209 \div 26 \rightarrow 210 \div 30 = 7$

$$\begin{array}{r} 7 \\ 26\overline{)209} \\ 182 \\ \hline 27 \end{array}$$ ➡

3

20 몫이 몇 자리 수인지 알아보기

- 몫이 한 자리 수인 나눗셈에 ○표, 몫이 두 자리 수인 나눗셈에 △표 하세요.

1

336÷28	287÷41	570÷95
432÷36	513÷27	324÷54

28)336 ➡ 33에 28이 들어가므로 몫은 두 자리 수예요.

2

234÷39	624÷24	168÷21
315÷45	882÷42	247÷19

3

506÷60	656÷13	960÷48
848÷22	105÷37	799÷70

4

675÷25	251÷60	309÷33
714÷92	525÷48	404÷51

5

260÷30	929÷42	388÷26
182÷19	457÷58	770÷69

6

753÷50	277÷63	317÷34
460÷40	600÷71	529÷48

21 몫이 두 자리 수인 나눗셈

- 계산을 하고 나눗셈을 바르게 했는지 확인해 보세요.

1

38)7 6 0

확인 ....

나누는 수와 몫의 곱에 나머지를 더하면 나누어지는 수가 돼요.

2

22)3 9 6

확인 ....

3

32)6 3 4

확인 ....

....

4

49)7 5 3

확인 ....

....

5

17)8 2 1

확인 ....

....

6

29)5 4 6

확인 ....

....

22 나눗셈의 몫 구하기

- 보물이 있는 곳을 찾으려고 합니다. 번호 순서대로 계산하여 몫을 따라가면 보물을 찾을 수 있습니다. 보물을 찾아 가는 길을 선으로 표시하고, 보물이 있는 칸에 ○표 하세요.

① $812 \div 28$ ② $360 \div 24$ ③ $888 \div 37$
④ $946 \div 22$ ⑤ $756 \div 18$ ⑥ $648 \div 12$
⑦ $950 \div 25$ ⑧ $703 \div 19$ ⑨ $966 \div 21$

출발	28	25	31	19
29	15	24	26	32
14	17	43	42	40
33	45	51	54	52
35	46	37	38	41

23 나누는 수를 ■배 하여 나눗셈하기

● □ 안에 알맞은 수를 써넣으세요.

1

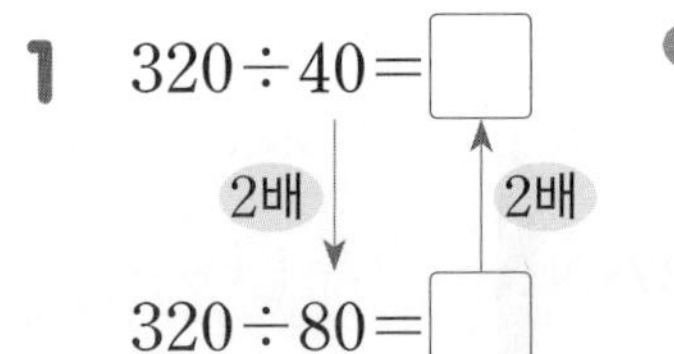

나누는 수가 2배가 되면 몫은 반으로 줄어요.

2

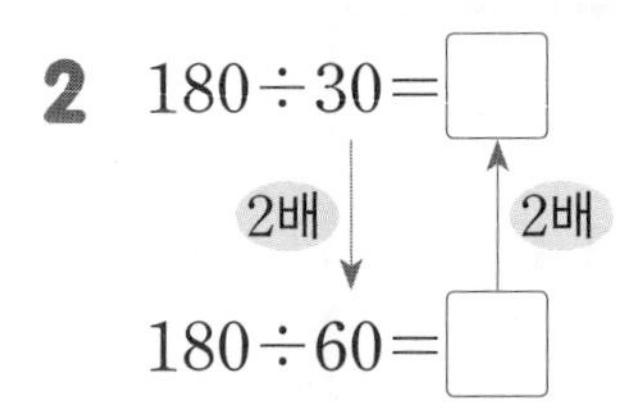

3

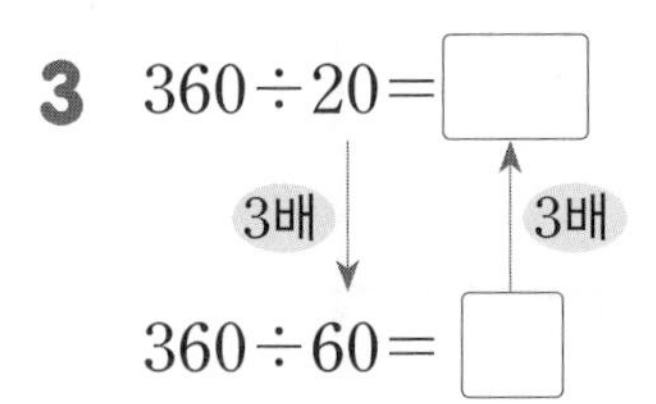

4

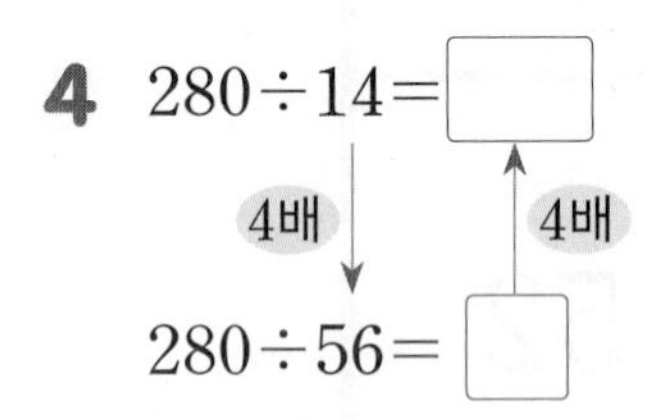

5 $192 \div 12 = \square$

8배 ↓ ↑ 8배

$192 \div 96 = \square$

24 잘못 계산한 곳 바르게 계산하기(2)

● 잘못 계산한 곳을 찾아 바르게 계산해 보세요.

1

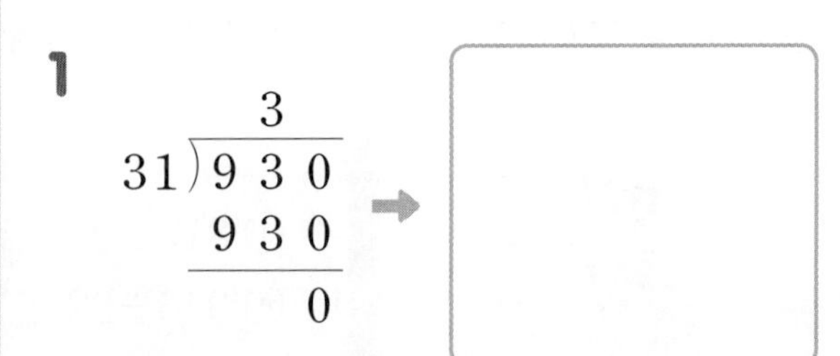

십의 자리 계산에서 나머지가 0이 될 때 몫의 일의 자리에 0을 꼭 써야 해요.

2

```
     9 0
50)4 7 5
   4 5 0
     2 5
```

→ □

3

```
     1 6
24)4 2 1
   2 4
   1 8 1
   1 4 4
     3 7
```

→ □

4

```
     1 1
63)8 0 0
   6 3
   1 7 0
     6 3
   1 0 7
```

→ □

정답과 풀이 26쪽

25 □ 안에 알맞은 수 구하기

• □ 안에 알맞은 수를 써넣으세요.

1 $27\times\square=810$

곱셈식을 나눗셈식으로 바꾸어 □를 구할 수 있어요.

2 $19\times\square=760$

3 $50\times\square=950$

4 $62\times\square=868$

5 $28\times\square=980$

6 $13\times\square=741$

7 $55\times\square=880$

8 $20\times\square=500$

9 $47\times\square=752$

10 $36\times\square=540$

26 나눗셈의 활용

1 성재는 276쪽인 위인전을 모두 읽으려고 합니다. 하루에 40쪽씩 매일 읽는다면 일주일은 위인전을 모두 읽는 데 충분한지 어림하여 □ 안에 알맞은 수를 써넣고 알맞은 말에 ○표 하세요.

$\square\div 40=\square$(일)

➡ 일주일은 위인전을 모두 읽는 데
(충분합니다 , 부족합니다).

2 10층 계단 오르기를 하면 26킬로칼로리가 소모됩니다. 주하가 이번 주에 10층 계단 오르기를 하여 650킬로칼로리를 소모했다면 계단 오르기를 몇 번 했는지 구해 보세요.

( )

3 윤지네 학교 4학년 학생 315명이 현장 체험 학습을 가려고 합니다. 버스 한 대에 42명씩 탄다면 버스는 적어도 몇 대 필요할까요?

식

답

4 주어진 낱말을 이용하여 $330\div 22$에 알맞은 문제를 만들고 해결해 보세요.

공책	상자

문제 공책 330권을 한 상자에

답

단원 평가

점수 | 확인

1 700×30을 계산하려고 합니다. ㉡의 자리에 알맞은 숫자는 무엇일까요?

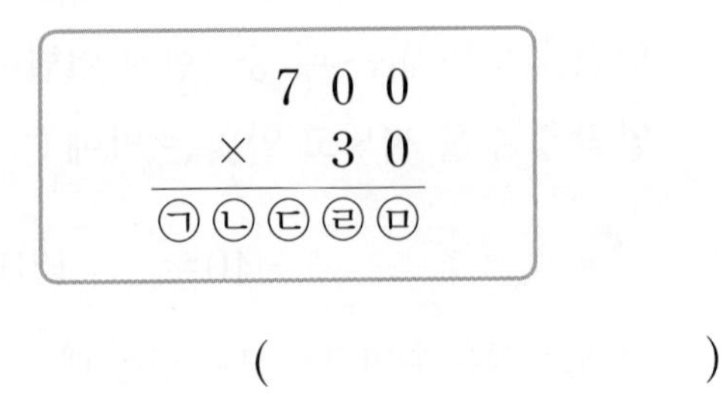

(　　　　　　　)

2 계산해 보세요.

(1)
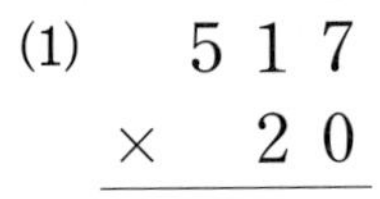

(2) $\begin{array}{r} 308 \\ \times \ \ 45 \\ \hline \end{array}$

3 빈칸에 알맞은 수를 써넣으세요.

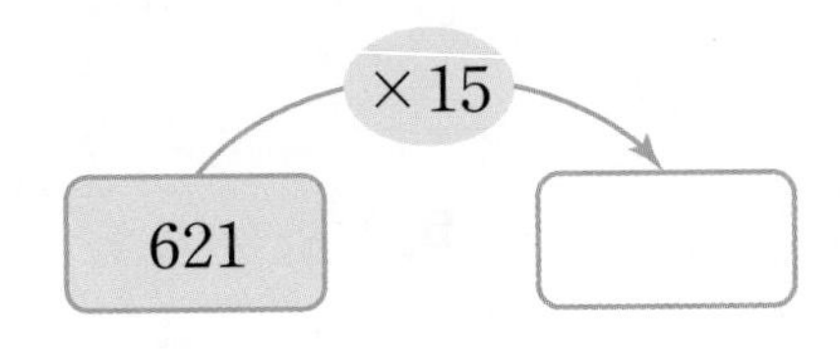

4 계산 결과가 다른 하나를 찾아 ○표 하세요.

200×90　　40×400　　600×30

5 □ 안에 알맞은 식의 기호를 써넣으세요.

㉠ $935-850$　㉡ 17×5　㉢ 17×50

$$\begin{array}{r} 55 \\ 17\overline{)935} \\ 85 \leftarrow \square \\ \hline 85 \leftarrow \square \\ 85 \leftarrow \square \\ \hline 0 \end{array}$$

6 어떤 수를 42로 나눌 때 나머지가 될 수 없는 것은 어느 것일까요? (　　　)

① 1　② 29　③ 35
④ 40　⑤ 42

7 몫이 한 자리 수인 나눗셈에 ○표, 몫이 두 자리 수인 나눗셈에 △표 하세요.

$479 \div 59$	$368 \div 22$	$173 \div 65$	$277 \div 26$
(　　)	(　　)	(　　)	(　　)

8 잘못 계산한 곳을 찾아 바르게 계산해 보세요.

$$\begin{array}{r} 3 \\ 16\overline{)79} \\ 48 \\ \hline 31 \end{array} \rightarrow \square$$

9 계산을 하고 나눗셈을 바르게 했는지 확인해 보세요.

$26\overline{)812}$

확인 ....

10 몫의 크기를 비교하여 ○ 안에 >, =, < 중 알맞은 것을 써넣으세요.

$351 \div 54$ ○ $477 \div 86$

11 나머지가 같은 것끼리 이어 보세요.

$148 \div 50$ •	• $445 \div 56$
$773 \div 90$ •	• $313 \div 42$
$299 \div 40$ •	• $249 \div 67$

12 계산 결과가 큰 것부터 차례로 기호를 써 보세요.

㉠ 289×88 ㉡ 527×40 ㉢ 692×36

( )

13 주영이는 한 권에 278쪽인 동화책 16권을 모두 읽었습니다. 주영이가 읽은 동화책은 모두 몇 쪽일까요?

식 ....

답 ....

14 계산을 하고 나머지가 큰 것부터 차례로 ○ 안에 1, 2, 3을 써넣으세요.

15 계산 결과가 10000에 가장 가까운 곱셈식을 만들려고 합니다. □ 안에 알맞은 두 자리 수를 써넣으세요.

$473 \times \square$

16 은재와 하율이 중 줄넘기를 더 많이 한 사람은 누구일까요?

> 은재: 나는 매일 238개씩 2주 동안 줄넘기를 했어.
> 하율: 나는 16일 동안 줄넘기를 매일 195개씩 했어.

(   )

17 책 87권을 책꽂이 한 칸에 15권씩 꽂으면 몇 칸을 채울 수 있고 남는 책은 몇 권일까요?

식 ....

답 ...., ...

18 수 카드를 한 번씩만 사용하여 몫이 가장 큰 (세 자리 수)÷(두 자리 수)를 만들고 계산해 보세요.

3 5 6 8 9

□ ÷ □ = □ … □

19 어린이 14명의 고궁 입장료는 얼마인지 보기 와 같이 풀이 과정을 쓰고 답을 구해 보세요.

> 고궁 입장료
> 어린이: 550원 어른: 950원

> 보기
> 어른 12명의 입장료는 $950 \times 12 = 11400$이므로 11400원입니다.
> 답 11400원

어린이 14명의 입장료는 ....

....

답 ....

20 색 테이프 28 cm로 꽃 한 개를 만들 수 있을 때 색 테이프 782 cm로는 꽃을 몇 개 만들 수 있는지 보기 와 같이 풀이 과정을 쓰고 답을 구해 보세요.

> 보기
> 색 테이프 514 cm로 $514 \div 28 = 18 \cdots 10$이므로 꽃을 18개 만들 수 있습니다.
> 답 18개

색 테이프 782 cm로 ....

....

답 ....

사고력이 반짝

● 각 도형에 사과 1개와 바나나 1개가 있도록 선을 따라서 똑같은 모양으로 나누어 보세요.

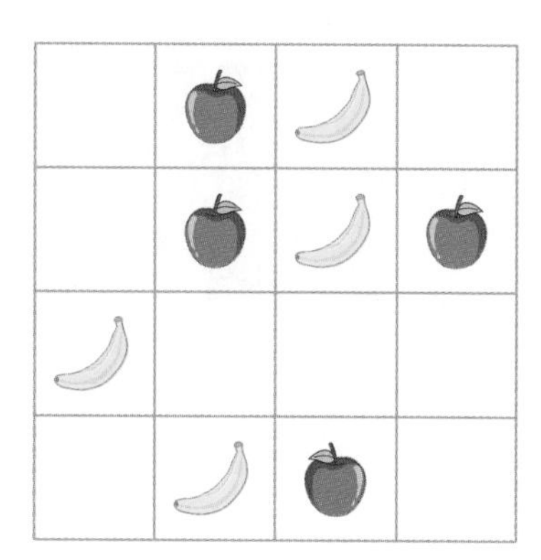

4 평면도형의 이동

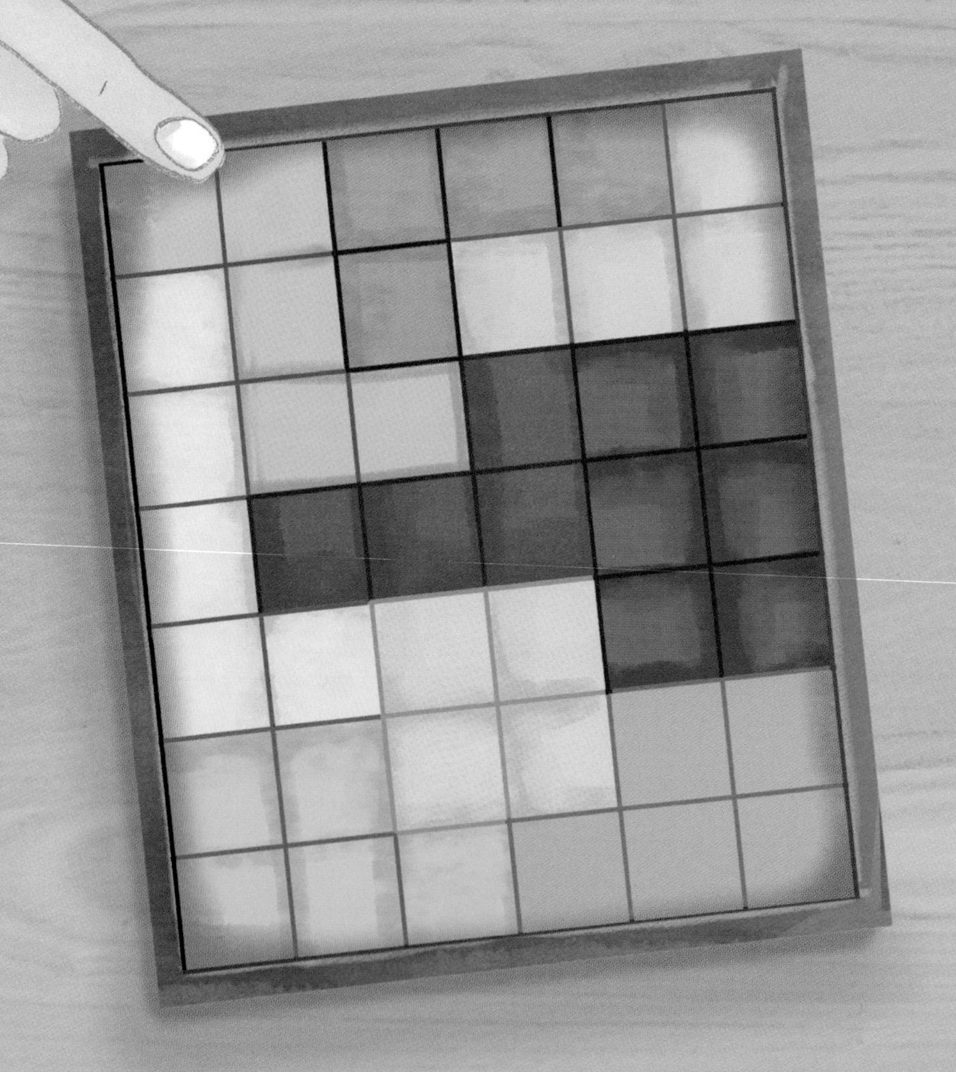

현수와 친구가 조각 맞추기 게임을 하고 있어요.
주어진 조각들 중 2개를 골라 움직여 게임판에 알맞게 색칠해 보세요.

1 점의 이동

점을 여러 방향으로 이동하기

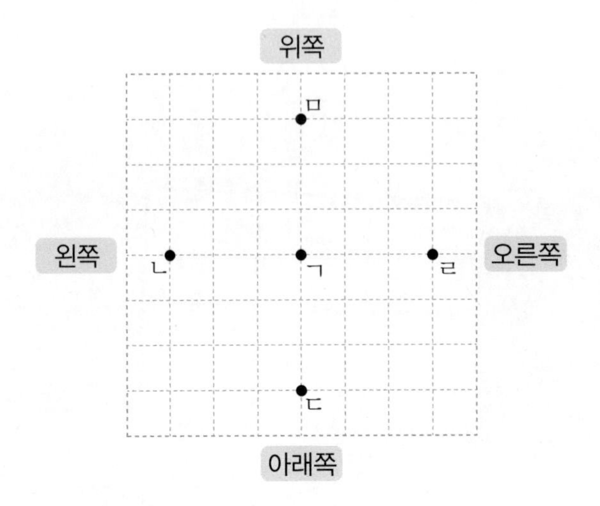

점 ㄱ을 **왼쪽으로 3칸** 이동한 위치 ➡ **점 ㄴ**

점 ㄱ을 **오른쪽으로 3칸** 이동한 위치 ➡ **점 ㄹ**

점 ㄱ을 **위쪽으로 3칸** 이동한 위치 ➡ **점 ㅁ**

점 ㄱ을 **아래쪽으로 3칸** 이동한 위치 ➡ **점 ㄷ**

점을 이동한 방법 설명하기

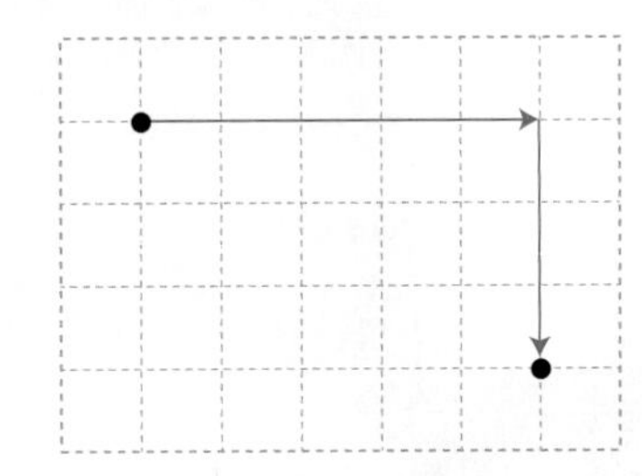

점을 오른쪽으로 5칸, 아래쪽으로 3칸 이동합니다.

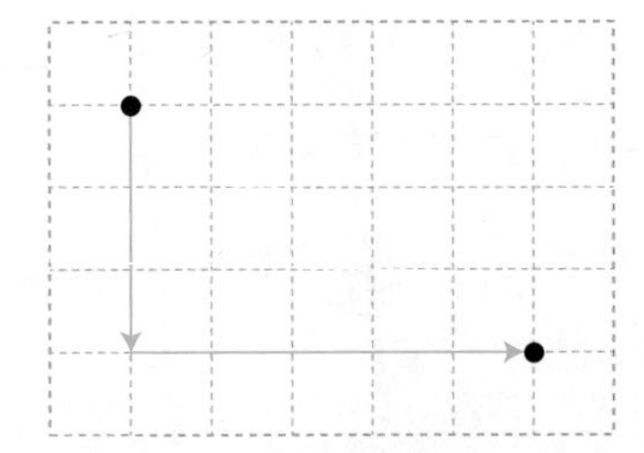

점을 아래쪽으로 3칸, 오른쪽으로 5칸 이동합니다.

개념 자세히 보기

바둑돌을 어떻게 이동해야 하는지 알아보아요!

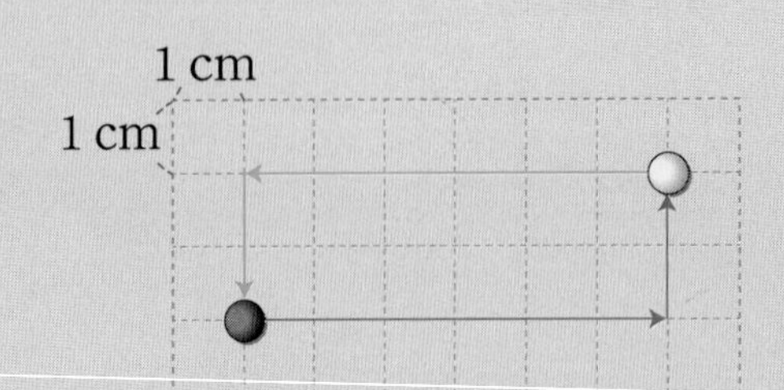

검은 바둑돌을 오른쪽으로 6 cm, 위쪽으로 2 cm 이동한 위치에 흰 바둑돌이 있습니다.
흰 바둑돌을 왼쪽으로 6 cm, 아래쪽으로 2 cm 이동한 위치에 검은 바둑돌이 있습니다.

정답과 풀이 30쪽

점 ㄱ을 주어진 방향으로 4칸 이동했을 때의 위치에 점 ㄴ으로 표시해 보세요.

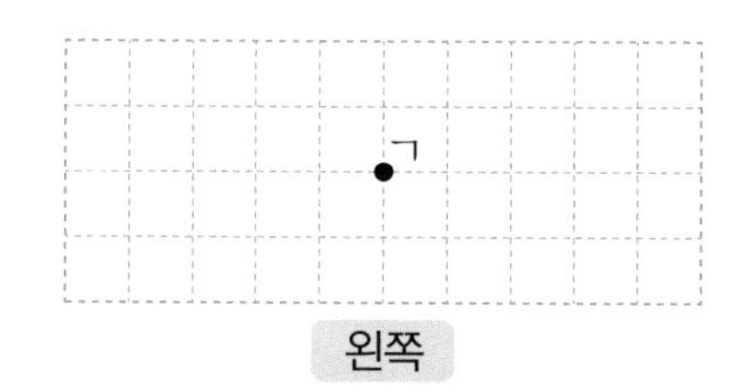

왼쪽

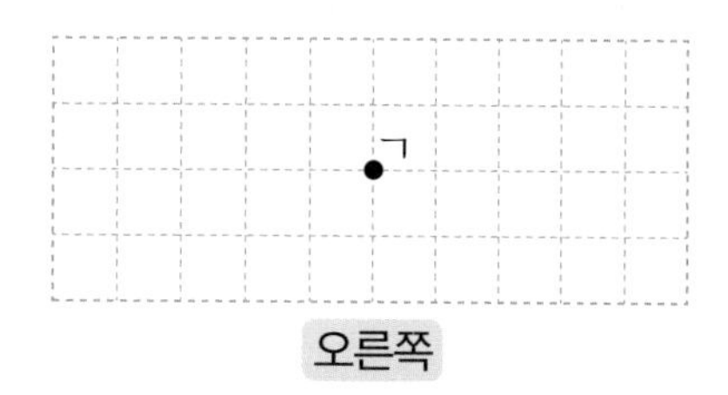

오른쪽

점 ㄱ을 주어진 방향으로 3 cm 이동했을 때의 위치에 점 ㄴ으로 표시해 보세요.

모눈 한 칸이 1 cm이므로 3 cm를 이동하려면 3칸을 이동해야 해요.

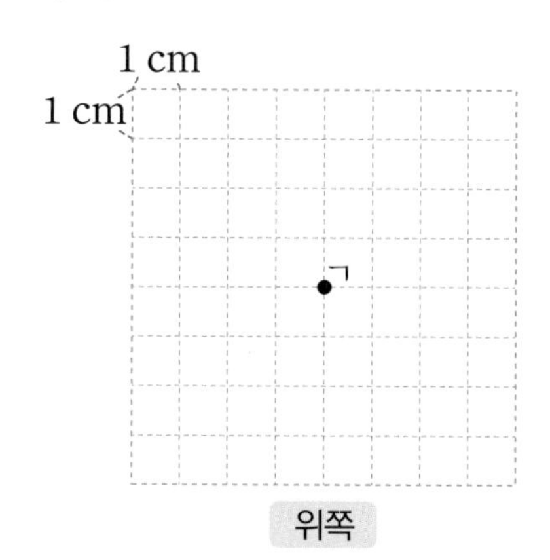

위쪽

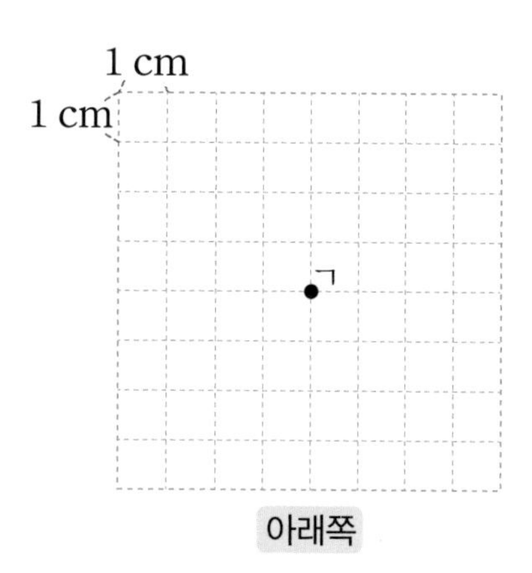

아래쪽

3 점을 어떻게 이동했는지 알맞은 것에 ○표 하세요.

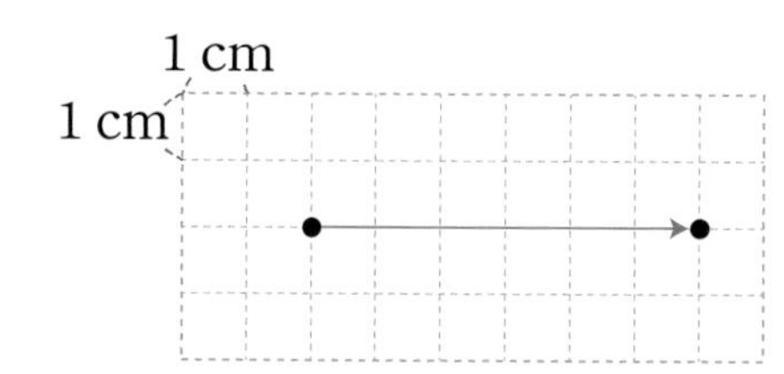

오른쪽으로 6 cm 이동	(　　　)
왼쪽으로 6 cm 이동	(　　　)

4 점 ㄱ을 어떻게 움직이면 점 ㄴ의 위치로 옮길 수 있는지 써 보세요.

점을 이동한 순서가 달라져도 이동한 점의 위치는 같아요.

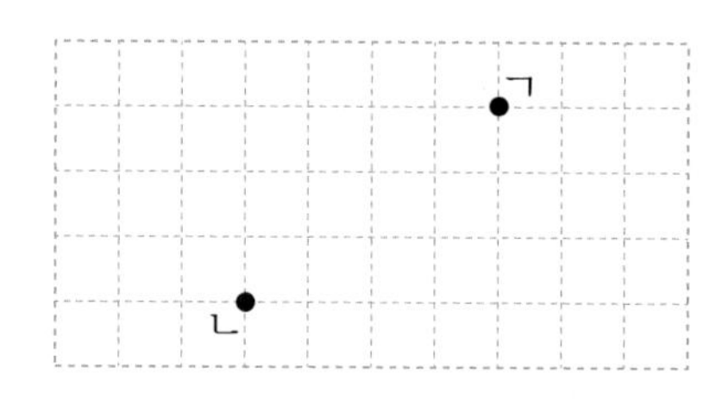

점 ㄱ을 [　　]으로 [　]칸, [　　]으로 [　]칸 이동합니다.

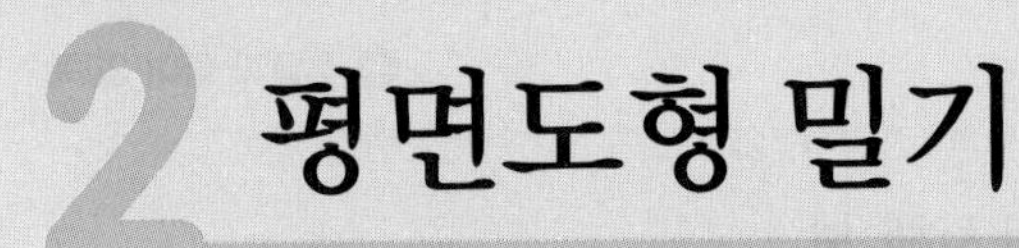

2 평면도형 밀기

● 평면도형을 여러 방향으로 밀기

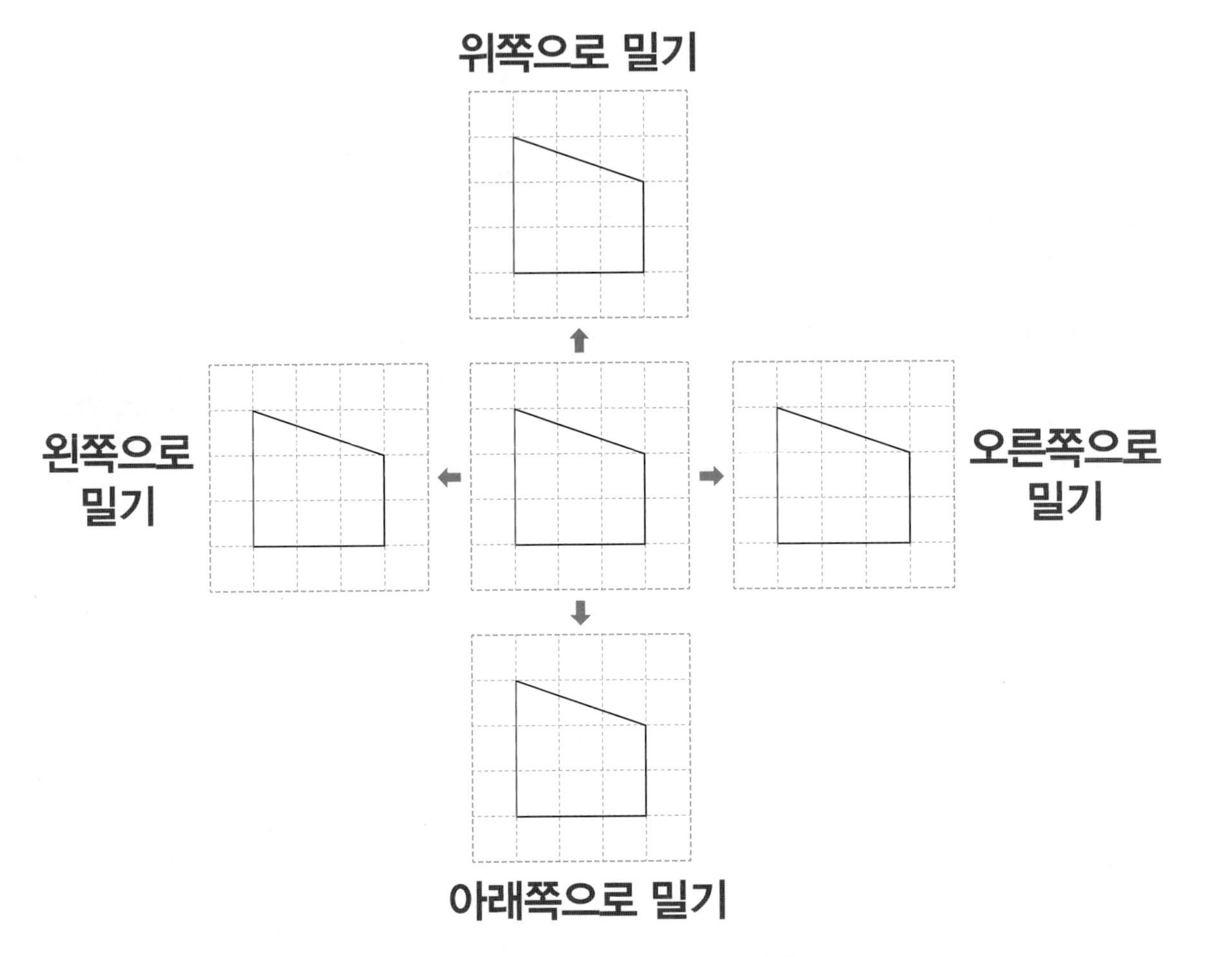

➡ 도형을 어느 방향으로 밀어도 모양은 변하지 않고 위치만 바뀝니다.

개념 자세히 보기

● **도형을 ■ cm만큼 밀었을 때의 도형을 그릴 수 있어요!**

기준이 되는 한 변을 정하여 주어진 방향으로 ■ cm만큼 밀었을 때의 도형을 그립니다.

예 사각형을 오른쪽으로 4 cm 밀기

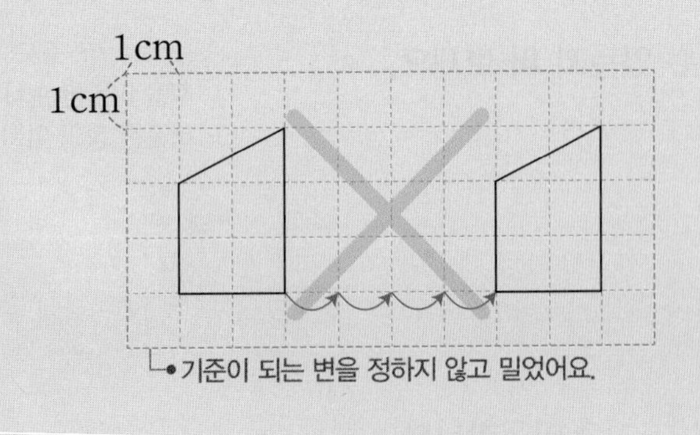

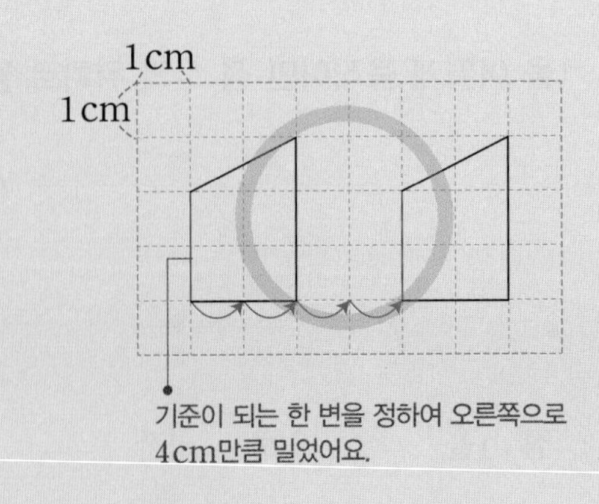

정답과 풀이 30쪽

1 그림을 보고 알맞은 말에 ○표 하세요.

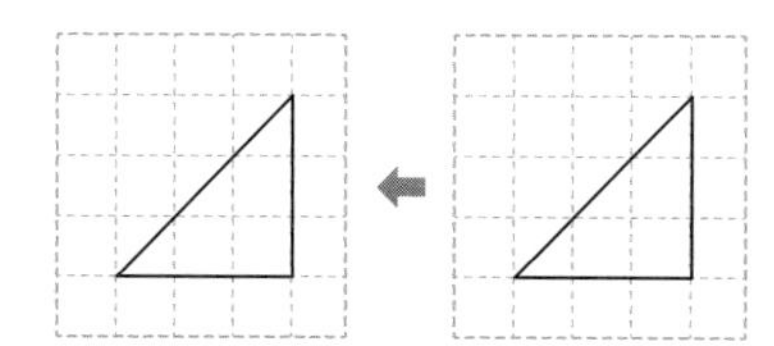

오른쪽 도형을 왼쪽으로 밀었을 때 모양은 (변합니다 , 변하지 않습니다).

2 보기 의 모양 조각을 아래쪽으로 밀었습니다. 알맞은 것에 ○표 하세요.

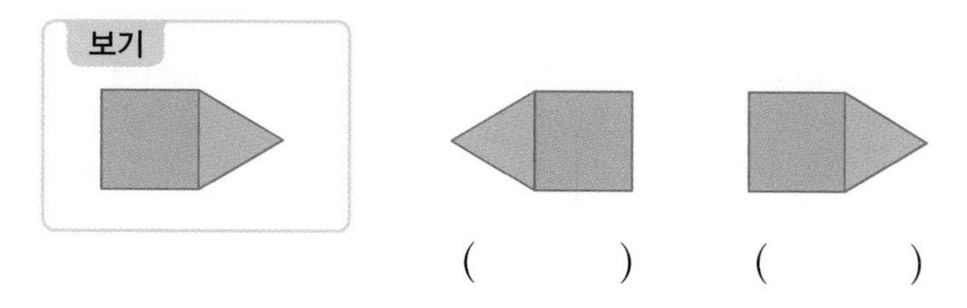

( ) ( )

3 도형을 여러 방향으로 밀었을 때의 도형을 각각 그려 보세요.

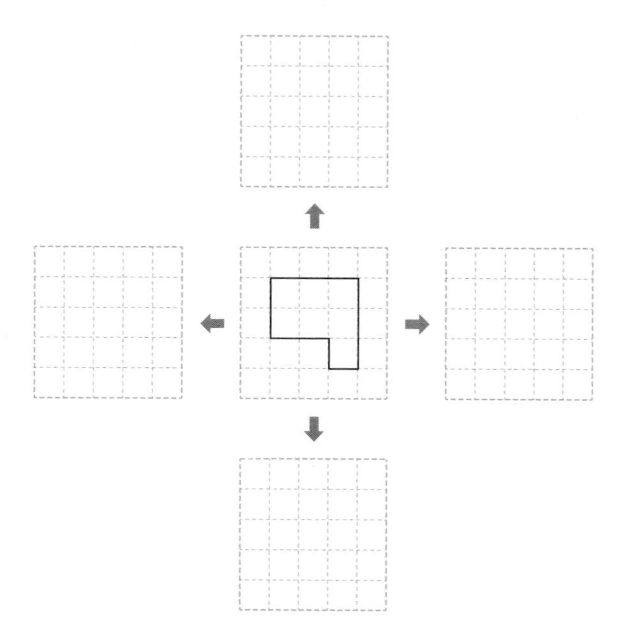

도형을 어느 방향으로 밀어도
모양은 변하지 않아요.

4 도형을 오른쪽으로 7 cm 밀었을 때의 도형을 그려 보세요.

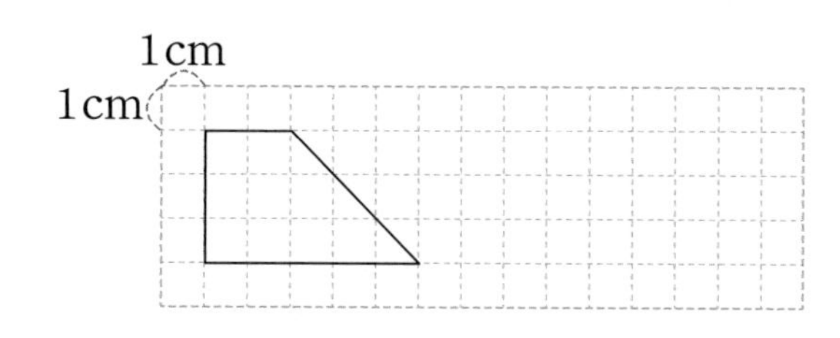

모눈 한 칸이 1 cm이므로
7 cm를 움직이려면 7칸을
움직여야 해요.

4

평면도형 뒤집기

● 평면도형을 여러 방향으로 뒤집기

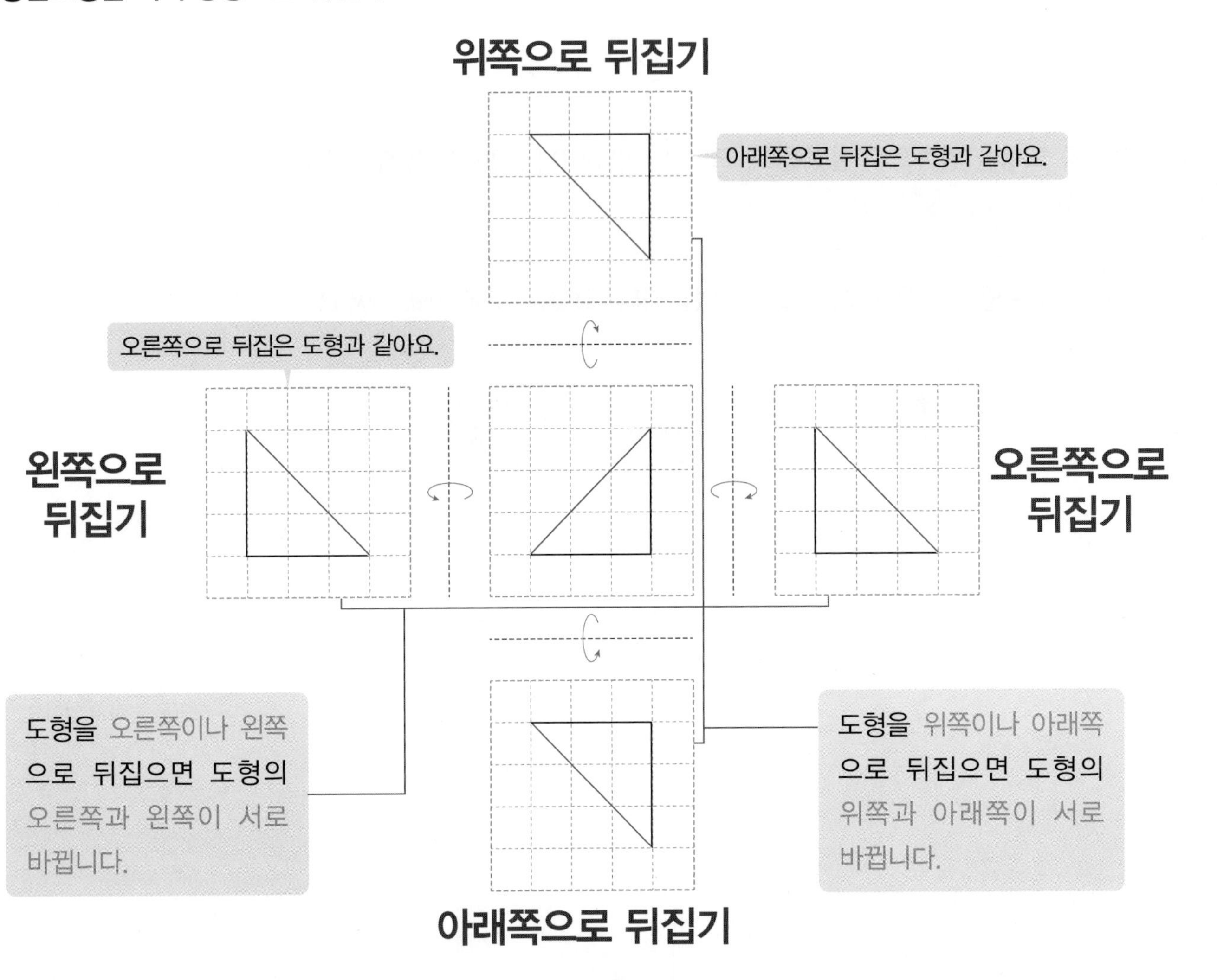

개념 자세히 보기

● 도형을 같은 방향으로 짝수 번 뒤집으면 처음 도형과 같아요!

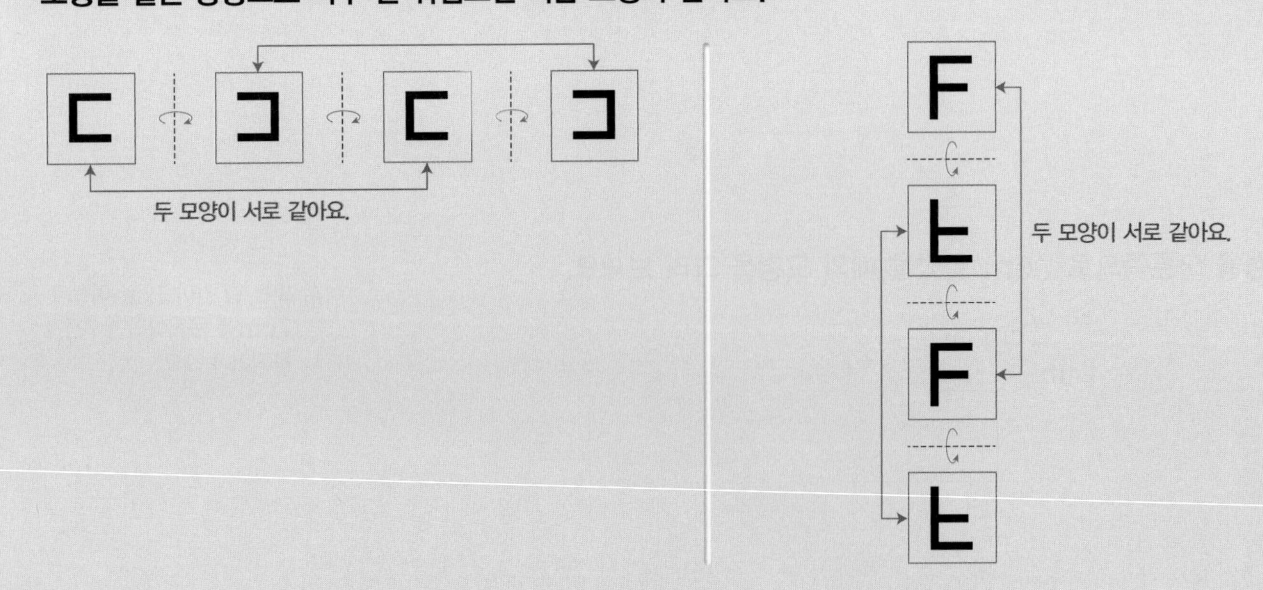

➔ 정답과 풀이 31쪽

1 그림을 보고 ☐ 안에 알맞은 말을 써넣으세요.

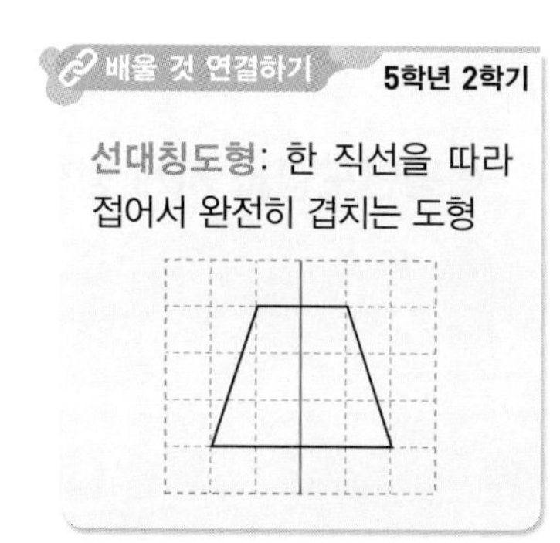

① 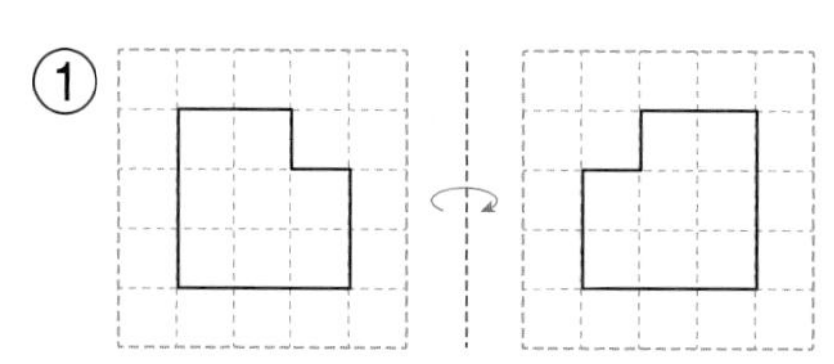

왼쪽 도형을 오른쪽으로 뒤집으면 도형의 오른쪽과 ☐이 서로 바뀝니다.

② 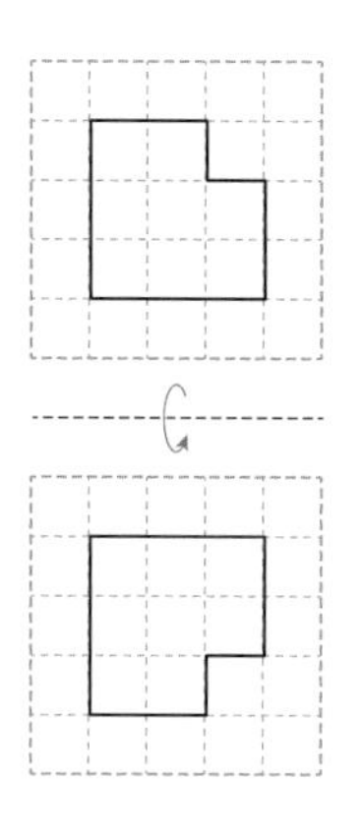

위쪽 도형을 아래쪽으로 뒤집으면 도형의 위쪽과 ☐이 서로 바뀝니다.

2 보기 의 모양 조각을 아래쪽으로 뒤집었습니다. 알맞은 것에 ○표 하세요.

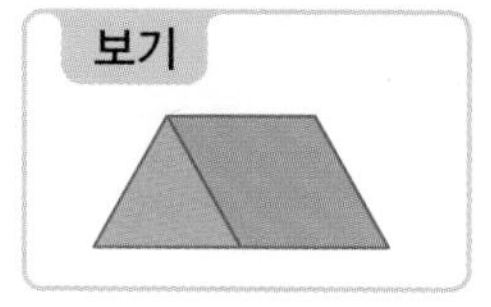

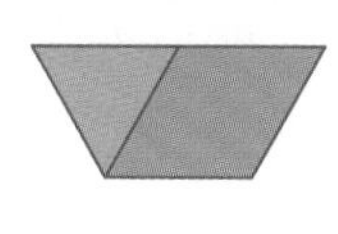
(   )

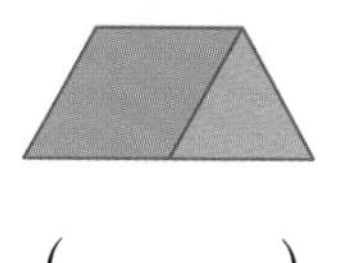
(   )

도형을 아래쪽으로 뒤집으면 도형의 위쪽과 아래쪽이 서로 바뀌어요.

3 도형을 여러 방향으로 뒤집었을 때의 도형을 각각 그려 보세요.

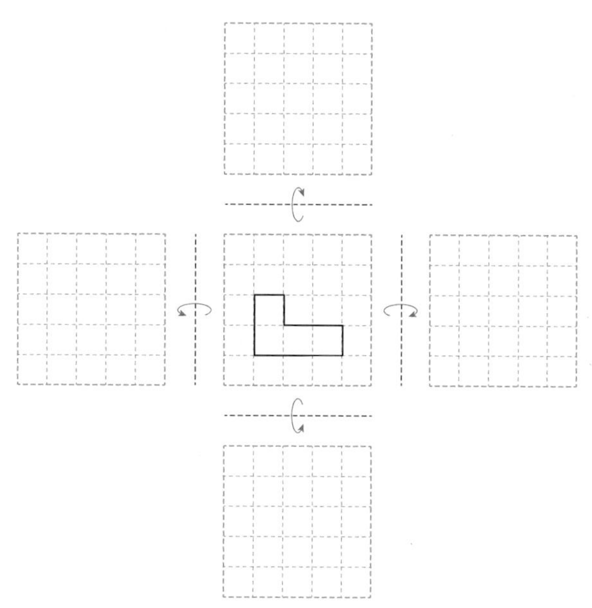

왼쪽으로 뒤집은 도형과 오른쪽으로 뒤집은 도형은 서로 같아요.

4 평면도형 돌리기

● **평면도형을 시계 방향으로 $90°$, $180°$, $270°$, $360°$ 돌리기**

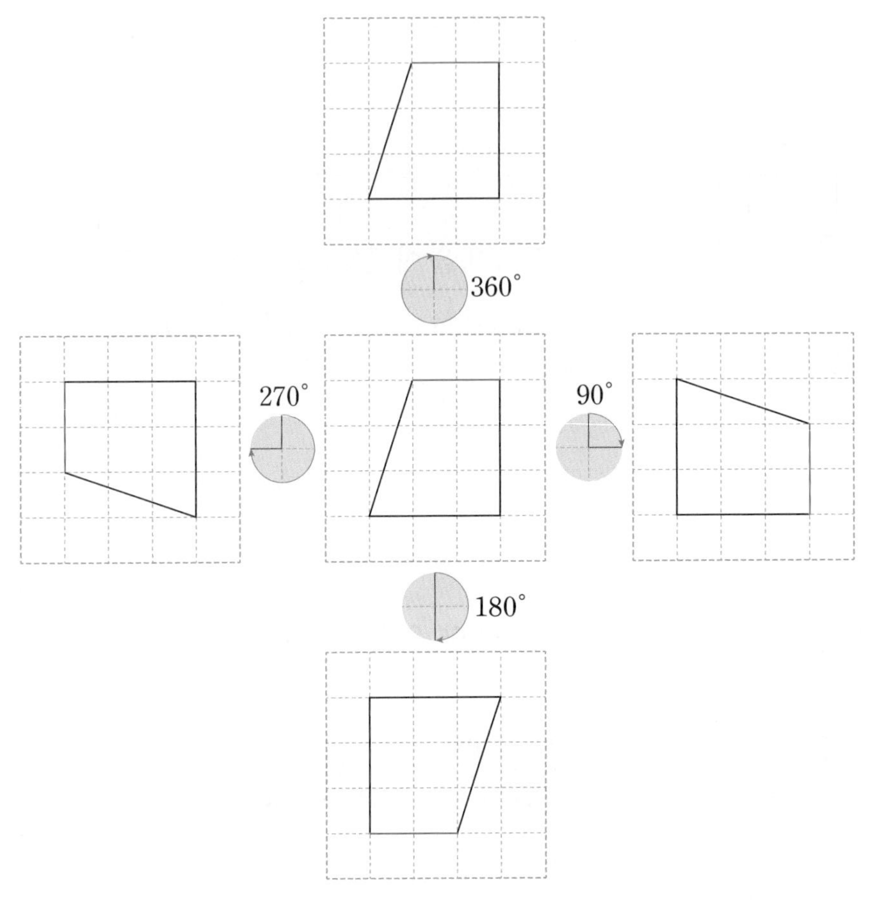

➡ 도형을 시계 방향으로 돌리면 도형의 위쪽이 오른쪽 → 아래쪽 → 왼쪽 → 위쪽으로 이동합니다.

개념 자세히 보기

● **화살표 끝이 가리키는 위치가 같으면 도형도 같아요!**

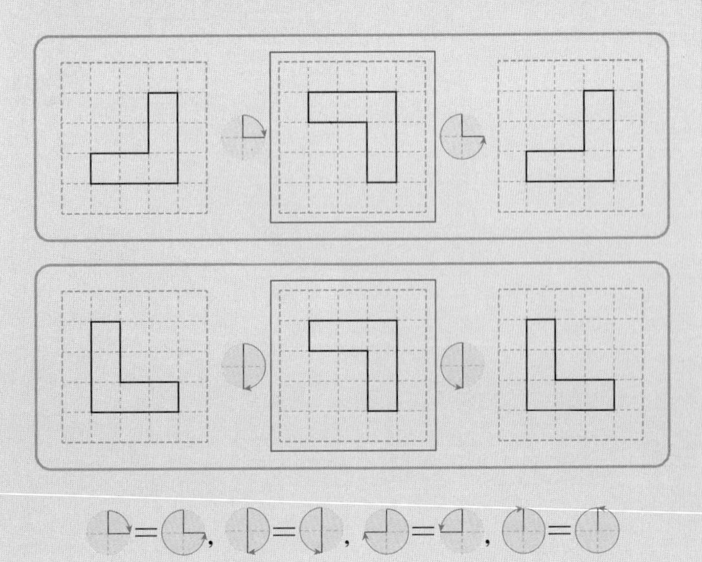

● **평면도형을 뒤집고 돌리기 할 수 있어요!**

도형을 오른쪽으로 뒤집은 다음 시계 방향으로 $90°$만큼 돌리기

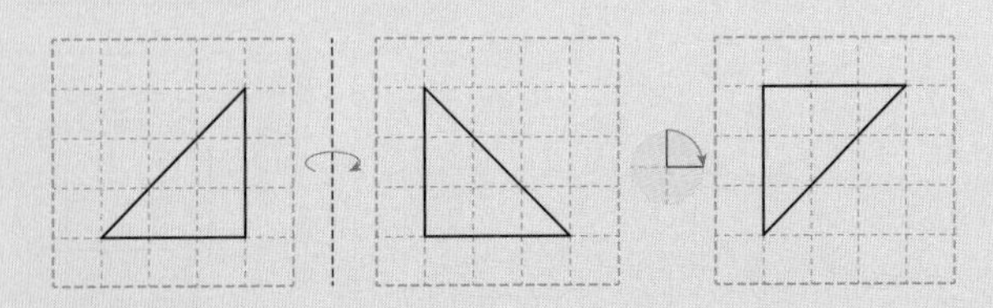

➔ 정답과 풀이 31쪽

1 그림을 보고 ☐ 안에 알맞은 말을 써넣으세요.

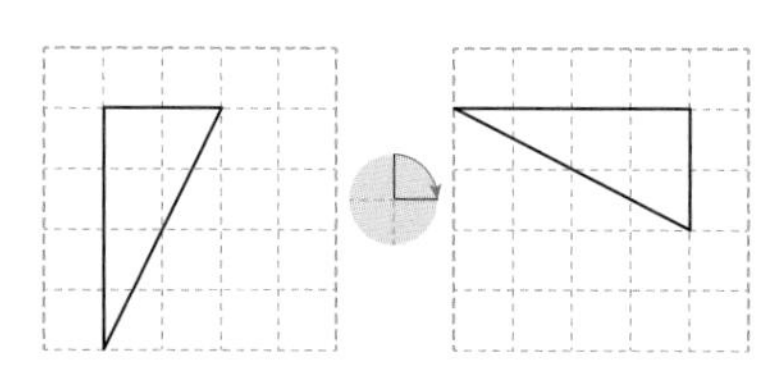

도형을 시계 방향으로 $90°$만큼 돌리면 도형의 위쪽이 ☐으로 이동합니다.

2 보기 의 모양 조각을 시계 반대 방향으로 $90°$만큼 돌렸습니다. 알맞은 것에 ○표 하세요.

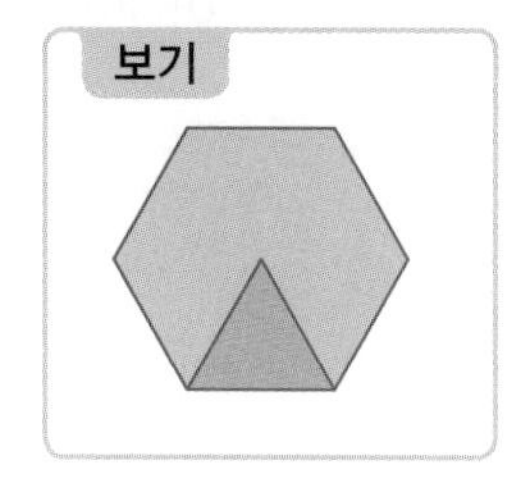

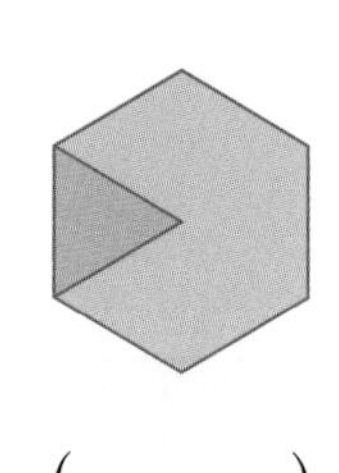

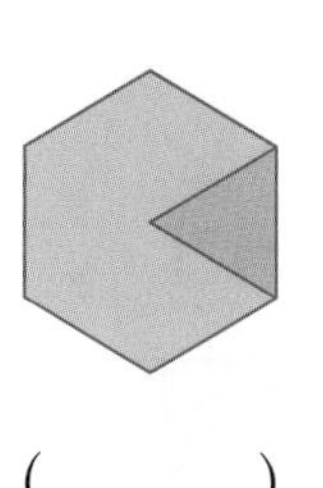

( ) ( )

3 도형을 시계 방향으로 $90°$, $180°$, $270°$, $360°$ 돌렸을 때의 도형을 각각 그려 보세요.

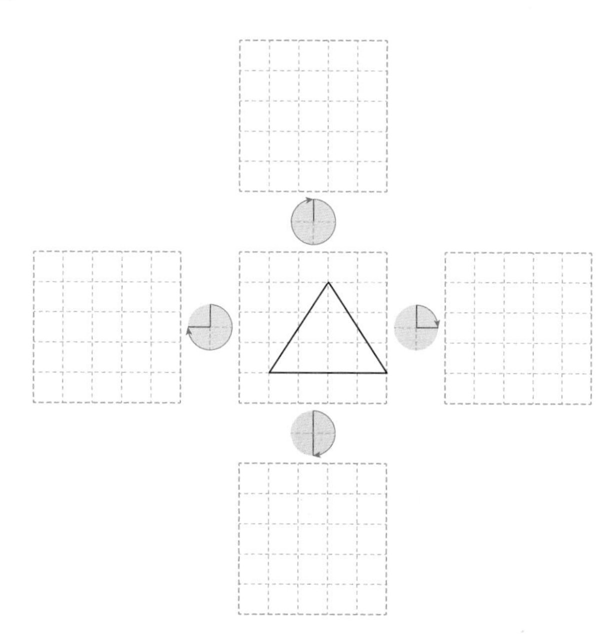

• ◔: 시계 방향으로 직각의 2배만큼 돌리기
• ◕: 시계 방향으로 직각의 3배만큼 돌리기

4 도형을 오른쪽으로 뒤집은 다음 시계 방향으로 $270°$만큼 돌렸을 때의 도형을 각각 그려 보세요.

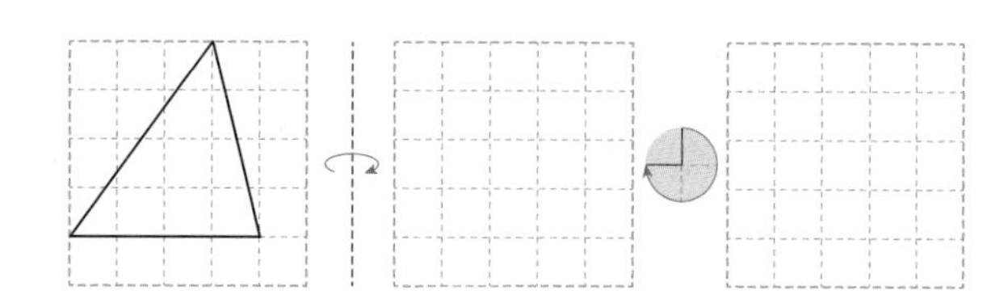

5 평면도형을 이동하여 무늬 꾸미기

● 밀기를 이용하여 규칙적인 무늬 만들기

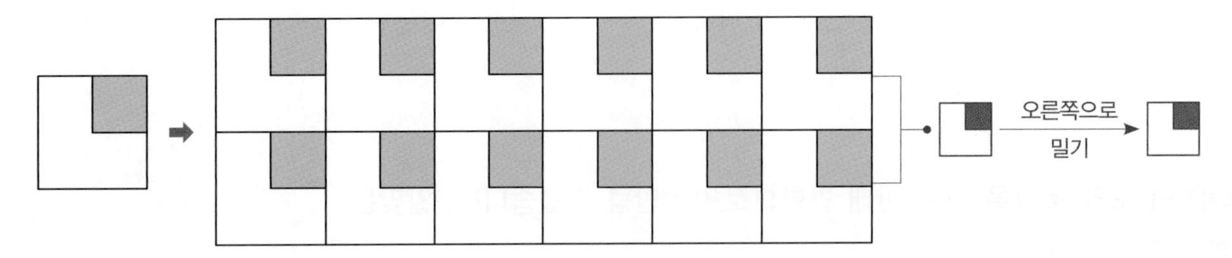

➡ 모양을 오른쪽으로 미는 것을 반복하여 첫째 줄의 모양을 만들고, 그 모양을 아래쪽으로 밀어서 무늬를 만들었습니다.

● 뒤집기를 이용하여 규칙적인 무늬 만들기

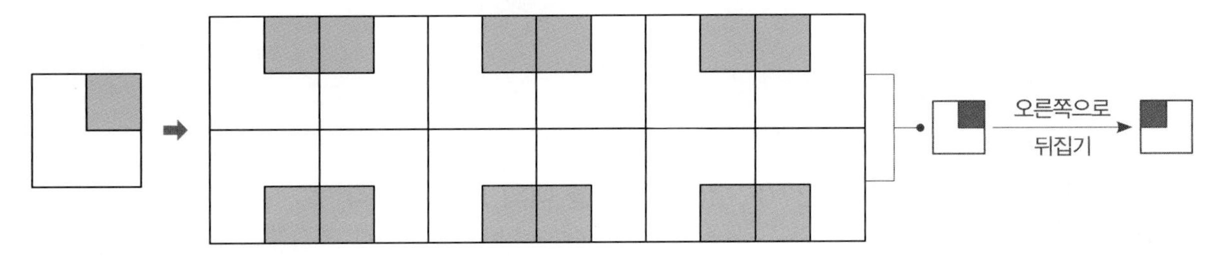

➡ 모양을 오른쪽으로 뒤집는 것을 반복하여 첫째 줄의 모양을 만들고, 그 모양을 아래쪽으로 뒤집어서 무늬를 만들었습니다.

● 돌리기를 이용하여 규칙적인 무늬 만들기

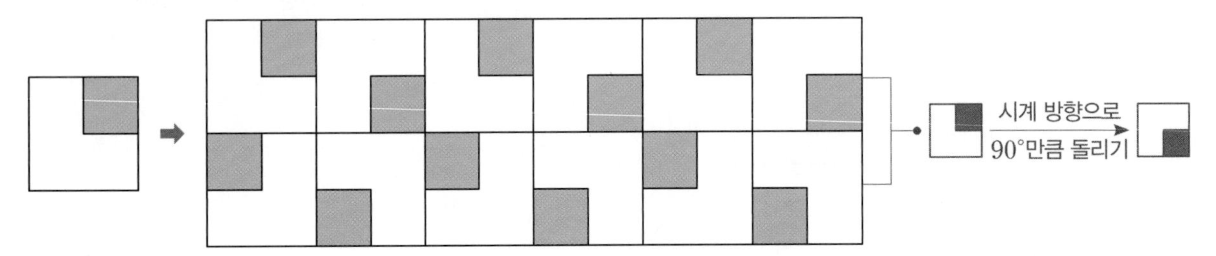

➡ 모양을 시계 방향으로 90°만큼 돌리는 것을 반복하여 모양을 만들고, 그 모양을 오른쪽으로 밀어서 무늬를 만들었습니다.

개념 자세히 보기

• 밀기와 뒤집기를 이용하여 규칙적인 무늬를 만들 수 있어요!

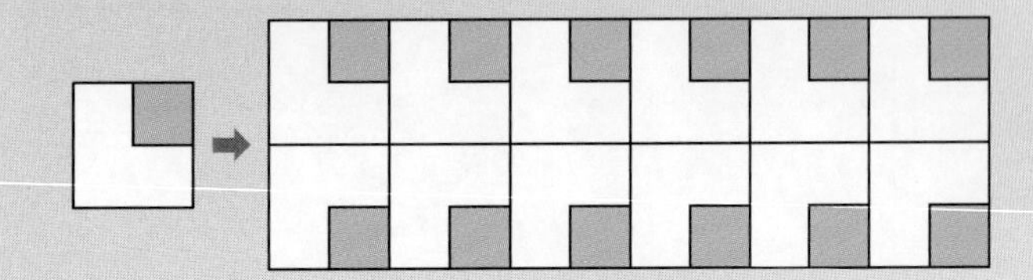

➡ 모양을 오른쪽으로 미는 것을 반복하여 첫째 줄의 모양을 만들고, 그 모양을 아래쪽으로 뒤집어서 무늬를 만들었습니다.

정답과 풀이 31쪽

1 모양으로 무늬를 만들었습니다. 어떤 방법으로 만든 무늬인지 알맞은 것에 ○표 하세요.

밀기 ( ) 뒤집기 ( ) 돌리기 ( )

주어진 모양을 각각 밀기, 뒤집기, 돌리기 하여 생기는 무늬를 알아보아요.

2 모양으로 밀기를 이용하여 규칙적인 무늬를 만들어 보세요.

3 모양으로 뒤집기를 이용하여 규칙적인 무늬를 만들어 보세요.

먼저 주어진 모양을 오른쪽으로 반복해서 뒤집어 가며 첫째 줄을 완성해 봐요.

4 모양으로 돌리기와 밀기를 이용하여 규칙적인 무늬를 만들어 보세요.

기본기 강화 문제

① 점을 이동한 위치 알아보기

• 점 ㄱ을 설명대로 이동했을 때의 위치에 점 ㄴ으로 표시해 보세요.

1 오른쪽으로 6칸, 위쪽으로 3칸 이동

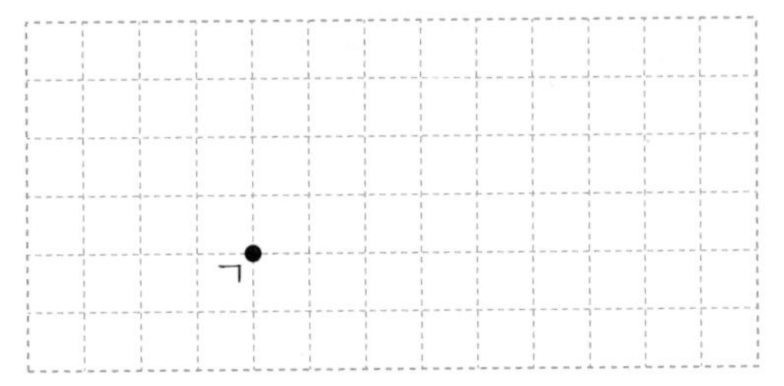

먼저 오른쪽으로 6칸 이동한 위치를 찾고, 그 위치에서 위쪽으로 3칸 이동해요.

2 아래쪽으로 4칸, 왼쪽으로 5칸 이동

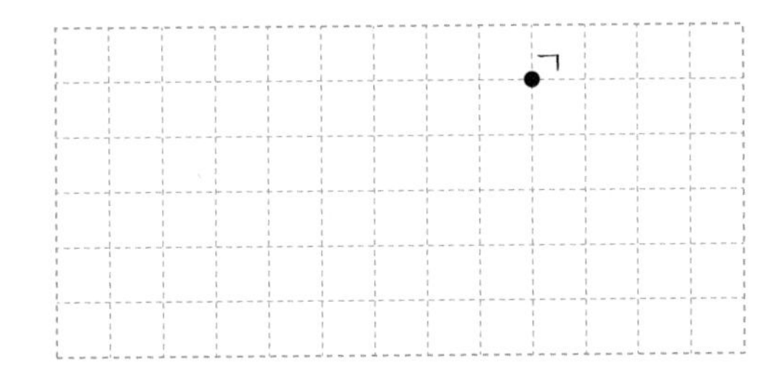

3 위쪽으로 5cm, 왼쪽으로 4cm 이동

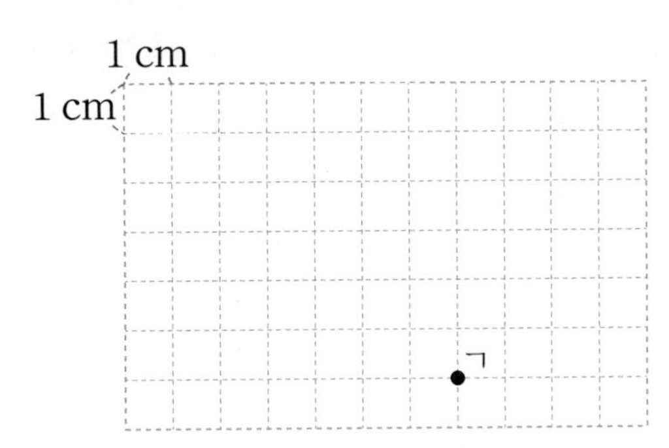

4 오른쪽으로 7cm, 아래쪽으로 3cm 이동

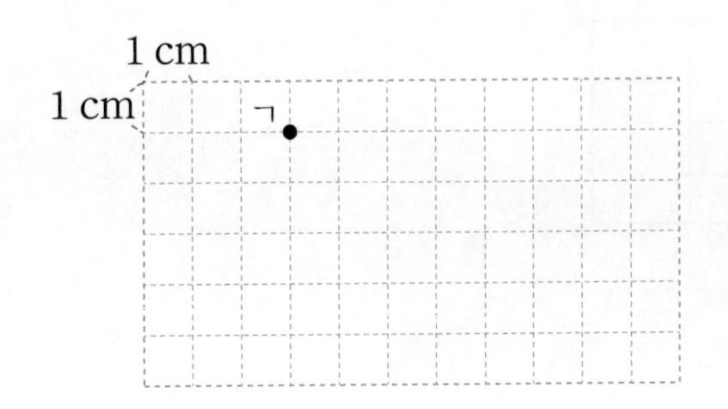

② 이동하기 전의 점의 위치 알아보기

• 점을 설명대로 이동했을 때의 위치입니다. 이동하기 전의 점의 위치를 표시해 보세요.

1 왼쪽으로 5칸 이동

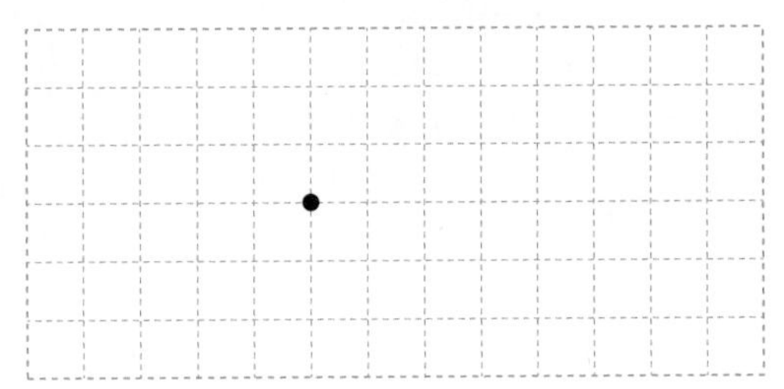

점을 이동한 칸 수만큼 반대 방향으로 이동하면 처음 위치가 돼요.

2 위쪽으로 4cm 이동

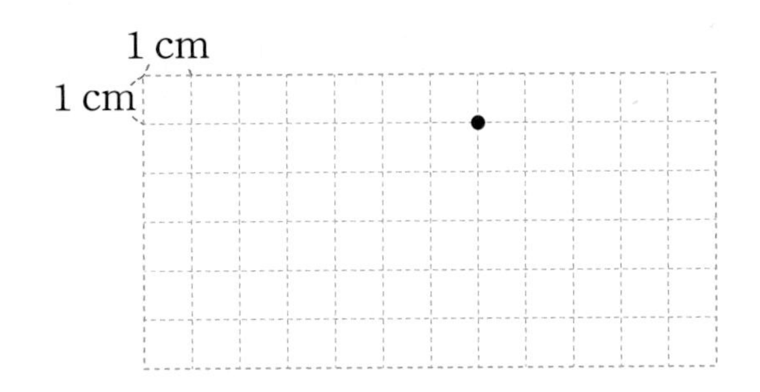

3 아래쪽으로 2칸, 오른쪽으로 4칸 이동

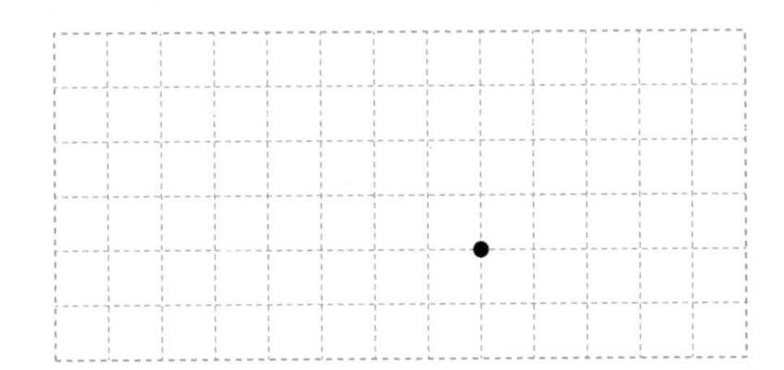

4 왼쪽으로 5cm, 위쪽으로 3cm 이동

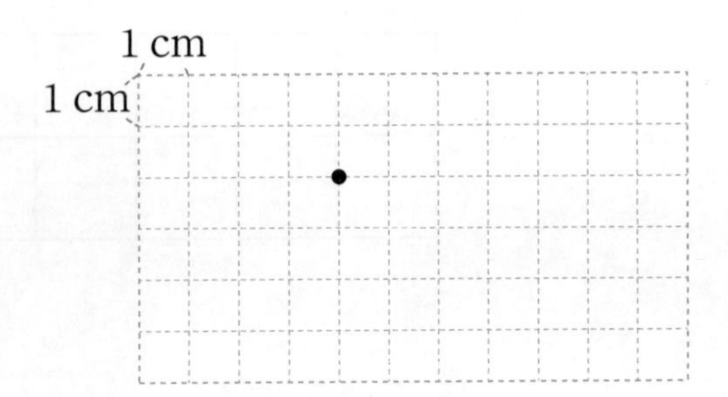

➔ 정답과 풀이 32쪽

3 도형 밀기

• 바르게 움직인 것을 찾아 ○표 하세요.

1 오른쪽으로 밀기

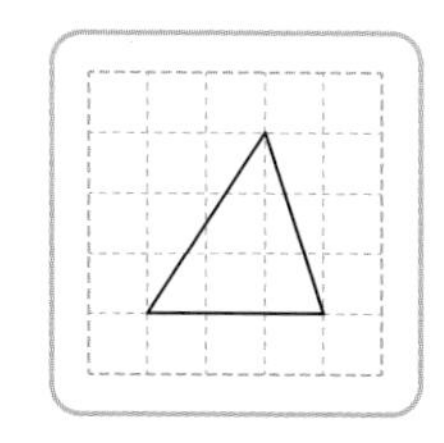 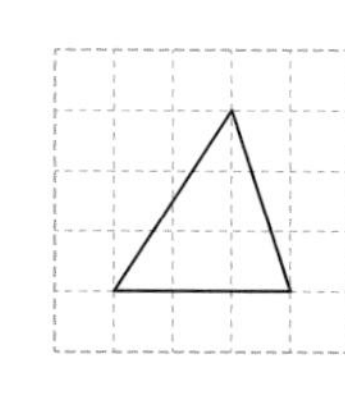 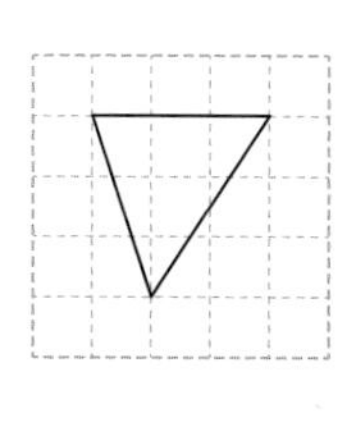

( ) ( )

도형을 어느 쪽으로 밀어도 모양은 변하지 않아요.

2 왼쪽으로 밀기

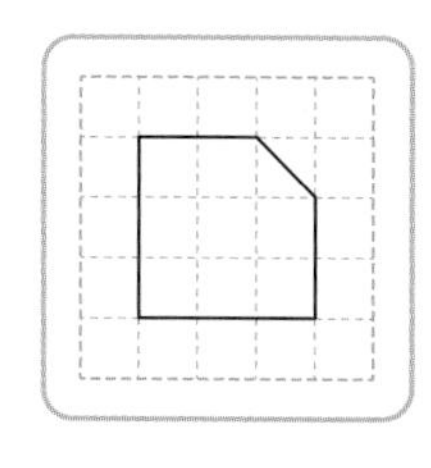 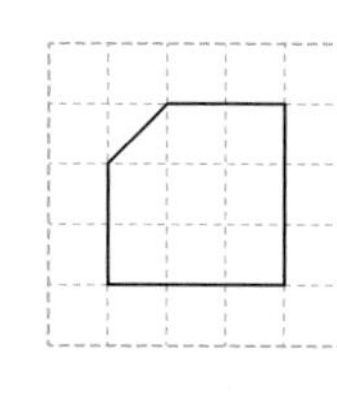 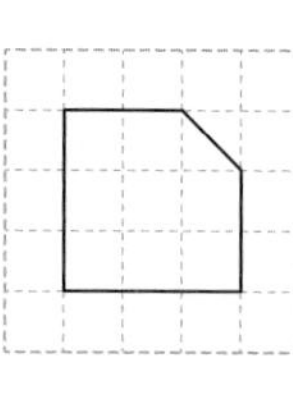

( ) ( )

3 아래쪽으로 밀기

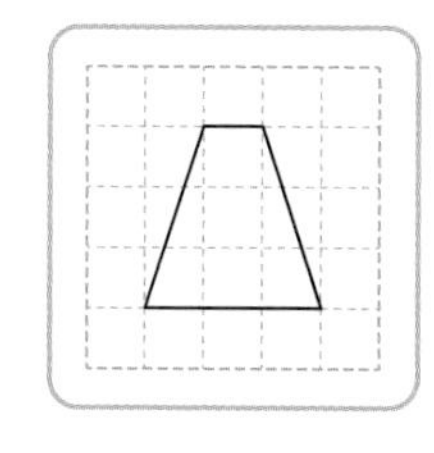 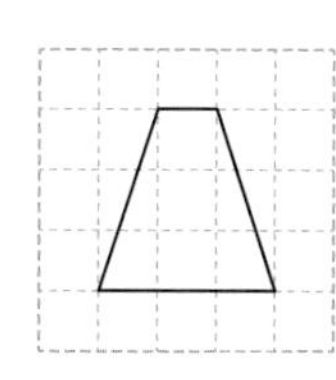 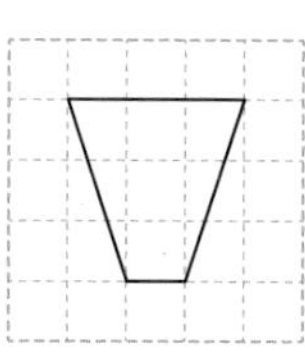

( ) ( )

4 위쪽으로 밀기

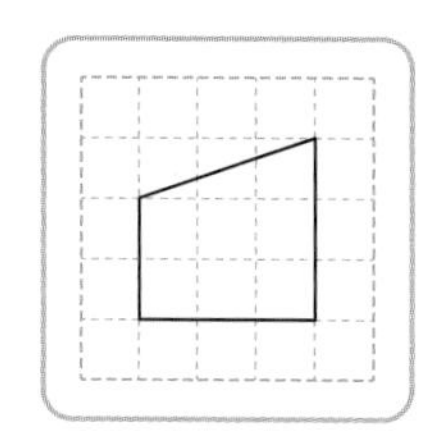 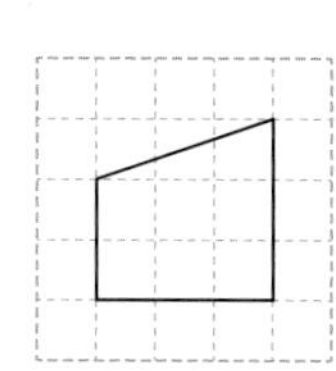 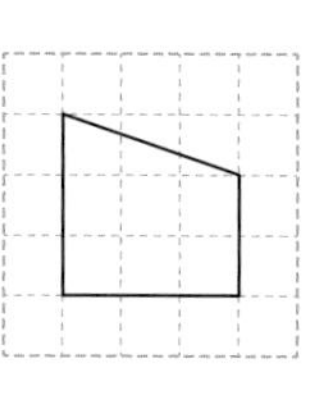
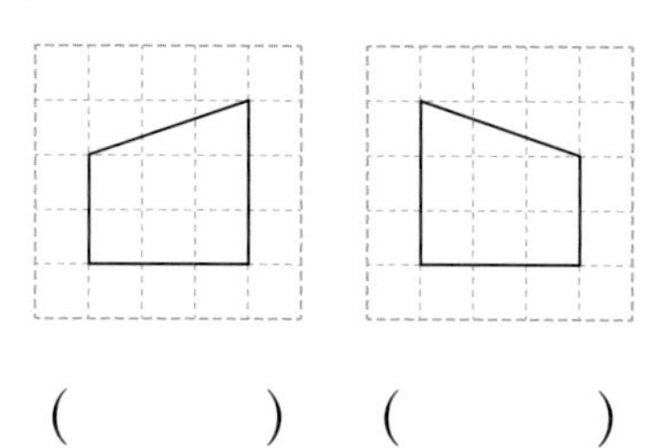

( ) ( )

4 도형 뒤집기

• 바르게 움직인 것을 찾아 ○표 하세요.

1 오른쪽으로 뒤집기

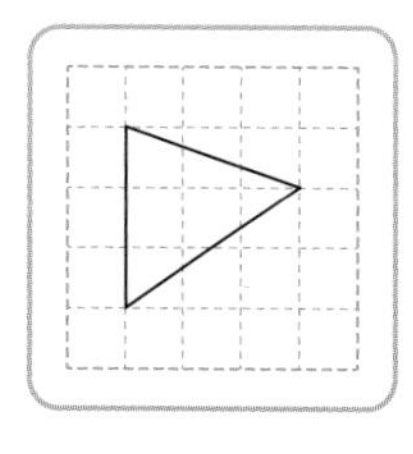 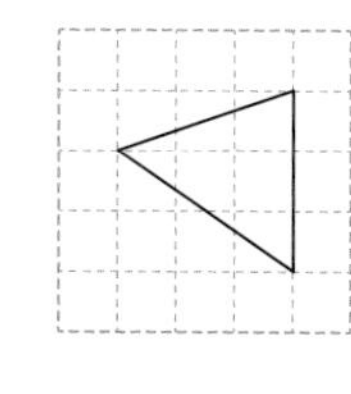 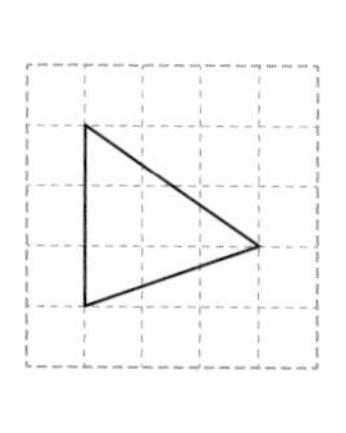

( ) ( )

도형을 오른쪽(왼쪽)으로 뒤집으면 도형의 왼쪽과 오른쪽이 서로 바뀌어요.

2 왼쪽으로 뒤집기

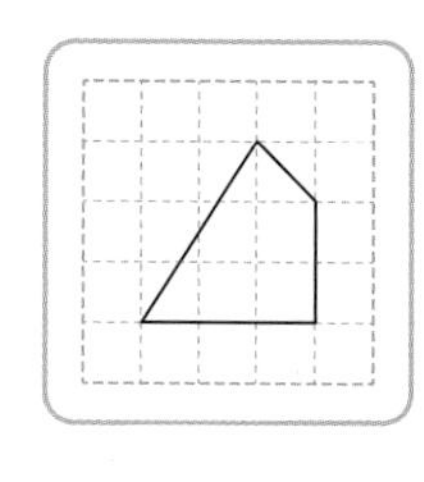 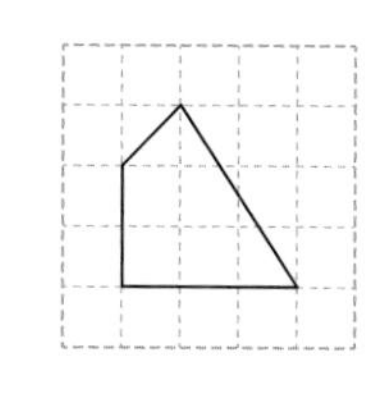 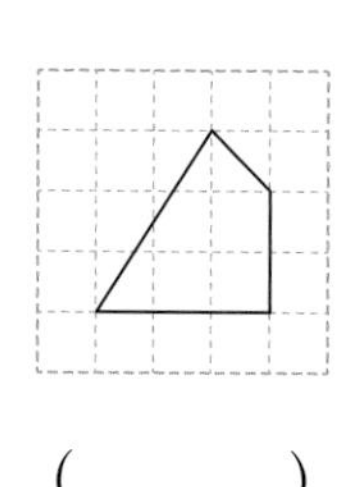

( ) ( )

3 아래쪽으로 뒤집기

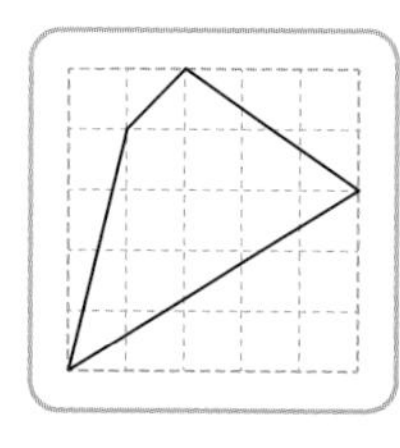 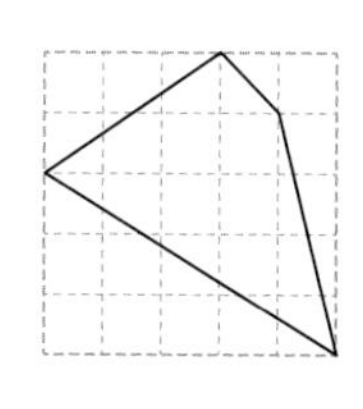 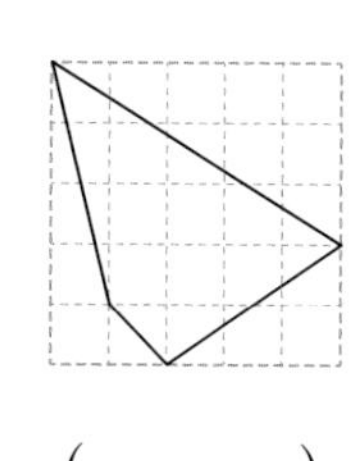

( ) ( )

4 위쪽으로 뒤집기

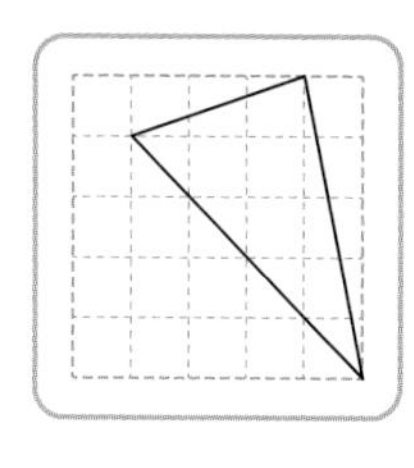 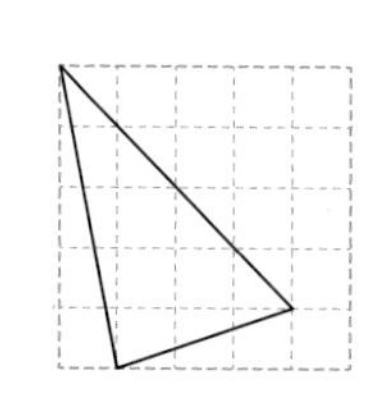 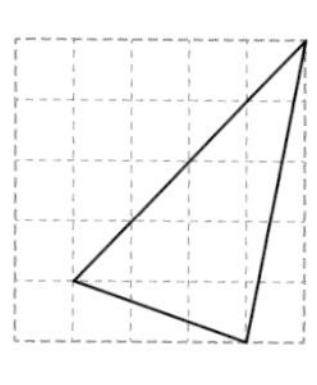

( ) ( )

5 도형 돌리기

• 바르게 움직인 것을 찾아 ○표 하세요.

1 시계 방향으로 90°만큼 돌리기

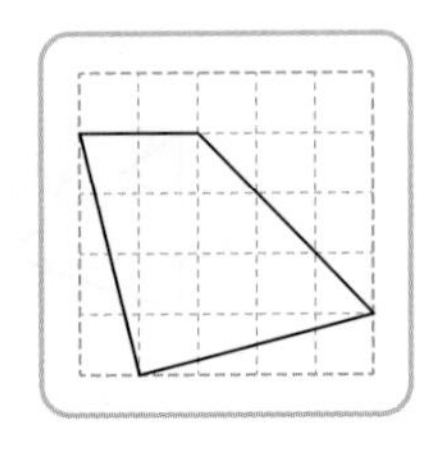
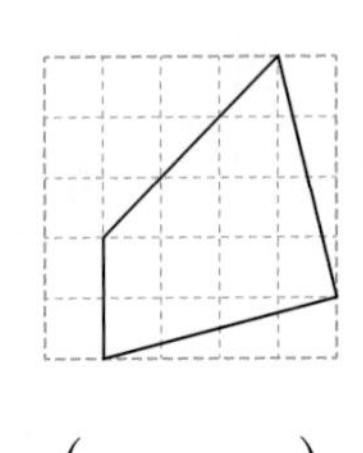
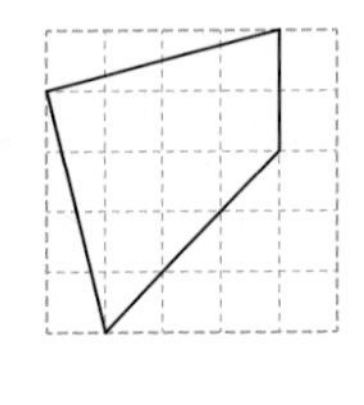

( ) ( )

도형을 시계 방향으로 90°만큼 돌리면 도형의 위쪽이 오른쪽으로 이동해요.

2 시계 방향으로 180°만큼 돌리기

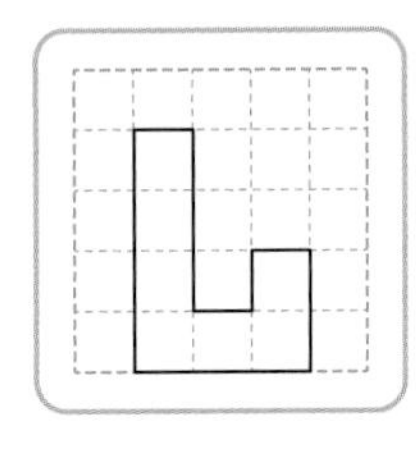
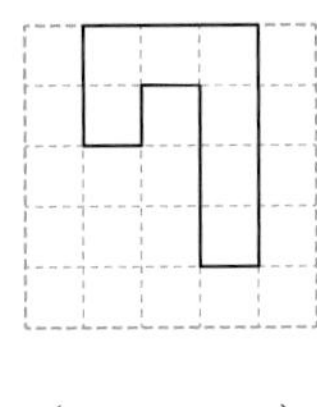
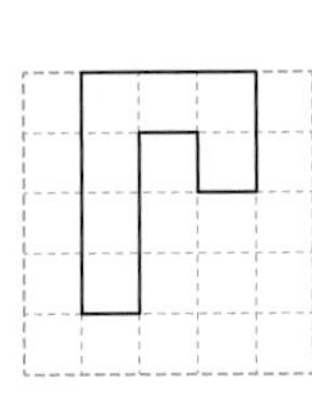

( ) ( )

3 시계 반대 방향으로 90°만큼 돌리기

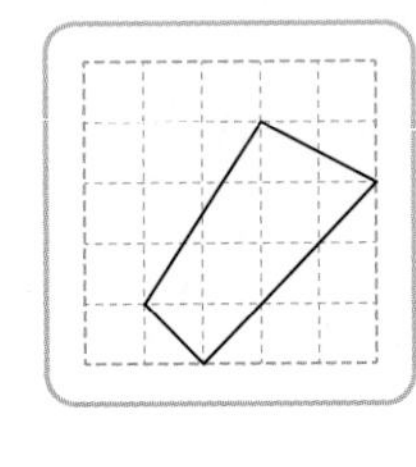
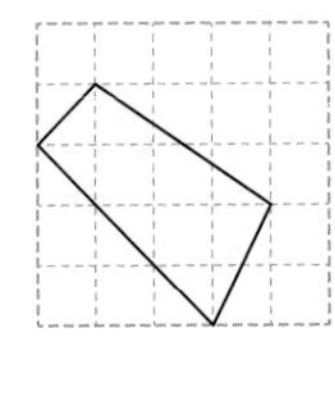
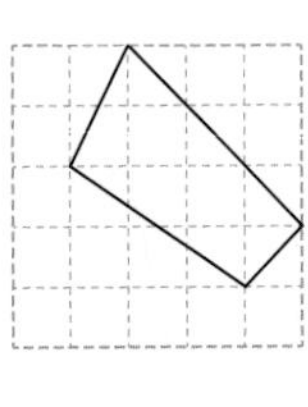

( ) ( )

4 시계 반대 방향으로 270°만큼 돌리기

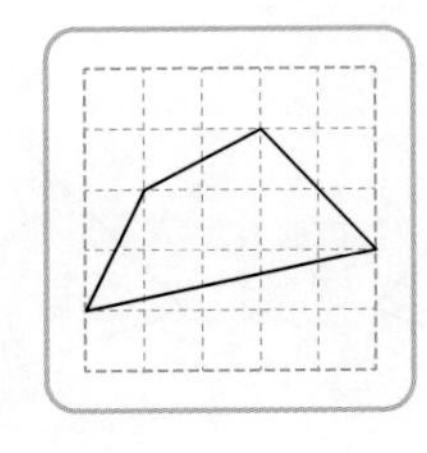
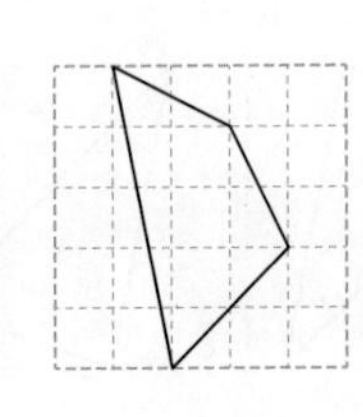
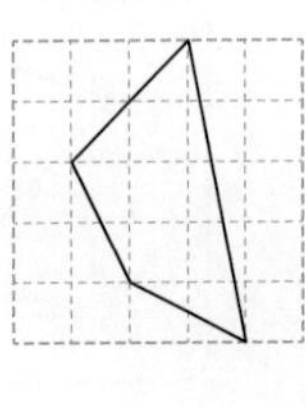

( ) ( )

6 밀었을 때의 도형 그리기

• 주어진 도형을 다음과 같이 밀었을 때의 도형을 그려 보세요.

1 오른쪽으로 밀기

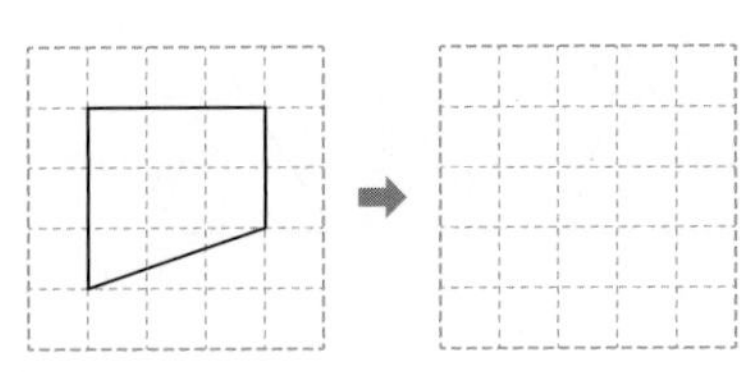

도형을 밀면 모양은 변하지 않고 위치만 바뀌어요.

2 왼쪽으로 밀기

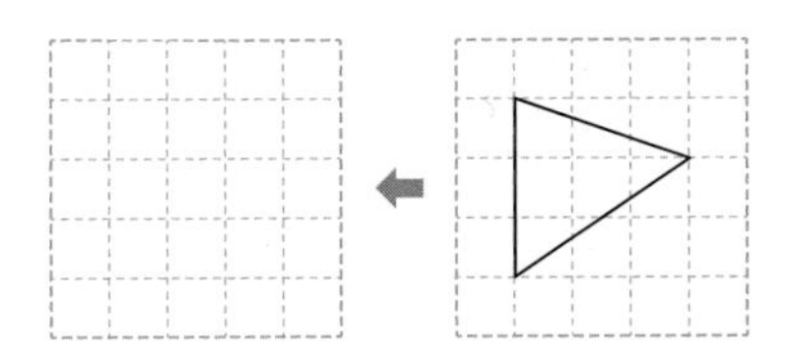

3 아래쪽으로 밀기

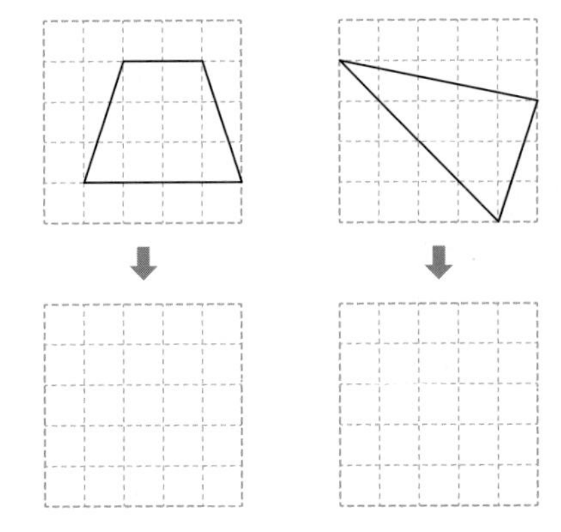

4 위쪽으로 밀기

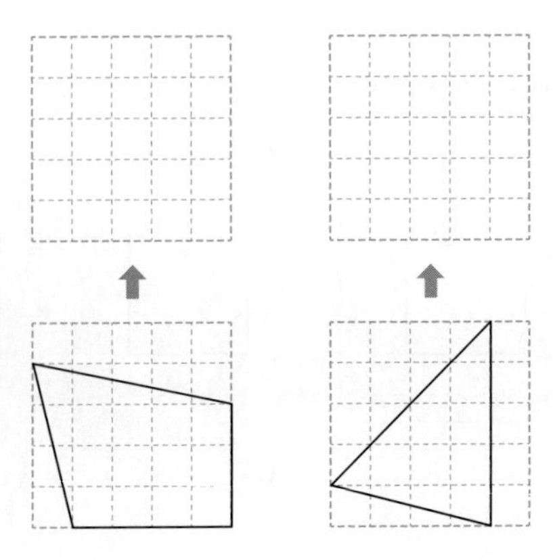

정답과 풀이 32쪽

7 뒤집었을 때의 도형 그리기

• 주어진 도형을 다음과 같이 뒤집었을 때의 도형을 각각 그려 보세요.

1

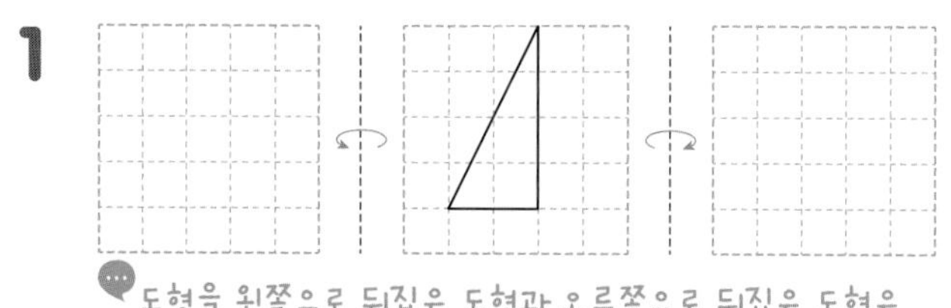

도형을 왼쪽으로 뒤집은 도형과 오른쪽으로 뒤집은 도형은 서로 같아요.

2

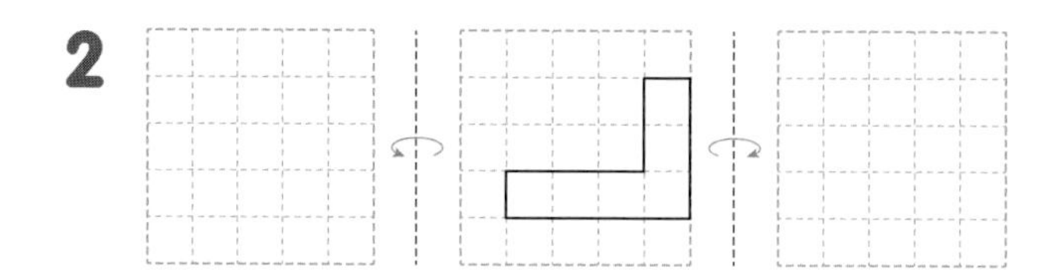

3

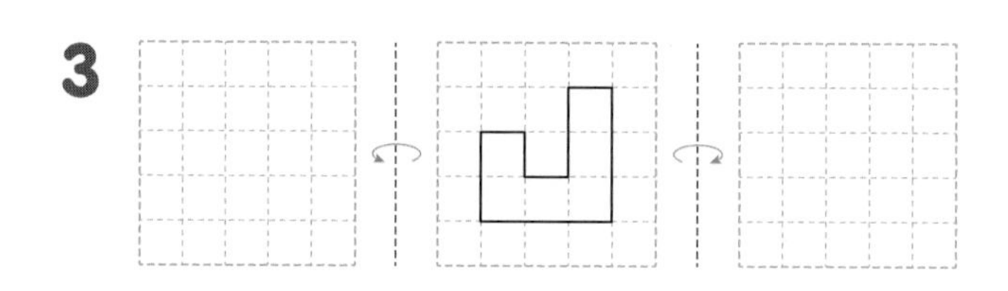

4 **5**

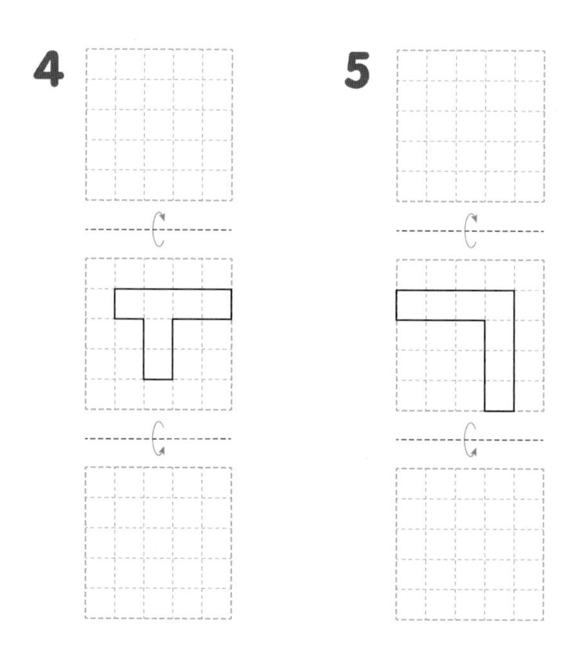

8 돌렸을 때의 도형 그리기

1 주어진 도형을 시계 방향으로 90°, 180°, 270°, 360°만큼 돌렸을 때의 도형을 각각 그려 보세요.

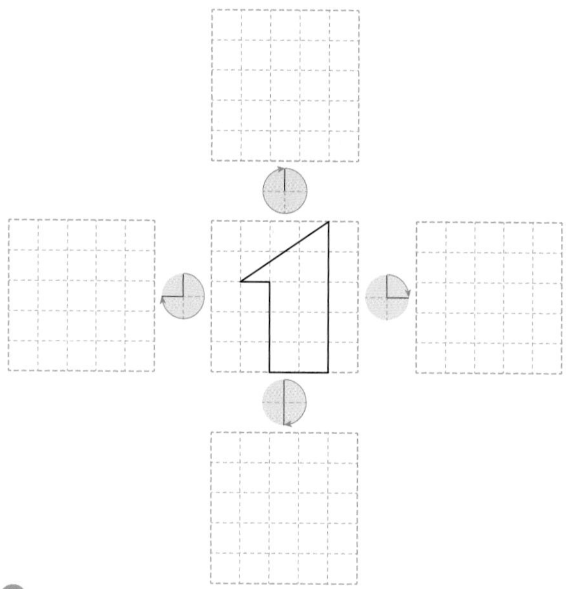

도형을 360°만큼 돌렸을 때의 도형은 처음 도형과 같아요.

2 주어진 도형을 시계 반대 방향으로 90°, 180°, 270°, 360°만큼 돌렸을 때의 도형을 각각 그려 보세요.

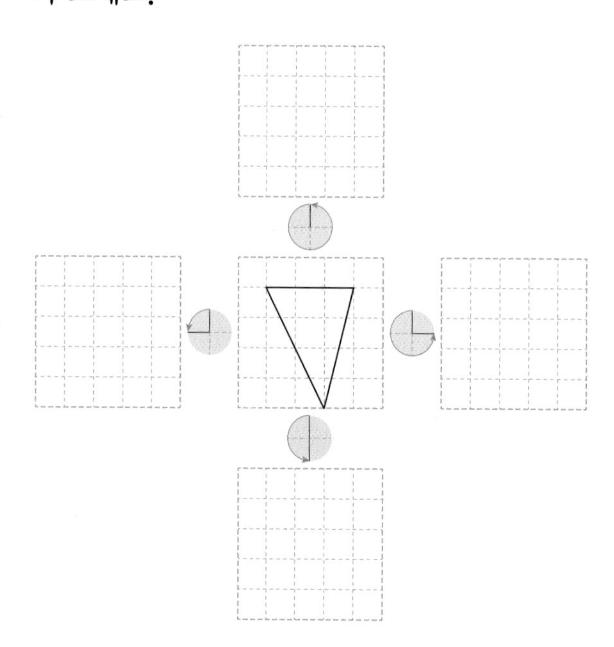

9 도형을 주어진 길이만큼 밀기

• 주어진 도형을 다음과 같이 밀었을 때의 도형을 그려 보세요.

1 오른쪽으로 6cm 밀기

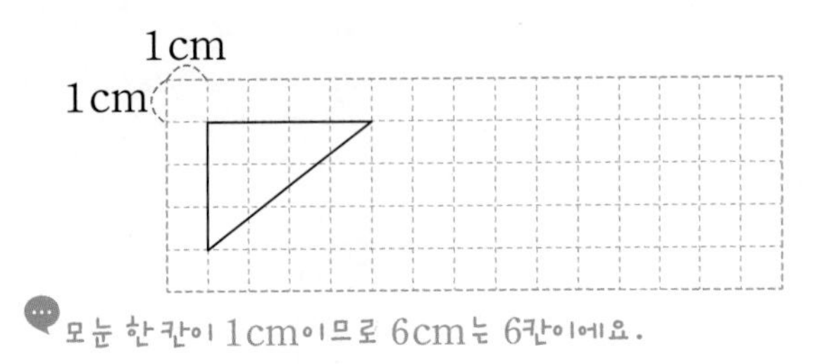

2 왼쪽으로 11cm 밀기

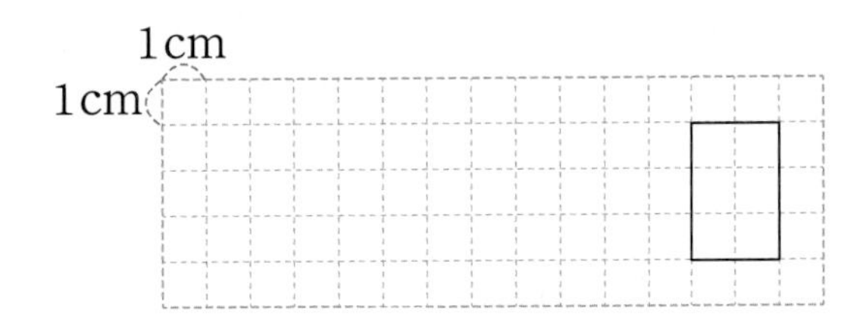

3 오른쪽으로 7cm 민 다음 아래쪽으로 3cm 밀기

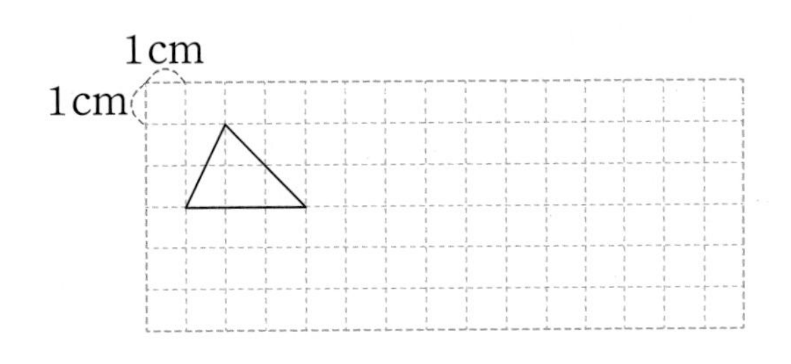

4 위쪽으로 2cm 민 다음 왼쪽으로 8cm 밀기

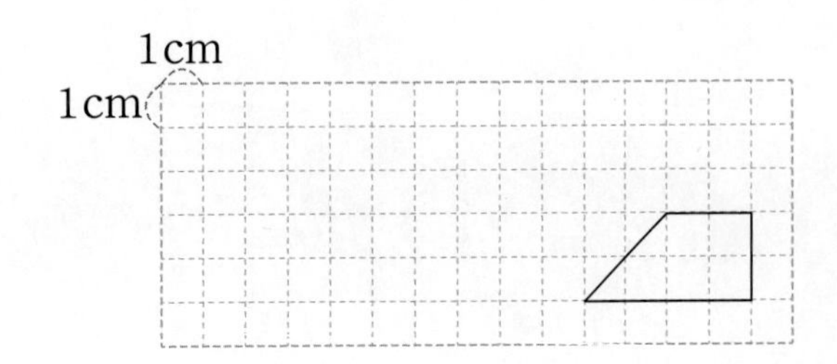

10 도형을 여러 방향으로 뒤집기

• 주어진 도형을 다음과 같이 뒤집었을 때의 도형을 각각 그려 보세요.

1 오른쪽으로 뒤집은 다음 아래쪽으로 뒤집기

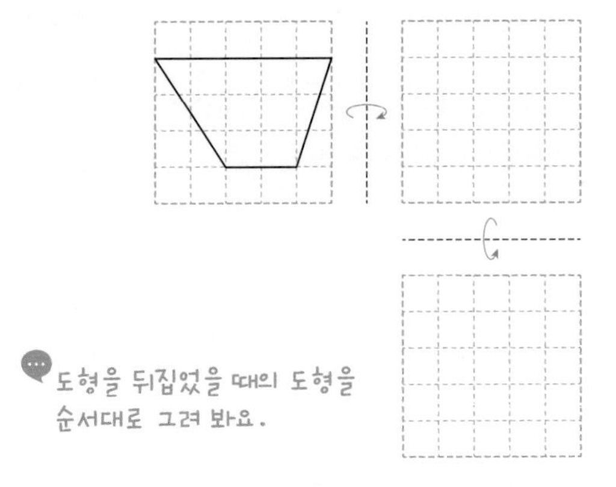

2 왼쪽으로 뒤집은 다음 위쪽으로 뒤집기

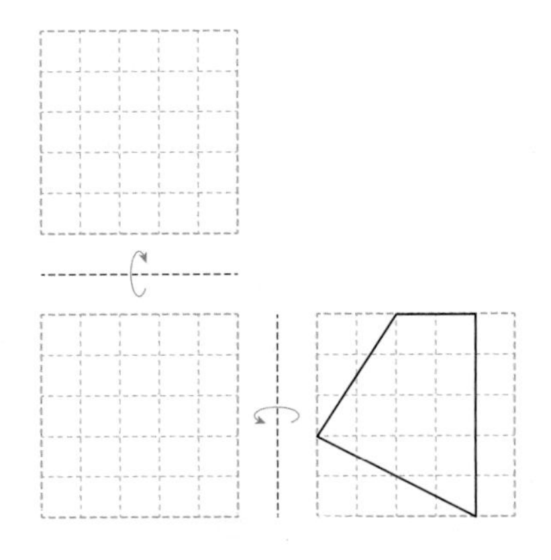

3 아래쪽으로 뒤집은 다음 왼쪽으로 뒤집기

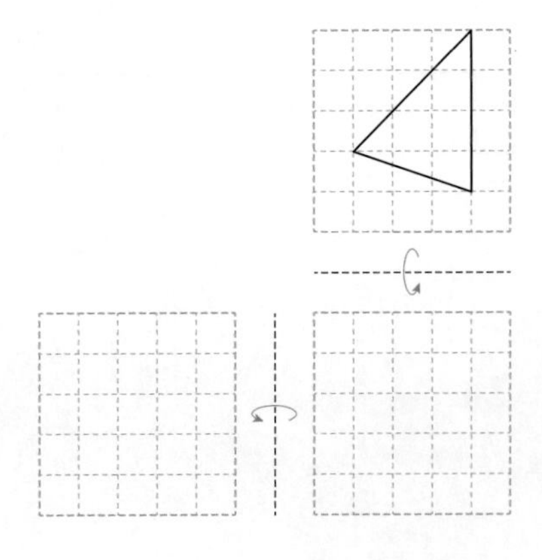

정답과 풀이 33쪽

11 퍼즐 조각 맞추기

- 보기 의 조각들을 움직여 빈칸을 채우려고 합니다. 알맞은 조각 색으로 색칠해 보세요.

보기

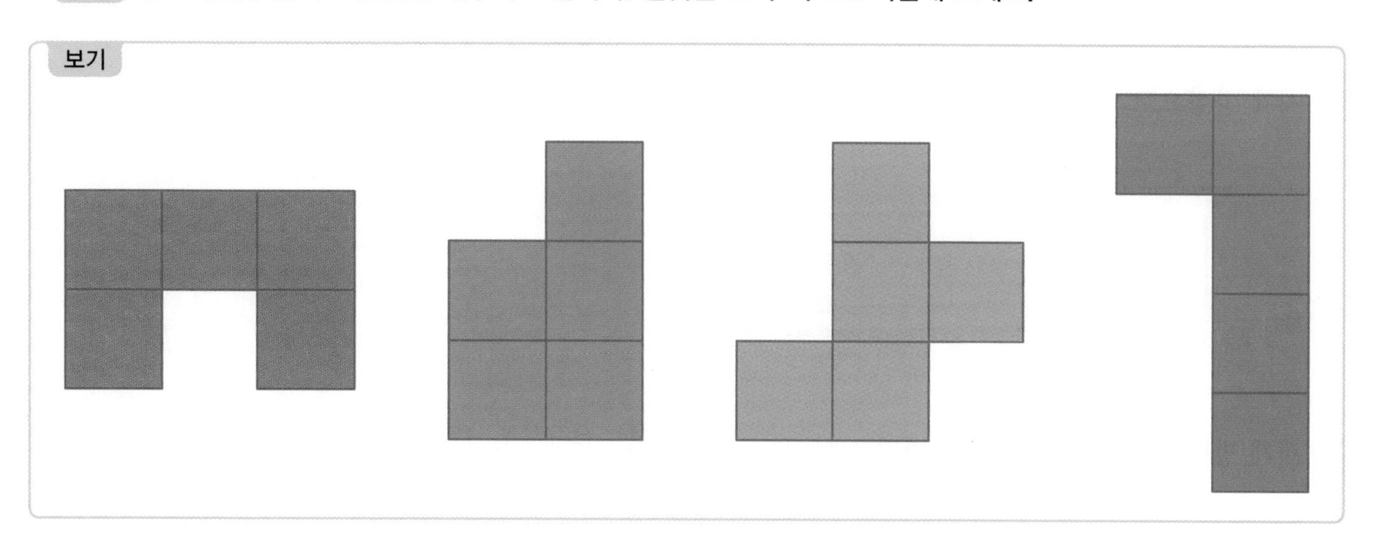

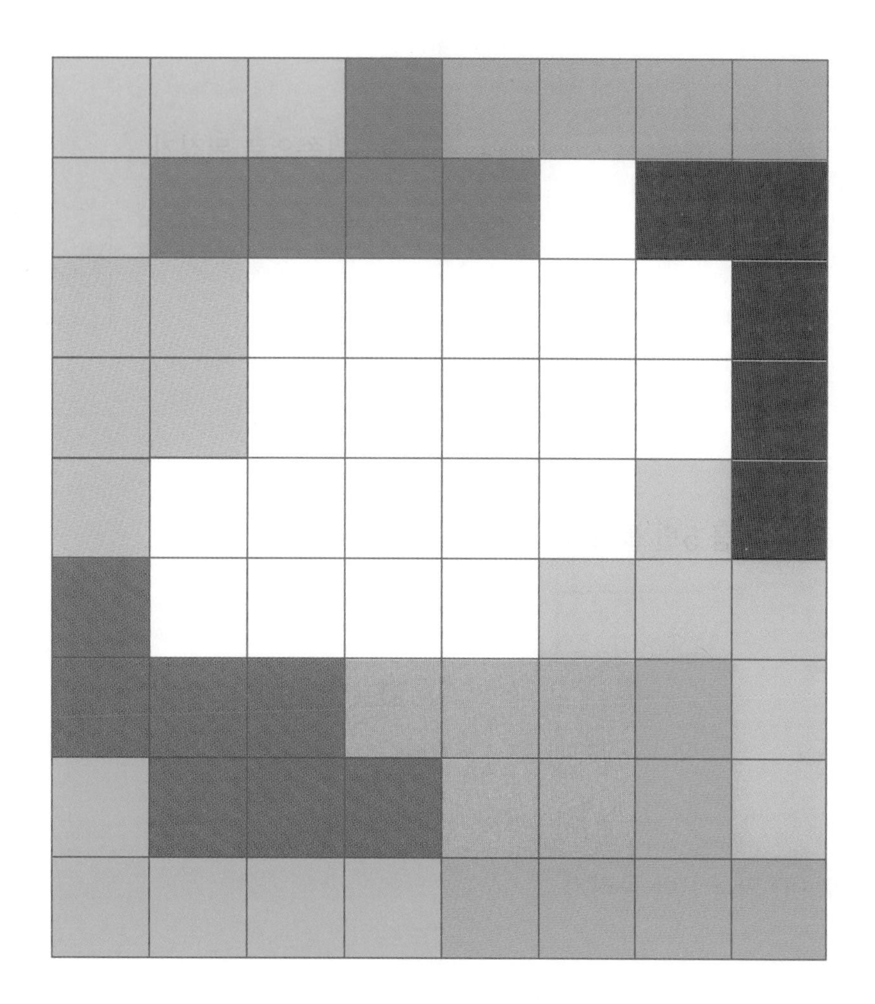

12 도형을 여러 번 돌리기

• 주어진 도형을 다음과 같이 돌렸을 때의 도형을 그려 보세요.

1 시계 방향으로 90°만큼 2번 돌리기

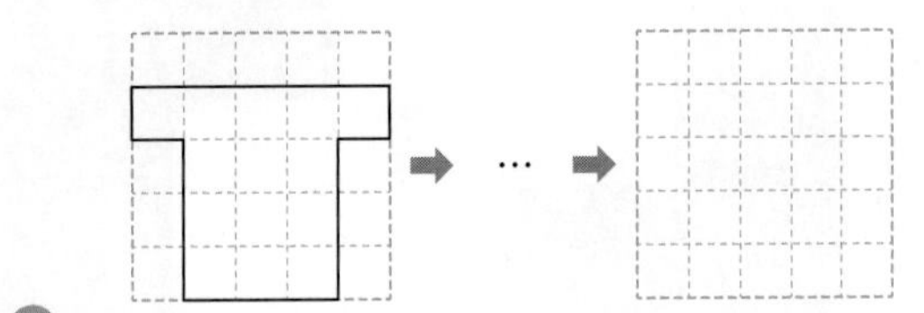

도형을 시계 방향으로 90°만큼 2번 돌린 도형은 시계 방향으로 180°만큼 돌린 도형과 같아요.

2 시계 방향으로 90°만큼 3번 돌리기

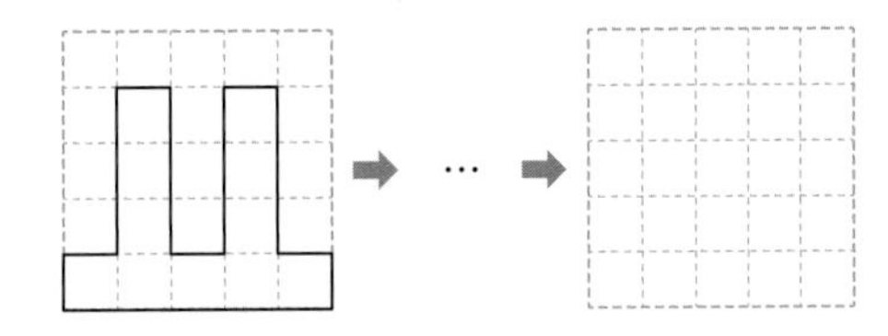

3 시계 방향으로 90°만큼 4번 돌리기

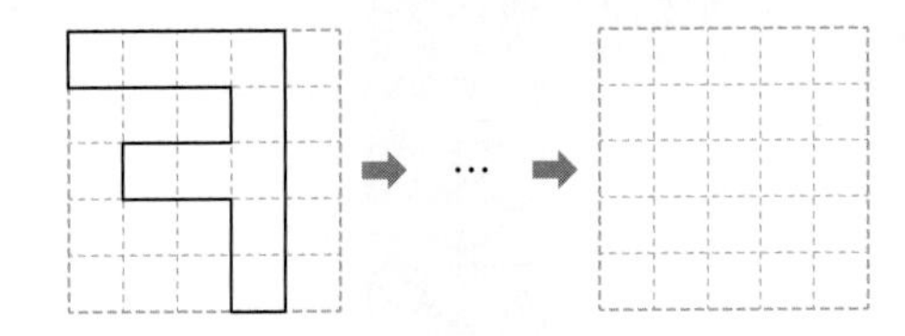

4 시계 반대 방향으로 90°만큼 5번 돌리기

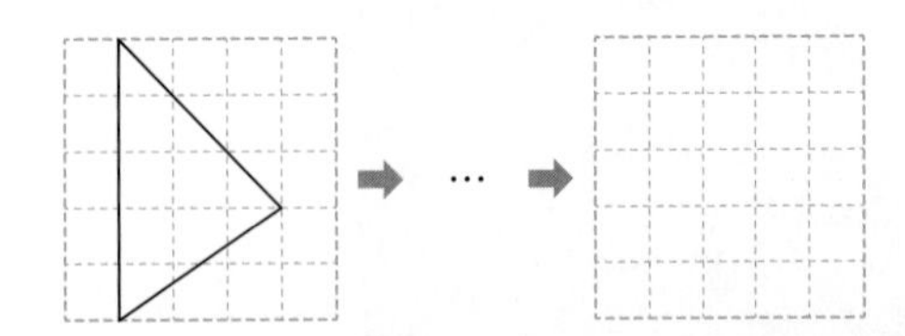

5 시계 반대 방향으로 90°만큼 6번 돌리기

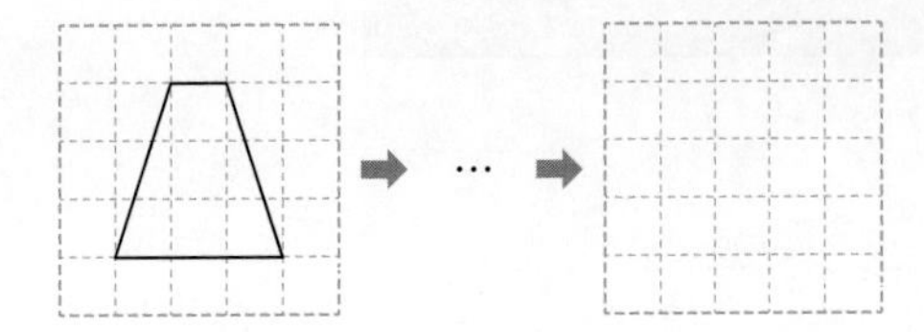

13 도형을 뒤집기 전 도형 알아보기

• 어떤 도형을 다음과 같이 뒤집은 도형입니다. 처음 도형을 그려 보세요.

1 오른쪽으로 뒤집기

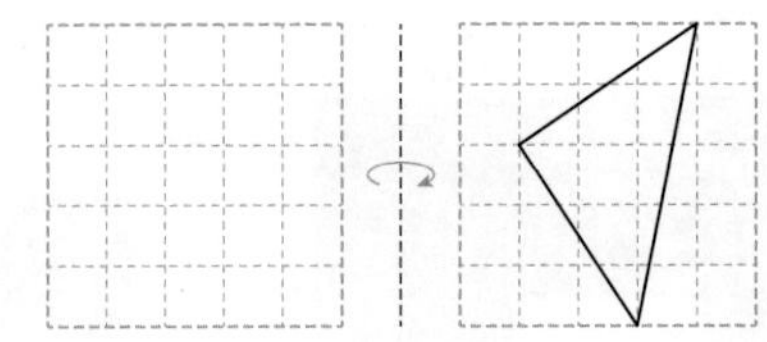

도형을 반대 방향으로 뒤집으면 처음 도형이 돼요.

2 왼쪽으로 뒤집기

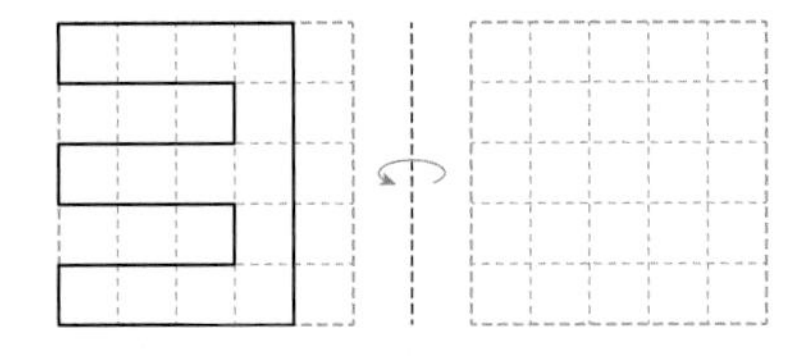

3 위쪽으로 뒤집기

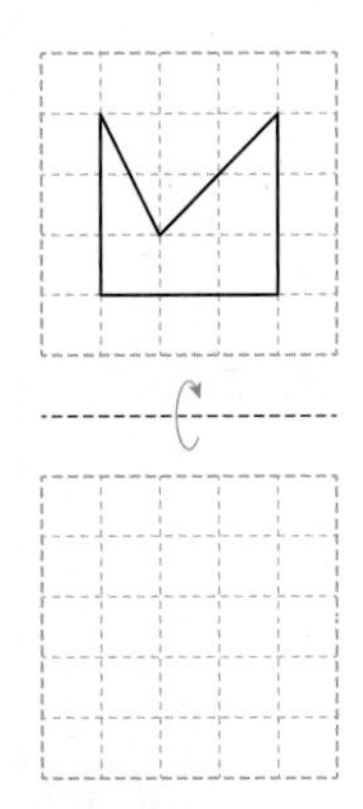

4 아래쪽으로 뒤집기

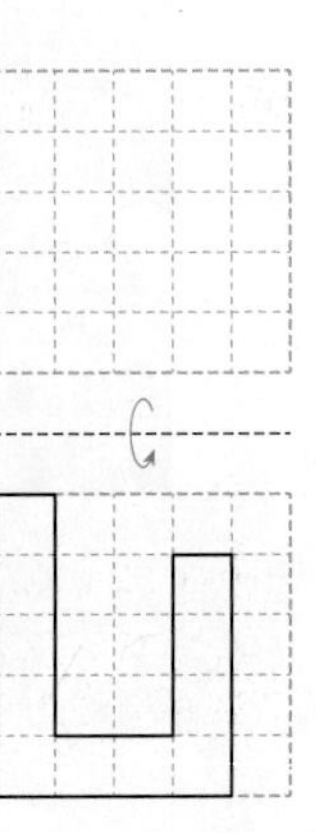

14 도형을 돌리기 전 도형 알아보기

• 어떤 도형을 다음과 같이 돌린 도형입니다. 처음 도형을 그려 보세요.

1 시계 방향으로 90°만큼 돌리기

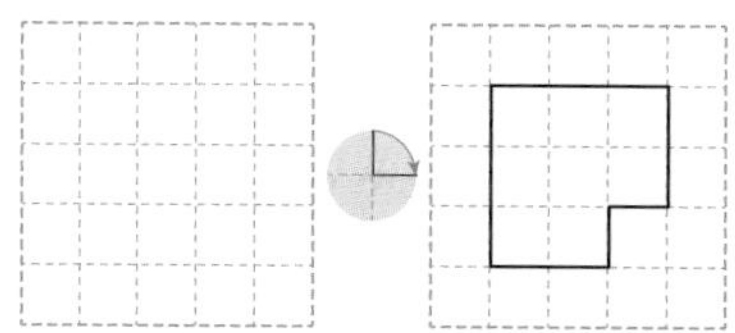

도형을 돌린 각도만큼 반대 방향으로 돌리면 처음 도형이 돼요.

2 시계 방향으로 270°만큼 돌리기

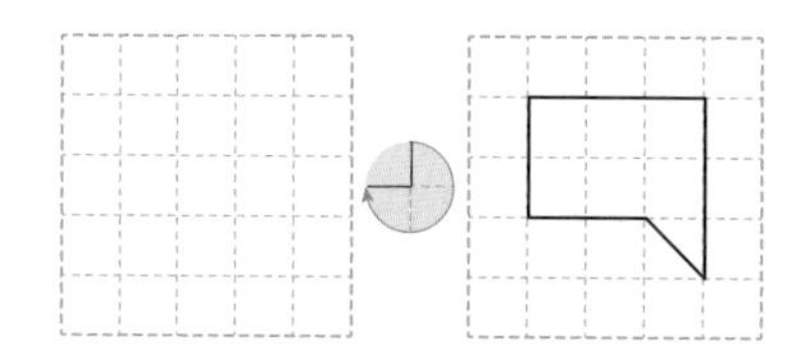

3 시계 반대 방향으로 90°만큼 돌리기

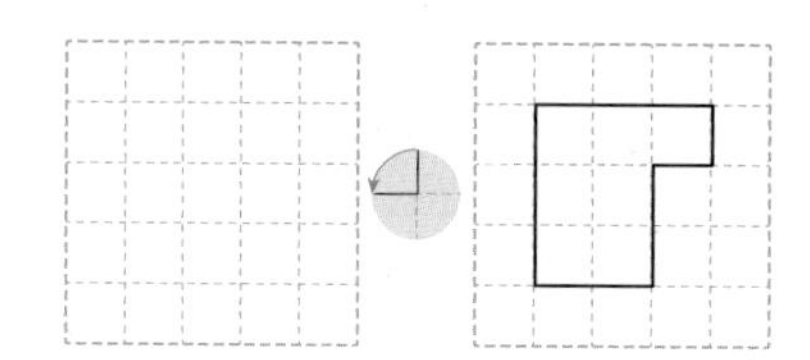

4 시계 반대 방향으로 180°만큼 돌리기

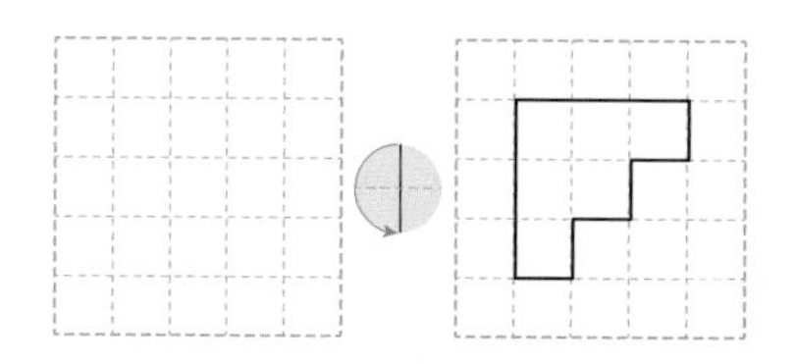

5 시계 반대 방향으로 270°만큼 돌리기

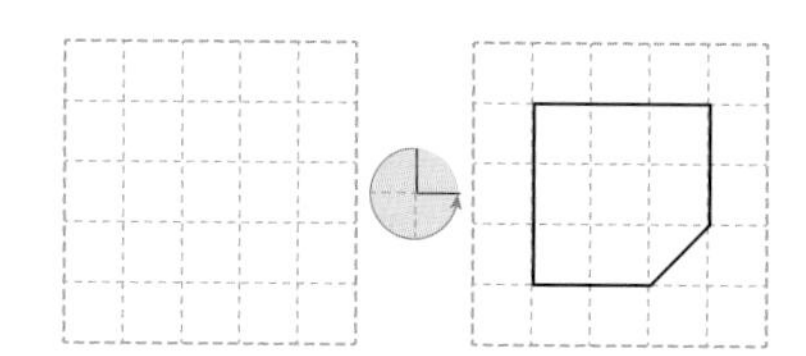

15 도형을 움직인 방법 알아보기

• ㉯ 도형은 ㉮ 도형을 어떻게 움직인 것인지 □ 안에 알맞은 말이나 수를 써넣으세요.

1

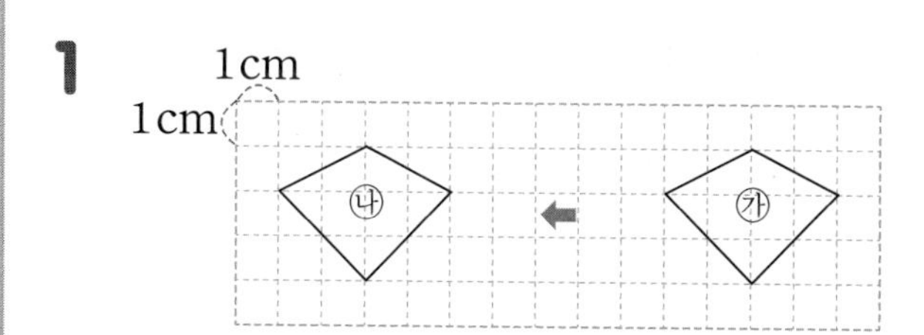

방법 ㉮ 도형을 □으로 □ cm 밀었습니다.

한 꼭짓점을 정해서 그 꼭짓점이 어느 쪽으로 몇 칸 움직였는지 알아봐요.

2

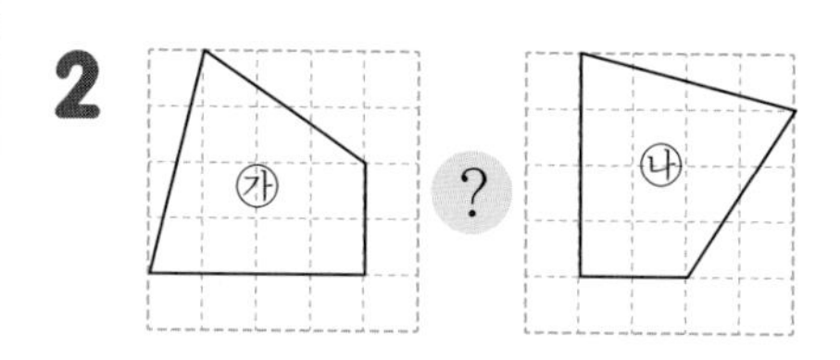

방법 ㉮ 도형을 시계 반대 방향으로 □°만큼 돌렸습니다.

3

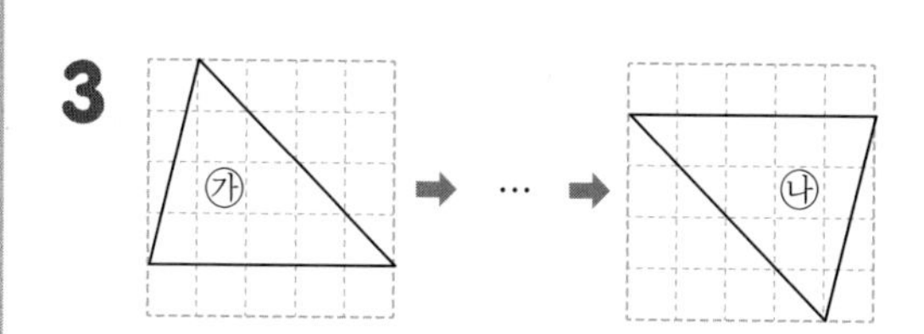

방법 ㉮ 도형을 왼쪽으로 뒤집은 다음 □으로 뒤집었습니다.

4

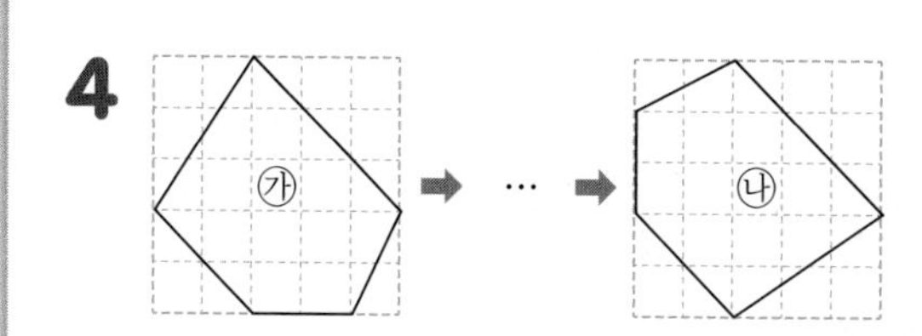

방법 ㉮ 도형을 아래쪽으로 뒤집은 다음 시계 반대 방향으로 □°만큼 돌렸습니다.

16 무늬 만들기

• 주어진 모양으로 규칙적인 무늬를 만들어 보세요.

1 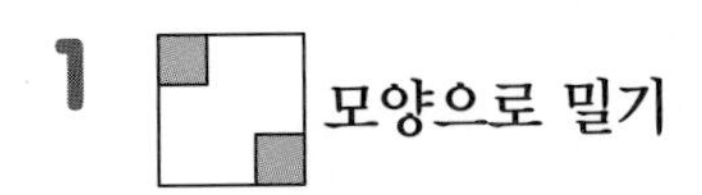

모양으로 밀기

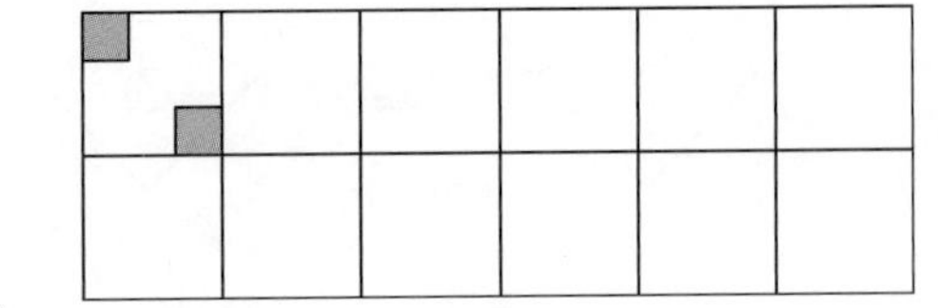

모양 조각을 어느 방향으로 밀어도 모양은 변하지 않아요.

2 모양으로 뒤집기

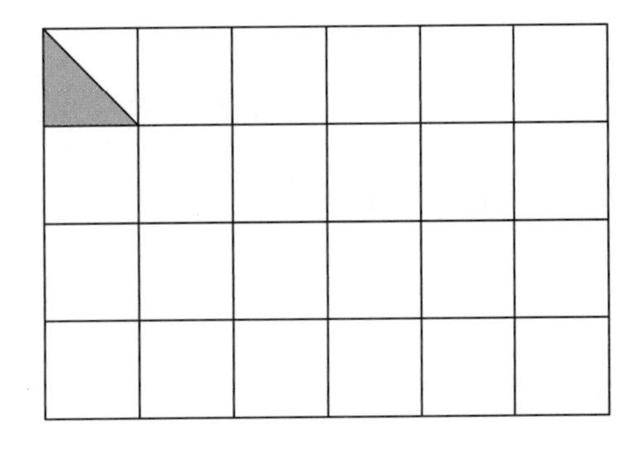

3 모양으로 돌리기와 밀기

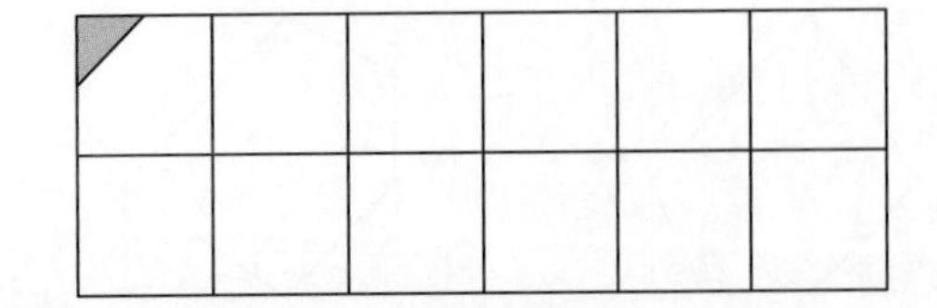

17 무늬를 만든 방법 알아보기

• 주어진 모양으로 만든 무늬를 보고 알맞은 것에 ○표 하세요.

1 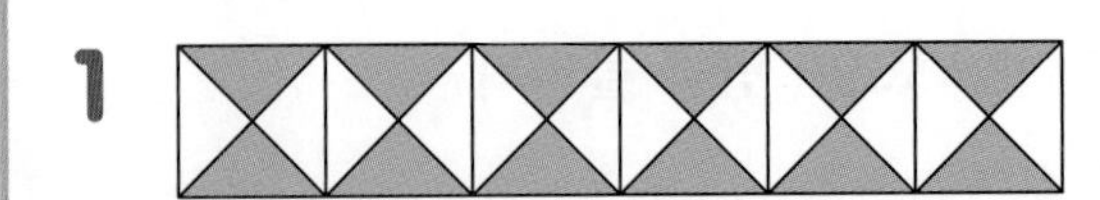

모양을 오른쪽으로 (밀기 , 돌리기)를 반복하여 무늬를 만들었습니다.

주어진 모양 조각을 밀기, 뒤집기, 돌리기를 해 봐요.

2

모양을 (오른쪽 , 위쪽)으로 뒤집기를 반복하여 무늬를 만들었습니다.

3 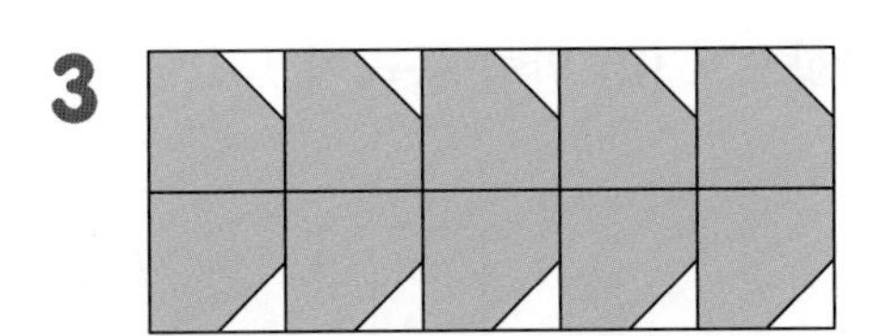

모양을 오른쪽으로 (밀기 , 뒤집기)를 반복하여 첫째 줄의 모양을 만들고, 그 모양을 (오른쪽 , 아래쪽)으로 뒤집어서 무늬를 만들었습니다.

4

모양을 시계 방향으로 (90° , 180°)만큼 돌리는 것을 반복하여 모양을 만들고, 그 모양을 오른쪽으로 (밀기 , 돌리기)를 반복하여 무늬를 만들었습니다.

단원 평가

점수 확인

1 점 ㄱ을 오른쪽으로 5칸, 위쪽으로 2칸 이동한 위치에 있는 점을 찾아 기호를 써 보세요.

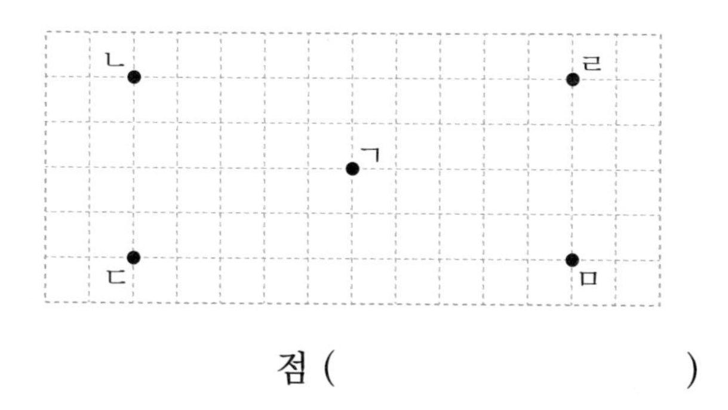

점 (　　　　　　)

2 점 ㄱ을 왼쪽으로 4 cm, 아래쪽으로 3 cm 이동했을 때의 위치에 점 ㄴ으로 표시해 보세요.

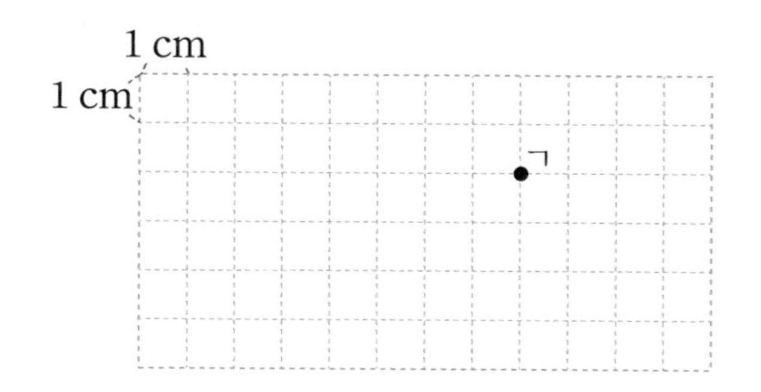

3 모양 조각을 왼쪽으로 밀었습니다. 알맞은 것에 ○표 하세요.

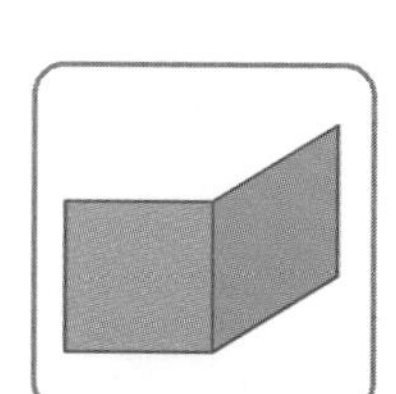

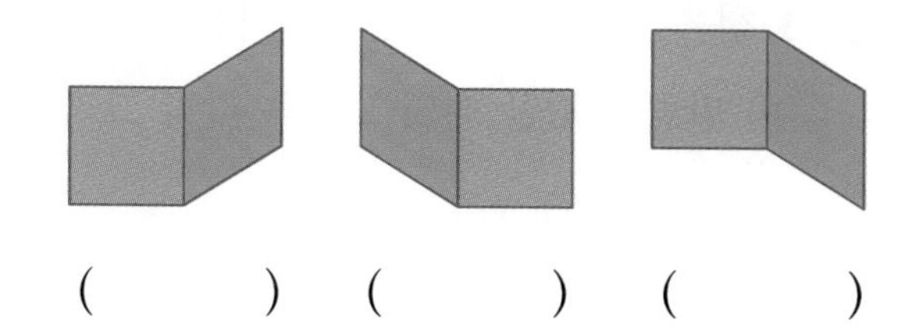

(　　　) (　　　) (　　　)

4 빨간색 사각형을 완성하려고 합니다. □ 안에 알맞게 써넣으세요.

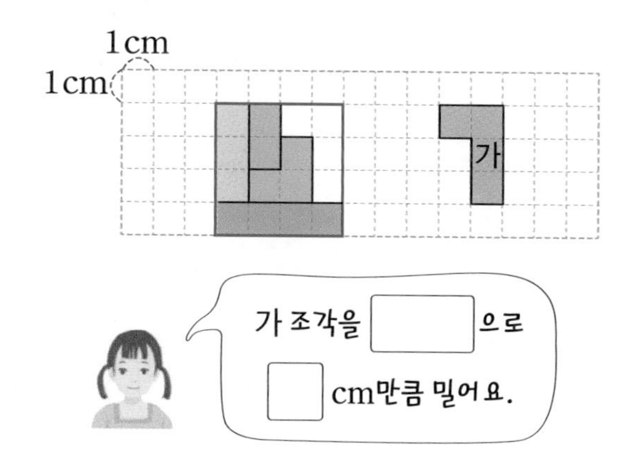

5 점 ㄱ을 어떻게 움직이면 점 ㄴ의 위치로 옮길 수 있는지 써 보세요.

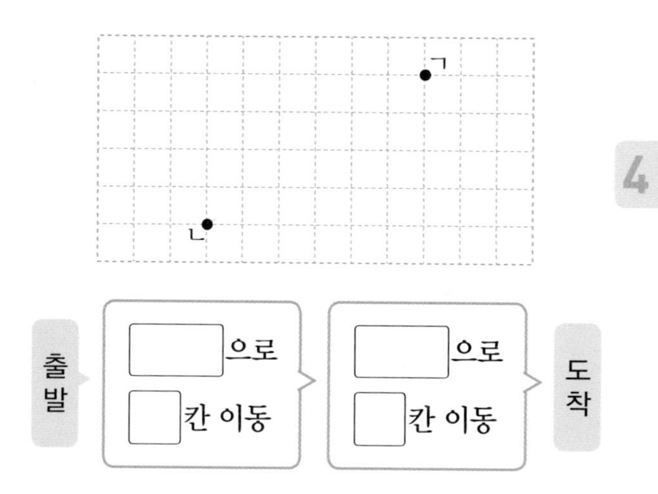

6 오른쪽 도형을 아래쪽으로 뒤집었을 때의 도형을 찾아 기호를 써 보세요.

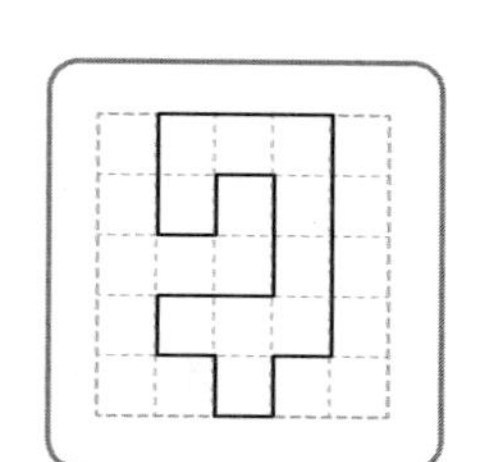

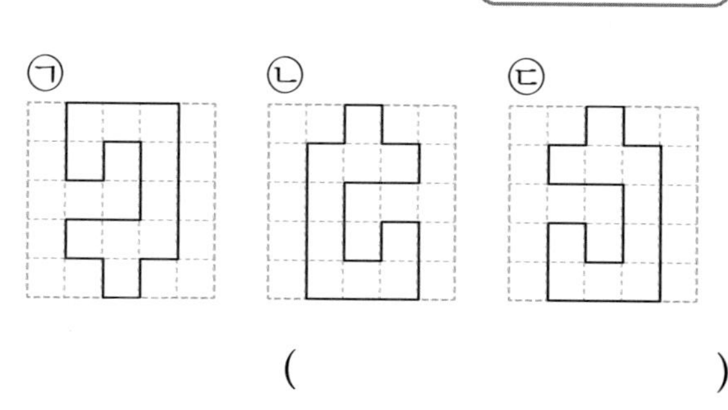

(　　　　　　)

7 모양 조각을 어느 방향으로 뒤집었는지 써 보세요.

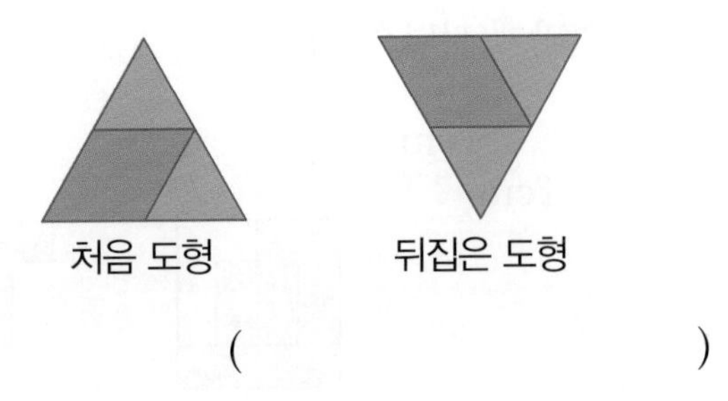

( )

8 도형을 왼쪽으로 뒤집었을 때의 도형을 그려 보세요.

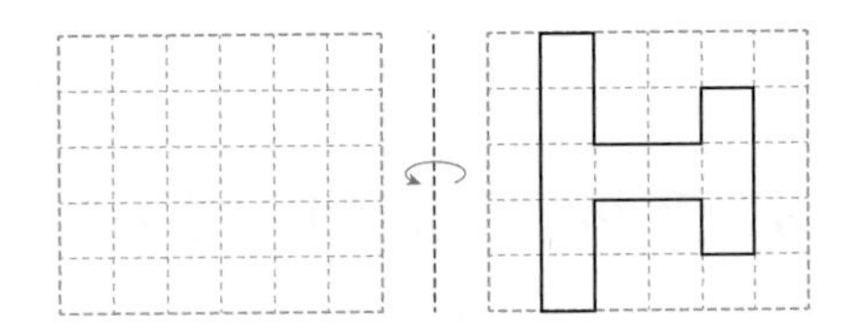

9 왼쪽 도형을 한 번 돌렸더니 오른쪽 도형이 되었습니다. 어떻게 돌린 것인지 알맞은 것을 모두 고르세요. ( )

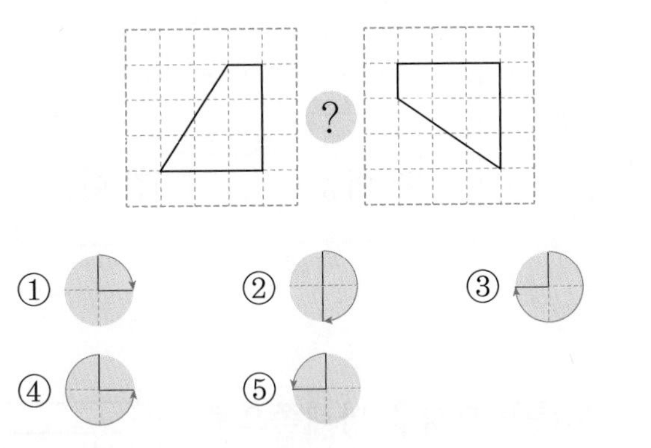

10 도형을 시계 반대 방향으로 180°만큼 돌렸을 때의 도형을 그려 보세요.

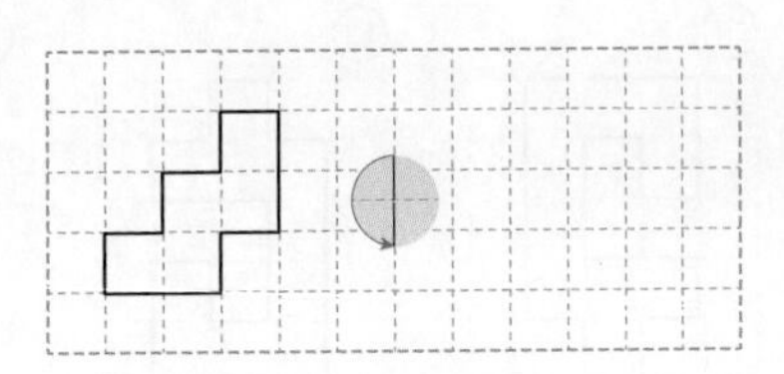

11 오른쪽으로 뒤집었을 때 처음 모양과 같은 도형을 모두 찾아 기호를 써 보세요.

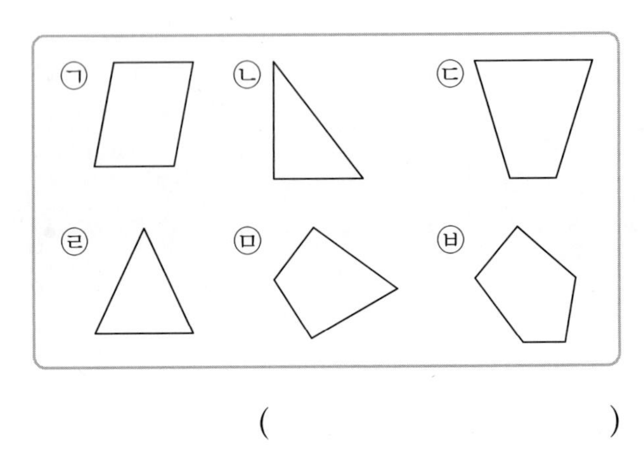

( )

[**12~13**] 알맞은 도형을 찾아 □ 안에 기호를 써넣으세요.

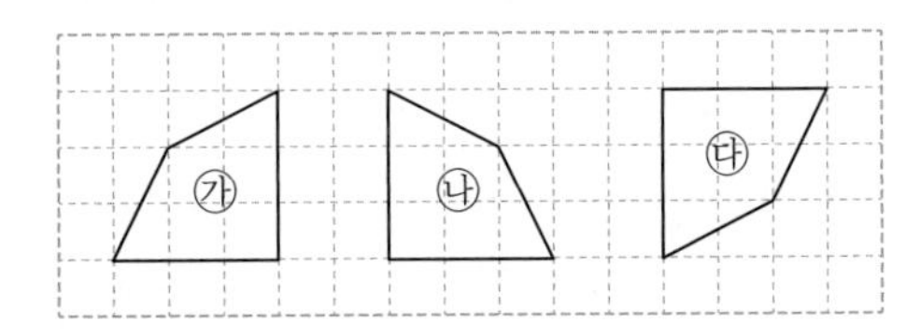

12 ㉮ 도형을 시계 방향으로 90°만큼 돌리면 □ 도형이 됩니다.

13 ㉰ 도형을 시계 반대 방향으로 180°만큼 돌리면 □ 도형이 됩니다.

14 도형을 오른쪽으로 뒤집은 다음 시계 방향으로 90°만큼 돌렸을 때의 도형을 각각 그려 보세요.

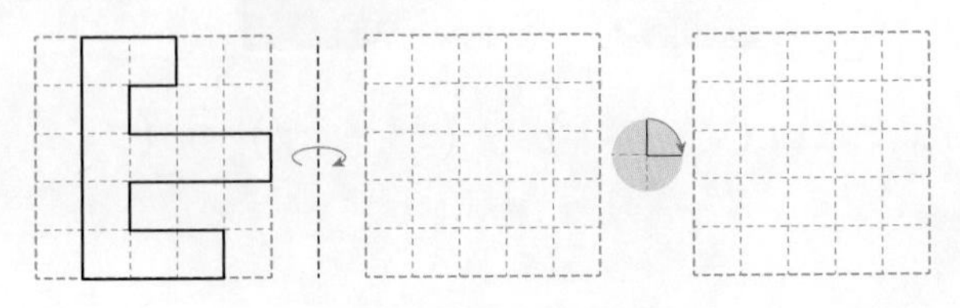

15 윤서가 도장을 찍었더니 보기 와 같았습니다. 윤서의 도장에 새긴 모양으로 알맞은 것에 ○표 하세요.

보기 나 라

( ) ( ) ( )

16 모양으로 뒤집기를 이용하여 규칙적인 무늬를 만들어 보세요.

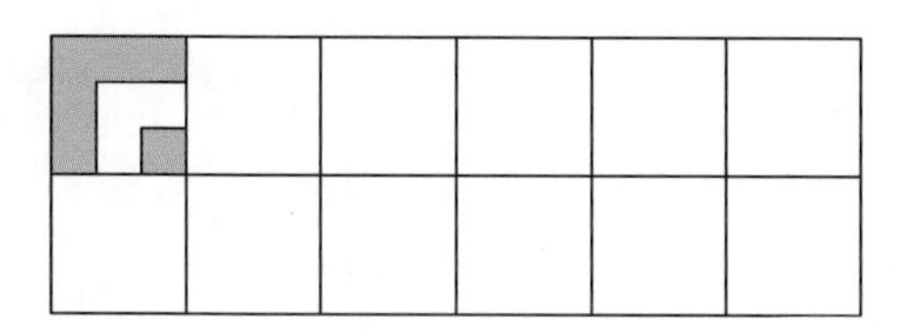

17 모양으로 돌리기와 밀기를 이용하여 규칙적인 무늬를 만들었습니다. ㉮에 알맞은 모양을 찾아 기호를 써 보세요.

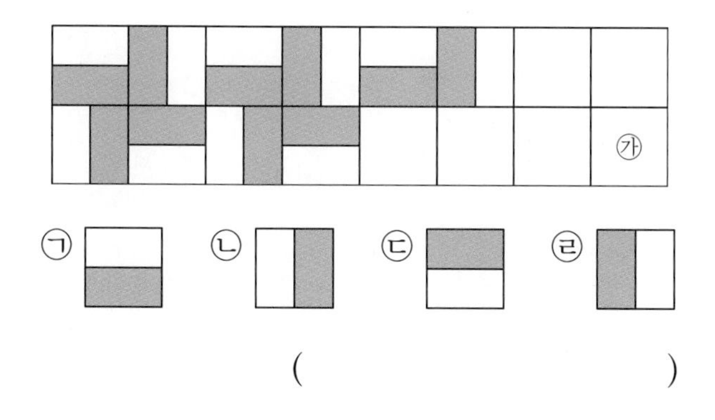

( )

18 어떤 도형을 시계 방향으로 270°만큼 돌린 도형입니다. 처음 도형을 그려 보세요.

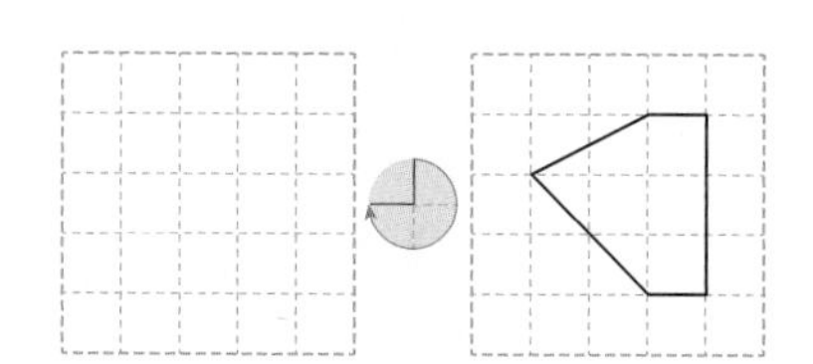

19 도형의 이동 방법을 보기 와 같이 설명해 보세요.

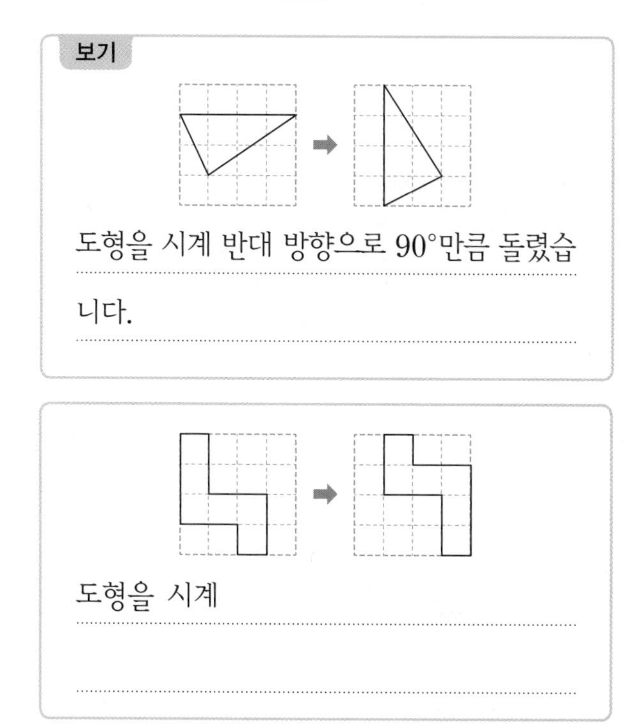

20 두 자리 수가 적힌 카드를 아래쪽으로 뒤집었을 때 생기는 수는 얼마인지 보기 와 같이 풀이 과정을 쓰고 답을 구해 보세요.

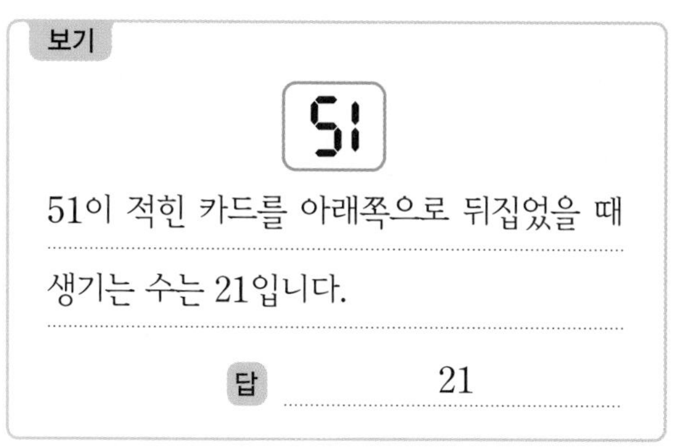

82

82가 적힌 카드를

답

5 막대그래프

지은이와 친구들이 봉사활동으로 공원 청소를 하면서 분리수거를 하고 있어요.
바닥에 있는 페트병, 캔, 유리병의 수만큼 색칠해 보세요.

1 막대그래프 알아보기

막대그래프

• 막대그래프: 조사한 자료의 수량을 막대 모양으로 나타낸 그래프

좋아하는 과일별 학생 수

과일	포도	사과	귤	복숭아	합계
학생 수(명)	8	5	6	10	29

좋아하는 과일별 학생 수

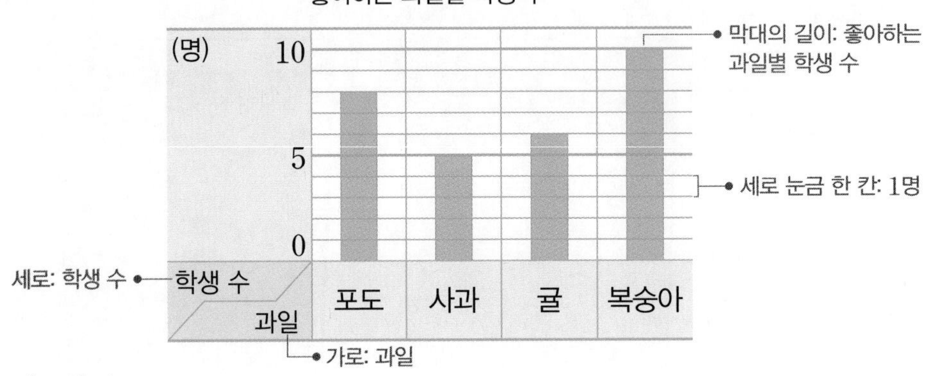

• 표와 막대그래프 비교하기

표: 조사한 자료별 수량과 합계를 알아보기 쉽습니다.

막대그래프: 자료별 수량의 많고 적음을 한눈에 비교하기 쉽습니다.

막대그래프의 내용 알아보기

좋아하는 운동별 학생 수

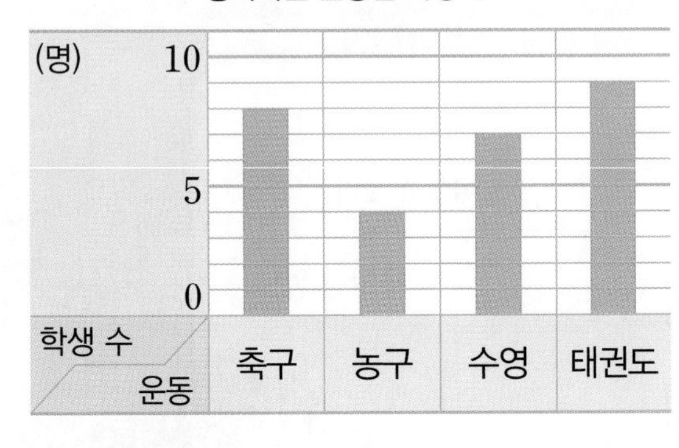

• 가장 많은 학생들이 좋아하는 운동은 태권도입니다. — 막대의 길이가 가장 긴 운동: 태권도

• 가장 적은 학생들이 좋아하는 운동은 농구입니다. — 막대의 길이가 가장 짧은 운동: 농구

개념 다르게 보기

• 막대그래프의 막대를 가로로 나타낼 수 있어요!

막대그래프의 가로와 세로를 바꾸어 나타낼 수도 있습니다.

➡ 가로: 학생 수, 세로: 운동

좋아하는 운동별 학생 수

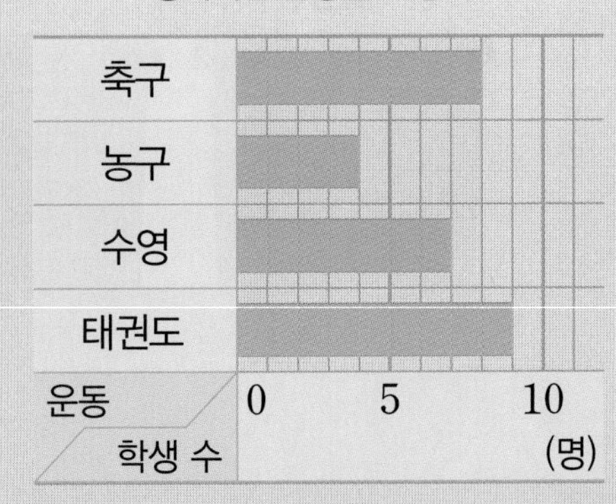

정답과 풀이 38쪽

1

수민이네 반 학생들이 좋아하는 색깔을 조사하여 나타낸 표와 막대그래프입니다. □ 안에 알맞은 말이나 수를 써넣으세요.

좋아하는 색깔별 학생 수

색깔	빨간색	노란색	초록색	파란색	보라색	합계
학생 수(명)	5	8	6	4	7	30

좋아하는 색깔별 학생 수

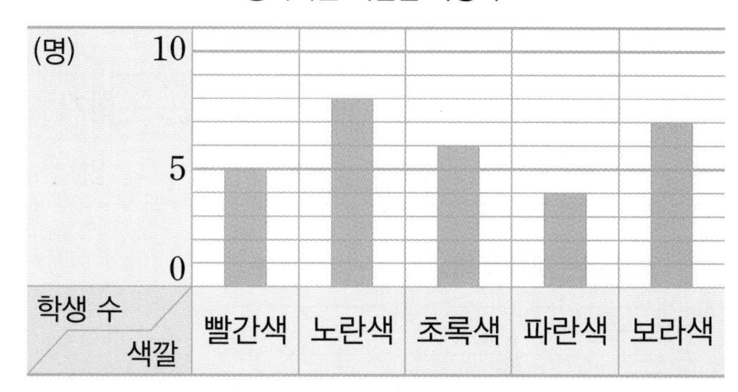

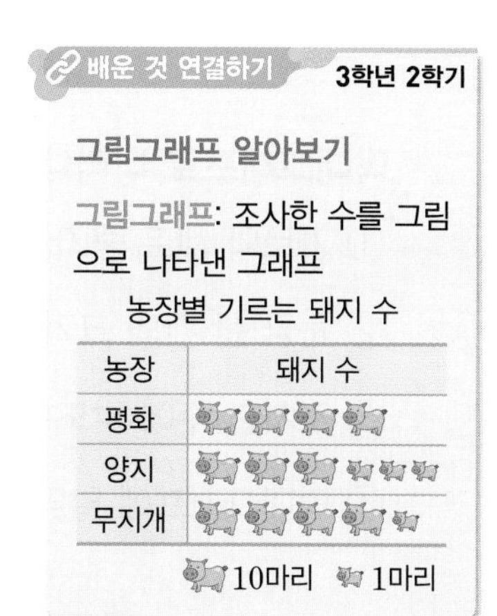

① 막대그래프에서 가로는 □, 세로는 □을/를 나타냅니다.

② 세로 눈금 한 칸은 □명을 나타냅니다.

③ 표와 막대그래프 중에서 가장 많은 학생들이 좋아하는 색깔을 알아보기에 더 편리한 것은 □입니다.

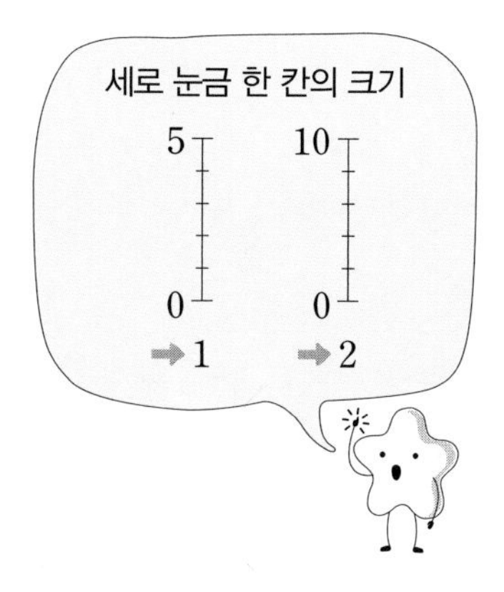

2

민서네 학교에서 일주일 동안 나온 재활용품의 양을 조사하여 나타낸 막대그래프입니다. □ 안에 알맞은 말을 써넣으세요.

종류별 재활용품 양

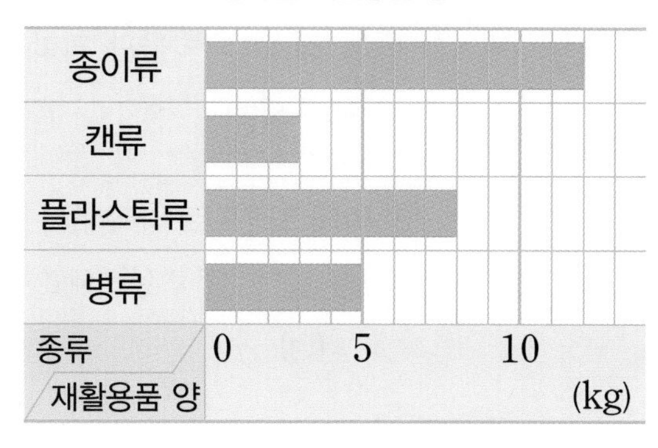

막대의 길이가 길수록 수가 큰 거예요.

① 가장 많이 나온 재활용품은 □입니다.

② 가장 적게 나온 재활용품은 □입니다.

2 막대그래프 나타내기

막대그래프로 나타내는 방법

① 가로와 세로 중 어느 쪽에 조사한 수를 나타낼 것인가를 정합니다.

② 눈금 한 칸의 크기를 정하고, 조사한 수 중 가장 큰 수를 나타낼 수 있도록 눈금의 수를 정합니다.

③ 조사한 수에 맞도록 막대를 그립니다.

④ 막대그래프에 알맞은 제목을 붙입니다. → 막대그래프의 제목을 가장 먼저 써도 됩니다.

좋아하는 계절별 학생 수

계절	봄	여름	가을	겨울	합계
학생 수(명)	4	10	8	7	29

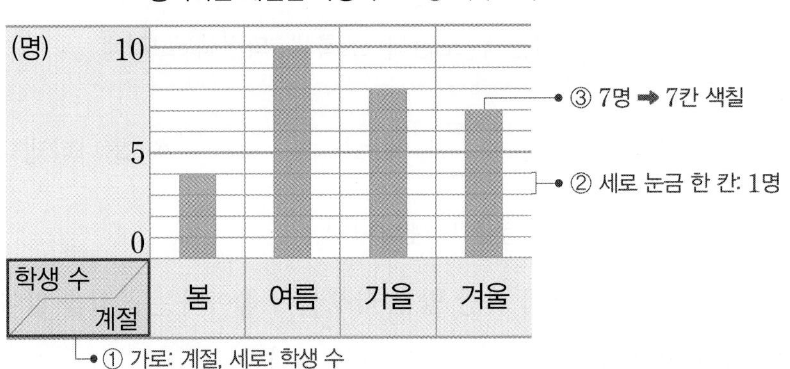

개념 자세히 보기

자료를 조사하여 막대그래프로 나타내 보아요!

① 자료 조사하기

자료를 조사하는 방법은 직접 손 들기, 붙임딱지 붙이기, 설문지 작성하기 등 여러 가지가 있습니다.

가고 싶은 체험 학습 장소

박물관	과학관	생태원	숲 체험장

② 조사한 자료를 표로 나타내기

가고 싶은 체험 학습 장소별 학생 수

장소	박물관	과학관	생태원	숲 체험장	합계
학생 수(명)	3	6	5	2	16

③ 막대그래프로 나타내기

가고 싶은 체험 학습 장소별 학생 수

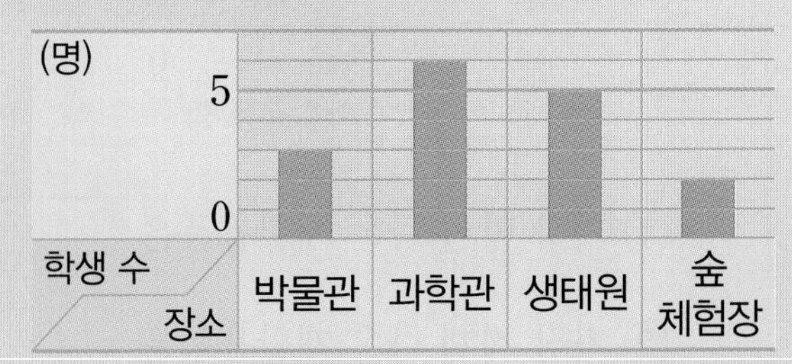

➔ 정답과 풀이 38쪽

1

승완이네 반 학생들의 혈액형을 조사하여 나타낸 표를 보고 막대그래프로 나타내려고 합니다. 물음에 답하세요.

혈액형별 학생 수

혈액형	A형	B형	O형	AB형	합계
학생 수(명)	5	7	10	4	26

① 가로에 혈액형을 나타낸다면 세로에는 무엇을 나타내야 할까요?

( )

② 표를 보고 막대그래프로 나타내 보세요.

막대그래프에서 막대의 길이로 수량을 나타내요.

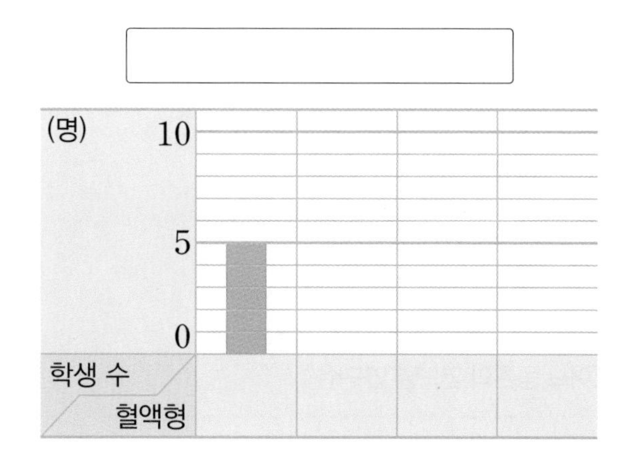

2

지혜네 반 학생들이 좋아하는 과목을 조사하여 나타낸 표입니다. 표를 보고 막대그래프로 나타내 보세요.

좋아하는 과목별 학생 수

과목	국어	수학	사회	과학	합계
학생 수(명)	6	8	5	6	25

막대를 가로로 나타낸 그래프예요.

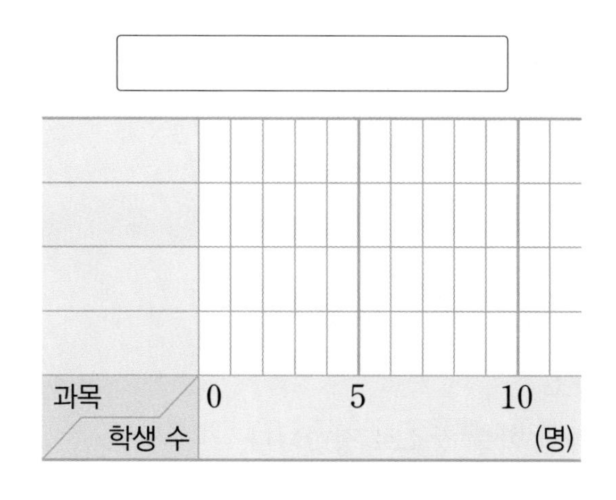

3 막대그래프 활용하기

막대그래프의 활용

막대그래프에서 알 수 있는 내용을 바탕으로 막대그래프에 나타나지 않은 새로운 정보를 예측할 수 있습니다.

• 수량이 가장 많은 것을 이용하는 경우

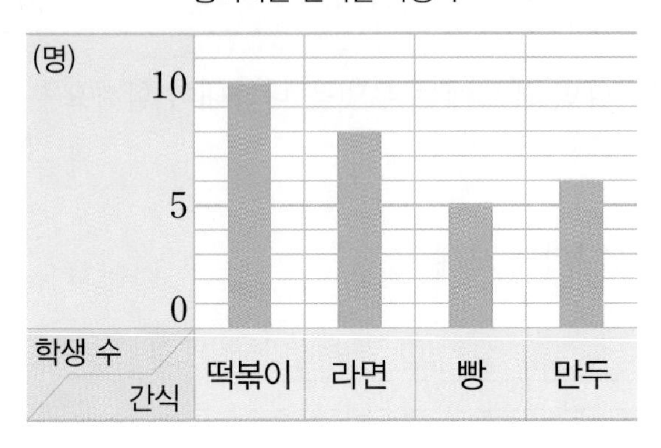

가장 많은 학생들이 좋아하는 간식은 떡볶이입니다.

➡ 체육대회 때 먹을 간식을 떡볶이로 준비하는 것이 좋겠습니다.

• 수량이 점점 늘어나거나 줄어드는 경우

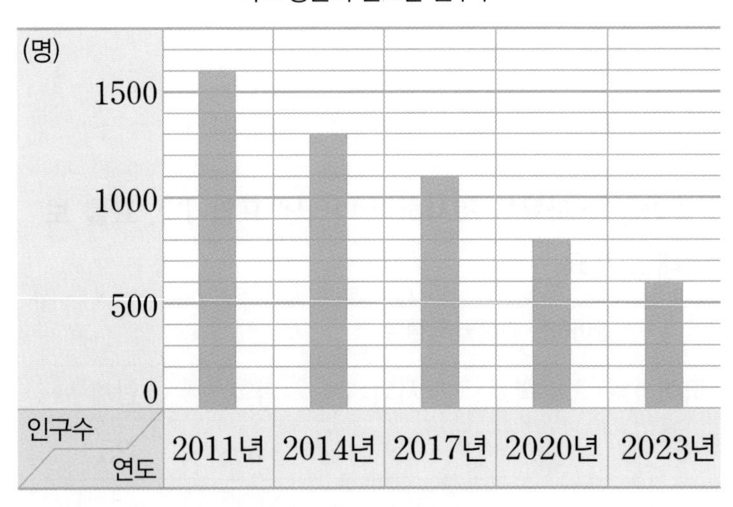

2011년부터 2023년까지 이 농촌의 인구수는 점점 줄어들었습니다.

➡ 2024년 이 농촌의 인구는 2023년보다 줄어들 것입니다.

개념 자세히 보기

• 막대그래프를 활용하여 중요한 결정을 하거나 미래를 대비할 수 있어요!

예 • 우리 반 학생들이 가고 싶은 체험 학습 장소

➡ 가장 많은 학생들이 가고 싶은 곳을 체험 학습 장소로 정합니다.

• 연도별 고령인구수

➡ 고령인구가 점점 많아짐에 따라 노인복지정책을 보완합니다.

➔ 정답과 풀이 39쪽

① **은희네 학교에서 일주일 동안 버려진 종류별 쓰레기의 양을 조사하여 나타낸 막대그래프입니다. 막대그래프를 보고 은희의 이야기를 완성해 보세요.**

종류별 쓰레기의 양

(kg) 40, 20, 0

쓰레기 양 / 종류: 음식물, 종이류, 비닐류, 일회용품

우리 학교에서 가장 많이 버려진 ☐ 쓰레기를 줄이기 위해 ' .... ' 을/를 실천해 보자.

은희

② **연도별 1인당 쌀 소비량을 조사하여 나타낸 막대그래프입니다. 옳은 것에 ○표 하세요.**

연도별 1인당 쌀 소비량

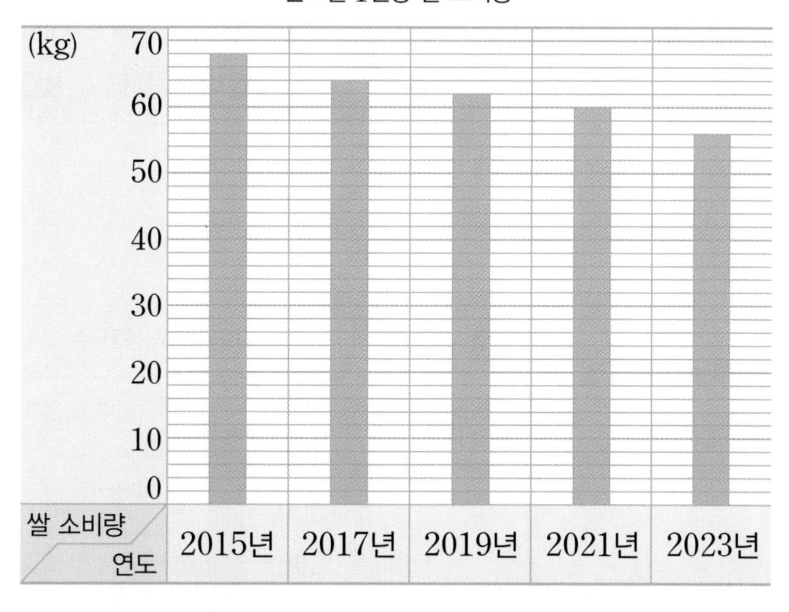

그래프의 끝을 연결한 모양
↗: 늘어남
↘: 줄어듦

① 2015년부터 2023년까지의 연도별 1인당 쌀 소비량은 점점 (늘어났습니다 , 줄어들었습니다).

② 2025년의 연도별 1인당 쌀 소비량은 2023년보다 (늘어날 , 줄어들) 것입니다.

기본기 강화 문제

1 세로로 된 막대그래프 알아보기

• 영진이네 반 학생들이 기르고 싶은 반려동물을 조사하여 나타낸 막대그래프입니다. 물음에 답하세요.

기르고 싶은 반려동물별 학생 수

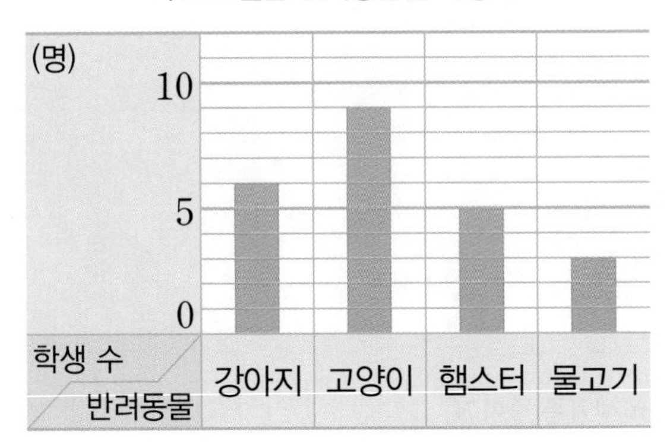

1 막대그래프에서 가로는 무엇을 나타낼까요?

( )

가로에 강아지, 고양이, 햄스터, 물고기를 나타냈어요.

2 막대그래프에서 세로는 무엇을 나타낼까요?

( )

3 막대의 길이는 무엇을 나타낼까요?

( )

4 막대의 길이가 가장 긴 반려동물은 무엇일까요?

( )

5 막대의 길이가 둘째로 짧은 반려동물은 무엇일까요?

( )

2 세로 눈금 한 칸의 크기 알아보기

• 막대그래프에서 세로 눈금 한 칸의 크기를 구해 보세요.

1

받고 싶은 선물별 학생 수

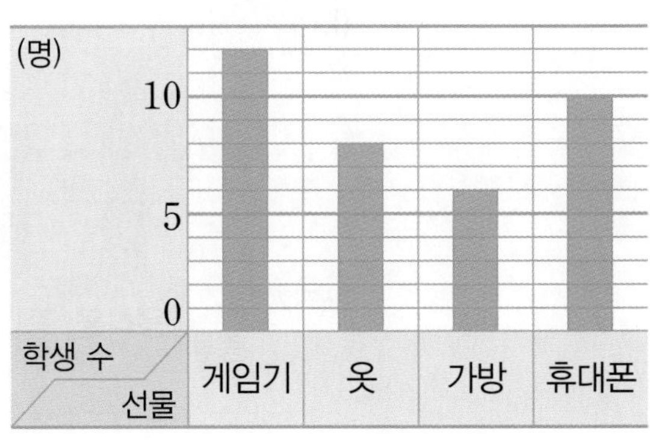

( )

세로 눈금 5칸이 5명을 나타내요.

2

좋아하는 꽃별 학생 수

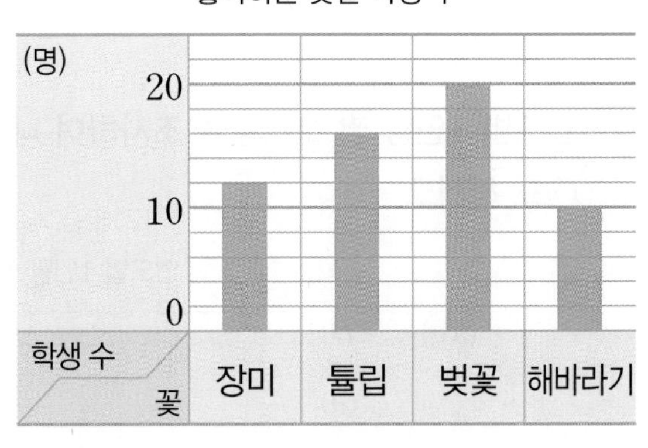

( )

3

마을별 자동차 수

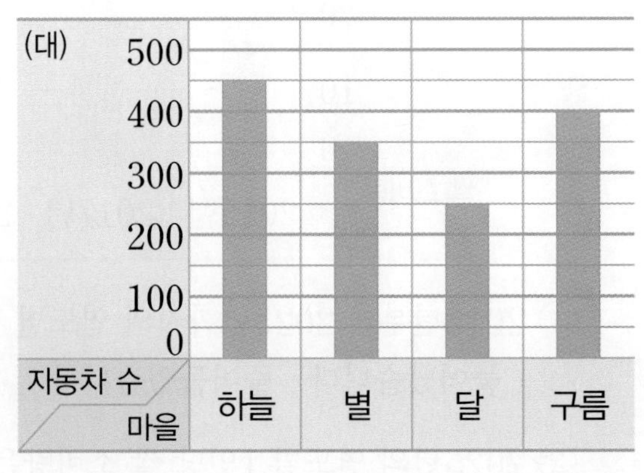

( )

정답과 풀이 39쪽

3 가로로 된 막대그래프 알아보기

- **정후네 모둠 학생들이 모은 붙임딱지 수를 조사하여 나타낸 막대그래프입니다. 물음에 답하세요.**

학생별 모은 붙임딱지 수

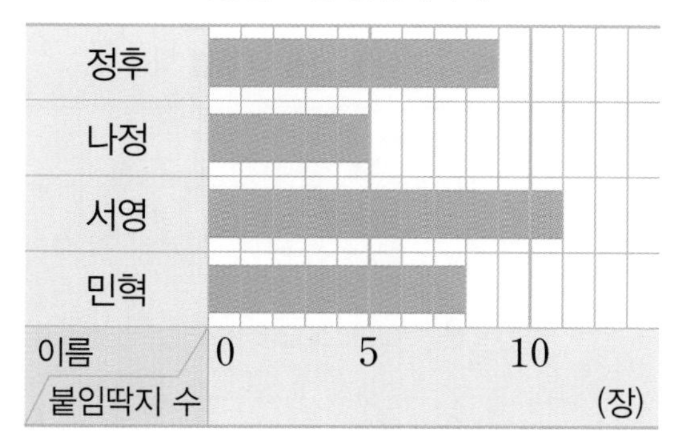

1 막대그래프에서 가로는 무엇을 나타낼까요?

(　　　　　　　　　　)

막대를 가로로 그린 그래프예요.

2 막대그래프에서 세로는 무엇을 나타낼까요?

(　　　　　　　　　　)

3 막대의 길이는 무엇을 나타낼까요?

(　　　　　　　　　　)

4 막대의 길이가 가장 긴 학생은 누구일까요?

(　　　　　　　　　　)

5 막대의 길이가 둘째로 짧은 학생은 누구일까요?

(　　　　　　　　　　)

4 가로 눈금 한 칸의 크기 알아보기

- **막대그래프에서 가로 눈금 한 칸의 크기를 구해 보세요.**

1 학급문고에 있는 종류별 책 수

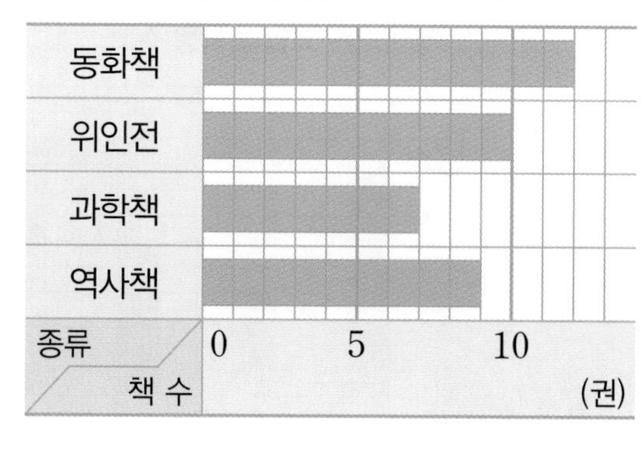

(　　　　　　　　　　)

가로 눈금 5칸이 5권을 나타내요.

2 목장별 기르는 말의 수

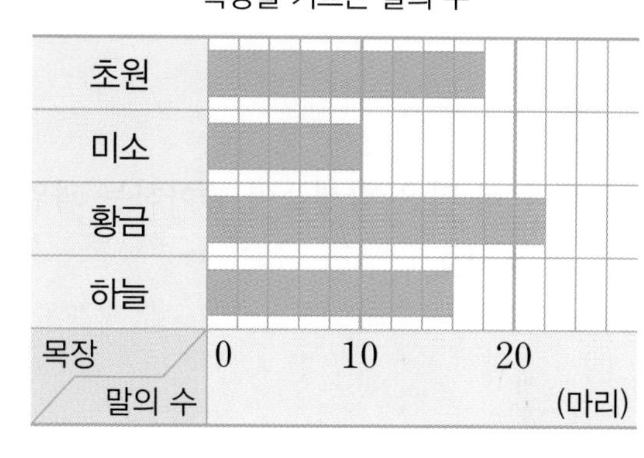

(　　　　　　　　　　)

3 초등학교별 학생 수

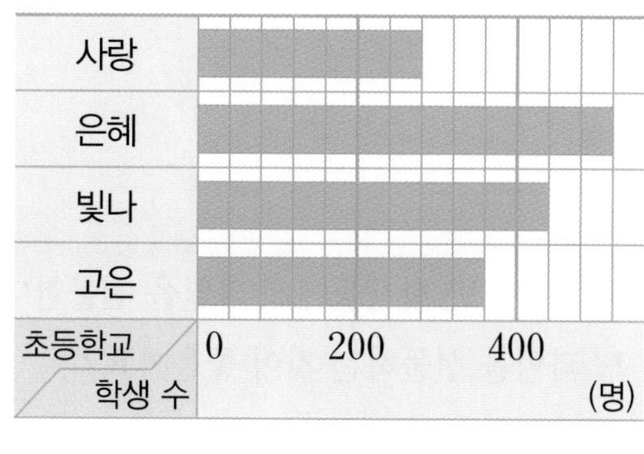

(　　　　　　　　　　)

5 막대그래프의 내용 알아보기

• 혜정이네 반 학생들이 좋아하는 과일을 조사하여 나타낸 막대그래프입니다. 물음에 답하세요.

좋아하는 과일별 학생 수

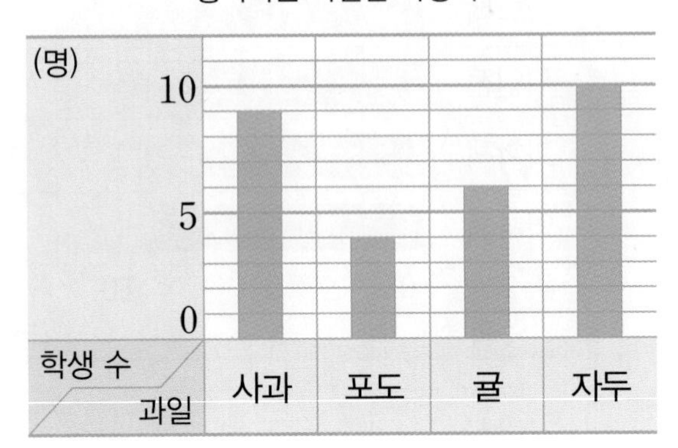

1 사과를 좋아하는 학생은 몇 명일까요?

(　　　　　　　　　　)

세로 눈금 한 칸은 1명을 나타내요.

2 귤보다 더 많은 학생들이 좋아하는 과일을 모두 써 보세요.

(　　　　　　　　　　)

3 자두를 좋아하는 학생은 포도를 좋아하는 학생보다 몇 명 더 많을까요?

(　　　　　　　　　　)

4 혜정이네 반 학생들에게 과일을 선물한다면 어느 과일을 선물하는 것이 좋을까요?

(　　　　　　　　　　)

6 막대그래프 완성하기

1 준호네 반 학생 27명이 배우고 싶은 전통 악기를 조사하여 나타낸 막대그래프입니다. 막대그래프를 완성해 보세요.

배우고 싶은 전통 악기별 학생 수

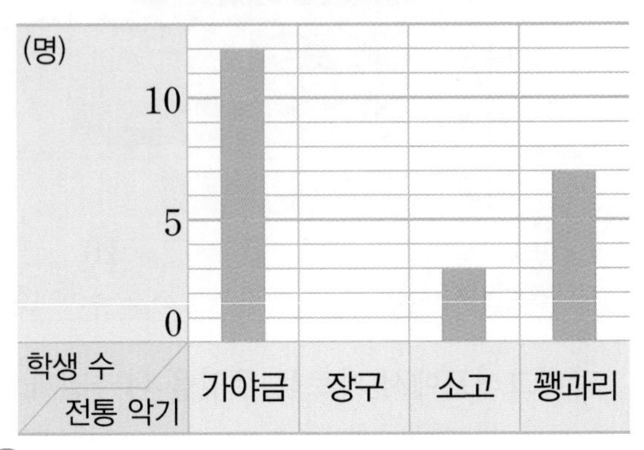

전통 악기별 학생 수를 모두 더하면 27명이 돼요.

2 강 근처의 마을에서 자라는 버드나무 수를 조사하여 나타낸 막대그래프입니다. 전체 버드나무 수가 150그루일 때 막대그래프를 완성해 보세요.

마을별 버드나무 수

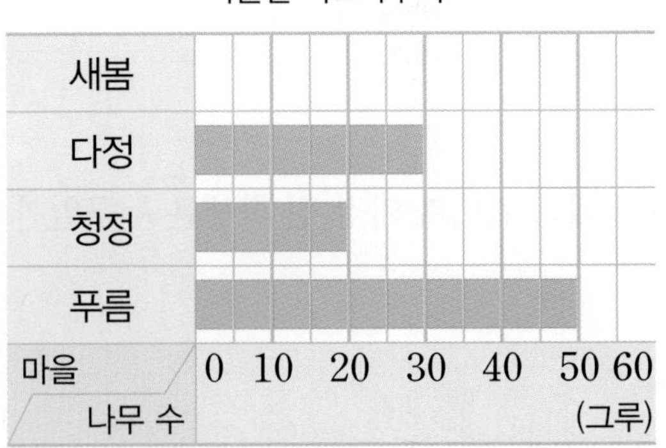

7 자료를 조사하여 막대그래프로 나타내기

- 민지와 친구들이 투호 놀이를 했습니다. 1회와 2회에 넣은 전체 화살 수를 세어 막대그래프로 나타내고, 우승 상품을 받은 사람의 이름을 써 보세요.

우승 상품

1회, 2회에 넣은 화살 수의 합이 가장 많은 사람에게 풍선 로켓을 드립니다.

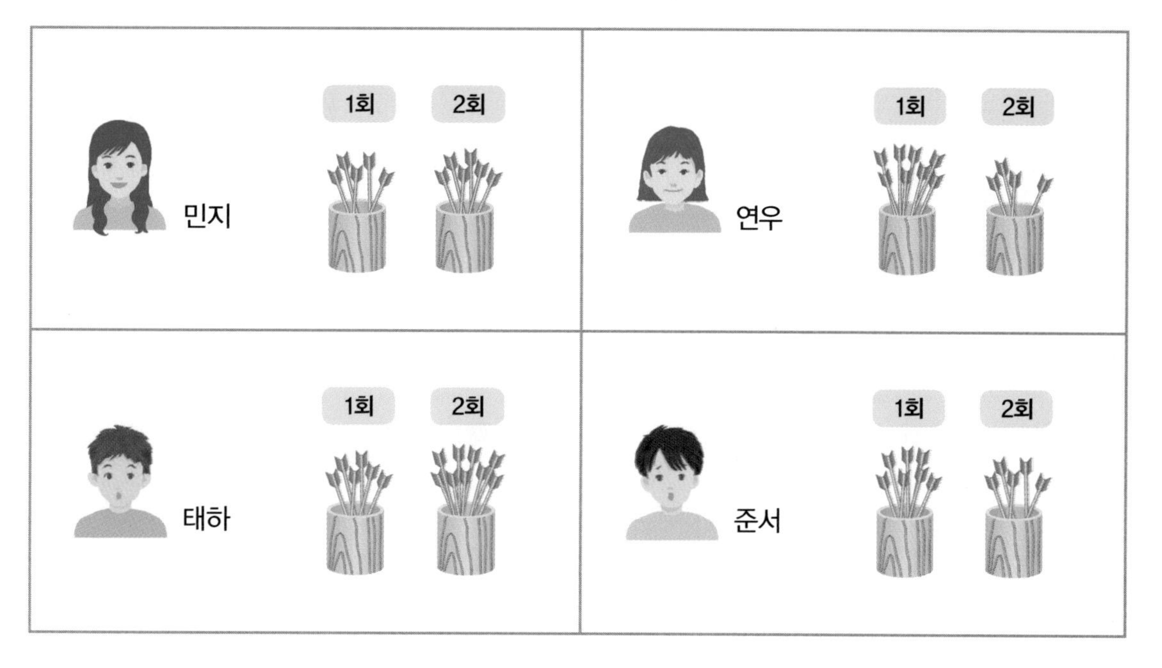

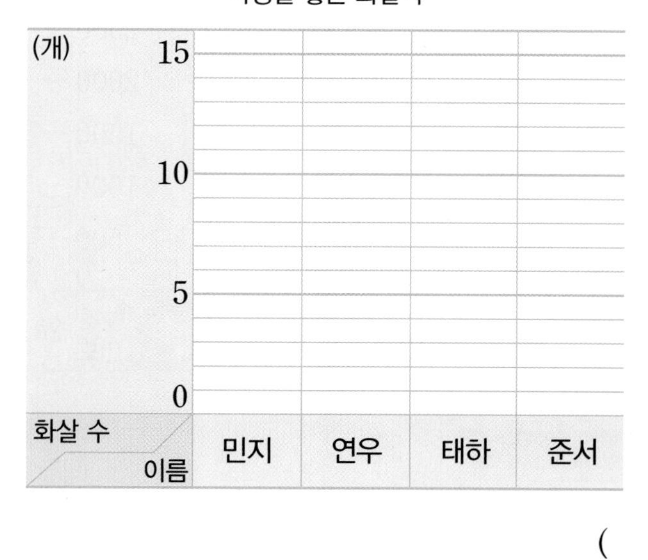

(   )

8 이야기를 읽고 막대그래프 완성하기

• 친구들이 쓴 일기를 보고 막대그래프를 완성해 보세요.

1

수업 시간에 민속놀이를 했다. 팽이치기를 한 학생이 9명으로 가장 많았다. 연날리기를 한 학생은 5명, 제기차기를 한 학생은 7명, 투호를 한 학생이 3명으로 가장 적었다. 친구들과 함께 놀이를 하니 무척 재미있었다.

참여한 민속놀이별 학생 수

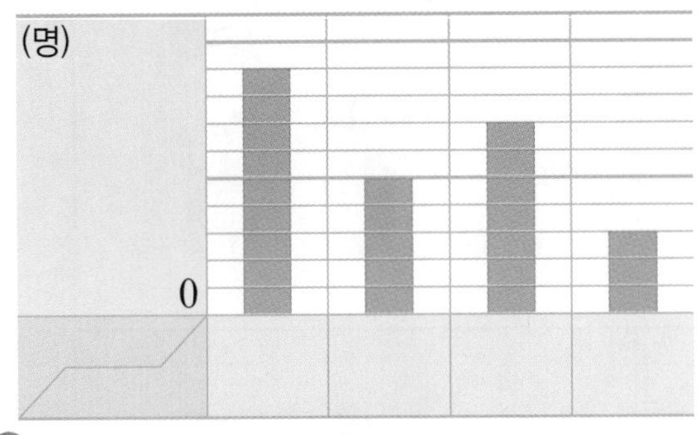

가로에 민속놀이, 세로에 학생 수를 써요.

2

오늘은 방과 후 활동반을 신청하는 날이다. 논술반과 미술반은 각각 10명을 모집하고 과학실험반은 15명, 생활체육반은 16명을 모집한다고 한다. 그중에서 나는 과학실험반을 신청했다. 어떤 과학실험을 할지 궁금하다.

방과 후 활동반별 모집 학생 수

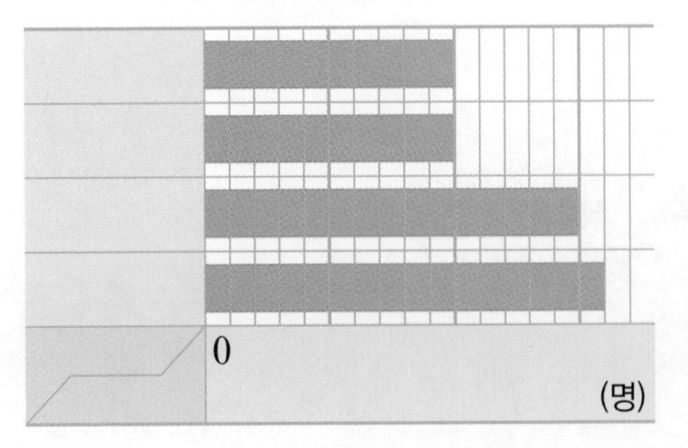

9 막대그래프를 보고 알 수 있는 내용 쓰기

• 막대그래프를 보고 알 수 있는 내용을 2가지 써 보세요.

1

동계 올림픽에서 연도별 우리나라가 획득한 메달 수

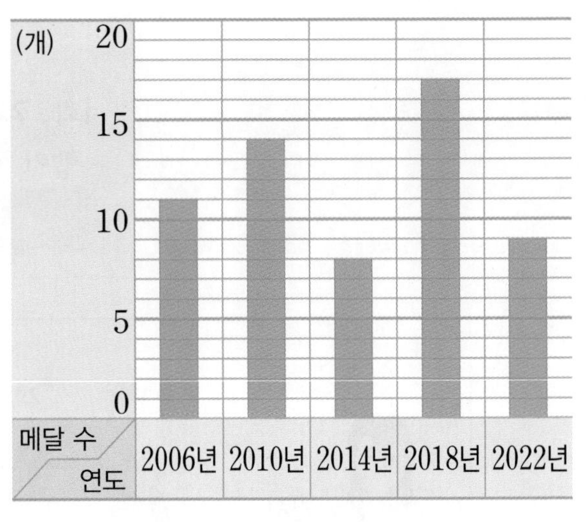

막대의 길이를 비교하여 알 수 있는 내용을 2가지 써 봐요.

2

연도별 자동차 등록 대수

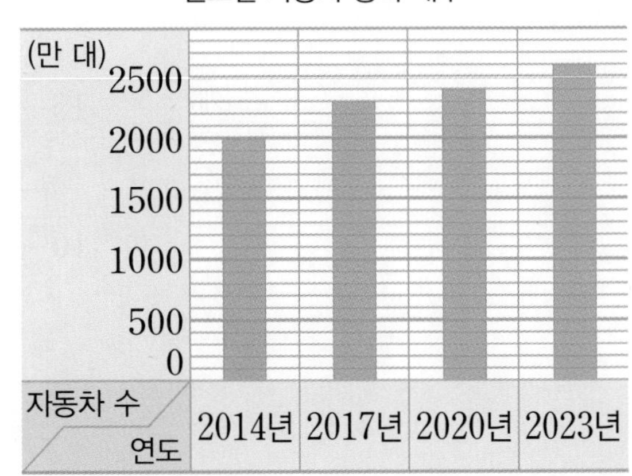

단원 평가

점수	확인

[1~4] 연우네 반 학생들이 좋아하는 간식을 조사하여 나타낸 막대그래프입니다. 물음에 답하세요.

좋아하는 간식별 학생 수

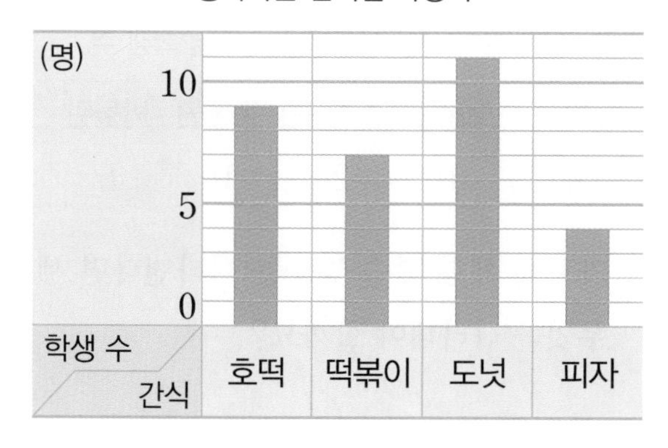

1 세로 눈금 한 칸은 몇 명을 나타낼까요?

( )

2 위의 막대그래프를 보고 표로 나타내 보세요.

좋아하는 간식별 학생 수

간식	호떡	떡볶이	도넛	피자	합계
학생 수(명)					

3 가장 많은 학생들이 좋아하는 간식은 무엇일까요?

( )

4 가장 적은 학생들이 좋아하는 간식을 알아보기에 더 편리한 것은 표와 막대그래프 중 어느 것일까요?

( )

[5~8] 현수네 학교 4학년의 반별 안경을 쓴 학생 수를 조사하여 나타낸 막대그래프입니다. 물음에 답하세요.

반별 안경을 쓴 학생 수

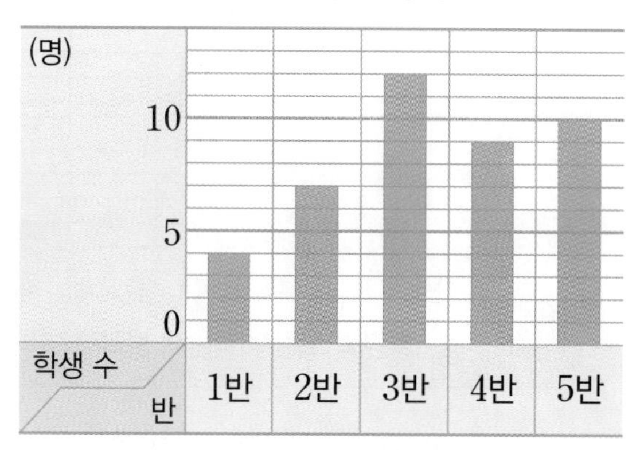

5 2반에서 안경을 쓴 학생은 몇 명일까요?

( )

6 안경을 쓴 학생이 가장 적은 반은 몇 반일까요?

( )

7 3반은 4반보다 안경을 쓴 학생이 몇 명 더 많을까요?

( )

8 현수네 학교 4학년 학생 중 안경을 쓴 학생은 모두 몇 명일까요?

( )

[9~12] 경호네 반 학생 34명이 좋아하는 색깔을 조사하여 나타낸 막대그래프입니다. 물음에 답하세요.

좋아하는 색깔별 학생 수

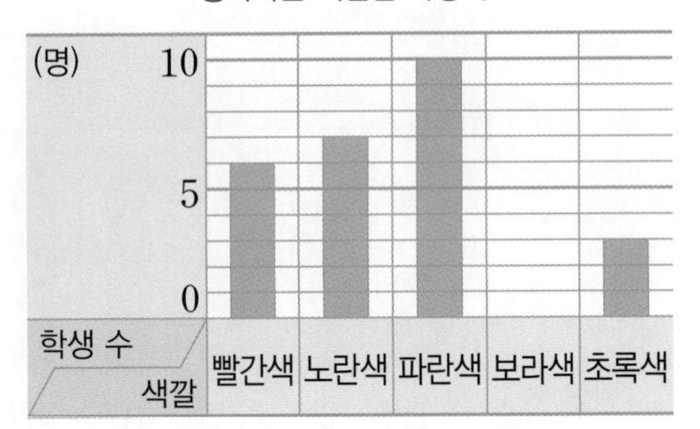

9 보라색을 좋아하는 학생은 몇 명일까요?

( )

10 막대그래프를 완성해 보세요.

11 노란색보다 더 많은 학생들이 좋아하는 색깔을 모두 찾아 써 보세요.

( )

12 경호네 반에서 체육대회 때 입을 반 티셔츠의 색깔을 무슨 색으로 정하는 것이 좋을까요?

( )

[13~15] 진성이네 학교 4학년 학생들이 가고 싶은 체험 학습 장소를 조사하여 나타낸 표를 보고 막대그래프로 나타내려고 합니다. 물음에 답하세요.

가고 싶은 체험 학습 장소별 학생 수

장소	과학관	놀이공원	동물원	박물관	합계
학생 수(명)	16	24	10	6	56

13 가로에 체험 학습 장소를 나타낸다면 세로에는 무엇을 나타내야 할까요?

( )

14 표를 보고 막대그래프로 나타내 보세요.

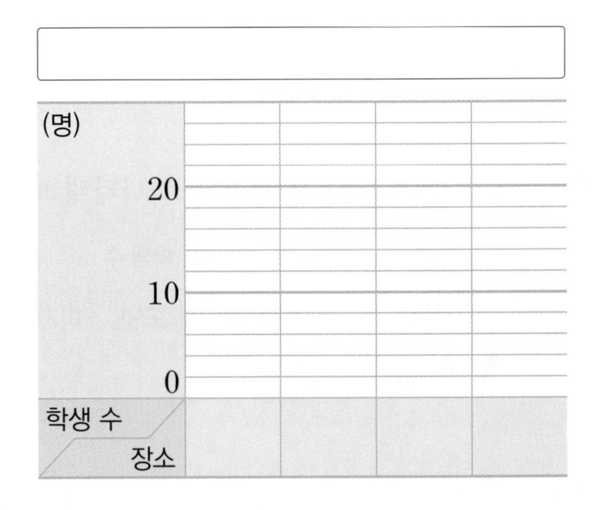

15 그래프의 가로 눈금 한 칸을 2명으로 하여 막대그래프로 나타내 보세요.

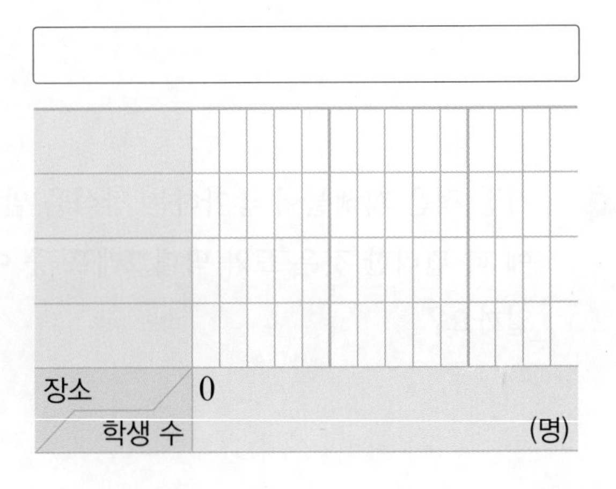

16 어느 자동차 회사의 대리점별 자동차 판매량을 조사하여 나타낸 막대그래프입니다. 자동차를 가장 많이 판매한 대리점과 가장 적게 판매한 대리점의 판매량의 차를 구해 보세요.

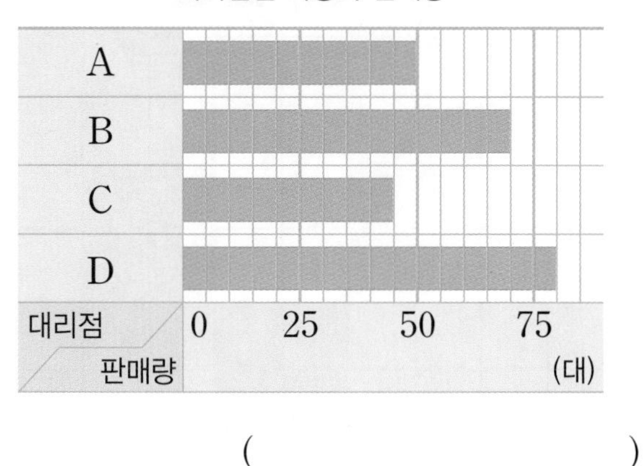

( )

[**17~18**] 과일 가게에서 하루에 판 과일 상자 수를 조사하여 나타낸 막대그래프입니다. 물음에 답하세요.

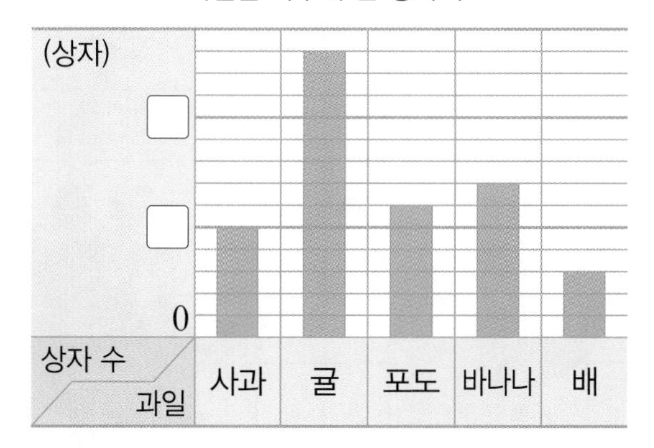

17 사과를 10상자 팔았다면 포도는 몇 상자 팔았을까요?

( )

18 이 가게에서 매출을 올리기 위해 가장 많이 준비해야 할 과일은 무엇일까요?

( )

[**19~20**] 방학 캠프에 참가한 학생 수를 반별로 조사하여 나타낸 막대그래프입니다. 물음에 답하세요.

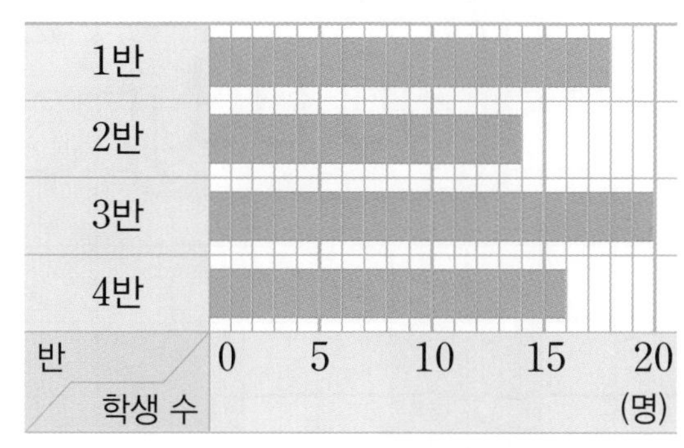

19 1반에서 방학 캠프에 참가한 학생은 몇 명인지 보기 와 같이 풀이 과정을 쓰고 답을 구해 보세요.

> 보기
> 가로 눈금 한 칸은 1명을 나타내므로 4반에서 방학 캠프에 참가한 학생은 16명입니다.
> 답 16명

가로 눈금 한 칸은

답

20 막대그래프에서 알 수 있는 내용을 보기 와 같이 써 보세요.

> 보기
> 방학 캠프에 참가한 학생이 가장 많은 반은 3반입니다.

방학 캠프에 참가한

6 규칙 찾기

민주와 친구는 타일로 된 벽을 규칙적으로 색칠하고 있어요.
11시 30분에 색칠해야 할 타일에 알맞게 색칠해 보세요.

1 수의 배열에서 규칙 찾기

수의 배열에서 규칙 찾기(1)

101	201	301	401	501
102	202	302	402	502
103	203	303	403	503
104	204	304	404	504

규칙 • 가로(→)는 오른쪽으로 **100씩** 커지는 규칙입니다.

• 세로(↓)는 아래쪽으로 **1씩** 커지는 규칙입니다.

• ↘ 방향으로 **101씩** 커지는 규칙입니다.

수의 배열에서 규칙 찾기(2)

2	4	8	16	32
8	16	32	64	128
32	64	128	256	512
128	256	512	1024	2048

규칙 • 가로(→)는 오른쪽으로 **2씩 곱하는** 규칙입니다.

• 세로(↓)는 아래쪽으로 **4씩 곱하는** 규칙입니다.

곱셈을 이용한 수의 배열에서 규칙 찾기

	21	22	23	24	25	26	27	28
11	1	2	3	4	5	6	7	8
12	2	4	6	8	0	2	4	6
13	3	6	9	2	5	8	1	4
14	4	8	2	6	0	4	8	2

➡ $11\times21=231$, $11\times22=242$, $11\times23=253$, ...

규칙 • 두 수의 곱셈의 결과에서 일의 자리 수를 쓰는 규칙입니다.

• **1부터** 시작하는 가로는 **1씩** 커집니다.

• **2부터** 시작하는 가로는 **2, 4, 6, 8, 0**이 반복됩니다.

• **4부터** 시작하는 가로는 **4, 8, 2, 6, 0**이 반복됩니다.

정답과 풀이 42쪽

1 수 배열표를 보고 □ 안에 알맞은 수를 써넣으세요.

6003	6103	6203	6303	6403	6503
5003	5103	5203	5303	5403	5503
4003	4103	4203	4303	4403	4503
3003	3103	3203	3303	3403	3503
2003	2103	2203	2303	2403	2503

① 가로(→)는 오른쪽으로 □씩 커지는 규칙입니다.

② 세로(↑)는 아래쪽으로 □씩 작아지는 규칙입니다.

2 수 배열표에서 규칙을 찾아 빈칸에 알맞은 수를 써넣으세요.

10	20	40	80
50	100	200	
250	500		2000
1250		5000	10000

가로(→)와 세로(↓)에서 규칙을 찾아봐요.

3 수 배열표를 보고 물음에 답하세요.

	111	112	113	114	115	116	117
11	1	2	3	4	5	6	7
12	2	4	6	8	0	2	4
13	3	6		2	5	8	1
14	4	8	2		0	4	8
15	5	0	5	0			5

① 수 배열표에서 찾은 규칙입니다. □ 안에 알맞은 말을 써넣으세요.

규칙 두 수의 곱셈의 결과에서 □의 자리 수를 쓰는 규칙입니다.

② 수 배열표를 완성해 보세요.

두 수의 곱셈 결과와 수 배열표의 수를 비교하여 규칙을 찾아봐요.

6

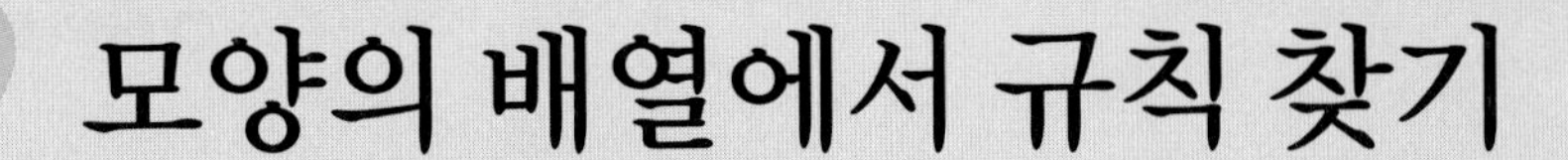

2 모양의 배열에서 규칙 찾기

모양의 배열에서 규칙 찾기(1) → 일정하게 늘어나는 경우

순서	첫째	둘째	셋째	넷째	다섯째
배열					
식	1	1+2	1+2+2	1+2+2+2	1+2+2+2+2
수	1	3	5	7	9

- 모형이 왼쪽과 위쪽으로 1개씩 늘어납니다.
- 모형이 1개에서 시작하여 2개씩 늘어납니다.
- 여섯째 식은 1+2+2+2+2+2이므로 여섯째에 알맞은 모형은 11개입니다.

모양의 배열에서 규칙 찾기(2) → 늘어나는 수가 커지는 경우

순서	첫째	둘째	셋째	넷째	다섯째
배열					
식	1	1+2	1+2+3	1+2+3+4	1+2+3+4+5
수	1	3	6	10	15

- 모형이 1개에서 시작하여 2개, 3개, 4개, ...씩 늘어납니다.
- 여섯째 식은 1+2+3+4+5+6이므로 여섯째에 알맞은 모형은 21개입니다.

개념 자세히 보기

- **모양의 배열에서 규칙을 찾아 식으로 나타내는 방법은 여러 가지가 있어요!**

순서	첫째	둘째	셋째	넷째
배열				
덧셈식	1	1+3	1+3+5	1+3+5+7
곱셈식	1	2×2	3×3	4×4
수	1	4	9	16

1 쌓기나무의 배열을 보고 물음에 답하세요.

첫째　　둘째　　셋째　　넷째

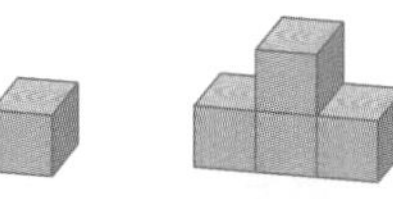

배운 것 연결하기 2학년 2학기

쌓은 모양에서 규칙 찾기

→ 쌓기나무가 오른쪽과 위쪽으로 각각 1개씩 늘어납니다.

① 쌓기나무의 배열에서 규칙을 찾아 □ 안에 알맞은 수를 써넣으세요.

쌓기나무의 배열에서 규칙을 찾아 식으로 나타내면 첫째는 1, 둘째는 1+3, 셋째는 1+3+□, 넷째는 1+3+□+□입니다.

② 규칙에 따라 다섯째에 알맞은 모양을 그려 보고 쌓기나무는 몇 개인지 구해 보세요.

(　　　　　　　　)

2 사각형의 배열을 보고 물음에 답하세요.

순서	첫째	둘째	셋째	넷째
배열				
식	1	1+3	1+3+5	
수	1	4		

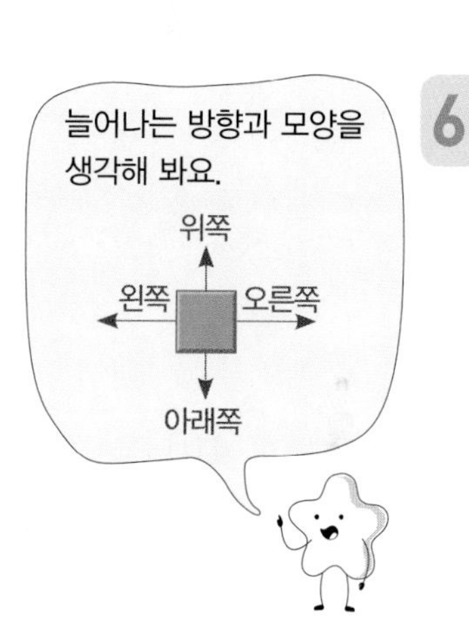

① 사각형의 배열에서 규칙을 찾아 셋째와 넷째에 알맞은 식과 수를 써넣으세요.

② 찾은 규칙에 따라 다섯째에 알맞은 사각형의 수를 식으로 나타내고 구해 보세요.

식 ....　　수 ....

기본기 강화 문제

1 수 배열표에서 규칙 찾기

• 수 배열표를 보고 색칠된 칸에서 규칙을 찾아보세요.

1

6007	6107	6207	6307
7007	7107	7207	7307
8007	8107	8207	8307
9007	9107	9207	9307

규칙 8007부터 시작하여 오른쪽으로 ☐ 씩 커지는 규칙입니다.

8007부터 백의 자리 수가 1씩 커져요.

2

4200	4300	4400	4500	4600
5300	5400	5500	5600	5700
6400	6500	6600	6700	6800
7500	7600	7700	7800	7900
8600	8700	8800	8900	9000

규칙 ....

3

101	112	123	134	145
201	212	223	234	245
401	412	423	434	
701	712	723		

규칙 ....

2 수 배열표에서 빈칸에 알맞은 수 구하기

• 수 배열표에서 규칙을 찾아 빈칸에 알맞은 수를 써넣으세요.

1

505	515	525	535	
605	615		635	645
705	715	725	735	745
	815	825	835	845
905	915	925		

가로(→), 세로(↓)에서 규칙을 찾아봐요.

2

6201	6301	6401	6501	6601
5201	5301	5401	5501	5601
4201	4301	4401		
	3301	3401	3501	
2201		2401	2501	2601

3

10002	10103	10204		10406
20002	20103	20204	20305	
30002	30103		30305	30406
40002	40103	40204		40406
50002		50204	50305	50406

4

33	36	39	42	
133	136	139	142	145
333	336			345
	636	639	642	645
1033	1036		1042	1045

3 수의 배열에서 규칙 찾기

- 수의 배열에서 규칙을 찾아보세요.

1

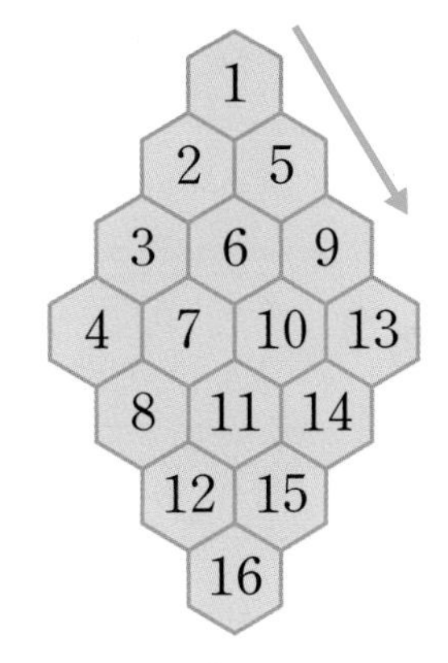

(1) 오른쪽으로 ☐씩 커지는 규칙입니다.

(2) ↘ 방향으로 ☐씩 커지는 규칙입니다.

→ 방향에 있는 수 4—7—10—13에서 규칙을 찾아봐요.

2

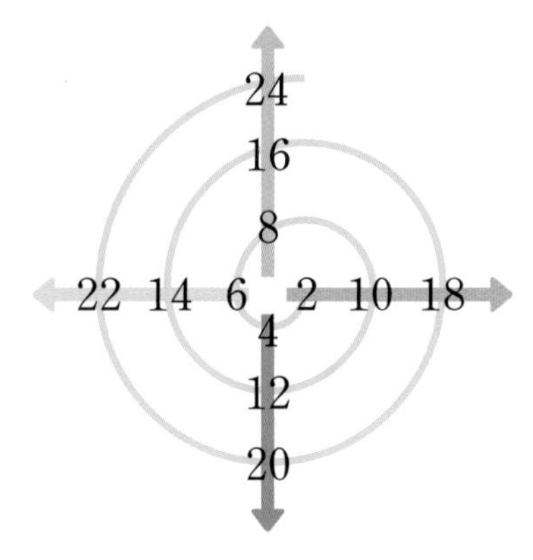

(1) 2부터 시작하여 ◎ 방향으로 ☐씩 커지는 규칙입니다.

(2) 8부터 시작하여 ↑ 방향으로 ☐씩 커지는 규칙입니다.

3

			1			
		2	4	6		
	3	5	7	9	11	
4	6	8	10	12	14	16

(1) 오른쪽으로 ☐씩 커지는 규칙입니다.

(2) ↘ 방향으로 ☐씩 커지는 규칙입니다.

4 수의 배열에서 빈칸에 알맞은 수 구하기

- 수의 배열에서 규칙을 찾아 빈칸에 알맞은 수를 써넣으세요.

1

2

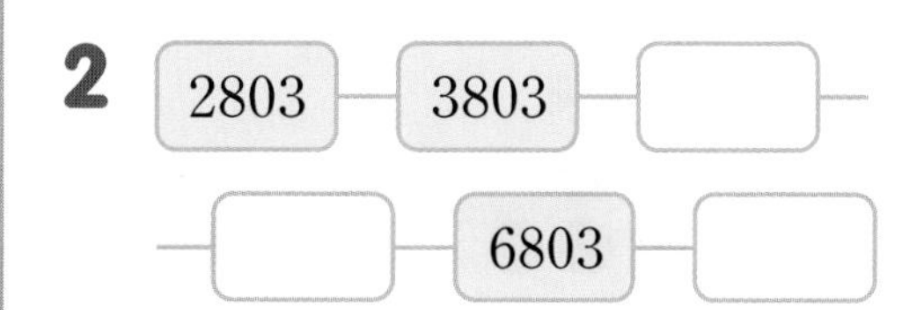

3

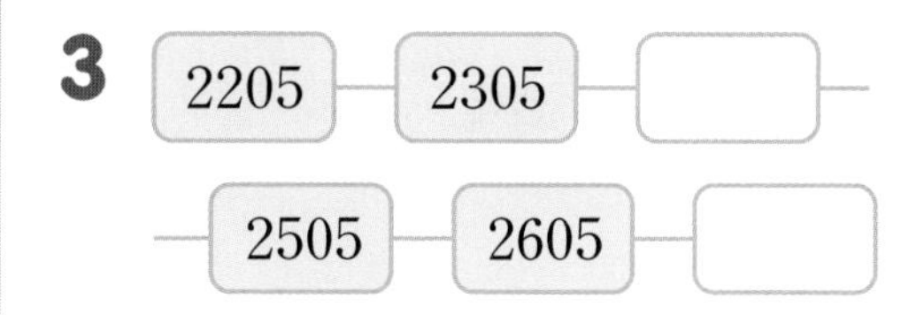

4

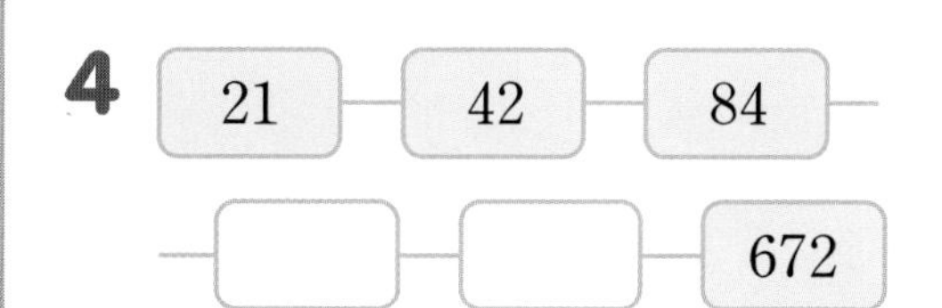

5

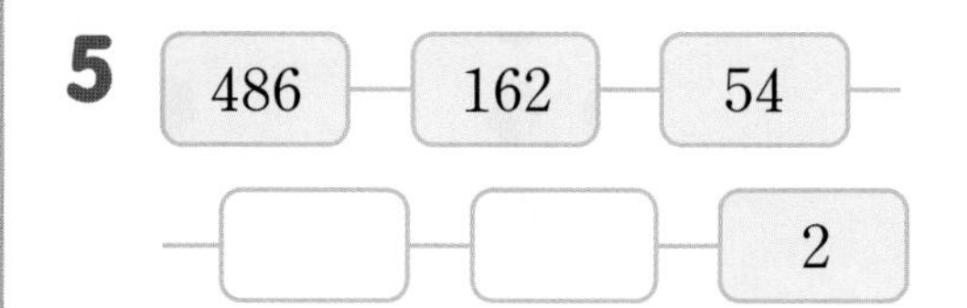

5 규칙을 찾아 식으로 나타내기

- 바둑돌을 놓은 규칙을 찾아 식으로 나타내려고 합니다. □ 안에 알맞은 수를 써넣으세요.

1

첫째	둘째	셋째	넷째
1	1+2	1+2+□	1+2+□+□

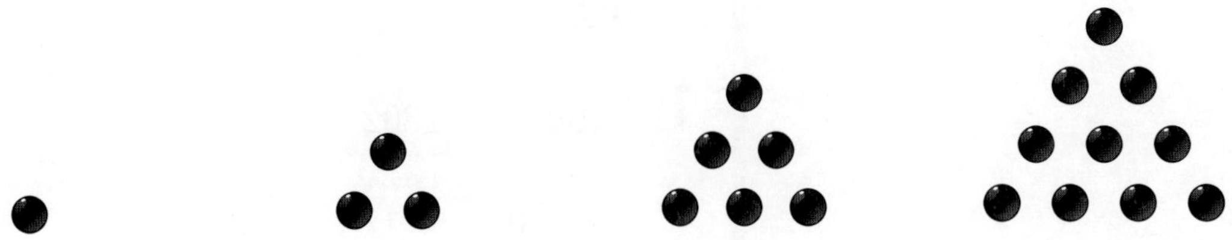

바둑돌을 1개씩 더 놓은 줄이 1줄씩 늘어나요.

2

첫째	둘째	셋째	넷째
1+1	1+3	1+□	1+□

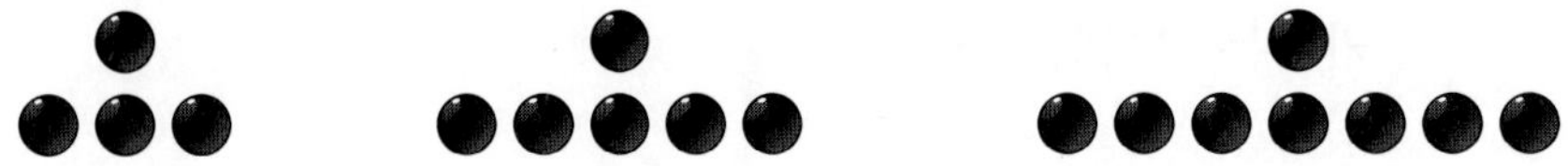

3

첫째	둘째	셋째	넷째
1	1+3	1+□	1+□

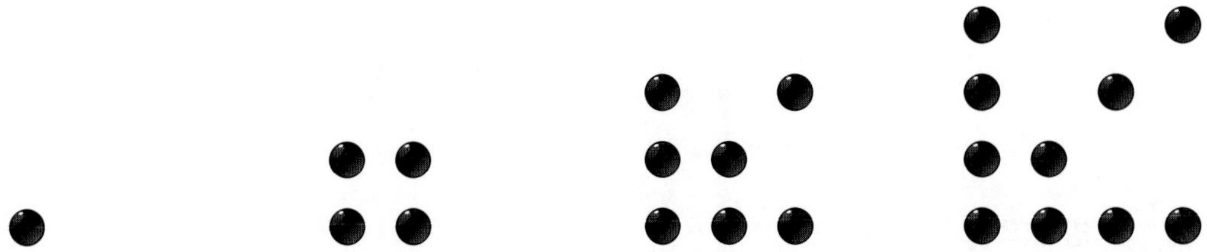

4

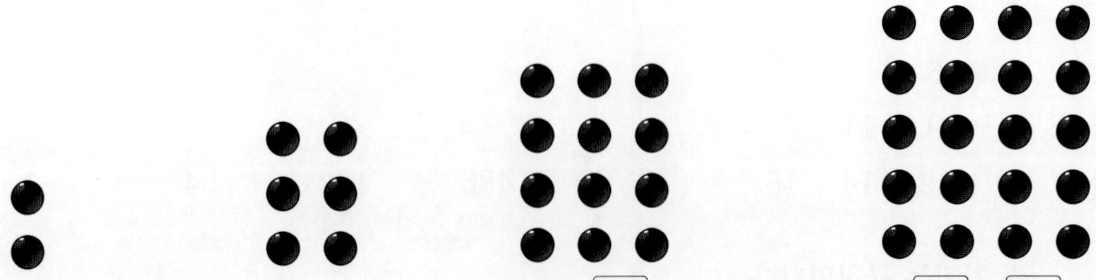

첫째	둘째	셋째	넷째
1×2	2×3	3×□	□×□

정답과 풀이 44쪽

6 다음에 알맞은 모양 그리기

• 모양의 배열을 보고 빈칸에 알맞은 모양을 그려 보세요.

1 첫째 둘째 셋째 넷째 다섯째

2 첫째 둘째 셋째 넷째 다섯째

3 첫째 둘째 셋째 넷째 다섯째 여섯째

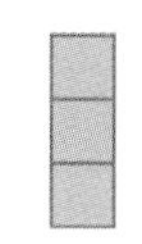

4 첫째 둘째 셋째 넷째 다섯째 여섯째

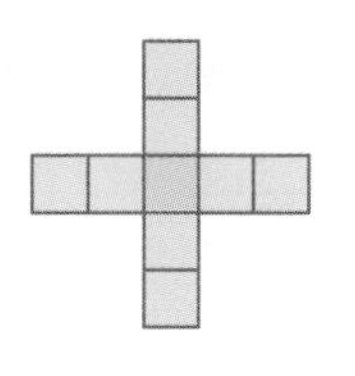

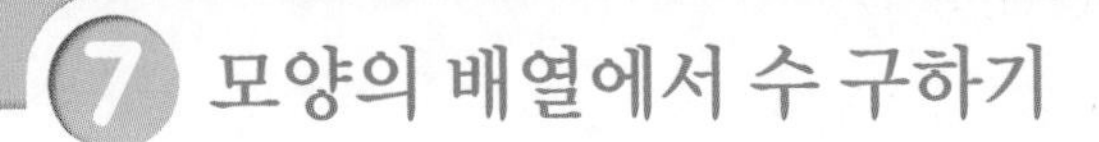

7 모양의 배열에서 수 구하기

- 모양의 배열을 보고 다섯째에 알맞은 모형의 수를 구해 보세요.

1 첫째 둘째 셋째 넷째

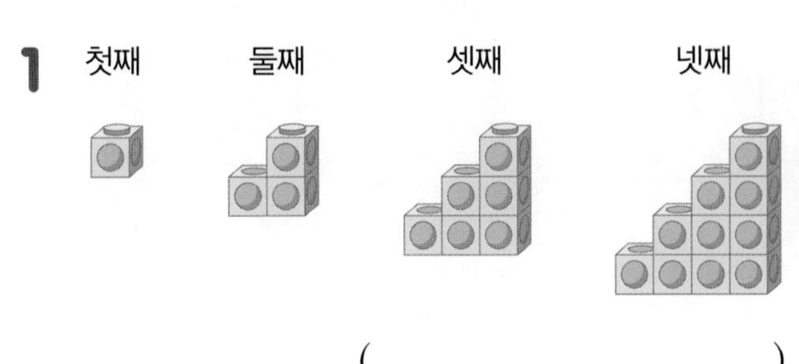

( )

모형이 1개에서 시작하여 2개, 3개, 4개, ...씩 늘어나요.

2 첫째 둘째 셋째 넷째

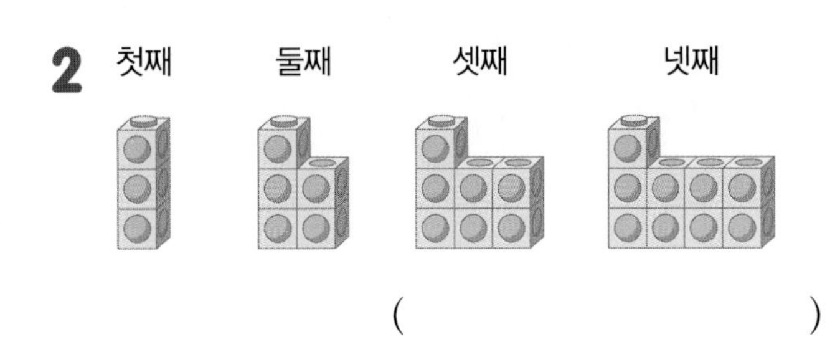

( )

3 첫째 둘째 셋째 넷째

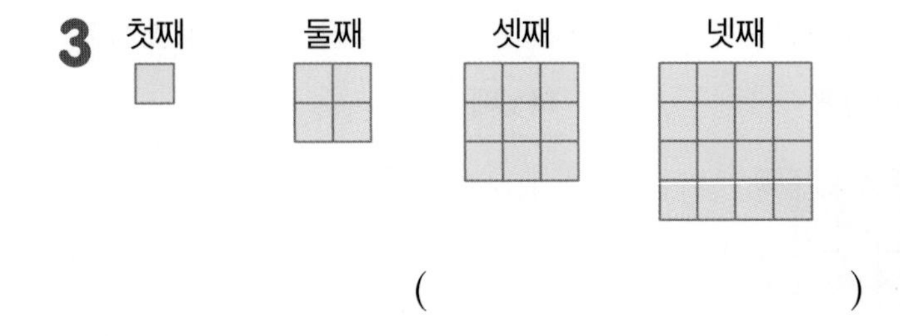

( )

4 첫째 둘째 셋째 넷째

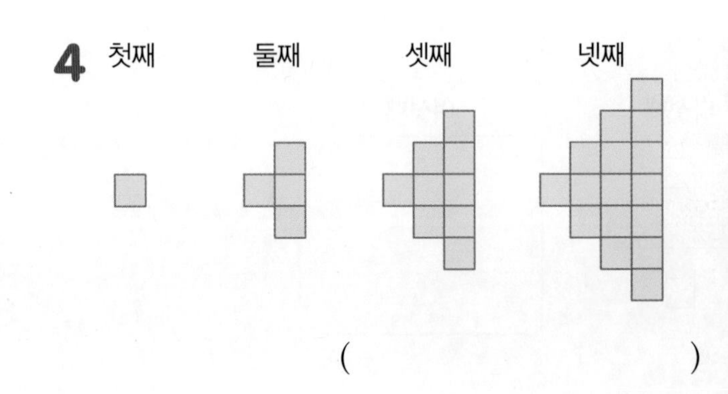

( )

8 모양의 배열에서 규칙 찾기

- 모양의 배열에서 규칙을 찾아보세요.

1 첫째 둘째 셋째 넷째

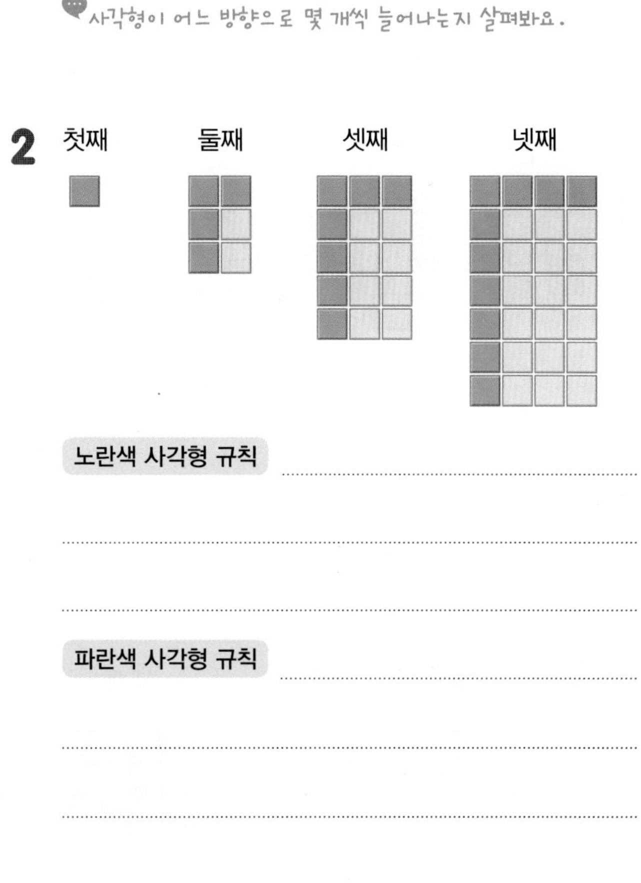

규칙

사각형이 어느 방향으로 몇 개씩 늘어나는지 살펴봐요.

2 첫째 둘째 셋째 넷째

노란색 사각형 규칙

파란색 사각형 규칙

3 첫째 둘째 셋째 넷째

규칙

➔ 정답과 풀이 44쪽

9 규칙을 찾아 빈칸에 알맞게 색칠하기

• 규칙을 찾아 빈칸에 알맞게 색칠해 보세요.

1

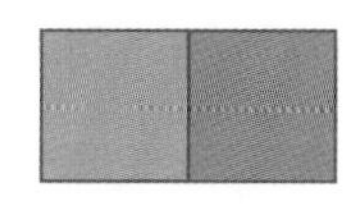 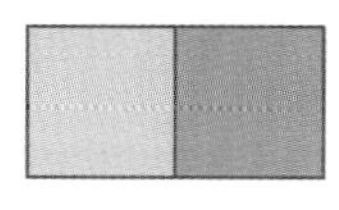 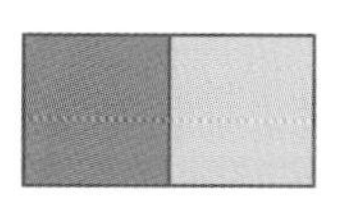 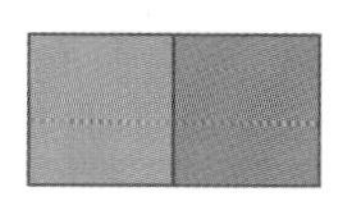

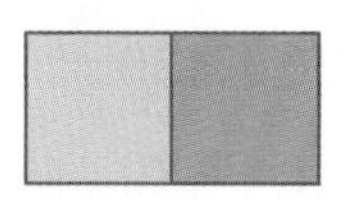 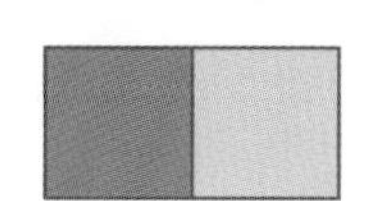 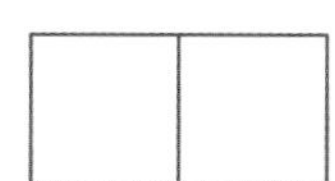  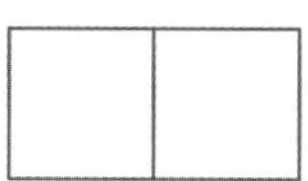

반복되는 색깔을 찾아봐요.

2

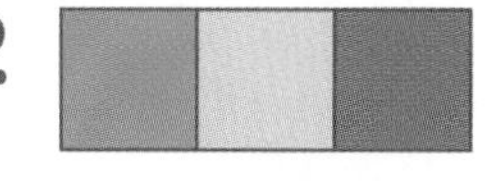 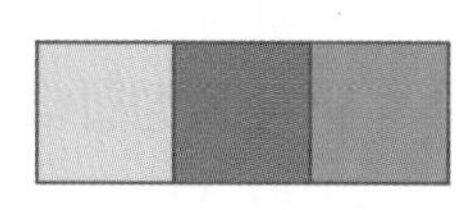 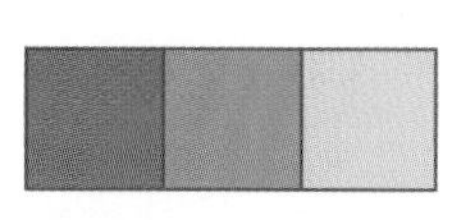 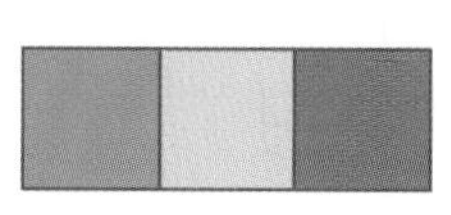

 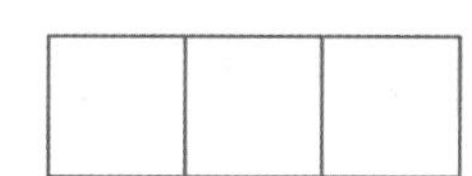 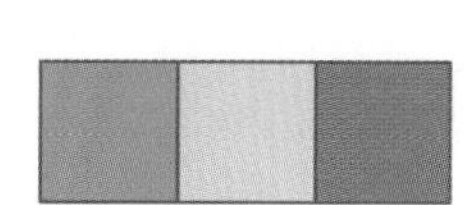 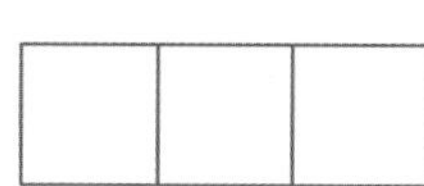

3

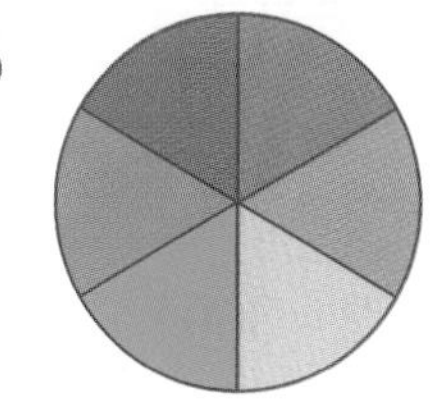 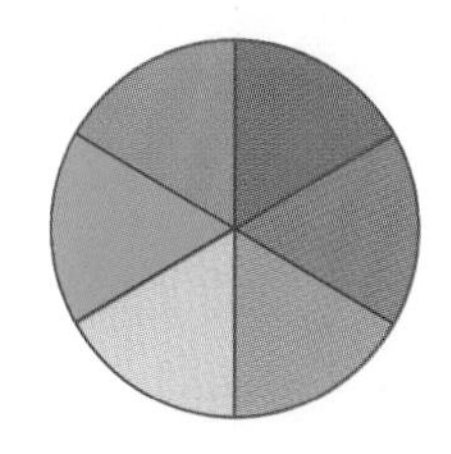 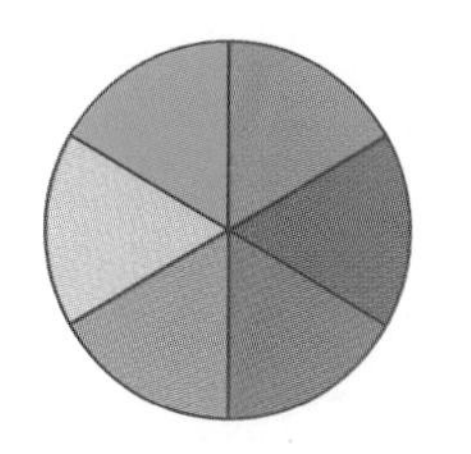 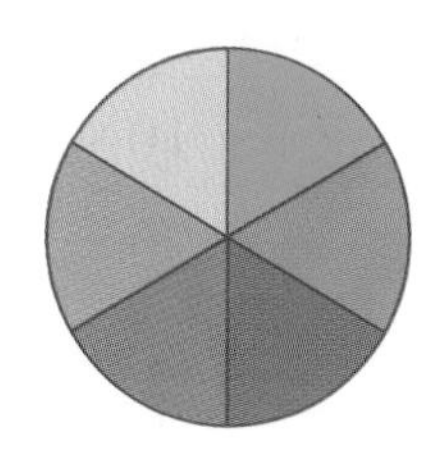

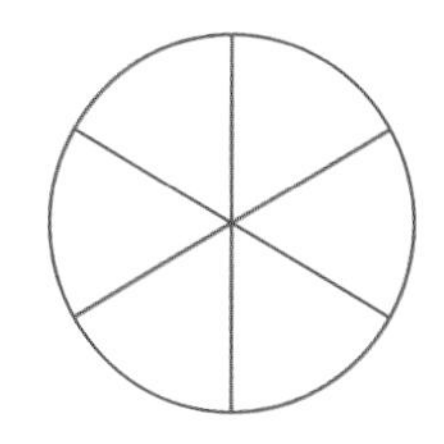 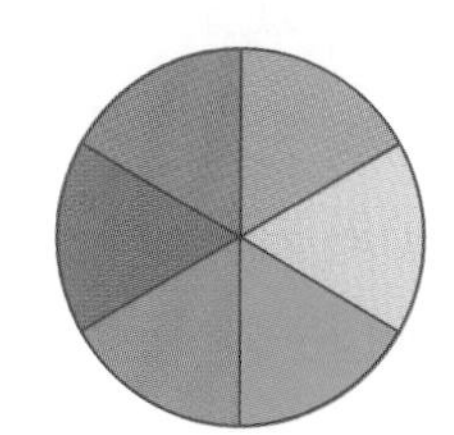 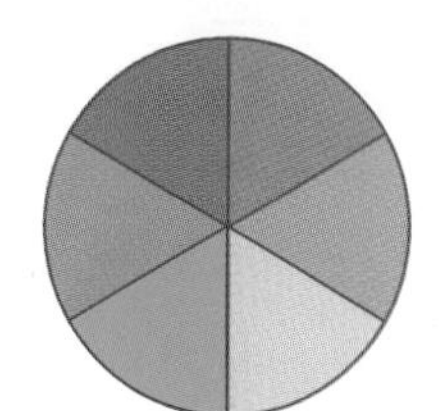 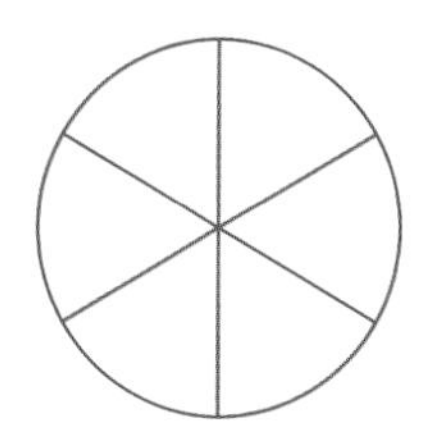

4

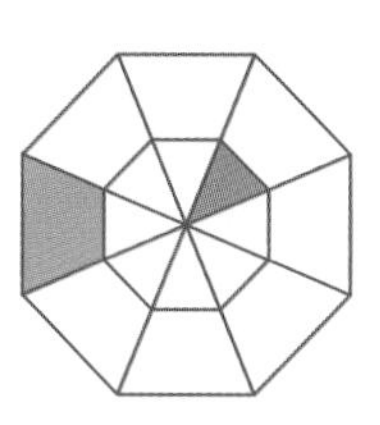 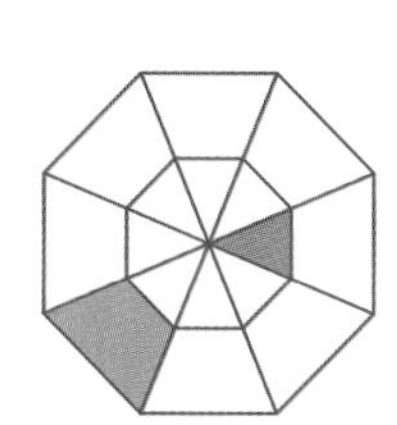 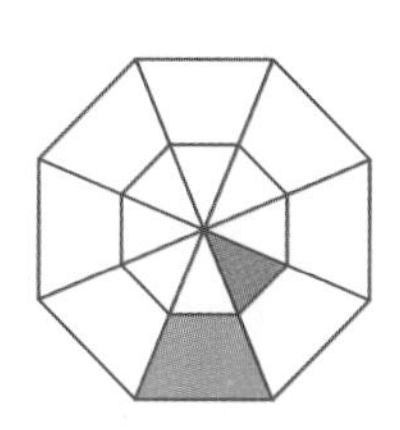 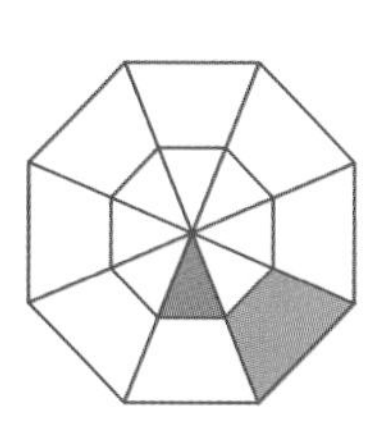 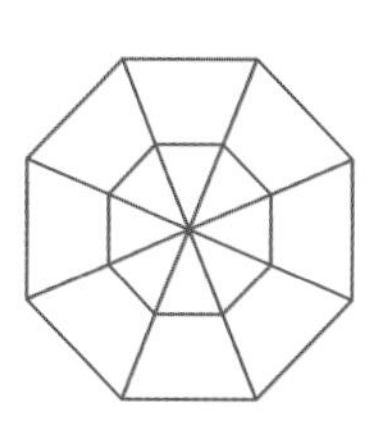

3 계산식의 배열에서 규칙 찾기

● 덧셈식과 뺄셈식의 배열에서 규칙 찾기

• 덧셈식의 배열에서 규칙 찾기

순서	덧셈식
첫째	302+215=517
둘째	312+225=537
셋째	322+235=557
넷째	332+245=577

규칙 십의 자리 수가 각각 1씩 커지는 두 수의 합은 20씩 커집니다.

➡ 다섯째 덧셈식은

342 + 255 = 597입니다.

• 뺄셈식의 배열에서 규칙 찾기

순서	뺄셈식
첫째	550−120=430
둘째	650−220=430
셋째	750−320=430
넷째	850−420=430

규칙 같은 자리의 수가 똑같이 커지는 두 수의 차는 항상 일정합니다.

➡ 다섯째 뺄셈식은

950 − 520 = 430입니다.

● 곱셈식과 나눗셈식의 배열에서 규칙 찾기

• 곱셈식의 배열에서 규칙 찾기

순서	곱셈식
첫째	10×11=110
둘째	20×11=220
셋째	30×11=330
넷째	40×11=440

규칙 10씩 커지는 수에 11을 곱하면 계산 결과는 110씩 커집니다.

➡ 다섯째 곱셈식은

50 × 11 = 550입니다.

• 나눗셈식의 배열에서 규칙 찾기

순서	나눗셈식
첫째	200÷2=100
둘째	400÷2=200
셋째	600÷2=300
넷째	800÷2=400

규칙 200씩 커지는 수를 2로 나누면 계산 결과는 100씩 커집니다.

➡ 다섯째 나눗셈식은

1000 ÷ 2 = 500입니다.

● 계산식의 배열에서 규칙 찾기

순서	계산식
첫째	1×1=1
둘째	11×11=121
셋째	111×111=12321
넷째	1111×1111=1234321

규칙 1이 1개씩 늘어나는 수를 2번 곱한 결과는 가운데를 중심으로 접으면 같은 숫자가 만납니다.

➡ 다섯째 계산식은

11111 × 11111
= 123454321입니다.

정답과 풀이 45쪽

계산식의 배열을 보고 물음에 답하세요.

㉮	㉯	㉰
$855-620=235$	$589-487=102$	$523+412=935$
$755-520=235$	$589-477=112$	$423+512=935$
$655-420=235$	$589-467=122$	$323+612=935$
$555-320=235$	$589-457=132$	$223+712=935$

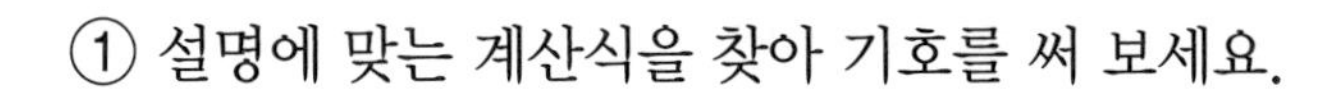

① 설명에 맞는 계산식을 찾아 기호를 써 보세요.

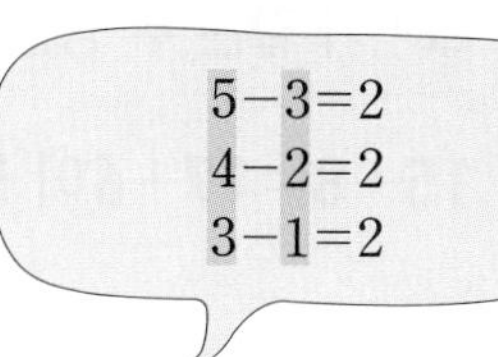

같은 자리 수가 똑같이 작아지는 두 수의 차는 항상 일정합니다.

(　　　　　　　　)

② 서아의 생각과 같은 규칙적인 계산식을 찾아 기호를 써 보세요.

다음에 알맞은 계산식은 $123+812=935$입니다.

(　　　　　　　　)

2 계산식의 배열을 보고 물음에 답하세요.

㉮	㉯	㉰
$220 \div 20=11$	$30 \times 11=330$	$121 \div 11=11$
$330 \div 30=11$	$40 \times 11=440$	$242 \div 22=11$
$440 \div 40=11$	$50 \times 11=550$	$363 \div 33=11$
$550 \div 50=11$	$60 \times 11=660$	$484 \div 44=11$

① 설명에 맞는 계산식을 찾아 기호를 써 보세요.

일의 자리 수가 0인 두 자리 수에 11을 곱하면 백의 자리 수와 십의 자리 수가 같은 세 자리 수가 나옵니다.

(　　　　　　　　)

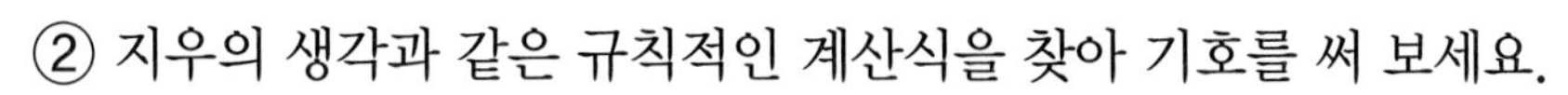

② 지우의 생각과 같은 규칙적인 계산식을 찾아 기호를 써 보세요.

다음에 알맞은 계산식은 $660 \div 60=11$입니다.

(　　　　　　　　)

규칙을 찾으면 다음에 이어질 계산식을 찾을 수 있어요.

6

등호(=)가 있는 식 알아보기

- **크기가 같은 두 양을 식으로 나타내기**

$$6+7=13$$

$$2+4+7=13$$

$$\rightarrow 6+7=2+4+7$$

크기가 같은 두 양을 등호(=)를 사용하여 하나의 식으로 나타낼 수 있습니다.

- **15+8=17+6이 옳은 식인지 알아보기**

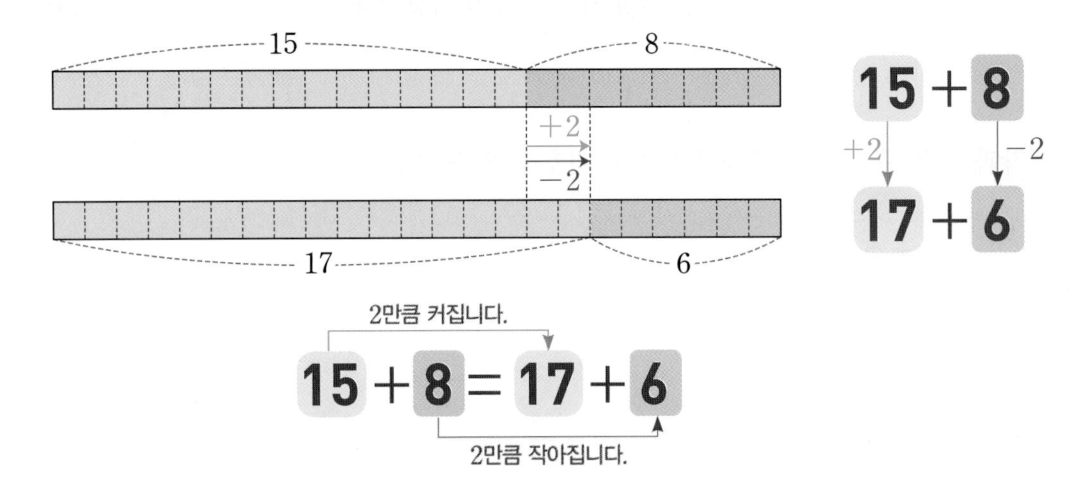

- **23−13=20−10이 옳은 식인지 알아보기**

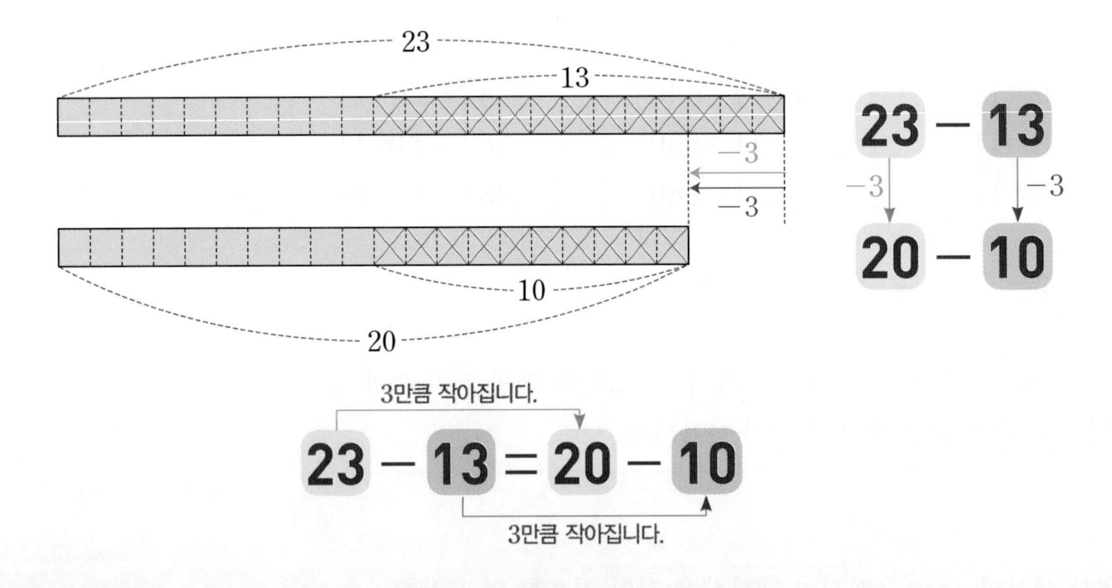

개념 자세히 보기

- **등호(=)도 부등호(>, <)처럼 두 양의 크기를 비교하는 기호예요!**

등호(=): 두 양의 크기가 같을 때 사용

부등호(>, <): 한 쪽의 양이 더 클 때 사용

$7\times2 = 10+4$ $9-2 > 10\div2$

정답과 풀이 45쪽

1 등호(=)를 사용하여 크기가 같은 두 양을 식으로 나타내려고 합니다. 물음에 답하세요.

① 12를 어떻게 색칠했는지 살펴보고 곱셈식으로 나타내 보세요.

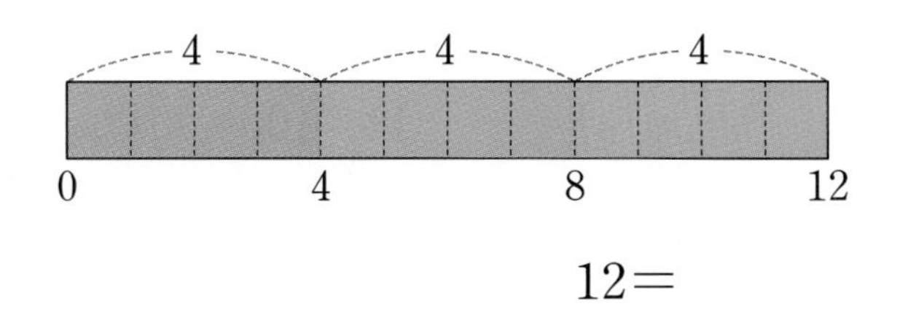

12= ....

② 12가 되도록 두 가지 색으로 색칠하고 덧셈식으로 나타내 보세요.

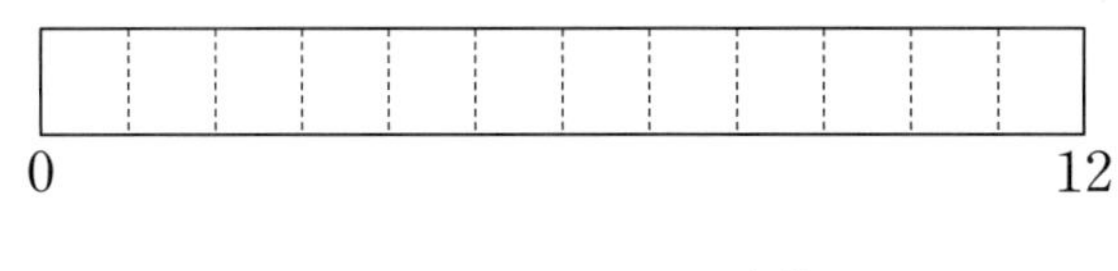

12= ....

12를 두 수로 가르기하여 덧셈식으로 나타내요.

③ 위의 두 식을 하나의 식으로 나타내 보세요.

식 ....

2 수직선을 보고 $31-13=34-16$이 옳은 식인지 알아보세요.

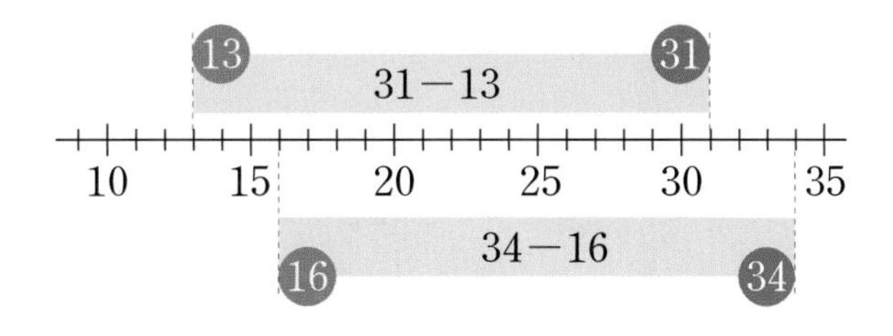

31에서 34로 □ 만큼 (커지고 , 작아지고),

13에서 16으로 □ 만큼 (커집니다 , 작아집니다).

➡ $31-13=34-16$은 (옳은 , 옳지 않은) 식입니다.

3 식을 보고 옳으면 ○표, 옳지 않으면 ×표 하세요.

등호(=)의 양쪽이 같으면 옳은 식이에요.

① $15+4=10+5+4$ □　② $32\div8=64\div4$ □

③ $42-25=40-27$ □　④ $19\times4=4\times19$ □

기본기 강화 문제

10 덧셈식과 뺄셈식의 배열에서 규칙에 따라 식 쓰기

• 계산식의 배열에서 규칙을 찾아 □ 안에 알맞은 식을 써넣으세요.

1

$6000+7000=13000$
$6000+17000=23000$
$6000+27000=33000$
□
$6000+47000=53000$

더해지는 수는 일정하고 더하는 수가 10000씩 커져요.

2

$8000+3000=11000$
$18000+13000=31000$
□
$38000+33000=71000$
$48000+43000=91000$

3

$95000-3000=92000$
$95000-13000=82000$
$95000-23000=72000$
$95000-33000=62000$
□

4

$59000-54000=5000$
$69000-44000=25000$
$79000-34000=45000$
□
$99000-14000=85000$

11 곱셈식과 나눗셈식의 배열에서 규칙에 따라 식 쓰기

• 계산식의 배열에서 규칙을 찾아 □ 안에 알맞은 식을 써넣으세요.

1

$11\times100=1100$
$11\times200=2200$
$11\times300=3300$
$11\times400=4400$
□

곱해지는 수는 일정하고 곱하는 수가 100씩 커져요.

2

$10\times21=210$
$20\times21=420$
$30\times21=630$
$40\times21=840$
□

3

$220\div22=10$
$440\div22=20$
$660\div22=30$
$880\div22=40$
□

4

$220\div22=10$
$330\div33=10$
$440\div44=10$
$550\div55=10$
□

12 덧셈식의 배열에서 규칙 찾기

• 덧셈식의 배열을 보고 물음에 답하세요.

1

순서	덧셈식
첫째	$1+2+3+4=10$
둘째	$2+3+4+5=14$
셋째	$3+4+5+6=18$
넷째	$4+5+6+7=22$
다섯째	

(1) 덧셈식의 배열에서 규칙을 찾아 빈칸에 알맞은 식을 써넣으세요.

(2) 계산 결과가 30이 되는 덧셈식은 몇째일까요?

( )

더하는 4개의 수가 모두 1씩 커져요.

2

순서	덧셈식
첫째	$4+6+8+10+12=40$
둘째	$6+8+10+12+14=50$
셋째	$8+10+12+14+16=60$
넷째	$10+12+14+16+18=70$
다섯째	

(1) 덧셈식의 배열에서 규칙을 찾아 빈칸에 알맞은 식을 써넣으세요.

(2) 계산 결과가 100이 되는 덧셈식은 몇째일까요?

( )

13 계산 결과에 맞는 계산식 구하기

1 규칙에 따라 계산 결과가 49가 되는 덧셈식을 써 보세요.

순서	덧셈식
첫째	$1+3=4$
둘째	$1+3+5=9$
셋째	$1+3+5+7=16$
넷째	$1+3+5+7+9=25$

덧셈식

계산 결과가 49가 되는 계산식이 몇째인지 알아봐요.

2 규칙에 따라 계산 결과가 2525252525가 되는 곱셈식을 써 보세요.

순서	곱셈식
첫째	$5\times5=25$
둘째	$505\times5=2525$
셋째	$50505\times5=252525$
넷째	$5050505\times5=25252525$

곱셈식

3 규칙에 따라 계산 결과가 1111111이 되는 나눗셈식을 써 보세요.

순서	나눗셈식
첫째	$121\div11=11$
둘째	$12321\div111=111$
셋째	$1234321\div1111=1111$
넷째	$123454321\div11111=11111$

나눗셈식

♪ 재미 팡팡!

14 비밀번호 찾기

● 빈칸에 알맞은 수를 찾아 보물 상자를 열 수 있는 비밀번호를 구해 보세요.

$12+111=123$
$123+1111=1234$
$1234+11111=12345$
$12345+111111=12345\square$

$21\times9=189$
$321\times9=2889$
$4321\times9=38889$
$54321\times9=\square88889$

$111111\div3=37037$
$222222\div6=37037$
$333333\div\square=37037$
$444444\div12=37037$

$12\times8=98-2$
$123\times8=987-3$
$1234\times8=9876-4$
$12345\times8=98765-\square$

$100+300-200=200$
$200+400-300=300$
$\square00+500-400=400$
$400+600-500=500$

$111111111\div9=12345679$
$222222222\div18=12345679$
$333333333\div27=12345679$
$444444444\div36=123456\square9$

비밀번호

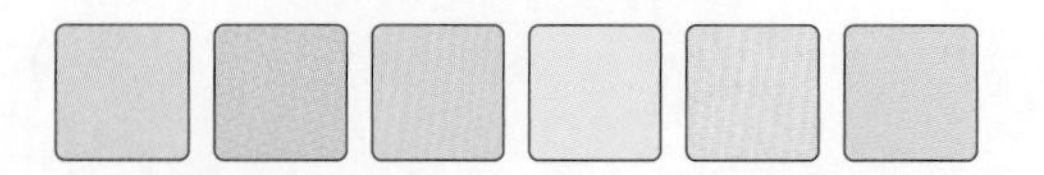

15 저울의 균형 맞추기

• 저울의 양쪽이 같아지도록 □ 안에 들어갈 수 있는 것을 모두 찾아 ○표 하세요.

1

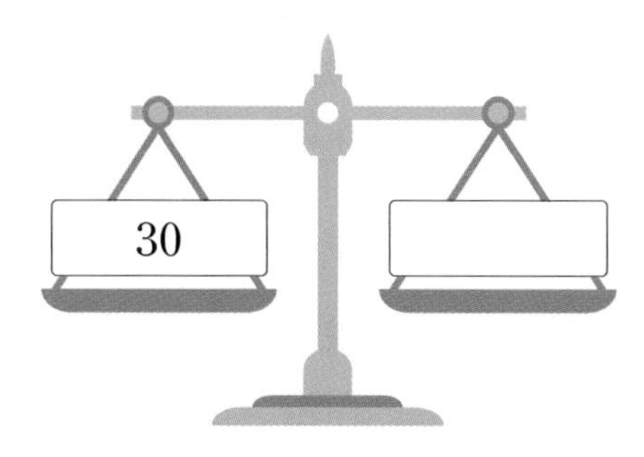

$50-20$	10×4
$25+15$	$90\div3$

계산 결과가 30인 것을 찾아봐요.

2

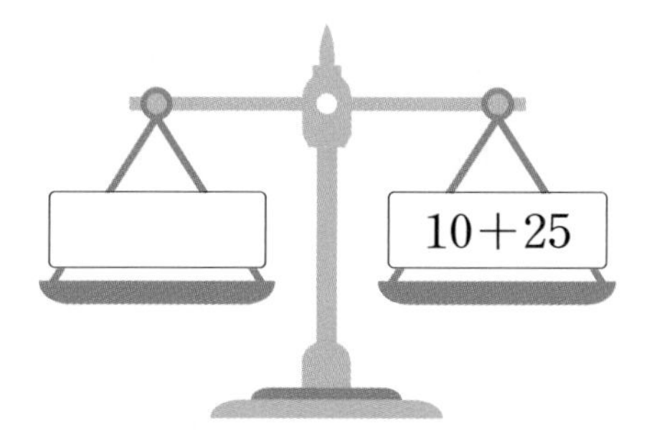

$10+15+10$	7×5
$65-20$	$140\div7$

3

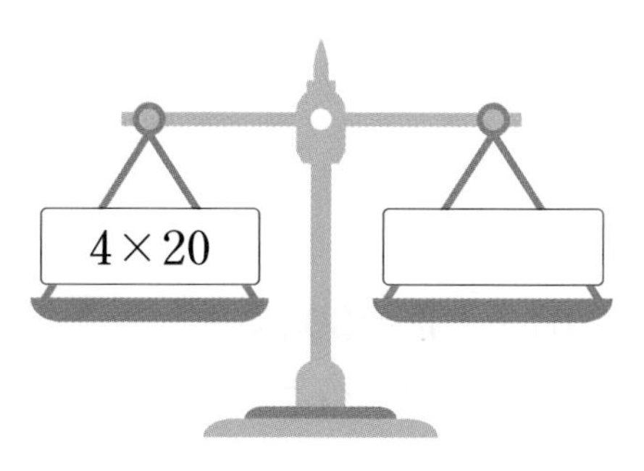

$160\div4$	$93-13$
2×40	$20+20+20$

16 옳은 식 만들기

• 옳은 식이 되도록 □ 안에 알맞은 수를 써넣으세요.

1 $40=30+\square$

40은 30과 몇으로 가르기할 수 있는지 생각해 봐요.

2 $29+\square=33+29$

3 $57+16=50+\square+16$

4 $69-27=62-\square$

5 $78-34=\square-36$

6 $\square\times15=15\times6$

7 $35\times8=\square\times5\times8$

8 $30\div2=90\div\square$

9 $240\div\square=60\div4$

17 카드로 식 완성하기

- 주어진 카드를 사용하여 식을 완성해 보세요.
  (단, 같은 카드를 여러 번 사용할 수 있습니다.)

1

+ − × ÷

8 = ☐ ☐ ☐

등호(=) 오른쪽에 계산 결과가 8이 되는 식을 만들어 봐요.

2

+ − × ÷

10 = ☐ ☐ ☐

3

3 + 6 = ☐ ☐ ☐

4

18 규칙적인 계산식을 찾아 빈칸 채우기

- 수 배열표를 보고 빈칸에 알맞은 식을 써넣으세요.

301	304	307	310	313	316
302	305	308	311	314	317
303	306	309	312	315	318

1

$302+306=303+305$

$305+309=306+308$

$308+312=309+311$

☐

어느 방향에 있는 두 수의 합이 같은지 찾아봐요.

2

$301+305+309=303+305+307$

$304+308+312=306+308+310$

$307+311+315=309+311+313$

☐

3

$301+302+303=302\times3$

$304+305+306=305\times3$

$307+308+309=308\times3$

☐

4

$301+307=304\times2$

$304+310=307\times2$

$307+313=310\times2$

☐

19 생활에서 규칙적인 계산식 찾기

1 엘리베이터 버튼의 수의 배열에서 규칙적인 계산식을 찾아 써 보세요.

18	19	20		◀I▶	▶I◀
12	13	14	15	16	17
6	7	8	9	10	11
B1	1	2	3	4	5

계산식

$6+7+8=7\times3$

$7+8+9=8\times3$

$8+9+10=\square\times3$

$9+10+11=\square\times3$

가로로 이웃한 세 수의 합은 가운데 있는 수의 3배예요.

2 달력의 □로 표시된 부분의 수의 배열에서 규칙적인 계산식을 찾아 써 보세요.

일	월	화	수	목	금	토
					1	2
3	4	5	6	7	8	9
10	11	12	13	14	15	16
17	18	19	20	21	22	23
24	25	26	27	28	29	30

계산식

$4+12=5+11$

$5+13=6+\square$

$11+19=\square+18$

$12+\square=13+19$

3 책 번호의 수의 배열에서 규칙적인 계산식을 찾아 써 보세요.

계산식

$461+465=462+464$

$361+365=362+364$

$261+\square=\square+264$

단원 평가

점수 확인

1 수 배열표에서 규칙을 찾아 빈칸에 알맞은 수를 써넣으세요.

501	601	701	801	901
511	611			911
521	621	721	821	

2 수의 배열에서 규칙을 찾아 ●에 알맞은 수를 구해 보세요.

2	8	32	128	●

( )

3 ■ 안의 수를 바르게 고쳐 옳은 식을 만들어 보세요.

36+45=33+■42

옳은 식

4 수 배열표에서 규칙을 찾아 ■에 알맞은 수를 구해 보세요.

70	73	76	79	82
170	173	176	179	182
270	273	276	279	
370	373	■		

( )

5 바둑돌의 배열에서 규칙을 찾아 식으로 나타내려고 합니다. □ 안에 알맞은 수를 써넣으세요.

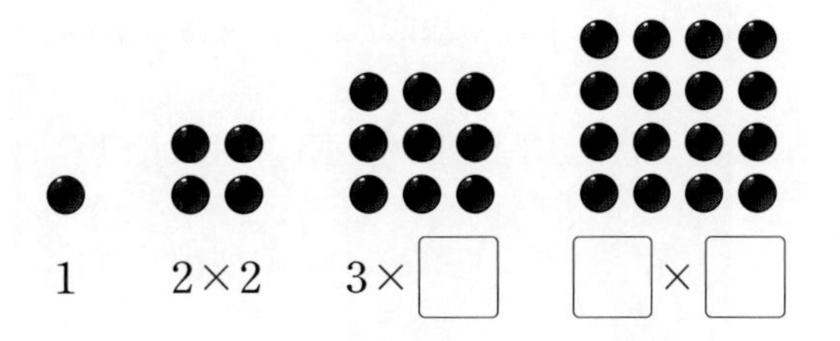

[6~7] 사각형의 배열을 보고 물음에 답하세요.

순서	첫째	둘째	셋째	넷째
배열				
식	2	2+2	2+2+2	
수	2	4		

6 사각형의 배열에서 규칙을 찾아 셋째와 넷째에 알맞은 식과 수를 써넣으세요.

7 찾은 규칙에 따라 다섯째에 알맞은 사각형의 수를 식으로 나타내고 구해 보세요.

식

수

8 덧셈식의 배열에서 규칙을 찾아 □ 안에 알맞은 덧셈식을 써넣으세요.

356+242=598
346+232=578
336+222=558
326+212=538
□

9 뺄셈식의 배열에서 규칙을 찾아 □ 안에 알맞은 수를 써넣고, 규칙을 써 보세요.

800 − 600 = 200
800 − 500 = 300
800 − □ = 400
800 − □ = 500

규칙 ....

10 크기가 같은 두 양을 찾아 이어 보고 등호(=)를 사용한 식으로 각각 나타내 보세요.

30+30 •   • 16×5
5×16 •   • 20+50
           • 20×3

식 ....
식 ....

11 수 배열표에서 규칙을 찾아 ■, ●에 알맞은 수를 구해 보세요.

	401	402	403	404
3	3	6	9	2
4	4	8	■	6
5	5	0	5	0
6	6	2	8	●

■ (　　　　　)
● (　　　　　)

12 주어진 카드 중에서 3장을 골라 식을 2개 완성해 보세요.

0 1 3 + − × ÷

3 = □ □ □
3 = □ □ □

13 좌석표에서 ■의 좌석 번호를 구해 보세요.

콘서트 좌석표

A9	A10	A11	A12	A13	A14	A15
B9	B10	B11	B12	B13	B14	B15
C9	C10	C11	C12	C13	C14	C15
D9	D10	D11	D12	D13	■	D15

(　　　　　)

14 곱셈식의 배열에서 규칙을 찾아 □ 안에 알맞은 곱셈식을 써넣으세요.

6×107=642
6×1007=6042
6×10007=60042
□
6×1000007=6000042

15 나눗셈식의 배열에서 규칙을 찾아 계산 결과가 1111112가 되는 나눗셈식을 써 보세요.

108÷9=12
1008÷9=112
10008÷9=1112
100008÷9=11112

나눗셈식 ....

16 사각형의 배열에서 규칙을 찾아 다섯째에 알맞은 사각형은 몇 개인지 구해 보세요.

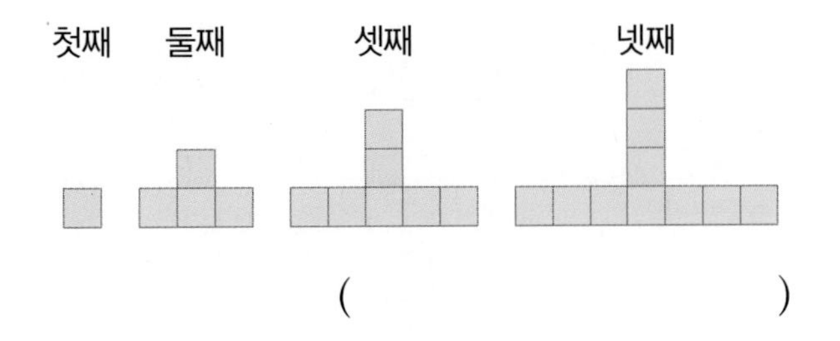

( )

17 계산식의 배열에서 규칙을 찾아 여섯째에 알맞은 계산식을 써 보세요.

순서	계산식
첫째	$9\times9=88-7$
둘째	$98\times9=888-6$
셋째	$987\times9=8888-5$
넷째	$9876\times9=88888-4$

계산식

18 달력의 ▭ 안에 있는 수의 배열에서 규칙을 찾아 □ 안에 알맞은 식을 써넣으세요.

일	월	화	수	목	금	토
				1	2	3
4	5	6	7	8	9	10
11	12	13	14	15	16	17
18	19	20	21	22	23	24
25	26	27	28	29	30	31

$18+26=19+25$

$19+27=20+26$

□

19 수 배열표에서 ㉠에 알맞은 수는 얼마인지 보기 와 같이 풀이 과정을 쓰고 답을 구해 보세요.

301	312	323	334	345
401	412	423	434	㉠
501	512	523	㉡	545

보기

334부터 시작하여 아래쪽으로 100씩 커지므로 ㉡에 알맞은 수는 534입니다.

답 534

401부터 시작하여

답

20 보기 와 같이 식이 옳으면 ○표, 식이 옳지 않으면 ×표 하고, 그 까닭을 써 보세요.

보기

$50-15=50-25$ (×)

까닭 같은 양에서 크기가 다른 15와 25를 각각 뺐으므로 $50-15$와 $50-25$는 크기가 같지 않습니다.

$26+14=26+24$ ( )

까닭 같은 양에서 크기가

사고력이 반짝

● 1부터 5까지의 수를 한 번씩 모두 써넣어 가로줄과 세로줄에 놓인 세 수의 합이 같도록 만들려고 합니다. 2가지 방법으로 빈칸에 알맞은 수를 써넣으세요. (단, 색칠된 칸에는 서로 다른 수를 써넣어야 합니다.)

1 큰 수

다율이와 하진이는 온라인 학습을 하면서 가장 조회 수가 많은 영어 동화를 보려고 해요.
다율이와 하진이가 볼 영어 동화를 찾아 □ 안에 제목을 써넣으세요.

1 다섯 자리 수 알아보기 9쪽

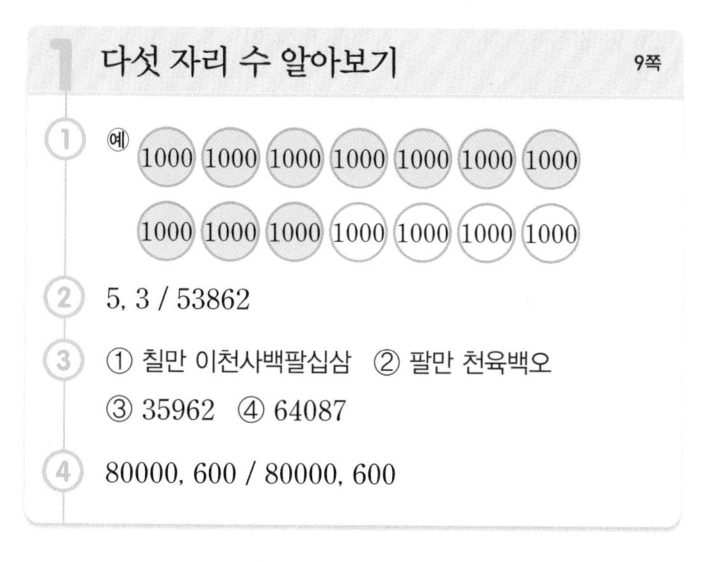

① 예 1000 1000 1000 1000 1000 1000 1000 1000 1000 1000 1000 1000 1000 1000

② 5, 3 / 53862

③ ① 칠만 이천사백팔십삼 ② 팔만 천육백오
③ 35962 ④ 64087

④ 80000, 600 / 80000, 600

1 10000은 1000이 10개인 수이므로 (1000)을 10개 색칠합니다.

2 만의 자리부터 차례로 숫자를 쓰면 53862입니다.

3 ② 십의 자리 숫자가 0이므로 십의 자리는 읽지 않습니다.

4 89674는 10000이 8개, 1000이 9개, 100이 6개, 10이 7개, 1이 4개인 수이므로
89674=80000+9000+600+70+4입니다.

2 십만, 백만, 천만 알아보기 11쪽

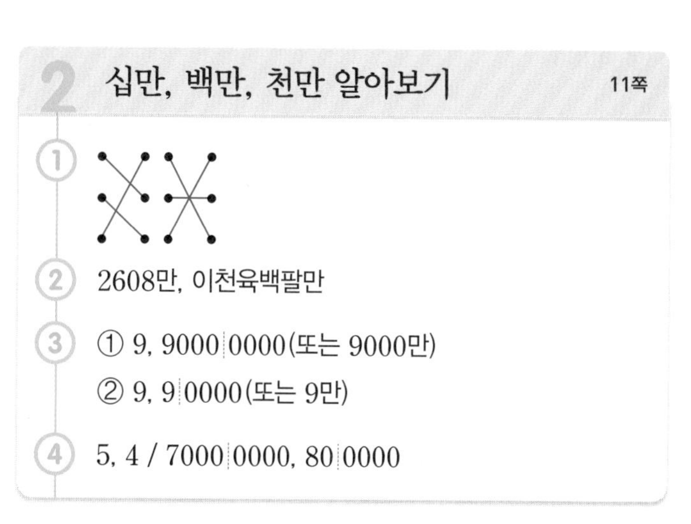

①

② 2608만, 이천육백팔만

③ ① 9, 9000|0000(또는 9000만)
② 9, 9|0000(또는 9만)

④ 5, 4 / 7000|0000, 80|0000

1
- 10000이 10개인 수는 10|0000 또는 10만이라고 씁니다.
- 10000이 100개인 수는 100|0000 또는 100만이라고 씁니다.
- 10000이 1000개인 수는 1000|0000 또는 1000만이라고 씁니다.

2 일의 자리부터 네 자리씩 끊어서 읽습니다.
2608|0000 ➡ 2608만
만 ➡ 이천육백팔만

3 9129 0000

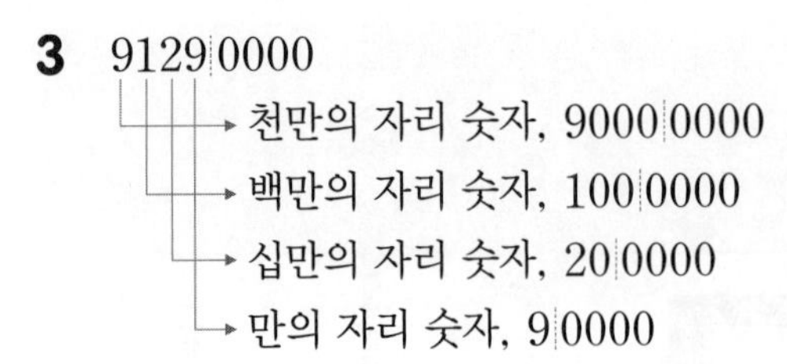

참고 숫자 뒤의 0이 천만은 7개, 백만은 6개, 십만은 5개, 만은 4개입니다.

4 7584 0000은 천만이 7개, 백만이 5개, 십만이 8개, 만이 4개인 수입니다.

기본기 강화 문제

① 10000의 크기 알아보기

12쪽

1 1 **2** 10 **3** 100
4 1000 **5** 30 **6** 200
7 4000

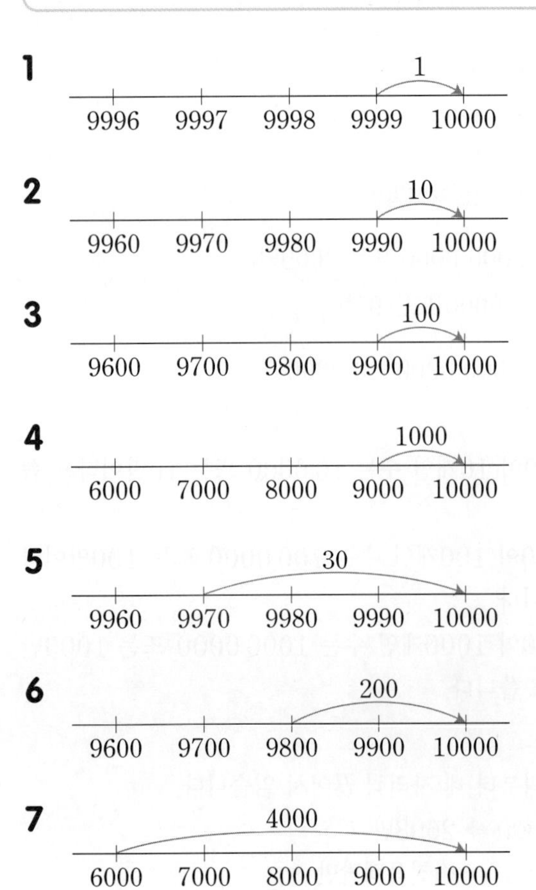

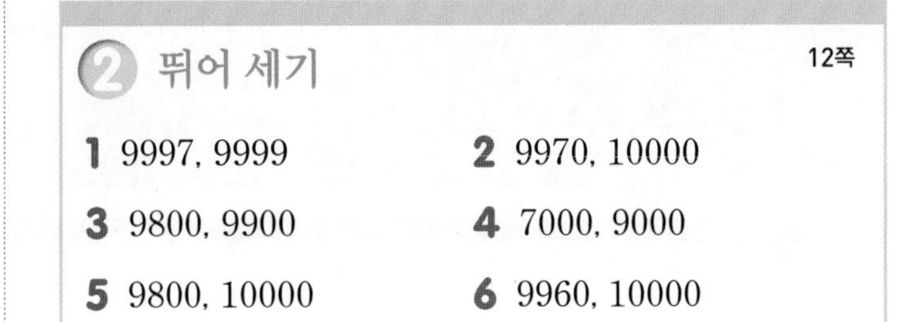

② 뛰어 세기

12쪽

1 9997, 9999 **2** 9970, 10000
3 9800, 9900 **4** 7000, 9000
5 9800, 10000 **6** 9960, 10000

1 1씩 커지는 규칙입니다.

2 10씩 커지는 규칙입니다.

3 100씩 커지는 규칙입니다.

4 1000씩 커지는 규칙입니다.

5 50씩 커지는 규칙입니다.

6 20씩 커지는 규칙입니다.

③ 다섯 자리 수를 쓰고 읽기

13쪽

1 삼만 이천구백오십팔 **2** 46731
3 이만 육백칠십삼 **4** 91204
5 만 팔천육십칠 **6** 62450

2 만의 자리 숫자가 4이므로 46731이라고 씁니다.

3 천의 자리 숫자가 0이므로 천의 자리는 읽지 않습니다.

4 십의 자리를 읽지 않았으므로 십의 자리에 0을 씁니다.

5 백의 자리 숫자가 0이므로 백의 자리는 읽지 않습니다.

6 일의 자리를 읽지 않았으므로 일의 자리에 0을 씁니다.

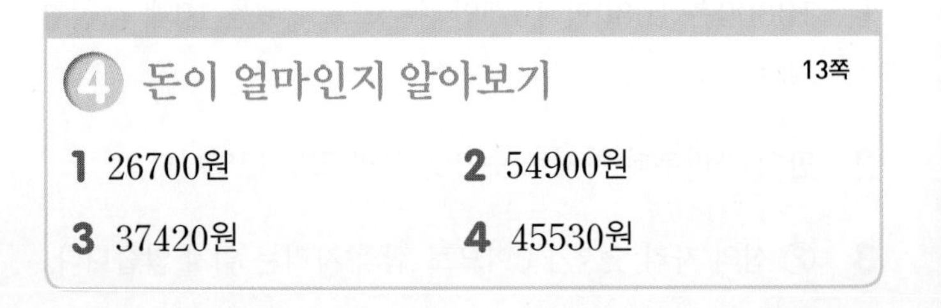

④ 돈이 얼마인지 알아보기

13쪽

1 26700원 **2** 54900원
3 37420원 **4** 45530원

1 10000원짜리 지폐 2장은 20000원, 1000원짜리 지폐 6장은 6000원, 100원짜리 동전 7개는 700원입니다.
➡ 20000+6000+700=26700(원)

2 10000원짜리 지폐 5장은 50000원, 1000원짜리 지폐 4장은 4000원, 100원짜리 동전 9개는 900원입니다.
➡ 50000+4000+900=54900(원)

3 10000원짜리 지폐 3장은 30000원, 1000원짜리 지폐 7장은 7000원, 100원짜리 동전 4개는 400원, 10원짜리 동전 2개는 20원입니다.
➡ 30000+7000+400+20=37420(원)

4 10000원짜리 지폐 4장은 40000원, 1000원짜리 지폐 5장은 5000원, 100원짜리 동전 5개는 500원, 10원짜리 동전 3개는 30원입니다.
➡ 40000+5000+500+30=45530(원)

⑤ 가로·세로 숫자 퀴즈 14쪽

①5	6	8	❶2	4							
			8				❷5				
			②6	0	5	8	3				
			3				0				❸8
	③3	8	2	4	0		0		❹6		0
							④6	4	9	0	0
									0		6
		❺7					❻8		3		0
⑤5	3	0	0	0			5		5		
		9					0				
		5		⑥8	7	5	0	0			
		0					0				

• **가로** ① 56824 ② 60583 ③ 38240
④ 64900 ⑤ 53000 ⑥ 87500

세로 ❶ 28632 ❷ 53006 ❸ 80060
❹ 69035 ❺ 70950 ❻ 85000

⑥ 각 자리 숫자가 나타내는 값의 합으로 나타내기 15쪽

1 50000, 8000, 100, 70, 8

2 20000, 6000, 700, 40, 9

3 70000, 6000, 10, 3

4 60000, 800, 20, 4

5 10000, 9000, 500, 6

1

만의 자리	천의 자리	백의 자리	십의 자리	일의 자리
5	8	1	7	8
50000	8000	100	70	8

➡ 58178=50000+8000+100+70+8

2

만의 자리	천의 자리	백의 자리	십의 자리	일의 자리
2	6	7	4	9
20000	6000	700	40	9

➡ 26749=20000+6000+700+40+9

3

만의 자리	천의 자리	백의 자리	십의 자리	일의 자리
7	6	0	1	3
70000	6000	0	10	3

➡ 76013=70000+6000+10+3

4

만의 자리	천의 자리	백의 자리	십의 자리	일의 자리
6	0	8	2	4
60000	0	800	20	4

➡ 60824=60000+800+20+4

5

만의 자리	천의 자리	백의 자리	십의 자리	일의 자리
1	9	5	0	6
10000	9000	500	0	6

➡ 19506=10000+9000+500+6

⑦ 천만 단위까지의 수를 쓰고 읽기 15쪽

1 사천이백육십팔만　**2** 794 0000

3 이천팔백오만　**4** 6097 0000

5 삼천백오십만　**6** 209 0000

2 칠백구십사만은 794 0000 또는 794만이라고 씁니다.

3 숫자가 0인 자리는 읽지 않습니다.
2805 0000
　만

4 백만의 자리를 읽지 않았으므로 백만의 자리에 0을 씁니다.

5 숫자가 1인 자리는 숫자가 나타내는 값만 읽습니다.
3150|0000
만

6 이백구만은 209|0000 또는 209만이라고 씁니다.

8 설명하는 수 구하기 16쪽

1 9563|0000(또는 9563만)
2 3486|0000(또는 3486만)
3 4702|0000(또는 4702만)
4 6051|0000(또는 6051만)
5 1975|0000(또는 1975만)

1

천만의 자리	백만의 자리	십만의 자리	만의 자리	천의 자리	백의 자리	십의 자리	일의 자리
9	5	6	3	0	0	0	0

➡ 9563|0000

2

천만의 자리	백만의 자리	십만의 자리	만의 자리	천의 자리	백의 자리	십의 자리	일의 자리
3	4	8	6	0	0	0	0

➡ 3486|0000

3

천만의 자리	백만의 자리	십만의 자리	만의 자리	천의 자리	백의 자리	십의 자리	일의 자리
4	7	0	2	0	0	0	0

➡ 4702|0000

4

천만의 자리	백만의 자리	십만의 자리	만의 자리	천의 자리	백의 자리	십의 자리	일의 자리
6	0	5	1	0	0	0	0

➡ 6051|0000

5 100만이 10개이면 1000만이므로 100만이 19개이면 1000만이 1개, 100만이 9개입니다.

천만의 자리	백만의 자리	십만의 자리	만의 자리	천의 자리	백의 자리	십의 자리	일의 자리
1	9	7	5	0	0	0	0

➡ 1975|0000

9 각 자리 숫자가 나타내는 값 구하기 16쪽

1 500|0000(또는 500만) 2 2000|0000(또는 2000만)
3 60|0000(또는 60만) 4 9|0000(또는 9만)
5 800|0000(또는 800만) 6 7000
7 4|0000(또는 4만)

1 밑줄 친 숫자 5는 백만의 자리 숫자이므로 500|0000을 나타냅니다.

2 밑줄 친 숫자 2는 천만의 자리 숫자이므로 2000|0000을 나타냅니다.

3 밑줄 친 숫자 6은 십만의 자리 숫자이므로 60|0000을 나타냅니다.

4 밑줄 친 숫자 9는 만의 자리 숫자이므로 9|0000을 나타냅니다.

5 밑줄 친 숫자 8은 백만의 자리 숫자이므로 800|0000을 나타냅니다.

6 밑줄 친 숫자 7은 천의 자리 숫자이므로 7000을 나타냅니다.

7 밑줄 친 숫자 4는 만의 자리 숫자이므로 4|0000을 나타냅니다.

10 생활 속에서 큰 수 찾아 읽기 17쪽

1 이백십칠만 2 백이만 팔천 3 사십삼만 이천
4 백십사만 오천 5 십삼만 사천이백

11 나타내는 수가 다른 것 찾기 17쪽

1 ㉢ 2 ㉠
3 ㉣ 4 ㉡

1 ㉠ 이백칠십구만 ➡ 279|0000
㉡ 10000이 279개인 수 ➡ 279|0000

2 ㉠ 오천십사만 ➡ 5014|0000
㉢ 10000이 5104개인 수 ➡ 5104|0000

3 ㉠ 3068만 ➡ 3068|0000
㉡ 삼천육십팔만 ➡ 3068|0000
㉣ 10000이 3608개인 수 ➡ 3608|0000

4 ㉠ 팔백구십만 ➡ 890|0000
㉢ 10000이 890개인 수 ➡ 890|0000
㉣ 1000이 8900개인 수 ➡ 890|0000

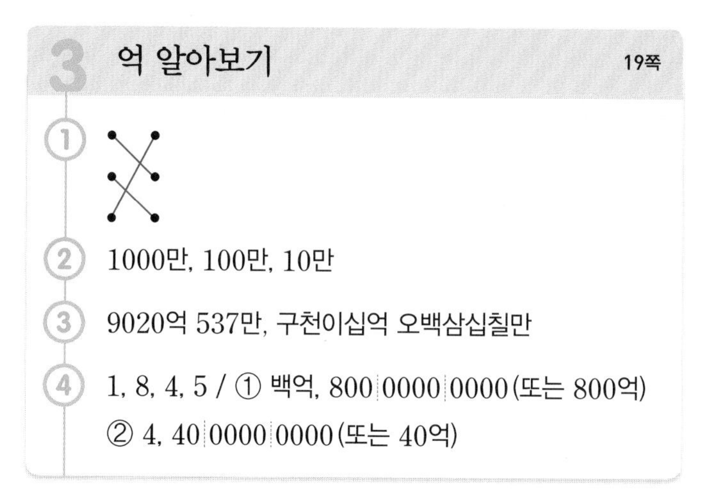

3 억 알아보기 19쪽

① (선 잇기)

② 1000만, 100만, 10만

③ 9020억 537만, 구천이십억 오백삼십칠만

④ 1, 8, 4, 5 / ① 백억, 800|0000|0000(또는 800억)
② 4, 40|0000|0000(또는 40억)

1

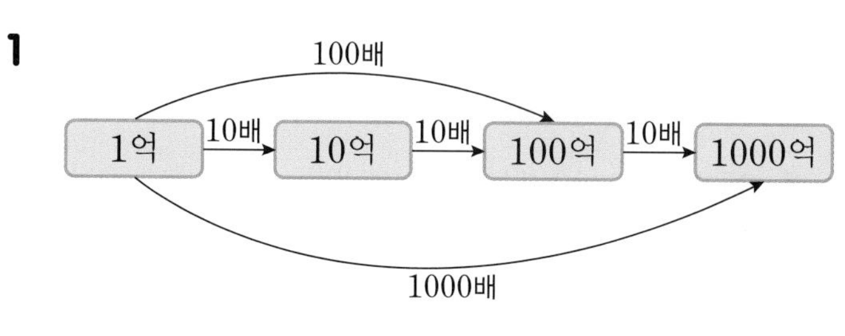

2

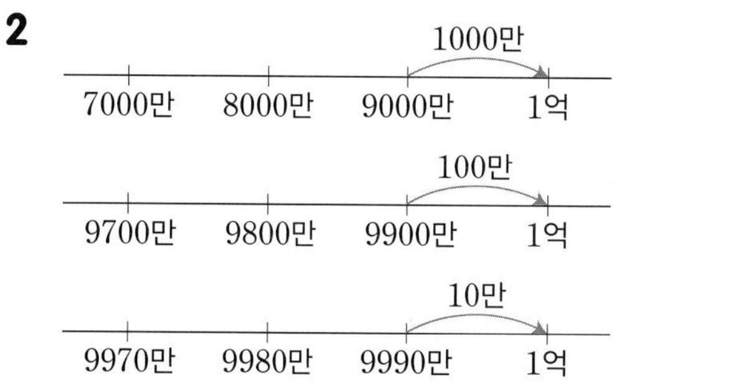

3 9020|0537|0000
억 만

4 1845|0000|0000
억 만

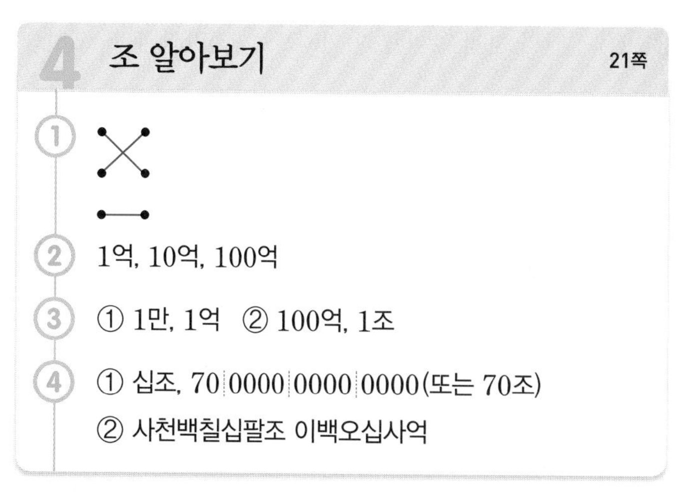

4 조 알아보기 21쪽

① (선 잇기)

② 1억, 10억, 100억

③ ① 1만, 1억 ② 100억, 1조

④ ① 십조, 70|0000|0000|0000(또는 70조)
② 사천백칠십팔조 이백오십사억

1

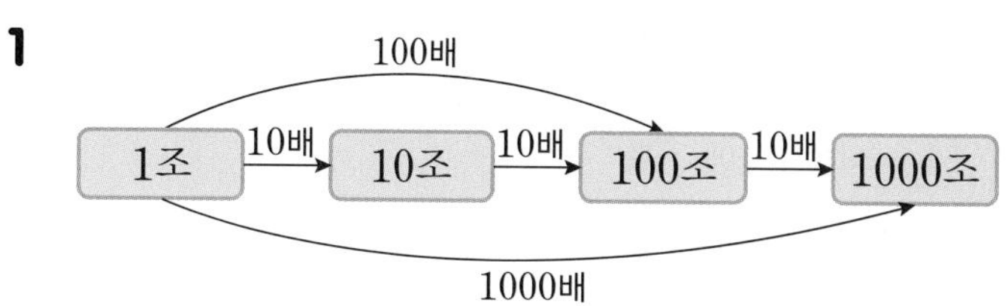

2

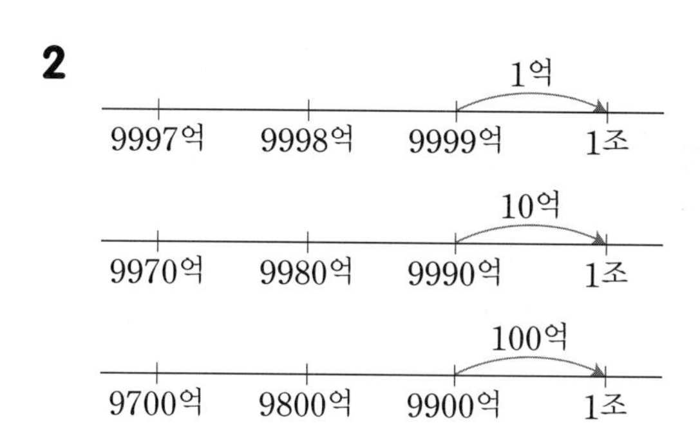

3 ② 1000억의 10배인 수 ➡ 1000억이 10개인 수 ➡ 1조

4 일의 자리부터 네 자리씩 끊은 다음 만, 억, 조를 사용하여 차례로 읽습니다.

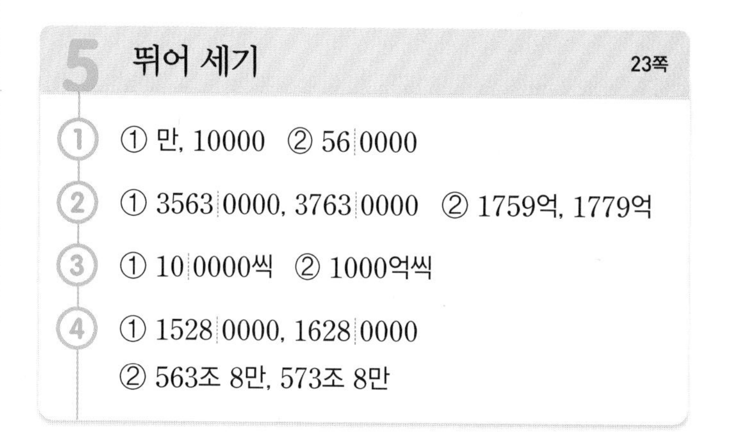

5 뛰어 세기 23쪽

① ① 만, 10000 ② 56|0000

② ① 3563|0000, 3763|0000 ② 1759억, 1779억

③ ① 10|0000씩 ② 1000억씩

④ ① 1528|0000, 1628|0000
② 563조 8만, 573조 8만

1 55|0000에서 10000만큼 뛰어 센 수는 56|0000입니다.

2 ① 100만씩 뛰어 세면 백만의 자리 수가 1씩 커집니다.
② 10억씩 뛰어 세면 십억의 자리 수가 1씩 커집니다.

3 ① 십만의 자리 수가 1씩 커지므로 10만씩 뛰어 세었습니다.
② 천억의 자리 수가 1씩 커지므로 1000억씩 뛰어 세었습니다.

4 ① 백만의 자리 수가 1씩 커지므로 100만씩 뛰어 셉니다.
② 십조의 자리 수가 1씩 커지므로 10조씩 뛰어 셉니다.

6 수의 크기 비교하기 25쪽

① ① 7 ② >
② 작습니다에 ○표
③ 67|5800, <, 69|4500
④ ① < ② > ③ <

1 2|8491|0000 > 723|0000 (9자리 수, 7자리 수)

2 수직선에서는 오른쪽에 있는 수가 더 큰 수이므로 23800은 24200보다 작습니다.

3 67|5800 < 69|4500 (7<9)

4 ① 927|4800 < 1827|0000 (7자리 수, 8자리 수)
② 29|4510|0000 > 27|8250|0000 (9>7)
③ 724조 490억 < 724조 4900억 (490억<4900억)

기본기 강화 문제

12 천억 단위까지의 수를 쓰고 읽기 26쪽

1 이천오백십칠억 **2** 칠백사십이억
3 오백육십삼억 삼백팔십이만
4 육천팔백사십구억 이천구백오만
5 935|0000|0000(또는 935억)
6 4926|0000|0000(또는 4926억)
7 7004|8090|0000(또는 7004억 8090만)

2 742|0000|0000 (억, 만)

3 563|0382|0000 (억, 만)

4 6849|2905|0000 (억, 만)

5 구백삼십오억 ➡ 935억
➡ 935|0000|0000

6 사천구백이십육억 ➡ 4926억
➡ 4926|0000|0000

7 칠천사억 팔천구십만 ➡ 7004억 8090만
➡ 7004|8090|0000

13 천억 단위까지 설명하는 수 구하기 26쪽

1 6281|0000|0000(또는 6281억)
2 809|0000|0000(또는 809억)
3 32|7625|0000(또는 32억 7625만)
4 277|6089|0000(또는 277억 6089만)
5 5249|2451|0000(또는 5249억 2451만)
6 85|0470|0000(또는 85억 470만)
7 94|0792|1630(또는 94억 792만 1630)

1 6281억 ➡ 6281|0000|0000

2 809억 ➡ 809|0000|0000

3 32억 7625만 ➡ 32|7625|0000

4 277억 6089만 ➡ 277|6089|0000

5 5249억 2451만 ➡ 5249|2451|0000

6 85억 470만 ➡ 85|0470|0000

7 94억 792만 1630 ➡ 94|0792|1630

14 천조 단위까지의 수를 쓰고 읽기 27쪽

1 오십칠조
2 팔천이백오십삼조
3 사천이백팔십칠조 오천칠십사억
4 칠십일조 육천삼백팔억 사천오백구십이만
5 9356 0000 0000 0000(또는 9356조)
6 40 8402 0000 0000(또는 40조 8402억)
7 2415 3007 0975 0000(또는 2415조 3007억 975만)

2 8253 0000 0000 0000
조 억 만

3 4287 5074 0000 0000
조 억 만

4 71 6308 4592 0000
조 억 만

5 구천삼백오십육조 ➡ 9356조
➡ 9356 0000 0000 0000

6 사십조 팔천사백이억 ➡ 40조 8402억
➡ 40 8402 0000 0000

7 이천사백십오조 삼천칠억 구백칠십오만
➡ 2415조 3007억 975만
➡ 2415 3007 0975 0000

15 천조 단위까지 설명하는 수 구하기 27쪽

1 5026 0000 0000 0000(또는 5026조)
2 392 7921 0000 0000(또는 392조 7921억)
3 2905 0086 0000 0000(또는 2905조 86억)
4 8358 0148 0906 0000(또는 8358조 148억 906만)
5 31 0797 5425 0000(또는 31조 797억 5425만)
6 154 9014 0350 0000(또는 154조 9014억 350만)

1 5026조 ➡ 5026 0000 0000 0000

2 392조 7921억 ➡ 392 7921 0000 0000

3 2905조 86억 ➡ 2905 0086 0000 0000

4 8358조 148억 906만 ➡ 8358 0148 0906 0000

5 31조 797억 5425만 ➡ 31 0797 5425 0000

6 154조 9014억 350만 ➡ 154 9014 0350 0000

16 천조 단위까지 수의 각 자리 숫자가 나타내는 값 구하기 28쪽

1 백억, 800 0000 0000(또는 800억)
2 조, 7 0000 0000 0000(또는 7조)
3 십억, 60 0000 0000(또는 60억)
4 십조, 50 0000 0000 0000(또는 50조)
5 천억, 2000 0000 0000(또는 2000억)
6 백조, 900 0000 0000 0000(또는 900조)

2 7 2015 8326 0000
└→ 조의 자리 숫자, 7 0000 0000 0000

3 969 8450 9000
└→ 십억의 자리 숫자, 60 0000 0000

4 452 8914 6702 0000
└→ 십조의 자리 숫자, 50 0000 0000 0000

5 2765 3980 7600
└→ 천억의 자리 숫자, 2000 0000 0000

6 2936 4318 0000 0000
└→ 백조의 자리 숫자, 900 0000 0000 0000

17 뛰어 세기 28쪽

1 26 0000, 27 0000
2 769 0000, 969 0000
3 847억, 867억
4 360억 23만, 960억 23만
5 76조 492억, 79조 492억

2 100만씩 뛰어 세면 백만의 자리 수가 1씩 커집니다.

3 10억씩 뛰어 세면 십억의 자리 수가 1씩 커집니다.

4 200억씩 뛰어 세면 백억의 자리 수가 2씩 커집니다.

5 3조씩 뛰어 세면 조의 자리 수가 3씩 커집니다.

⑱ 뛰어 센 규칙 찾기

29쪽

1 1000|0000씩 **2** 10|0000씩 **3** 1억씩

4 30억씩 **5** 200조씩

1 천만의 자리 수가 1씩 커지므로 1000|0000씩 뛰어 세었습니다.

2 십만의 자리 수가 1씩 커지므로 10|0000씩 뛰어 세었습니다.

3 억의 자리 수가 1씩 커지므로 1억씩 뛰어 세었습니다.

4 십억의 자리 수가 3씩 커지므로 30억씩 뛰어 세었습니다.

5 백조의 자리 수가 2씩 커지므로 200조씩 뛰어 세었습니다.

⑲ 규칙을 찾아 뛰어 세기

29쪽

1 65000, 85000 **2** 410억, 610억

3 9404|0000, 9804|0000

4 15억 2400만, 45억 2400만, 55억 2400만

5 2636조, 2836조

6 75조 315억, 95조 315억

1 만의 자리 수가 1씩 커지므로 10000씩 뛰어 셉니다.

2 백억의 자리 수가 1씩 커지므로 100억씩 뛰어 셉니다.

3 백만의 자리 수가 1씩 커지므로 100만씩 뛰어 셉니다.

4 십억의 자리 수가 1씩 커지므로 10억씩 뛰어 셉니다.

5 백조의 자리 수가 1씩 커지므로 100조씩 뛰어 셉니다.

6 십조의 자리 수가 1씩 커지므로 10조씩 뛰어 셉니다.

⑳ 뛰어 세어 징검다리 건너기

30쪽

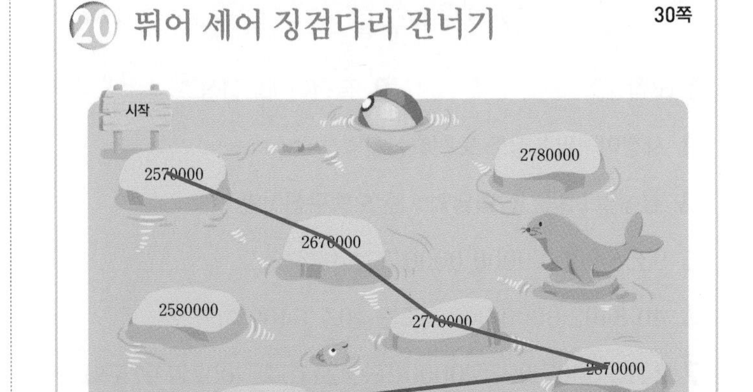

- 10만씩 뛰어 세면 십만의 자리 수가 1씩 커집니다.
257|0000−267|0000−277|0000−287|0000−297|0000−307|0000−317|0000−327|0000

㉑ 뛰어 세기의 활용

31쪽

1 3번 **2** 5개월

3 30만 원 **4** 2621조 원

1 29000 —(1번)— 39000 —(2번)— 49000 —(3번)— 59000
만 원씩 3번 뛰어 세면 59000원이 되므로 3번 모으면 됩니다.

2 1개월 2개월 3개월 4개월 5개월
30만−60만−90만−120만−150만
30만 원씩 5번 뛰어 세면 150만 원이 되므로 5개월이 걸립니다.

3 3월 4월 5월 6월 7월 8월
5만−10만−15만−20만−25만−30만
수혁이네 가족은 8월까지 모두 30만 원을 기부했습니다.

4 2020년 2021년 2022년 2023년 2024년
2581조−2591조−2601조−2611조−2621조
2024년도 수출액은 2621조 원이 됩니다.

22 두 수의 크기 비교하기 31쪽

1 > **2** < **3** <
4 > **5** > **6** <
7 >

1 289 0467>72 0967
7자리 수 6자리 수

2 4517 8028<4717 8028
5<7

3 835조 4320억<8230조 1900억
15자리 수 16자리 수

4 799억 2360만>796억 2517만
9>6

5 3 2850 4017>3 2590 0000
8>5

6 8256억 7481만<67조 967억
12자리 수 14자리 수

7 340조 2707억>340조 2689억
7>6

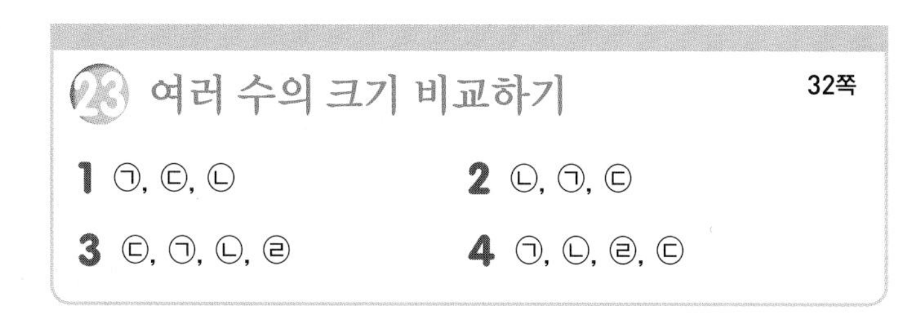
23 여러 수의 크기 비교하기 32쪽

1 ㉠, ㉢, ㉡ **2** ㉡, ㉠, ㉢
3 ㉢, ㉠, ㉡, ㉣ **4** ㉠, ㉡, ㉣, ㉢

1 ㉠ 5978 3963: 8자리 수
㉡ 60 9574: 6자리 수
㉢ 492 7601: 7자리 수
5978 3963>492 7601>60 9574
➡ ㉠>㉢>㉡

2 세 수의 자리 수가 모두 같으므로 높은 자리 수부터 차례로 비교합니다.
74 6529 7030>73 9027 8400>72 8029 3589
➡ ㉡>㉠>㉢

3 ㉠ 395억 8209만
㉡ 392 9736 0000 ➡ 392억 9736만
㉢ 397억 6040만
397억 6040만>395억 8209만>392억 9736만
>380억 5000만
➡ ㉢>㉠>㉡>㉣

4 ㉠ 24 0293 0841 0000 ➡ 24조 293억 841만
㉡ 18조 820억
㉢ 12조 6700억
24조 293억 841만>18조 820억>14조 8000억
>12조 6700억
➡ ㉠>㉡>㉣>㉢

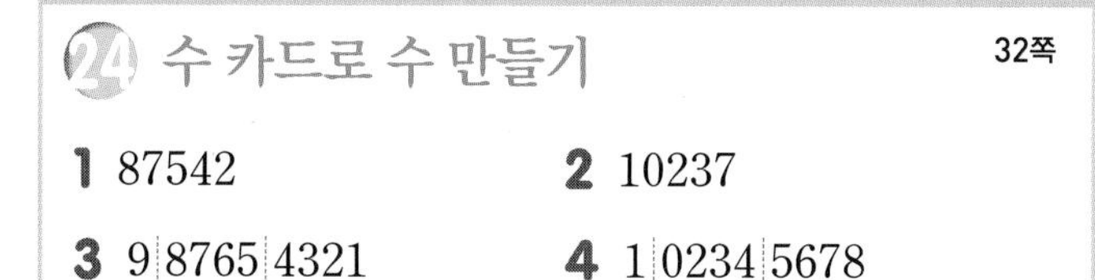
24 수 카드로 수 만들기 32쪽

1 87542 **2** 10237
3 9 8765 4321 **4** 1 0234 5678

1 가장 큰 다섯 자리 수는 만의 자리부터 큰 수를 차례로 써야 합니다. 따라서 만들 수 있는 가장 큰 다섯 자리 수는 87542입니다.

2 가장 작은 다섯 자리 수는 만의 자리부터 작은 수를 차례로 써야 합니다. 만의 자리에 0을 쓸 수 없으므로 만들 수 있는 가장 작은 다섯 자리 수는 10237입니다.

3 가장 큰 수는 억의 자리부터 큰 수를 차례로 써야 합니다. 따라서 만들 수 있는 가장 큰 수는 9 8765 4321입니다.

4 가장 작은 수는 억의 자리부터 작은 수를 차례로 써야 합니다. 억의 자리에 0을 쓸 수 없으므로 가장 작은 수는 1 0234 5678입니다.

단원 평가

33~35쪽

1 10000(또는 1만) / 만(또는 일만)

2 (1) 오만 육백팔십삼 (2) 9127 0000(또는 9127만)

3 90000, 20, 4 **4** 12 0850 3500

5 1000억, 100억

6 백조, 100 0000 0000 0000(또는 100조)

7 ⑤ **8** ㉡

9

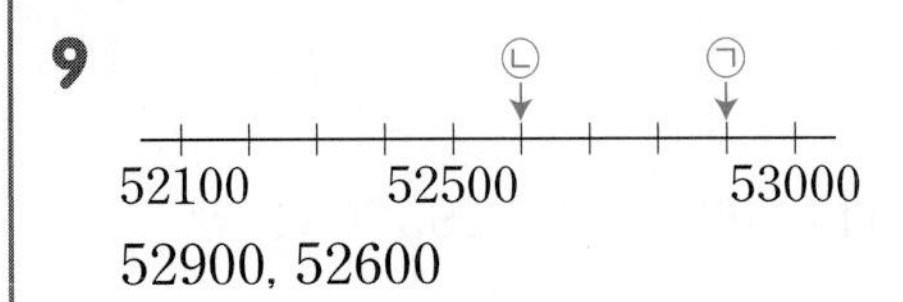

52900, 52600

10 295 0000, 305 0000 **11** 34870원

12 ㉠ 8 0000 0000(또는 8억) ㉡ 800

13 710 2408 0090 0000(또는 710조 2408억 90만) / 칠백십조 이천사백팔억 구십만

14 82조 384억, 82조 584억

15 < **16** 나, 가, 다

17 토성, 십사억 이천육백육십칠만

18 103 4579

19 예 ㉠ 4, ㉡ 8, ㉢ 3, ㉣ 7이므로 백만의 자리 숫자가 가장 큰 수는 ㉡입니다. / ㉡

20 예 6190억−7190억−8190억−9190억입니다. / 9190억

1 1000이 10개인 수를 10000 또는 1만이라 쓰고 만 또는 일만이라고 읽습니다.

2 (1) 일의 자리부터 네 자리씩 끊어서 읽습니다.

5 0683
만

(2) 읽지 않은 자리에는 0을 씁니다.

3 90024는 10000이 9개, 10이 2개, 1이 4개인 수입니다.

4 십이억 팔백오십만 삼천오백 ➡ 12억 850만 3500
➡ 12 0850 3500

6 179 0623 8590 0000
└→ 백조의 자리 숫자, 100 0000 0000 0000

7 ①, ②, ③, ④ 10 0000 ⑤ 10000

8 ㉠ 4005 0700 ➡ 5개 ㉡ 305 1230 0000 ➡ 6개
㉢ 869 0000 ➡ 4개 ㉣ 790 9255 0000 ➡ 5개

9 수직선에서 오른쪽에 있을수록 큰 수이므로 ㉠ 52900은 ㉡ 52600보다 큽니다.

10 10만씩 뛰어 세면 십만의 자리 수가 1씩 커집니다.

11 10000원짜리 지폐 3장은 30000원, 1000원짜리 지폐 4장은 4000원, 100원짜리 동전 8개는 800원, 10원짜리 동전 7개는 70원입니다.
➡ 30000+4000+800+70=34870(원)

12 8 2313 2814
└→ 백의 자리 숫자, 800
└→ 억의 자리 숫자, 8 0000 0000

13 710조 2408억 90만 ➡ 710 2408 0090 0000

14 백억의 자리 수가 1씩 커지므로 100억씩 뛰어 셉니다.

15 천억 이백육십사만 팔백이 ➡ 1000 0264 0802
1000 0264 0802<1002 4892 0000
0<2

16 십만의 자리 수를 비교하면 9>8이므로 89 2600이 가장 작습니다.
92 3700과 92 5100의 십만, 만의 자리 수가 각각 같으므로 천의 자리 수를 비교하면 3<5이므로 92 3700이 더 작습니다.
따라서 판매 가격이 낮은 가게부터 차례로 쓰면 나, 가, 다입니다.

17 금성: 1 0821 0000 ➡ 1억 821만
목성: 7 7834 0000 ➡ 7억 7834만
태양과의 거리가 목성보다 더 먼 행성은 토성이고 거리는 14억 2667만 km입니다.

18 가장 작은 수는 높은 자리부터 작은 수를 차례로 놓아야 합니다. 가장 높은 자리에 0을 쓸 수 없으므로 가장 작은 수는 103 4579입니다.

서술형
19

평가 기준	배점(5점)
백만의 자리 숫자를 각각 구했나요?	3점
백만의 자리 숫자가 가장 큰 수를 구했나요?	2점

서술형
20

평가 기준	배점(5점)
6190억에서 1000억씩 3번 뛰어 세었나요?	3점
6190억에서 1000억씩 3번 뛰어 센 수를 구했나요?	2점

2 각도

즐거운 간식 시간이에요. 6명의 친구들이 피자를 나누어 먹으려고 해요.
대화를 읽고 대화에 맞게 2개의 선을 그어 피자를 나누어 보세요.

1 각의 크기 비교, 각의 크기 재기 39쪽

1. 가
2. (　　)(○)
3. (　　)(○)
4. ① 80 ② 100

2 두 변의 벌어진 정도가 작을수록 작은 각입니다.

3 각도를 잴 때는 각도기의 중심을 각의 꼭짓점에, 각도기의 밑금을 각의 한 변에 맞춰야 합니다.

4 ① 각의 한 변이 안쪽 눈금 0에 맞춰져 있으므로 안쪽 눈금을 읽으면 80°입니다.
② 각의 한 변이 바깥쪽 눈금 0에 맞춰져 있으므로 바깥쪽 눈금을 읽으면 100°입니다.

2 예각과 둔각 알아보기, 각도 어림하고 재기 41쪽

1. ① 둔각 ② 예각
2. ① ㉠ ② ㉢
3. 예 25, 25
4. ① 예 55, 55 ② 예 120, 120

1 ① 직각보다 크고 180°보다 작으므로 둔각입니다.
② 0°보다 크고 직각보다 작으므로 예각입니다.

2 ① ②

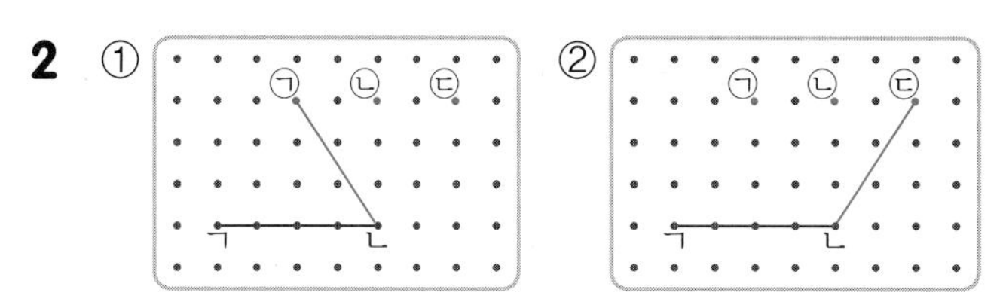

점 ㄴ을 ㉠과 이으면 예각, ㉡과 이으면 직각, ㉢과 이으면 둔각이 됩니다.

3 삼각자의 30°보다 약간 작으므로 약 25°라고 어림할 수 있습니다.

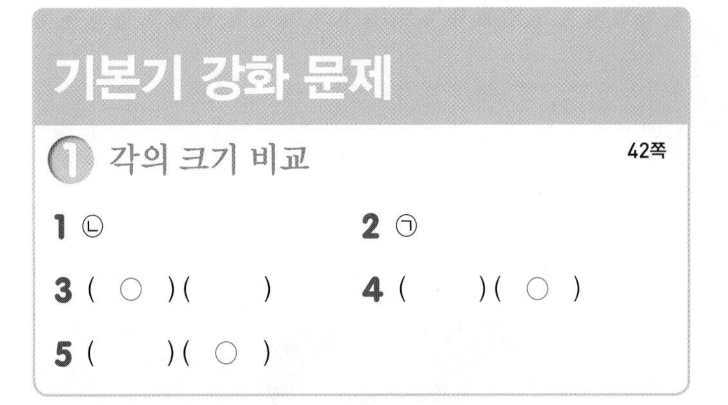

기본기 강화 문제

① 각의 크기 비교 42쪽

1 ㉡ **2** ㉠

3 (○)(   ) **4** (   )(○)

5 (   )(○)

1 두 변의 벌어진 정도를 비교해 보면 ㉡이 더 많이 벌어져 있으므로 ㉡이 더 큰 각입니다.

2 두 변의 벌어진 정도를 비교해 보면 ㉠이 더 많이 벌어져 있으므로 ㉠이 더 큰 각입니다.

3 보기 의 각보다 두 변이 더 적게 벌어진 각에 ○표 합니다.

5 각의 크기가 비슷하여 눈으로 비교하기 어려울 때에는 투명 종이로 각을 본떠 비교합니다.

② 각도 읽기 42쪽

1 30 **2** 160 **3** 90

4 45 **5** 125

1 각의 한 변이 안쪽 눈금 0에 맞춰져 있으므로 안쪽 눈금을 읽으면 30°입니다.

2 각의 한 변이 바깥쪽 눈금 0에 맞춰져 있으므로 바깥쪽 눈금을 읽으면 160°입니다.

3 눈금을 읽으면 90°입니다.

4 각의 한 변이 바깥쪽 눈금 0에 맞춰져 있으므로 바깥쪽 눈금을 읽으면 45°입니다.

5 각의 한 변이 안쪽 눈금 0에 맞춰져 있으므로 안쪽 눈금을 읽으면 125°입니다.

③ 각도기를 사용하여 각도 재기 43쪽

1 75 **2** 115 **3** 40

4 150 **5** 95

1 각도기의 중심을 각의 꼭짓점에 맞추고 각도기의 밑금을 각의 한 변에 맞춘 후 다른 변이 가리키는 눈금을 읽으면 75°입니다.

2 각도기의 중심을 각의 꼭짓점에 맞추고 각도기의 밑금을 각의 한 변에 맞춘 후 다른 변이 가리키는 눈금을 읽으면 115°입니다.

3 각도기의 중심을 각의 꼭짓점에 맞추고 각도기의 밑금을 각의 한 변에 맞춘 후 다른 변이 가리키는 눈금을 읽으면 40°입니다.

4 각도기의 중심을 각의 꼭짓점에 맞추고 각도기의 밑금을 각의 한 변에 맞춘 후 다른 변이 가리키는 눈금을 읽으면 150°입니다.

5 각도기의 중심을 각의 꼭짓점에 맞추고 각도기의 밑금을 각의 한 변에 맞춘 후 다른 변이 가리키는 눈금을 읽으면 95°입니다.

④ 도형의 각도 재기 43쪽

1 60 **2** (위에서부터) 95, 85

3 (위에서부터) 55, 35 **4** (위에서부터) 110, 70

5 (위에서부터) 20, 140

1 각도기의 중심을 삼각형의 꼭짓점에 맞추고 각도기의 밑금을 삼각형의 한 변에 맞춘 후 눈금을 읽으면 60°입니다.

2 각도기의 중심을 사각형의 꼭짓점에 맞추고 각도기의 밑금을 사각형의 한 변에 맞춘 후 눈금을 읽으면 각각 95°, 85°입니다.

3 각도기의 중심을 삼각형의 꼭짓점에 맞추고 각도기의 밑금을 삼각형의 한 변에 맞춘 후 눈금을 읽으면 각각 55°, 35°입니다.

4 각도기의 중심을 사각형의 꼭짓점에 맞추고 각도기의 밑금을 사각형의 한 변에 맞춘 후 눈금을 읽으면 각각 110°, 70°입니다.

5 각도기의 중심을 삼각형의 꼭짓점에 맞추고 각도기의 밑금을 삼각형의 한 변에 맞춘 후 눈금을 읽으면 각각 20°, 140°입니다.

⑤ 모양 조각의 각도 재기 44쪽

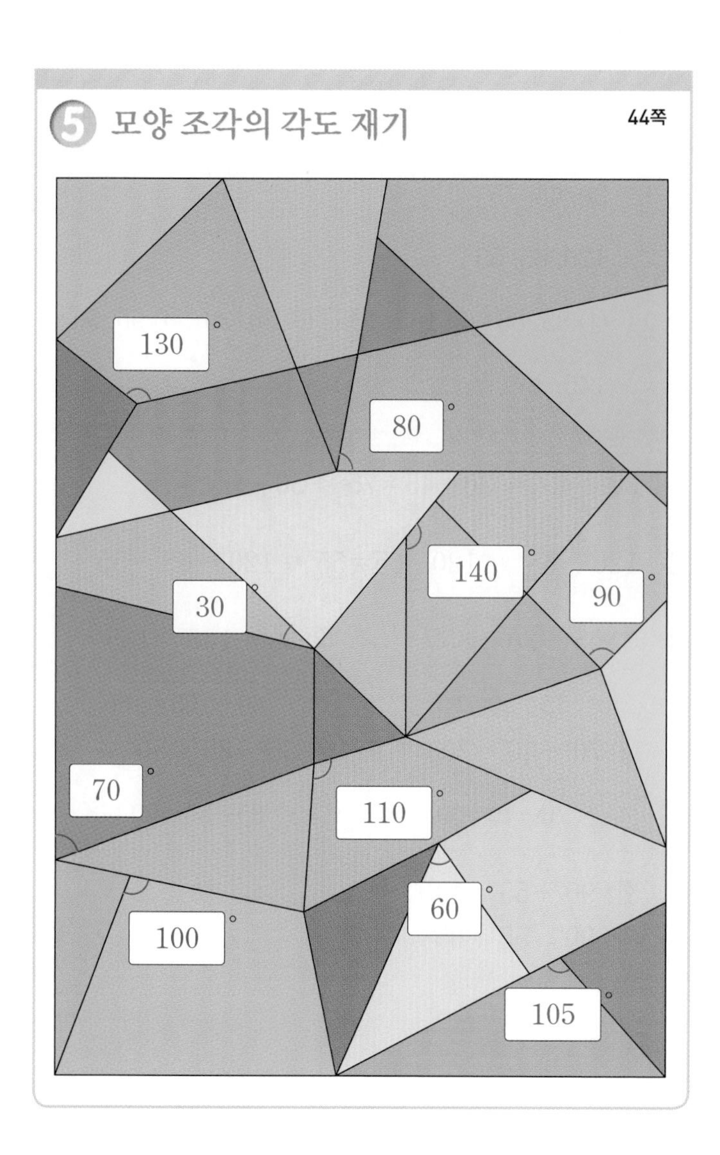

⑥ 예각, 직각, 둔각으로 분류하기 45쪽

1 다, 바, 아 / 나, 마, 사 / 가, 라, 자

2 가, 바, 사, 아 / 나, 라 / 다, 마, 자

1 예각은 0°보다 크고 직각보다 작은 각이므로 다, 바, 아입니다. 둔각은 직각보다 크고 180°보다 작은 각이므로 가, 라, 자입니다.

2 예각은 0°보다 크고 직각보다 작은 각이므로 가, 바, 사, 아입니다. 둔각은 직각보다 크고 180°보다 작은 각이므로 다, 마, 자입니다.

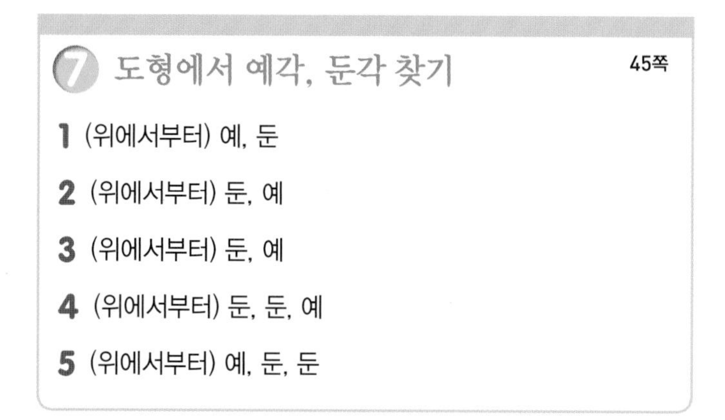

⑦ 도형에서 예각, 둔각 찾기 45쪽

1 (위에서부터) 예, 둔

2 (위에서부터) 둔, 예

3 (위에서부터) 둔, 예

4 (위에서부터) 둔, 둔, 예

5 (위에서부터) 예, 둔, 둔

1~5 0°보다 크고 직각보다 작은 각은 '예'로, 직각보다 크고 180°보다 작은 각은 '둔'으로 나타냅니다.

⑧ 예각, 둔각 그리기 46쪽

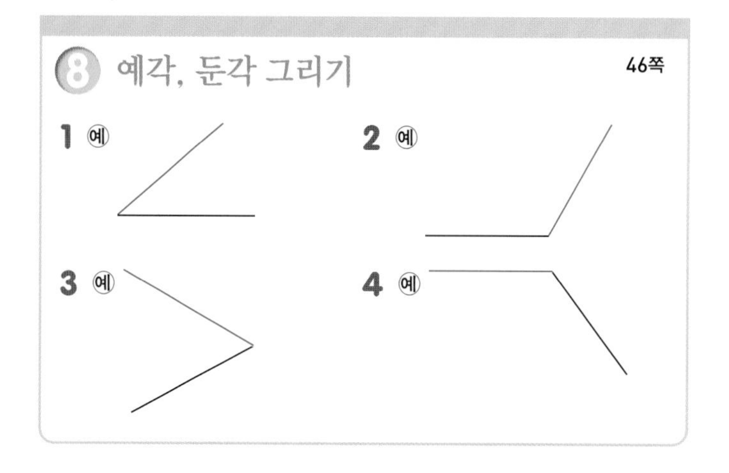

1 주어진 선분의 양 끝점 중에서 하나를 각의 꼭짓점으로 하여 0°보다 크고 직각보다 작은 각을 그립니다.

2 주어진 선분의 양 끝점 중에서 하나를 각의 꼭짓점으로 하여 직각보다 크고 180°보다 작은 각을 그립니다.

3 주어진 선분의 양 끝점 중에서 하나를 각의 꼭짓점으로 하여 0°보다 크고 직각보다 작은 각을 그립니다.

4 주어진 선분의 양 끝점 중에서 하나를 각의 꼭짓점으로 하여 직각보다 크고 180°보다 작은 각을 그립니다.

⑨ 시계에서 예각, 직각, 둔각 찾기 46쪽

1 둔각 **2** 예각

3 예각 **4** 둔각

5 예각 **6** 둔각

7 예각

1~4 긴바늘과 짧은바늘이 이루는 작은 쪽의 각이 직각보다 큰지 작은지 알아봅니다.

5  ➡ 예각

6  ➡ 둔각

7 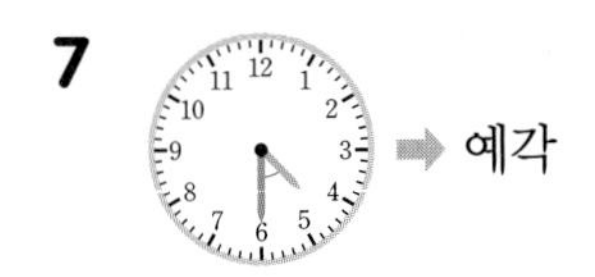 ➡ 예각

⑩ 각도 어림하기 47쪽

1 예 35°, 35° **2** 예 105°, 105°

3 예 55°, 55° **4** 예 40°, 40°

1 삼각자의 30°보다 약간 크므로 약 35°라고 어림할 수 있습니다.

2 삼각자의 90°보다 크므로 약 105°라고 어림할 수 있습니다.

3 삼각자의 60°보다 약간 작으므로 약 55°라고 어림할 수 있습니다.

4 삼각자의 45°보다 약간 작으므로 약 40°라고 어림할 수 있습니다.

⑪ 어림을 잘한 사람 찾기 47쪽

1 60, 민지 **2** 30, 태하

3 115, 서아 **4** 95, 지우

3 각도의 합과 차 49쪽

(1) 30, 45, 75

(2) 120, 65, 55

(3) ① 85, 85 ② 165, 165 ③ 30, 30 ④ 50, 50

(4) 145, 35

1 $30°+45°$ ➡ $30+45=75$ ➡ $30°+45°=75°$

2 $120°-65°$ ➡ $120-65=55$ ➡ $120°-65°=55°$

3 ① $55°+30°=85°$ ($55+30=85$) ② $60°+105°=165°$ ($60+105=165$)

③ $70°-40°=30°$ ($70-40=30$) ④ $85°-35°=50°$ ($85-35=50$)

4 합: $90°+55°=145°$

차: $90°-55°=35°$

4 삼각형의 세 각의 크기의 합 51쪽

(1) ① 20, 130, 30 ② 20, 130, 30, 180

(2) 65

(3) ① 180, 180, 50 ② 180, 180, 30

(4) ① 180, 180, 110 ② 180, 180, 75

2 한 직선이 이루는 각도는 180°이므로 180°에서 주어진 두 각의 크기를 뺍니다.

5 사각형의 네 각의 크기의 합 53쪽

(1) ① 75, 110, 45, 130 ② 75, 110, 45, 130, 360

(2) 2, 180, 2, 360

(3) ① 360, 360, 100 ② 360, 360, 95

(4) ① 360, 360, 175 ② 360, 360, 150

기본기 강화 문제

12 각도의 합과 차 54쪽

장, 미, 꽃

- 국: 25°+45°=70°, 나: 90°−50°=40°, 람: 20°+100°=120°, 미: 150°−60°=90°, 바: 80°+30°=110°, 무: 80°−35°=45°, 장: 65°+75°=140°, 팔: 130°−115°=15°, 화: 125°+25°=150°, 꽃: 150°−70°=80°
  ➡ 장미꽃이 만들어 집니다.

13 각도의 계산에서 예각, 직각, 둔각 찾기 54쪽

1 120, 둔각 **2** 75, 예각 **3** 90, 직각

4 55, 예각 **5** 107, 둔각 **6** 39, 예각

1 90°+30°=120° ➡ 둔각

2 120°−45°=75° ➡ 예각

3 130°−40°=90° ➡ 직각

14 각도를 재어 가장 큰 각과 가장 작은 각의 합, 차 구하기 55쪽

1 90, 95, 120 / 210°, 30°

2 85, 110, 100 / 195°, 25°

1 가장 큰 각: 120°, 가장 작은 각: 90°
➡ 합: 120°+90°=210°
차: 120°−90°=30°

2 가장 큰 각: 110°, 가장 작은 각: 85°
➡ 합: 110°+85°=195°
차: 110°−85°=25°

15 직선을 이용하여 각도 구하기 56쪽

1 210, 210 **2** 230

3 300 **4** 65

5 35

1 한 직선이 이루는 각도는 180°이므로
□°=180°+30°=210°입니다.

2 한 직선이 이루는 각도는 180°이므로
□°=180°+50°=230°입니다.

3 의 각도는 360°이므로
□°=360°−60°=300°입니다.

4 한 직선이 이루는 각도는 180°이므로
□°=180°−90°−25°=65°입니다.

5 한 직선이 이루는 각도는 180°이므로
□°=180°−55°−90°=35°입니다.

16 삼각형에서 각도 구하기 56쪽

1 105 **2** 55 **3** 60

4 85° **5** 70° **6** 69°

1 □°=180°−30°−45°=105°

2 □°=180°−60°−65°=55°

3 $\square° = 180° - 30° - 90° = 60°$

4 삼각형의 세 각의 크기의 합은 180°이므로
$\square = 180° - 70° - 25° = 85°$입니다.

5 삼각형의 세 각의 크기의 합은 180°이므로
$\square = 180° - 68° - 42° = 70°$입니다.

6 삼각형의 세 각의 크기의 합은 180°이므로
$\square = 180° - 98° - 13° = 69°$입니다.

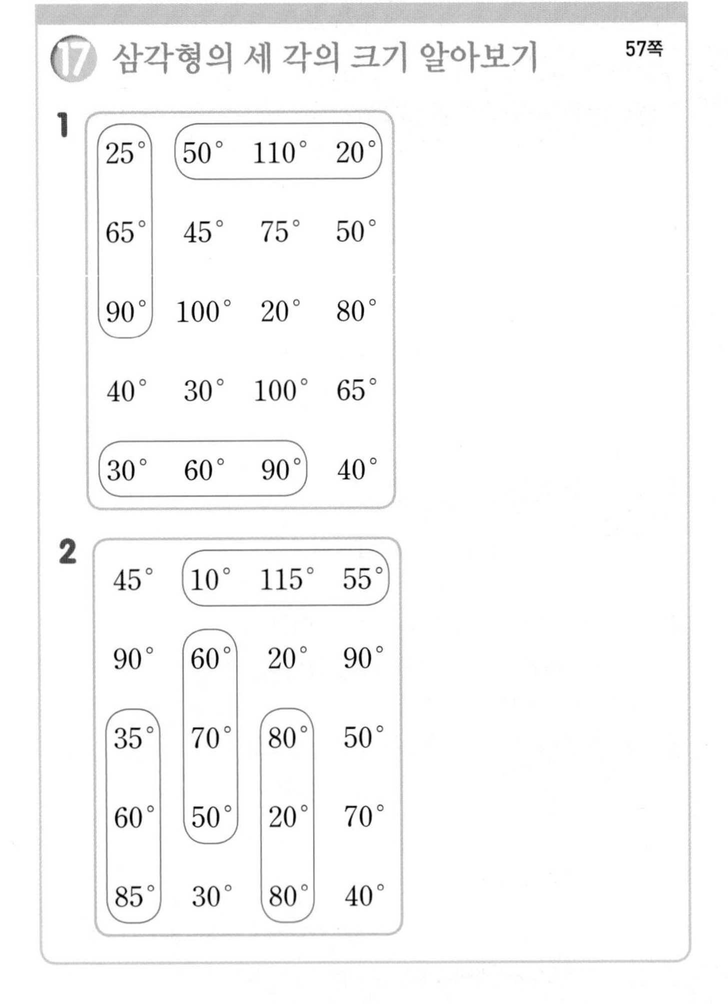

17 삼각형의 세 각의 크기 알아보기 57쪽

1

25°	50°	110°	20°
65°	45°	75°	50°
90°	100°	20°	80°
40°	30°	100°	65°
30°	60°	90°	40°

2

45°	10°	115°	55°
90°	60°	20°	90°
35°	70°	80°	50°
60°	50°	20°	70°
85°	30°	80°	40°

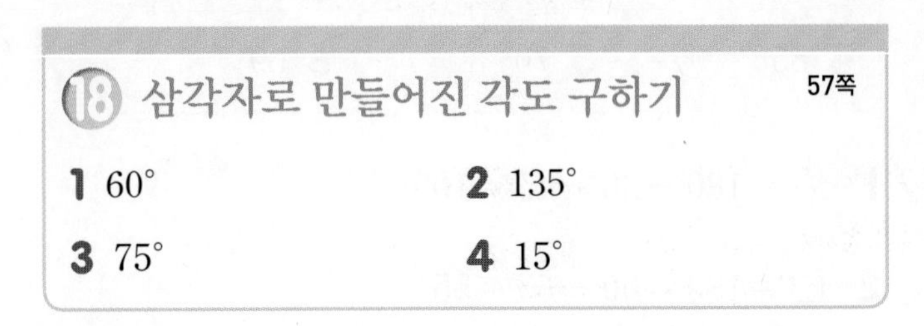

18 삼각자로 만들어진 각도 구하기 57쪽

1 60° **2** 135°
3 75° **4** 15°

1 ➡ ㉠=90°−30°=60°

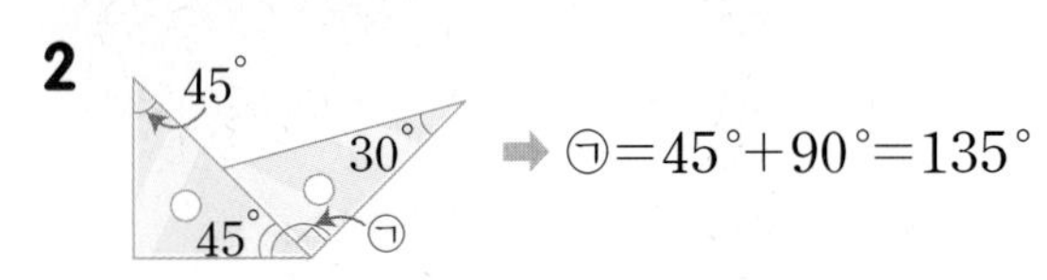

2 ➡ ㉠=45°+90°=135°

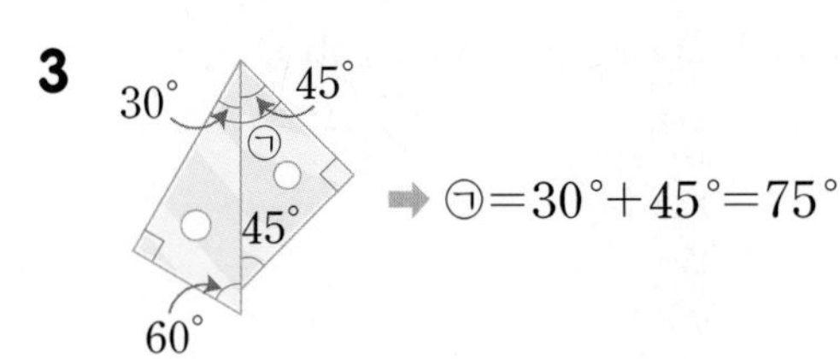

3 ➡ ㉠=30°+45°=75°

4 ➡ ㉠=45°−30°=15°

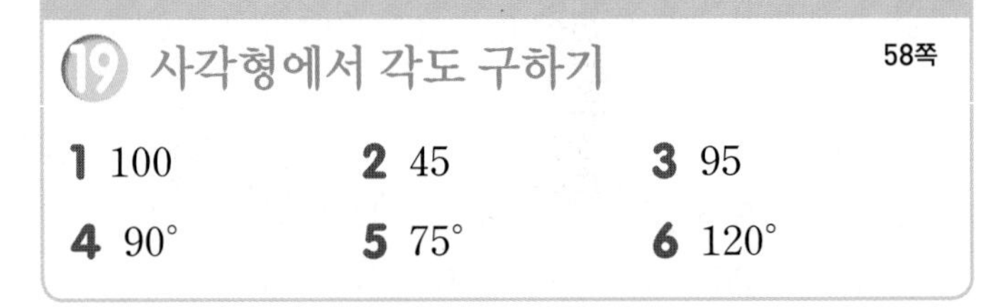

19 사각형에서 각도 구하기 58쪽

1 100 **2** 45 **3** 95
4 90° **5** 75° **6** 120°

1 $\square° = 360° - 80° - 90° - 90° = 100°$

2 $\square° = 360° - 110° - 135° - 70° = 45°$

3 $\square° = 360° - 120° - 65° - 80° = 95°$

4 사각형의 네 각의 크기의 합은 360°이므로
$\square = 360° - 80° - 115° - 75° = 90°$입니다.

5 사각형의 네 각의 크기의 합은 360°이므로
$\square = 360° - 105° - 110° - 70° = 75°$입니다.

6 사각형의 네 각의 크기의 합은 360°이므로
$\square = 360° - 93° - 107° - 40° = 120°$입니다.

20 사각형의 네 각의 크기 알아보기 58쪽

1 ㉡ **2** ㉣
3 ㉠ **4** ㉡

1 사각형의 네 각의 크기의 합이 360°이어야 하므로
㉡ 100°+75°+110°+85°=370°가 잘못되었습니다.

2 사각형의 네 각의 크기의 합이 360°이어야 하므로
㉣ 90°+135°+50°+75°=350°가 잘못되었습니다.

3 사각형의 네 각의 크기의 합이 360°이어야 하므로
㉠ 115°+80°+75°+100°=370°가 잘못되었습니다.

4 사각형의 네 각의 크기의 합이 360°이어야 하므로
㉡ 80°+65°+100°+105°=350°가 잘못되었습니다.

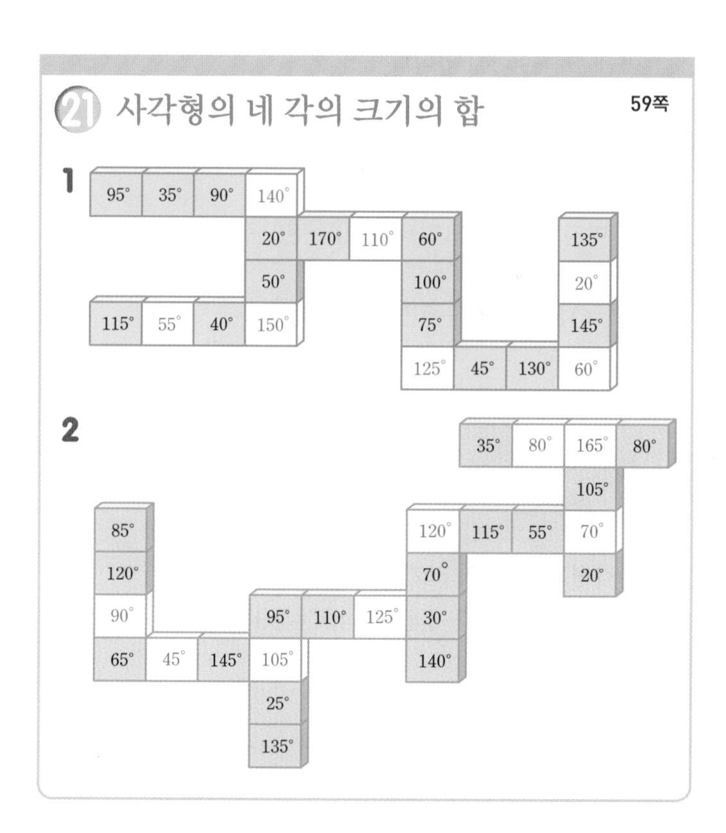

1~2 세 각의 크기가 주어진 가로와 세로를 먼저 계산합니다.

1

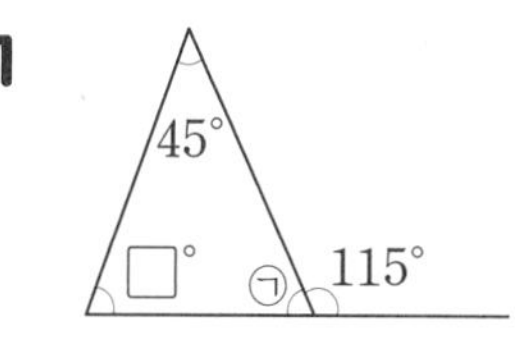

㉠=180°−115°=65°
삼각형의 세 각의 크기의 합은 180°이므로
□°=180°−45°−65°=70°입니다.

2

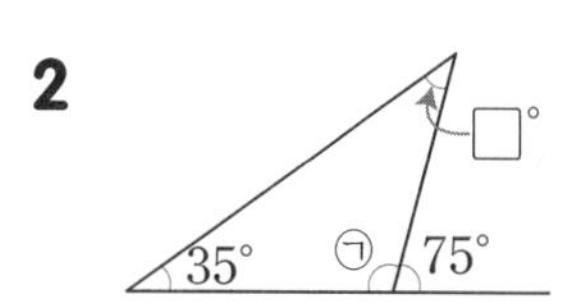

㉠=180°−75°=105°
삼각형의 세 각의 크기의 합은 180°이므로
□°=180°−35°−105°=40°입니다.

3

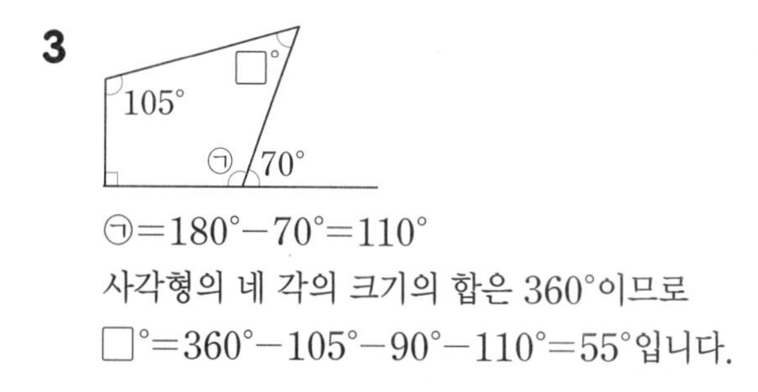

㉠=180°−70°=110°
사각형의 네 각의 크기의 합은 360°이므로
□°=360°−105°−90°−110°=55°입니다.

4

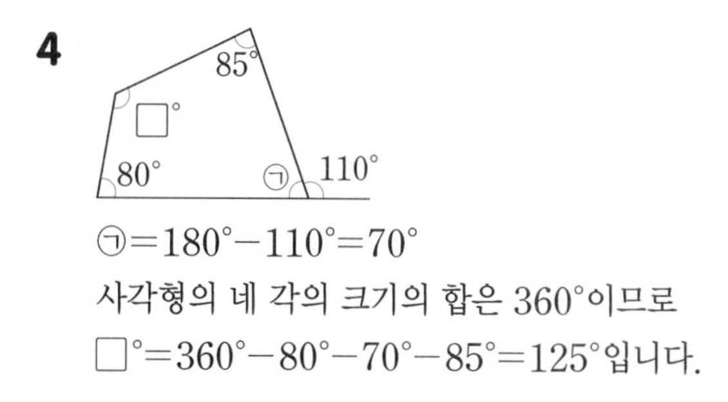

㉠=180°−110°=70°
사각형의 네 각의 크기의 합은 360°이므로
□°=360°−80°−70°−85°=125°입니다.

5

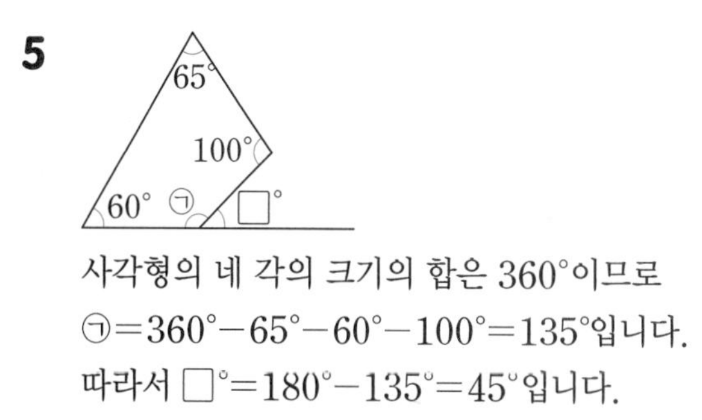

사각형의 네 각의 크기의 합은 360°이므로
㉠=360°−65°−60°−100°=135°입니다.
따라서 □°=180°−135°=45°입니다.

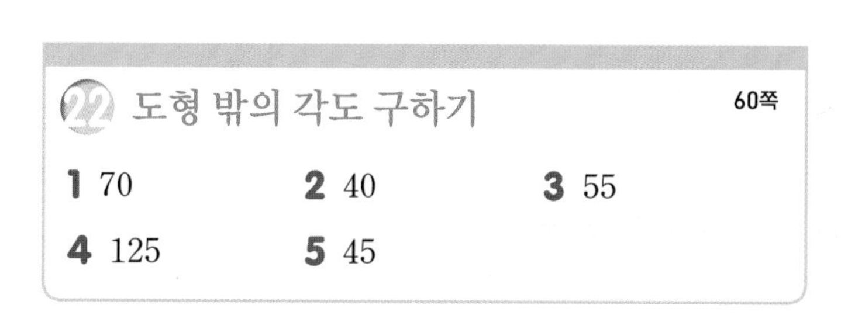

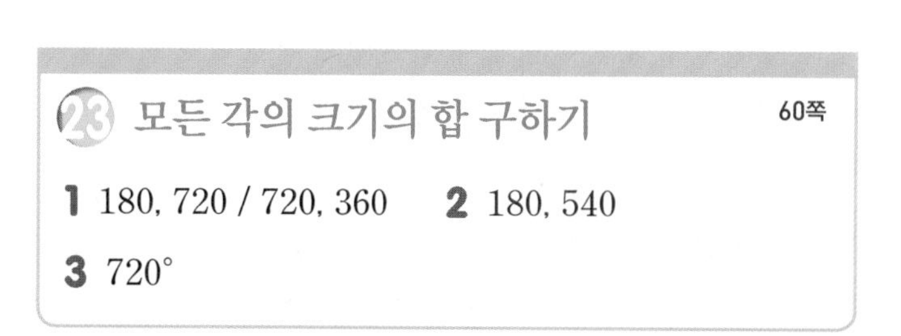

3 (도형의 여섯 각의 크기의 합)
$=$(삼각형의 세 각의 크기의 합)$\times 4$
$=180^\circ \times 4 = 720^\circ$

단원 평가

61~63쪽

1 ( )(○)	**2** (○)( )
3 ㉢, ㉠, ㉡	**4** 35°
5 예 70°, 70°	**6** ①, ③
7 (위에서부터) 예, 예, 둔	**8** 준서
9 ⑤	**10** 85°
11 175°, 55°	**12** 80°
13 15°	**14** 60°
15 38	**16** 105
17 80°	**18** 720°

19 예 안쪽 눈금을 읽어야 하는데 바깥쪽 눈금을 읽었습니다. / 135°

20 예 크기의 합은 180°이므로 ㉠+㉡$=180^\circ-58^\circ=122^\circ$입니다. / 122°

1 보기 의 각보다 더 적게 벌어진 각을 찾습니다.

2 각도기의 밑금을 각의 한 변에 맞추어야 합니다.

3 두 변의 벌어진 정도를 비교하면 ㉢>㉠>㉡입니다.

4 각도기의 중심을 각의 꼭짓점에 맞추고 각도기의 밑금을 각의 한 변에 맞춘 후 각의 나머지 변이 각도기의 눈금과 만나는 눈금을 읽습니다.

5 삼각자의 60°보다 약간 크므로 약 70°로 어림할 수 있습니다.

6 예각은 0°보다 크고 직각보다 작은 각입니다.

7 0°보다 크고 직각보다 작은 각은 예각, 직각보다 크고 180°보다 작은 각은 둔각입니다.

8 삼각형의 세 각의 크기의 합은 180°입니다.
은희: $55^\circ+60^\circ+75^\circ=190^\circ$
준서: $100^\circ+45^\circ+35^\circ=180^\circ$
따라서 바르게 잰 사람은 준서입니다.

9

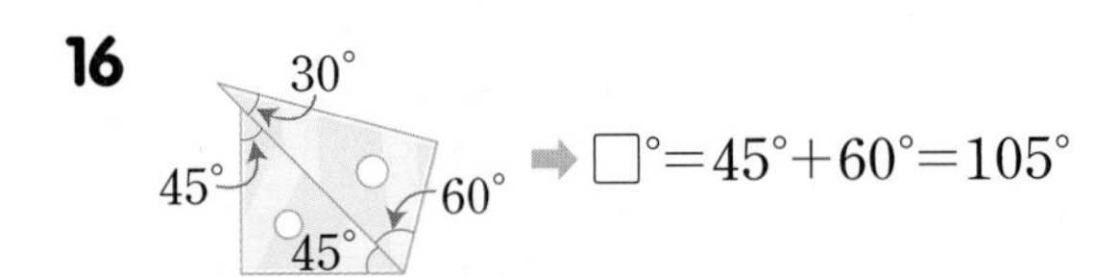

10 (각 ㄱㄴㄷ)$=$(각 ㄱㄴㄹ)$+$(각 ㄹㄴㄷ)
$=65^\circ+20^\circ=85^\circ$

11 두 각도는 각각 115°, 60°입니다.
합: $115^\circ+60^\circ=175^\circ$
차: $115^\circ-60^\circ=55^\circ$

12 $140^\circ>85^\circ>60^\circ$이므로 가장 큰 각도는 140°이고 가장 작은 각도는 60°입니다. 따라서 가장 큰 각도와 가장 작은 각도의 차는 $140^\circ-60^\circ=80^\circ$입니다.

13 스탠드의 각도를 재어 보면 책을 읽을 때는 65°, 블록 놀이를 할 때는 80°입니다.
따라서 블록 놀이를 할 때는 책을 읽을 때보다 스탠드의 각도를 $80^\circ-65^\circ=15^\circ$ 더 높였습니다.

14 (나머지 한 각의 크기)$=180^\circ-80^\circ-40^\circ=60^\circ$

15 $\square^\circ=180^\circ-90^\circ-52^\circ=38^\circ$

16

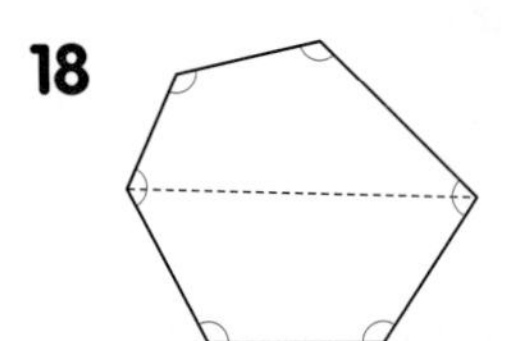

➡ $\square^\circ=45^\circ+60^\circ=105^\circ$

17 사각형의 네 각의 크기의 합은 360°이므로
$\square=360^\circ-95^\circ-145^\circ-40^\circ=80^\circ$입니다.

18

도형을 사각형 2개로 나눌 수 있습니다.
(도형의 여섯 각의 크기의 합)
$=$(사각형의 네 각의 크기의 합)$\times 2$
$=360^\circ\times 2=720^\circ$

서술형 **19**

평가 기준	배점(5점)
각도를 잘못 구한 까닭을 설명했나요?	3점
각도를 바르게 구했나요?	2점

서술형 **20**

평가 기준	배점(5점)
삼각형의 세 각의 크기의 합을 알았나요?	2점
㉠과 ㉡의 각도의 합을 바르게 구했나요?	3점

3 곱셈과 나눗셈

준수와 친구들은 가게에서 각자 좋아하는 사탕을 사려고 해요.
친구들이 사탕을 사는 데 필요한 금액을 □ 안에 알맞게 써넣으세요.

1 (세 자리 수)×(몇십) 67쪽

① 320, 320, 30, 9600

② ① 4, 2, 8 ② 4, 4, 8 ③ 8, 4, 8 ④ 1, 3, 9, 2

③ ① 860, 8600 ② 735, 7350

④ ① 14, 14 ② 45, 45

3 ① 430×20은 430×2의 10배이므로 430×2를 계산한 값에 0을 1개 붙입니다.
② 147×50은 147×5의 10배이므로 147×5를 계산한 값에 0을 1개 붙입니다.

4 ① 700×20=14000
② 500×90=45000

2 (세 자리 수)×(몇십몇) 69쪽

① 400, 30, 400, 30, 12000

② 30 / 3105, 18630, 21735

③ (왼쪽에서부터) 825, 16500, 17325 / 825 / 16500

④ ① 28720, 29438 ② 1420, 28400, 29820

2 곱하는 수 35를 5와 30으로 나누어 계산한 후 두 곱을 더합니다.

3 (세 자리 수)×(두 자리 수)는 두 자리 수를 일의 자리 수와 십의 자리 수로 나누어 계산한 후 두 곱을 더합니다.

기본기 강화 문제

1 곱셈의 계산 원리(1) 70쪽

1 760 / 10, 10 / 7600 **2** 3640 / 10, 10 / 36400
3 2286 / 10, 10 / 22860 **4** 2188 / 10, 10 / 21880
5 1695 / 10, 10 / 16950 **6** 7000 / 10, 10 / 70000

1 380×20은 380×2의 10배입니다.

2 520×70은 520×7의 10배입니다.

3 762×30은 762×3의 10배입니다.

4 547×40은 547×4의 10배입니다.

5 339×50은 339×5의 10배입니다.

6 875×80은 875×8의 10배입니다.

2 (세 자리 수)×(몇십) 70쪽

1 9000 **2** 13800
3 31320 **4** 25060
5 32220 **6** 64470
7 19680 **8** 43250
9 18960 **10** 18760
11 19700 **12** 64260

3 여러 가지 곱셈하기 71쪽

1 36000, 36000, 36000 **2** 21000, 21000, 21000
3 27000, 27000, 27000 **4** 30, 20, 10
5 40, 30, 20

1 4×9를 계산한 다음 두 수의 0의 개수만큼 0을 붙입니다.

2 3×7을 계산한 다음 두 수의 0의 개수만큼 0을 붙입니다.

3 9×3을 계산한 다음 두 수의 0의 개수만큼 0을 붙입니다.

4 곱의 0이 3개이고 곱해지는 수의 0이 2개이므로 □ 안에 알맞은 수는 몇십입니다.
2×3=6, 3×2=6, 6×1=6이므로 □ 안에 알맞은 수는 30, 20, 10입니다.

5 곱의 0이 3개이고 곱해지는 수의 0이 2개이므로 □ 안에 알맞은 수는 몇십입니다.
3×4=12, 4×3=12, 6×2=12이므로 □ 안에 알맞은 수는 40, 30, 20입니다.

4 곱하는 수를 ■배 하여 곱셈하기 71쪽

1 32000 / 2, 2 / 64000 **2** 15000 / 3, 3 / 45000
3 16600 / 3, 3 / 49800 **4** 12800 / 2, 2 / 25600
5 13680 / 4, 4 / 54720 **6** 28260 / 2, 2 / 56520

2 곱하는 수가 3배가 되면 곱도 3배가 됩니다.

5 곱하는 수가 4배가 되면 곱도 4배가 됩니다.

5 곱셈의 계산 원리(2) 72쪽

1 528, 3520, 4048 **2** 3672, 13770, 17442
3 5257, 37550, 42807 **4** 1294, 51760, 53054
5 1765, 21180, 22945

1 23은 3과 20의 합이므로 176의 23배는 176의 3배와 176의 20배를 더한 값과 같습니다.

2 38은 8과 30의 합이므로 459의 38배는 459의 8배와 459의 30배를 더한 값과 같습니다.

3 57은 7과 50의 합이므로 751의 57배는 751의 7배와 751의 50배를 더한 값과 같습니다.

4 82는 2와 80의 합이므로 647의 82배는 647의 2배와 647의 80배를 더한 값과 같습니다.

5 65는 5와 60의 합이므로 353의 65배는 353의 5배와 353의 60배를 더한 값과 같습니다.

6 (세 자리 수)×(몇십몇)

72쪽

1 9542 **2** 6734
3 61348 **4** 13720
5 25811 **6** 15637
7 32960 **8** 27019
9 23058 **10** 49036

1
$$\begin{array}{r} 367 \\ \times\ \ 26 \\ \hline 2202 \\ 734 \\ \hline 9542 \end{array}$$

2
$$\begin{array}{r} 182 \\ \times\ \ 37 \\ \hline 1274 \\ 546 \\ \hline 6734 \end{array}$$

3
$$\begin{array}{r} 626 \\ \times\ \ 98 \\ \hline 5008 \\ 5634 \\ \hline 61348 \end{array}$$

4
$$\begin{array}{r} 245 \\ \times\ \ 56 \\ \hline 1470 \\ 1225 \\ \hline 13720 \end{array}$$

5
$$\begin{array}{r} 487 \\ \times\ \ 53 \\ \hline 1461 \\ 2435 \\ \hline 25811 \end{array}$$

6
$$\begin{array}{r} 823 \\ \times\ \ 19 \\ \hline 7407 \\ 823 \\ \hline 15637 \end{array}$$

7
$$\begin{array}{r} 515 \\ \times\ \ 64 \\ \hline 2060 \\ 3090 \\ \hline 32960 \end{array}$$

8
$$\begin{array}{r} 659 \\ \times\ \ 41 \\ \hline 659 \\ 2636 \\ \hline 27019 \end{array}$$

9
$$\begin{array}{r} 854 \\ \times\ \ 27 \\ \hline 5978 \\ 1708 \\ \hline 23058 \end{array}$$

10
$$\begin{array}{r} 943 \\ \times\ \ 52 \\ \hline 1886 \\ 4715 \\ \hline 49036 \end{array}$$

7 모양 수를 찾아 곱셈하기

73쪽

1 4396 **2** 13800
3 5350 **4** 3925
5 12880 **6** 6420

1 $157 \times 28 = 4396$

2 $460 \times 30 = 13800$

3 $214 \times 25 = 5350$

4 $157 \times 25 = 3925$

5 $460 \times 28 = 12880$

6 $214 \times 30 = 6420$

8 곱하는 수를 분해하여 곱하기

74쪽

1 (왼쪽에서부터) 700, 2100
2 (왼쪽에서부터) 900, 8100
3 (왼쪽에서부터) 900, 6300
4 (왼쪽에서부터) 700, 5600
5 (왼쪽에서부터) 500, 4500

1 $12 = 4 \times 3$이므로 175×12는 175에 4를 곱한 후 3을 곱한 것과 같습니다.

2 $18 = 2 \times 9$이므로 450×18은 450에 2를 곱한 후 9를 곱한 것과 같습니다.

3 $28 = 4 \times 7$이므로 225×28은 225에 4를 곱한 후 7을 곱한 것과 같습니다.

4 $16 = 2 \times 8$이므로 350×16은 350에 2를 곱한 후 8을 곱한 것과 같습니다.

5 $36 = 4 \times 9$이므로 125×36은 125에 4를 곱한 후 9를 곱한 것과 같습니다.

⑨ 계산 결과 비교하기 74쪽

1 < **2** > **3** <

4 > **5** ㉢, ㉠, ㉡ **6** ㉠, ㉢, ㉡

1 513×46=23598, 328×72=23616
➡ 23598<23616

2 700×40=28000, 426×61=25986
➡ 28000>25986

3 622×37=23014, 805×30=24150
➡ 23014<24150

4 276×94=25944, 724×26=18824
➡ 25944>18824

5 ㉠ 528×60=31680, ㉡ 653×41=26773,
㉢ 833×46=38318
➡ ㉢>㉠>㉡

6 ㉠ 600×70=42000, ㉡ 714×50=35700,
㉢ 535×75=40125
➡ ㉠>㉢>㉡

⑩ 잘못 계산한 곳 바르게 계산하기 75쪽

1
```
   4 7 2
 ×   2 8
 -------
 3 7 7 6
 9 4 4
 -------
1 3 2 1 6
```

2
```
    7 9 4
  ×   3 6
  -------
  4 7 6 4
2 3 8 2
  -------
2 8 5 8 4
```

3
```
  5 2 6
×   1 7
-------
3 6 8 2
5 2 6
-------
8 9 4 2
```

4
```
  3 8 5
×   2 4
-------
1 5 4 0
7 7 0
-------
9 2 4 0
```

1 472×20=9440이므로 944를 왼쪽으로 한 칸 옮겨 씁니다.

2 794×30=23820이므로 2382를 왼쪽으로 한 칸 옮겨 씁니다.

3 526×10=5260이므로 526을 오른쪽으로 한 칸 옮겨 씁니다.

4 385×20=7700이므로 770을 오른쪽으로 한 칸 옮겨 씁니다.

⑪ 곱셈의 활용 75쪽

1 3000개 **2** 5400 mL

3 (   ) (   ) (○)

4 예 125개씩 들어 있습니다. 20상자에 들어 있는 구슬은 모두 몇 개일까요? / 2500개

1 (한 봉지에 들어 있는 사탕의 수)×(봉지 수)
=200×15=3000(개)

2 (30일 동안 마시는 우유의 양)
=(하루에 마시는 우유의 양)×(날수)
=180×30=5400(mL)

3 단색 볼펜: 530원을 500원쯤으로 어림하여 구하면 약 500×24=12000이므로 530×24는 10000보다 큽니다.
2색 볼펜: 640원을 600원쯤으로 어림하여 구하면 약 600×18=10800이므로 640×18은 10000보다 큽니다.
4색 볼펜: 720원을 700원쯤으로 어림하여 구하면 약 700×12=8400이므로 720×12는 8400보다 조금 더 큽니다.

4 125×20=2500(개)

3 몇십으로 나누기 77쪽

① ① 3 / 3, 150 ② 4, 5 / 4, 120, 5

② 60, 80, 100, 120, 140 / 7

③ ① 9, 630, 0 / 9, 630
② 9, 450, 21 / 9, 450, 450, 21

1 ① 150은 50씩 3묶음이므로 150÷50=3입니다.
② 125는 30씩 4묶음이고 5가 남으므로
125÷30=4⋯5입니다.

2 7×20=140이므로 140÷20=7입니다.

4 몇십몇으로 나누기(1) 79쪽

① ① $21\times3=63$에 ○표 ② $16\times5=80$에 ○표

② 7 / 7, 161, 작게에 ○표 /

$$\begin{array}{r} 6 \\ 23\overline{)141} \\ 138 \\ \hline 3 \end{array}$$

/ 6, 3

③ ① 4에 ○표 ② 5에 ○표

④ ① 3, 57, 7 / 3, 57, 57, 7
② 7, 504, 20 / 7, 504, 20

1 곱셈식의 곱이 나누어지는 수보다 크지 않으면서 나누어지는 수에 가장 가까운 경우를 찾습니다.

3 ① 121을 120쯤으로, 28을 30쯤으로 어림하여 몫을 구하면 약 $120\div30=4$이므로 $121\div28$의 몫을 4로 어림할 수 있습니다.
② 316을 300쯤으로, 61을 60쯤으로 어림하여 몫을 구하면 약 $300\div60=5$이므로 $316\div61$의 몫을 5로 어림할 수 있습니다.

4 ① $19\times2=38$, $19\times3=57$, $19\times4=76$이므로 몫을 3으로 정해야 합니다.
② $72\times6=432$, $72\times7=504$, $72\times8=576$이므로 몫을 7로 정해야 합니다.

5 몇십몇으로 나누기(2) 81쪽

① 360, 540, 720, 900 / 30, 40

② (　　)(　　)(○)

③ ① (위에서부터) 300, 3, 45
② (위에서부터) 30, 889, 7, 168

④ ① (위에서부터) 32, 51, 34, 34, 0 / 32
② (위에서부터) 22, 58, 60, 58, 2
/ 22, 638, 638, 2, 640

1 673은 540보다 크고 720보다 작으므로 $673\div18$의 몫은 30보다 크고 40보다 작습니다.

2 $\underline{513}\div\underline{52}$ ➡ $51<52$이므로 몫은 한 자리 수입니다.
$\underline{298}\div\underline{36}$ ➡ $29<36$이므로 몫은 한 자리 수입니다.
$\underline{259}\div\underline{24}$ ➡ $25>24$이므로 몫은 두 자리 수입니다.

기본기 강화 문제

⑫ 수 모형을 이용하여 나눗셈 하기 82쪽

1 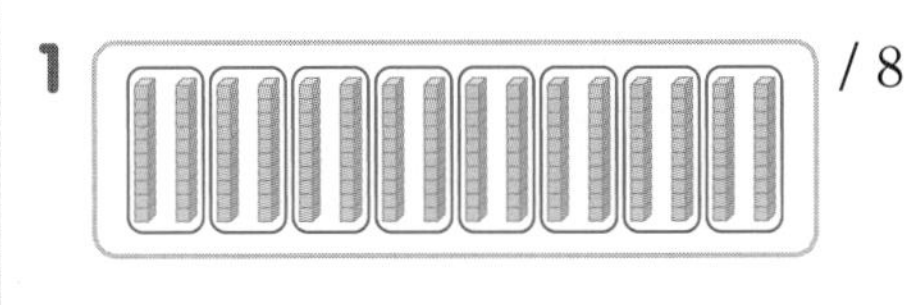 / 8

2 / 4

3 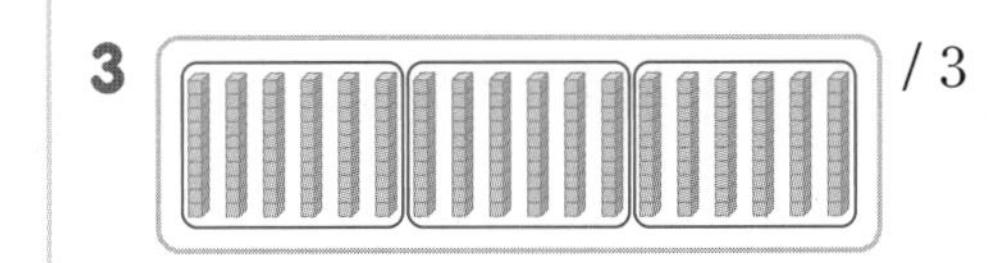 / 3

1 160은 20씩 8묶음이므로 $160\div20=8$입니다.

2 120은 30씩 4묶음이므로 $120\div30=4$입니다.

3 180은 60씩 3묶음이므로 $180\div60=3$입니다.

⑬ 필요한 곱셈식 찾아 몫 구하기 82쪽

1 70×6에 ○표 / 6　**2** 90×4에 ○표 / 4
3 60×9에 ○표 / 9　**4** 30×7에 ○표 / 7
5 40×8에 ○표 / 8

1 $70\times6=420$이므로 $420\div70=6$입니다.

2 $90\times4=360$이므로 $360\div90=4$입니다.

3 $60\times9=540$이므로 $540\div60=9$입니다.

4 $30\times7=210$이므로 $210\div30=7$입니다.

5 $40\times8=320$이므로 $320\div40=8$입니다.

14 나누는 수를 분해하여 계산하기

83쪽

1 (왼쪽에서부터) 24, 8 **2** (왼쪽에서부터) 36, 9

3 (왼쪽에서부터) 12, 2 **4** (왼쪽에서부터) 45, 9

5 (왼쪽에서부터) 56, 8

2 40=10×4이므로 360을 40으로 나눈 값은 360을 10으로 나눈 후 다시 4로 나눈 값과 같습니다.

3 60=10×6이므로 120을 60으로 나눈 값은 120을 10으로 나눈 후 다시 6으로 나눈 값과 같습니다.

4 50=10×5이므로 450을 50으로 나눈 값은 450을 10으로 나눈 후 다시 5로 나눈 값과 같습니다.

5 70=10×7이므로 560을 70으로 나눈 값은 560을 10으로 나눈 후 다시 7로 나눈 값과 같습니다.

15 (세 자리 수)÷(몇십)

83쪽

1 $\begin{array}{r} 9 \\ 30\overline{)270} \\ 270 \\ \hline 0 \end{array}$ / 9, 0

2 $\begin{array}{r} 5 \\ 70\overline{)350} \\ 350 \\ \hline 0 \end{array}$ / 5, 0

3 $\begin{array}{r} 7 \\ 80\overline{)629} \\ 560 \\ \hline 69 \end{array}$ / 7, 69

4 $\begin{array}{r} 5 \\ 90\overline{)523} \\ 450 \\ \hline 73 \end{array}$ / 5, 73

5 $\begin{array}{r} 8 \\ 50\overline{)437} \\ 400 \\ \hline 37 \end{array}$ / 8, 37

6 $\begin{array}{r} 4 \\ 60\overline{)262} \\ 240 \\ \hline 22 \end{array}$ / 4, 22

16 여러 가지 나눗셈

84쪽

1 8, 80, 8 **2** 7, 70, 7 **3** 4, 40, 4

4 6, 60, 6 **5** 9, 90, 9

1 48÷6에서 48을 10배 하면 몫도 10배가 되고, 48을 10배 하고 6을 10배 하면 몫이 같습니다.

2 56÷8에서 56을 10배 하면 몫도 10배가 되고, 56을 10배 하고 8을 10배 하면 몫이 같습니다.

3 28÷7에서 28을 10배 하면 몫도 10배가 되고, 28을 10배 하고 7을 10배 하면 몫이 같습니다.

4 24÷4에서 24를 10배 하면 몫도 10배가 되고, 24를 10배 하고 4를 10배 하면 몫이 같습니다.

5 63÷7에서 63을 10배 하면 몫도 10배가 되고, 63을 10배 하고 7을 10배 하면 몫이 같습니다.

17 나머지가 될 수 없는 수 구하기

84쪽

1 21에 ×표 **2** 35, 42에 ×표

3 18, 24에 ×표 **4** 44, 45에 ×표

5 54, 55, 62에 ×표 **6** 95, 83, 76에 ×표

1 나머지는 나누는 수보다 항상 작아야 합니다. 나누는 수 21과 같거나 21보다 큰 수는 나머지가 될 수 없습니다.

2 나누는 수 32와 같거나 32보다 큰 수는 나머지가 될 수 없습니다.

3 나누는 수 17과 같거나 17보다 큰 수는 나머지가 될 수 없습니다.

4 나누는 수 41과 같거나 41보다 큰 수는 나머지가 될 수 없습니다.

5 나누는 수 54와 같거나 54보다 큰 수는 나머지가 될 수 없습니다.

6 나누는 수 68과 같거나 68보다 큰 수는 나머지가 될 수 없습니다.

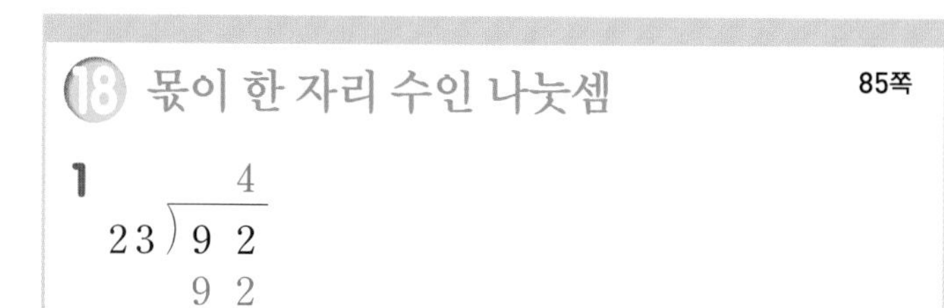

18 몫이 한 자리 수인 나눗셈 85쪽

1
$$\begin{array}{r} 4 \\ 23\overline{)\,92} \\ 92 \\ \hline 0 \end{array}$$
확인 $23\times4=92$

2
$$\begin{array}{r} 3 \\ 25\overline{)\,84} \\ 75 \\ \hline 9 \end{array}$$
확인 $25\times3=75$, $75+9=84$

3
$$\begin{array}{r} 2 \\ 34\overline{)\,69} \\ 68 \\ \hline 1 \end{array}$$
확인 $34\times2=68$, $68+1=69$

4
$$\begin{array}{r} 9 \\ 24\overline{)\,216} \\ 216 \\ \hline 0 \end{array}$$
확인 $24\times9=216$

5
$$\begin{array}{r} 9 \\ 32\overline{)\,293} \\ 288 \\ \hline 5 \end{array}$$
확인 $32\times9=288$, $288+5=293$

6
$$\begin{array}{r} 8 \\ 58\overline{)\,496} \\ 464 \\ \hline 32 \end{array}$$
확인 $58\times8=464$, $464+32=496$

2 $84\div25=3\cdots9$
$25\times3=75$, $75+9=84$

3 $69\div34=2\cdots1$
$34\times2=68$, $68+1=69$

4 $216\div24=9$
$24\times9=216$

5 $293\div32=9\cdots5$
$32\times9=288$, $288+5=293$

6 $496\div58=8\cdots32$
$58\times8=464$, $464+32=496$

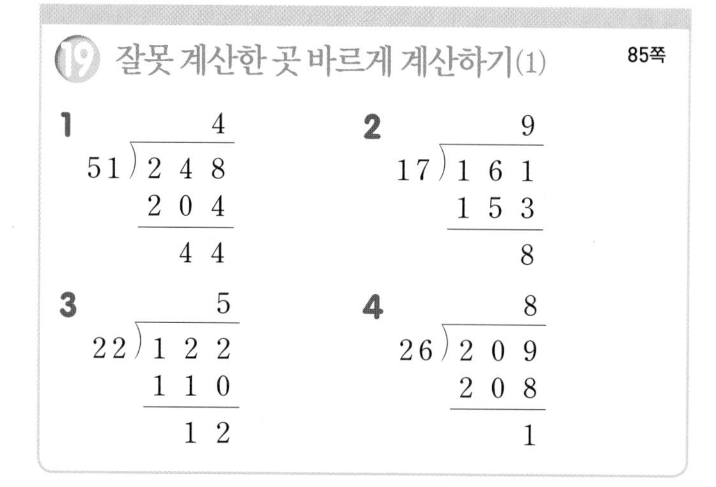

19 잘못 계산한 곳 바르게 계산하기(1) 85쪽

1
$$\begin{array}{r} 4 \\ 51\overline{)\,248} \\ 204 \\ \hline 44 \end{array}$$

2
$$\begin{array}{r} 9 \\ 17\overline{)\,161} \\ 153 \\ \hline 8 \end{array}$$

3
$$\begin{array}{r} 5 \\ 22\overline{)\,122} \\ 110 \\ \hline 12 \end{array}$$

4
$$\begin{array}{r} 8 \\ 26\overline{)\,209} \\ 208 \\ \hline 1 \end{array}$$

1 248에서 255를 뺄 수 없으므로 몫을 1만큼 작게 합니다.

2 나머지 25는 나누는 수 17보다 크므로 몫을 1만큼 크게 합니다.

3 122에서 132를 뺄 수 없으므로 몫을 1만큼 작게 합니다.

4 나머지 27은 나누는 수 26보다 크므로 몫을 1만큼 크게 합니다.

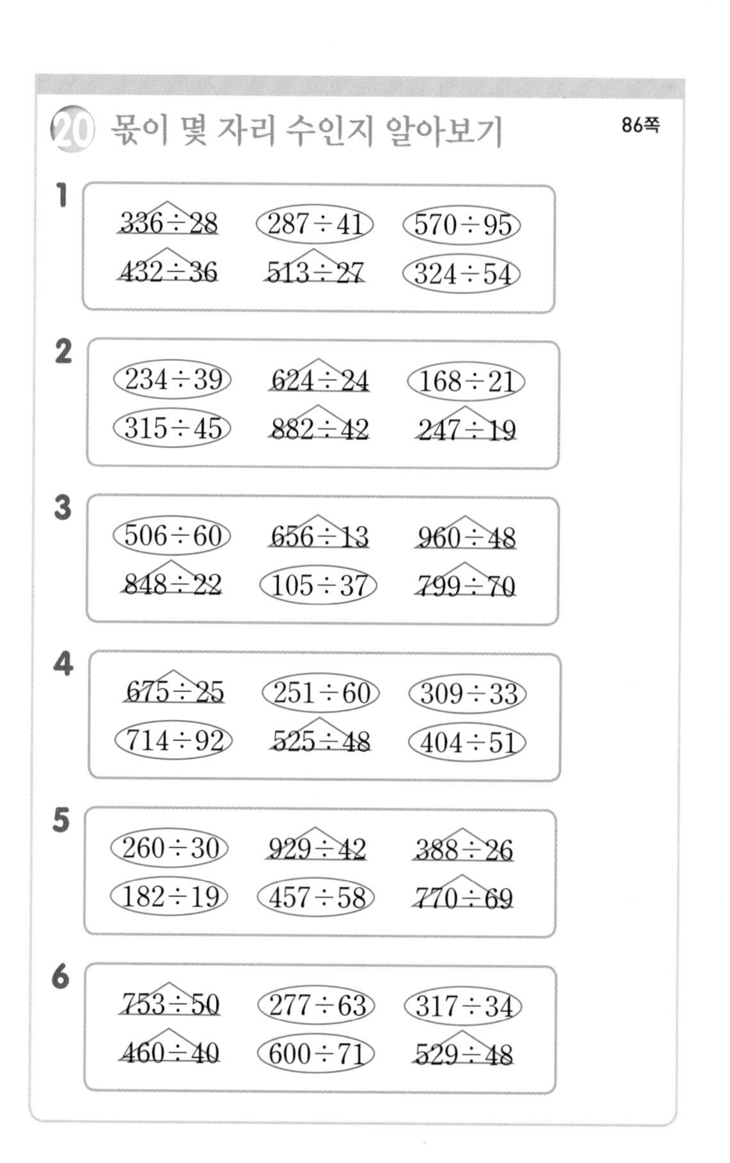

20 몫이 몇 자리 수인지 알아보기 86쪽

1 $336\div28$, $287\div41$, $570\div95$, $432\div36$, $513\div27$, $324\div54$

2 $234\div39$, $624\div24$, $168\div21$, $315\div45$, $882\div42$, $247\div19$

3 $506\div60$, $656\div13$, $960\div48$, $848\div22$, $105\div37$, $799\div70$

4 $675\div25$, $251\div60$, $309\div33$, $714\div92$, $525\div48$, $404\div51$

5 $260\div30$, $929\div42$, $388\div26$, $182\div19$, $457\div58$, $770\div69$

6 $753\div50$, $277\div63$, $317\div34$, $460\div40$, $600\div71$, $529\div48$

1~6 나누어지는 수의 왼쪽 두 자리 수가 나누는 수보다 작으면 몫이 한 자리 수이고, 나누는 수와 같거나 나누는 수보다 크면 몫이 두 자리 수입니다.

21 몫이 두 자리 수인 나눗셈 86쪽

1

```
      2 0
38)7 6 0
   7 6
   -----
       0
```

확인 $38\times20=760$

2

```
      1 8
22)3 9 6
   2 2
   -----
   1 7 6
   1 7 6
   -----
       0
```

확인 $22\times18=396$

3

```
      1 9
32)6 3 4
   3 2
   -----
   3 1 4
   2 8 8
   -----
     2 6
```

확인 $32\times19=608$, $608+26=634$

4

```
      1 5
49)7 5 3
   4 9
   -----
   2 6 3
   2 4 5
   -----
     1 8
```

확인 $49\times15=735$, $735+18=753$

5

```
      4 8
17)8 2 1
   6 8
   -----
   1 4 1
   1 3 6
   -----
       5
```

확인 $17\times48=816$, $816+5=821$

6

```
      1 8
29)5 4 6
   2 9
   -----
   2 5 6
   2 3 2
   -----
     2 4
```

확인 $29\times18=522$, $522+24=546$

22 나눗셈의 몫 구하기 87쪽

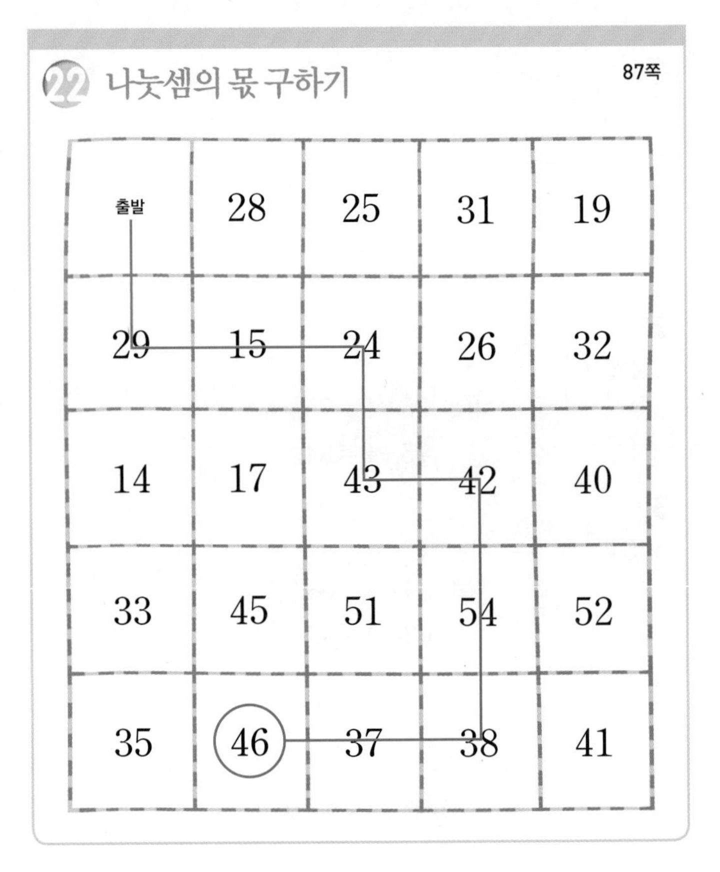

● ① $812\div28=29$, ② $360\div24=15$, ③ $888\div37=24$, ④ $946\div22=43$, ⑤ $756\div18=42$, ⑥ $648\div12=54$, ⑦ $950\div25=38$, ⑧ $703\div19=37$, ⑨ $966\div21=46$

23 나누는 수를 ■배 하여 나눗셈하기 88쪽

1 8, 4 **2** 6, 3 **3** 18, 6
4 20, 5 **5** 16, 2

1 $320\div40=8$
(×2 ↓, ↑ ×2)
$320\div80=4$

2 $180\div30=6$
(×2 ↓, ↑ ×2)
$180\div60=3$

3 $360\div20=18$
(×3 ↓, ↑ ×3)
$360\div60=6$

4 $280 \div 14 = 20$

$\times 4 \downarrow \quad \uparrow \times 4$

$280 \div 56 = 5$

5 $192 \div 12 = 16$

$\times 8 \downarrow \quad \uparrow \times 8$

$192 \div 96 = 2$

24 잘못 계산한 곳 바르게 계산하기(2)

88쪽

1

$$\begin{array}{r} 30 \\ 31{\overline{\smash{)}930}} \\ 930 \\ \hline 0 \end{array}$$

2

$$\begin{array}{r} 9 \\ 50{\overline{\smash{)}475}} \\ 450 \\ \hline 25 \end{array}$$

3

$$\begin{array}{r} 17 \\ 24{\overline{\smash{)}421}} \\ 24 \\ \hline 181 \\ 168 \\ \hline 13 \end{array}$$

4

$$\begin{array}{r} 12 \\ 63{\overline{\smash{)}800}} \\ 63 \\ \hline 170 \\ 126 \\ \hline 44 \end{array}$$

1 $31 \times 30 = 930$이므로 $930 \div 31$의 몫은 30입니다.

2 $50 \times 9 = 450$이므로 $475 \div 50$의 몫은 9입니다.

3 나머지 37은 나누는 수 24보다 크므로 몫을 1만큼 크게 하여 계산해야 합니다.

4 나머지 107은 나누는 수 63보다 크므로 몫을 1만큼 크게 하여 계산해야 합니다.

25 □ 안에 알맞은 수 구하기

89쪽

1 30 **2** 40 **3** 19

4 14 **5** 35 **6** 57

7 16 **8** 25 **9** 16

10 15

1 $\square = 810 \div 27 = 30$

2 $\square = 760 \div 19 = 40$

3 $\square = 950 \div 50 = 19$

4 $\square = 868 \div 62 = 14$

5 $\square = 980 \div 28 = 35$

6 $\square = 741 \div 13 = 57$

7 $\square = 880 \div 55 = 16$

8 $\square = 500 \div 20 = 25$

9 $\square = 752 \div 47 = 16$

10 $\square = 540 \div 36 = 15$

26 나눗셈의 활용

89쪽

1 예 280, 7 / 충분합니다에 ○표

2 25번

3 $315 \div 42 = 7 \cdots 21$ (또는 $315 \div 42$) / 8대

4 예 22권씩 담으려고 합니다. 필요한 상자는 모두 몇 개일까요? / 15개

1 276을 어림하면 280쯤이므로 $276 \div 40$의 몫을 어림하여 구하면 약 $280 \div 40 = 7$입니다.
일주일은 7일이므로 위인전을 모두 읽는 데 충분합니다.

2 $650 \div 26 = 25$(번)

3 $315 \div 42 = 7 \cdots 21$
42명씩 버스 7대에 타고 나머지 21명도 버스에 타야 하므로 버스 1대가 더 필요합니다.
따라서 버스는 적어도 $7 + 1 = 8$(대) 필요합니다.

4 $330 \div 22 = 15$(개)

단원 평가

90~92쪽

1 1　　**2** (1) 10340　(2) 13860

3 9315　　**4** 40×400에 ○표

5 ㉢, ㉠, ㉡　　**6** ⑤

7 (○)(△)(○)(△)

8

```
     4
16)7 9
   6 4
   ---
   1 5
```

9

```
      3 1
26)8 1 2
   7 8
   -----
     3 2
     2 6
   -----
       6
```

확인 26×31=806, 806+6=812

10 >

11 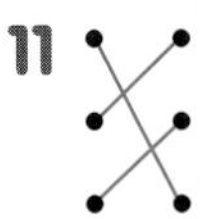

12 ㉠, ㉢, ㉡

13 278×16=4448(또는 278×16) / 4448쪽

14

③
```
         6
78)4 8 3
   4 6 8
   -----
     1 5
```

②
```
       2 7
28)7 7 3
   5 6
   -----
   2 1 3
   1 9 6
   -----
     1 7
```

①
```
       1 3
63)8 4 5
   6 3
   -----
   2 1 5
   1 8 9
   -----
     2 6
```

15 21　　**16** 은재

17 87÷15=5···12(또는 87÷15) / 5칸, 12권

18 986, 35, 28, 6

19 예 550×14=7700이므로 7700원입니다. / 7700원

20 예 782÷28=27···26이므로 꽃을 27개 만들 수 있습니다. / 27개

1

```
      7 0 0
  ×     3 0
  ---------
  2 1 0 0 0
  ㉠ ㉡ ㉢ ㉣ ㉤
```

2 (1)

```
      5 1 7
  ×     2 0
  ---------
  1 0 3 4 0
```

(2)

```
      3 0 8
  ×     4 5
  ---------
    1 5 4 0
  1 2 3 2
  ---------
  1 3 8 6 0
```

3

```
    6 2 1
  ×   1 5
  -------
  3 1 0 5
  6 2 1
  -------
  9 3 1 5
```

4 200×90=18000, 40×400=16000, 600×30=18000

5 17과 몫의 십의 자리를 곱한 결과에 85를 썼지만 나타내는 값은 17×50=850입니다.

6 나머지는 나누는 수보다 항상 작아야 합니다.

7 나누어지는 수의 왼쪽 두 자리 수가 나누는 수와 같거나 나누는 수보다 크면 몫은 두 자리 수가 됩니다.
47<59, 36>22, 17<65, 27>26

8 나머지 31은 나누는 수 16보다 크므로 몫을 1만큼 크게 하여 계산해야 합니다.

9 812÷26=31···6 ➡ 26×31=806, 806+6=812

10 351÷54=6···27, 477÷86=5···47
➡ 6>5

11 148÷50=2···48, 773÷90=8···53, 299÷40=7···19, 445÷56=7···53, 313÷42=7···19, 249÷67=3···48

주의 몫과 상관없이 나머지가 같은 것을 연결해야 합니다.

12 ㉠ 289×88=25432, ㉡ 527×40=21080, ㉢ 692×36=24912
➡ ㉠>㉢>㉡

13 (읽은 동화책의 전체 쪽수)
=(한 권의 쪽수)×(동화책 수)
=278×16=4448(쪽)

14 나머지의 크기를 비교하면 26>17>15입니다.

15 473×20=9460, 473×21=9933, 473×22=10406
따라서 계산 결과가 10000에 가장 가까운 곱셈식은 473×21입니다.

16 은재: 238×14=3332(개)
하윤: 195×16=3120(개)
3332>3120이므로 줄넘기를 더 많이 한 사람은 은재입니다.

17 $87 \div 15 = 5 \cdots 12$이므로 5칸을 채울 수 있고 남는 책은 12권입니다.

18 나누어지는 수가 클수록, 나누는 수가 작을수록 몫이 큽니다. 만들 수 있는 가장 큰 세 자리 수는 986, 가장 작은 두 자리 수는 35입니다.
➡ $986 \div 35 = 28 \cdots 6$

서술형
19

평가 기준	배점(5점)
어린이 입장료를 구하는 식을 세웠나요?	2점
어린이 입장료는 얼마인지 구했나요?	3점

서술형
20

평가 기준	배점(5점)
나눗셈식을 쓰고 몫과 나머지를 구했나요?	3점
꽃을 몇 개 만들 수 있는지 구했나요?	2점

사고력이 반짝

93쪽

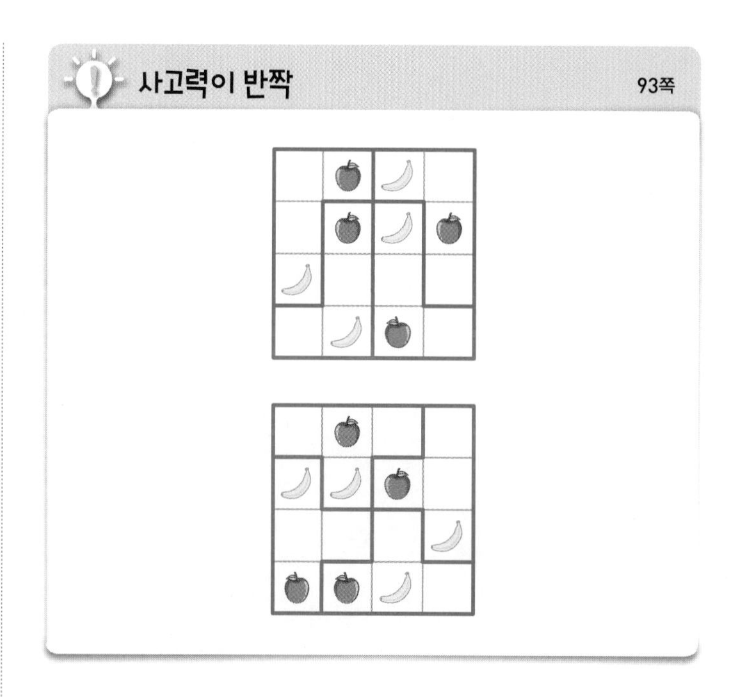

4 평면도형의 이동

현수와 친구가 조각 맞추기 게임을 하고 있어요.
주어진 조각들 중 2개를 골라 움직여 게임판에 알맞게 색칠해 보세요.

1 점의 이동 97쪽

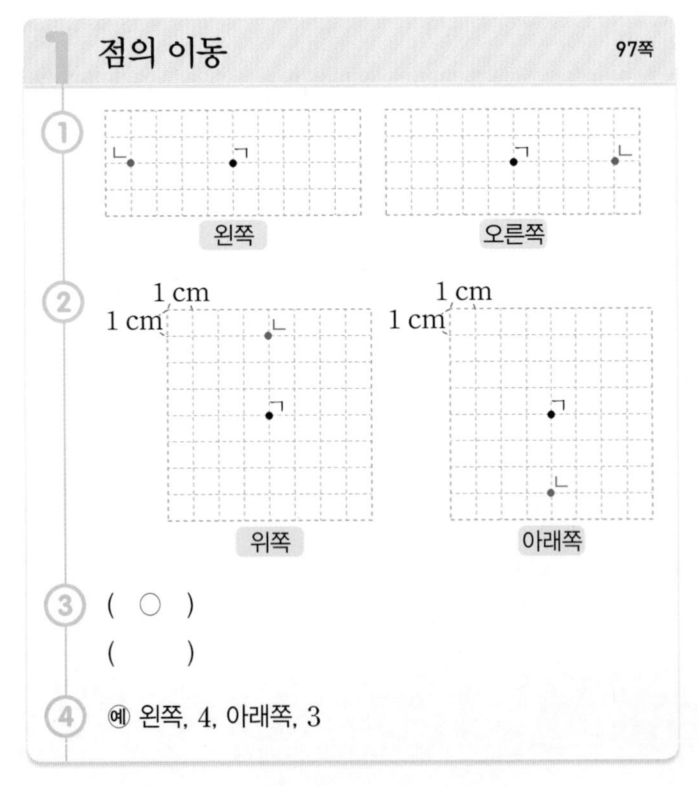

4 점 ㄱ을 먼저 아래쪽으로 3칸 이동한 다음 왼쪽으로 4칸 이동해도 됩니다.

2 평면도형 밀기 99쪽

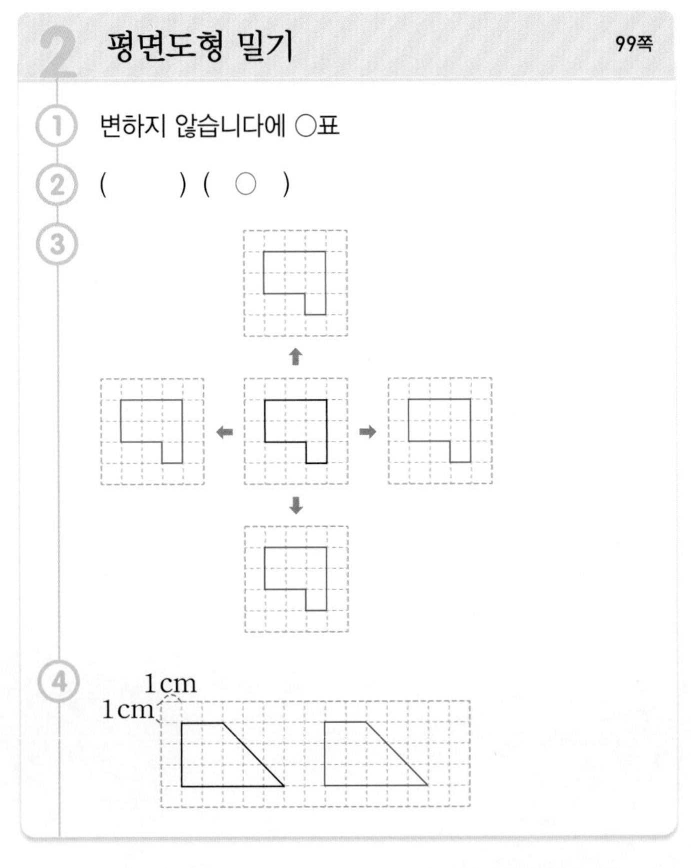

1 도형을 왼쪽으로 밀어도 모양은 변하지 않습니다.

2 모양 조각을 아래쪽으로 밀어도 모양은 변하지 않습니다.

3 도형을 왼쪽, 오른쪽, 위쪽, 아래쪽으로 밀어도 모양은 변하지 않습니다.

4 모눈 한 칸이 1 cm이므로 사각형의 한 변을 기준으로 오른쪽으로 7칸 밉니다.

다른 풀이

모눈 한 칸이 1 cm이므로 각 꼭짓점을 오른쪽으로 7칸씩 밉니다.

3 평면도형 뒤집기 101쪽

① ① 왼쪽 ② 아래쪽

② (○) ( )

③

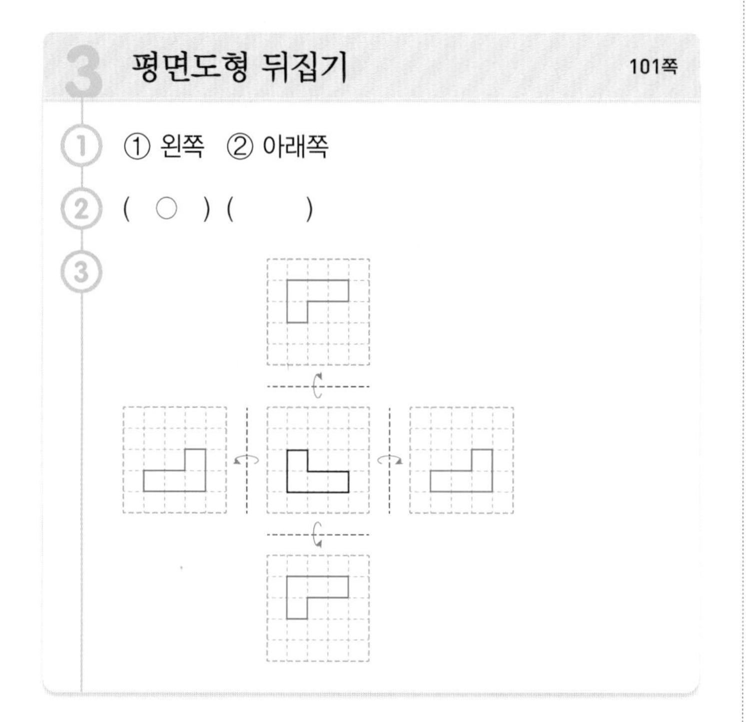

2 도형을 아래쪽으로 뒤집으면 도형의 위쪽과 아래쪽이 서로 바뀝니다.

3 도형을 위쪽이나 아래쪽으로 뒤집으면 도형의 위쪽과 아래쪽이 서로 바뀌고 도형을 왼쪽이나 오른쪽으로 뒤집으면 도형의 왼쪽과 오른쪽이 서로 바뀝니다.

4 평면도형 돌리기 103쪽

① 오른쪽

② ( ) (○)

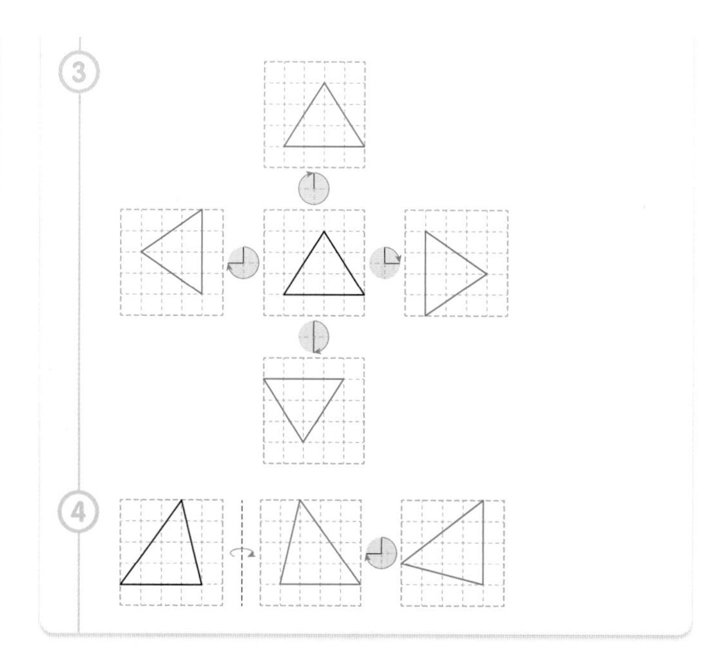

2 모양 조각을 시계 반대 방향으로 90°만큼 돌리면 도형의 위쪽이 왼쪽으로 이동합니다.

3 도형을 시계 방향으로 돌리면 도형의 위쪽이 오른쪽 → 아래쪽 → 왼쪽 → 위쪽으로 이동합니다.

4 도형을 오른쪽으로 뒤집으면 도형의 오른쪽과 왼쪽이 서로 바뀌고, 다시 시계 방향으로 270°만큼 돌리면 도형의 위쪽이 왼쪽으로 이동합니다.

5 평면도형을 이동하여 무늬 꾸미기 105쪽

① ( ) ( ) (○)

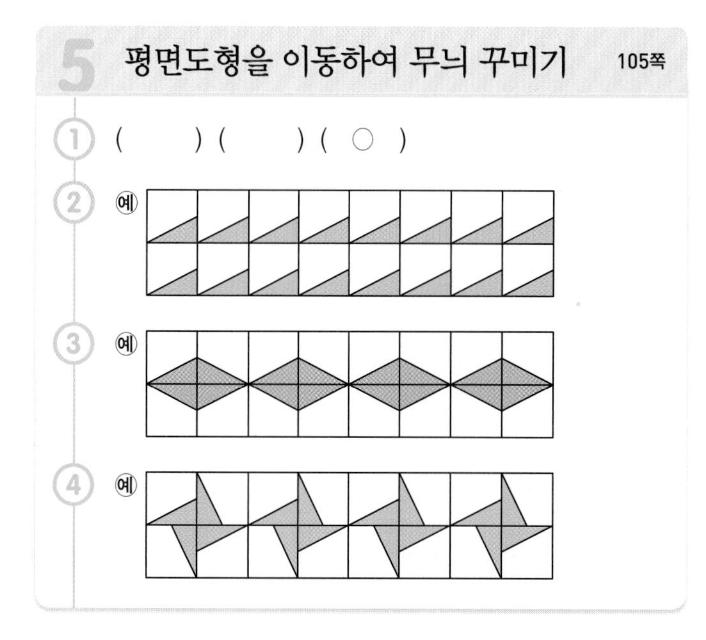

1 모양을 시계 방향으로 90°만큼 돌리는 것을 반복하여 만든 무늬입니다.

2 모양을 오른쪽으로 미는 것을 반복하여 첫째 줄의 모양을 만들고, 그 모양을 아래쪽으로 밀어서 무늬를 만들 수 있습니다.

3 모양을 오른쪽으로 뒤집는 것을 반복하여 첫째 줄의 모양을 만들고, 그 모양을 아래쪽으로 뒤집어서 무늬를 만들 수 있습니다.

4 모양을 시계 방향으로 90°만큼 돌리는 것을 반복하여 모양을 만들고, 그 모양을 오른쪽으로 밀어서 무늬를 만들 수 있습니다.

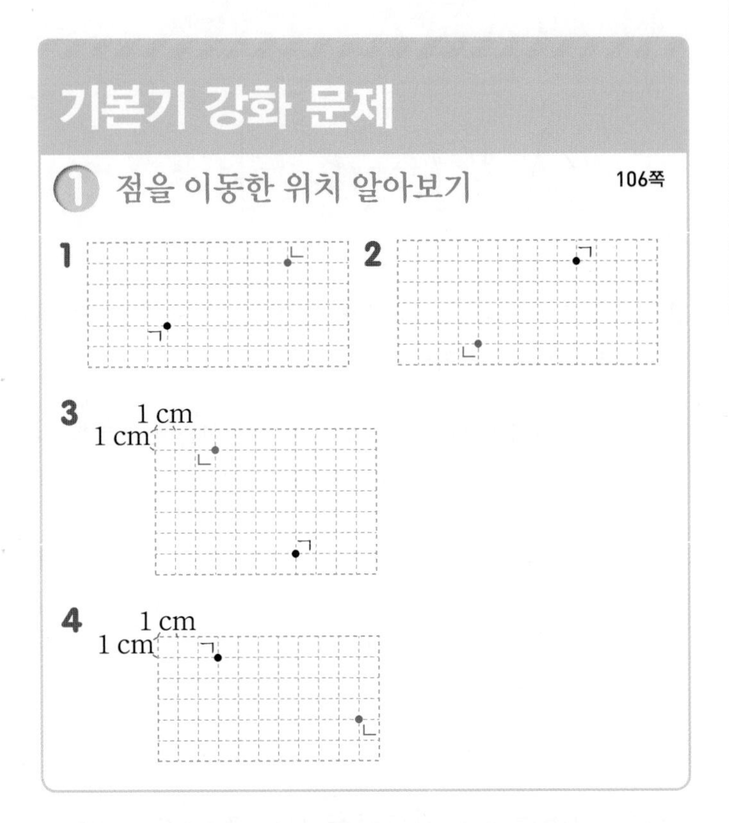

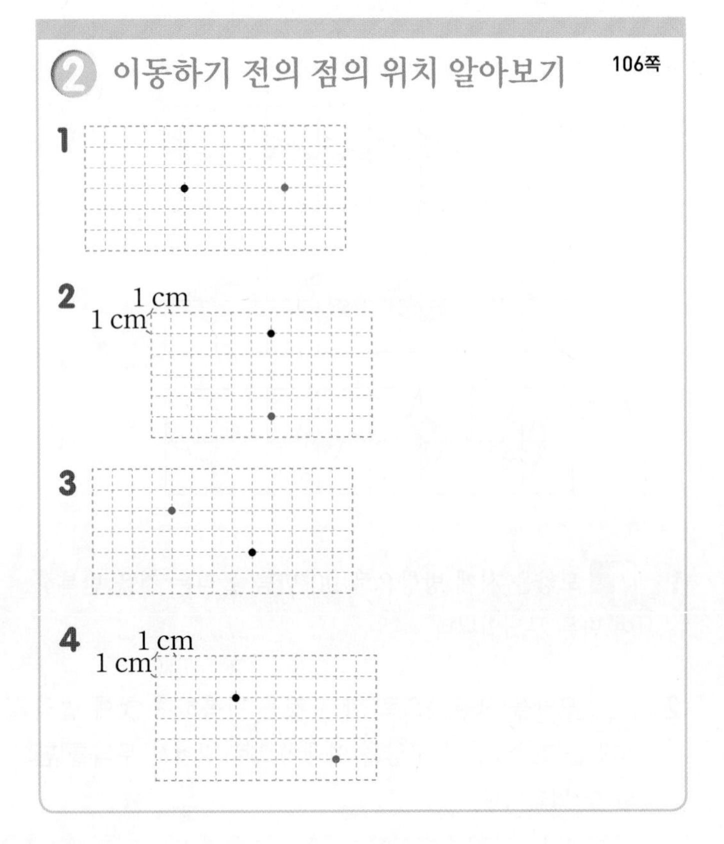

1 점을 오른쪽으로 5칸 이동한 곳에 점을 찍습니다.

2 점을 아래쪽으로 4칸 이동한 곳에 점을 찍습니다.

3 점을 왼쪽으로 4칸, 위쪽으로 2칸 이동한 곳에 점을 찍습니다.

4 점을 아래쪽으로 3칸, 오른쪽으로 5칸 이동한 곳에 점을 찍습니다.

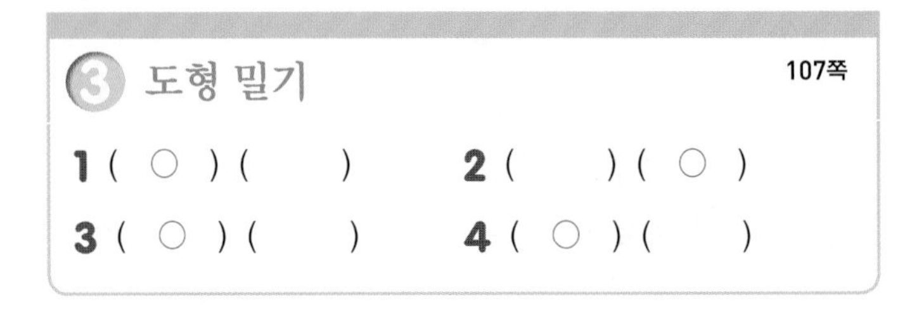

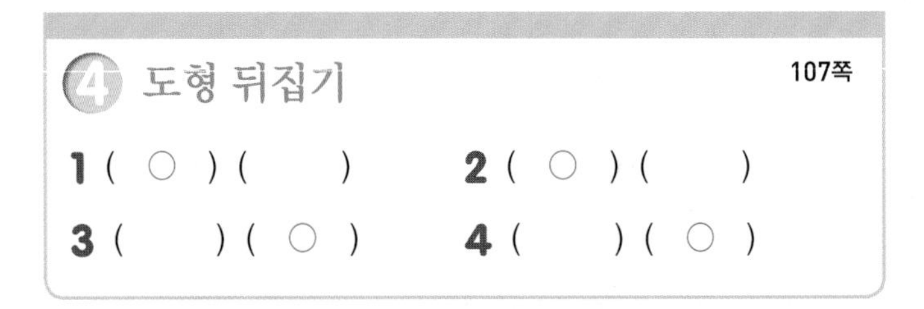

1~2 도형을 오른쪽(왼쪽)으로 뒤집으면 도형의 왼쪽과 오른쪽이 서로 바뀝니다.

3~4 도형을 위쪽(아래쪽)으로 뒤집으면 도형의 위쪽과 아래쪽이 서로 바뀝니다.

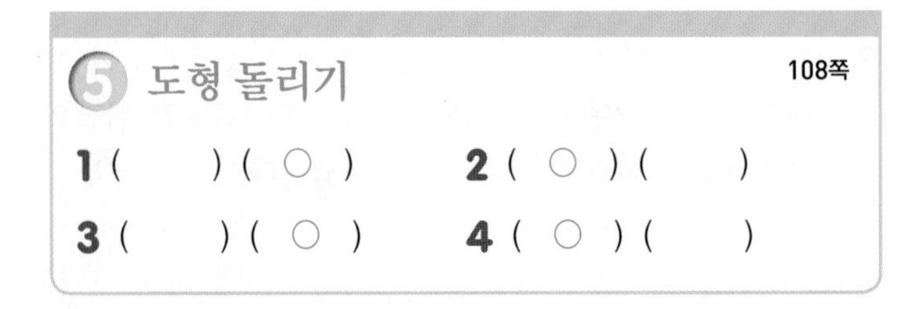

2 도형을 시계 방향으로 180°만큼 돌리면 도형의 위쪽이 아래쪽으로, 왼쪽이 오른쪽으로 이동합니다.

3 도형을 시계 반대 방향으로 90°만큼 돌리면 도형의 위쪽이 왼쪽으로 이동합니다.

4 도형을 시계 반대 방향으로 270°만큼 돌리면 도형의 위쪽이 오른쪽으로 이동합니다.

6 밀었을 때의 도형 그리기 108쪽

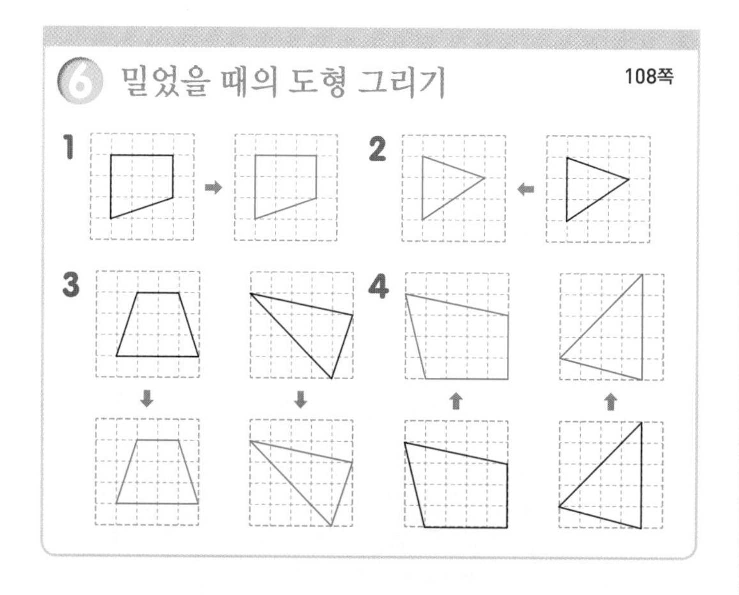

7 뒤집었을 때의 도형 그리기 109쪽

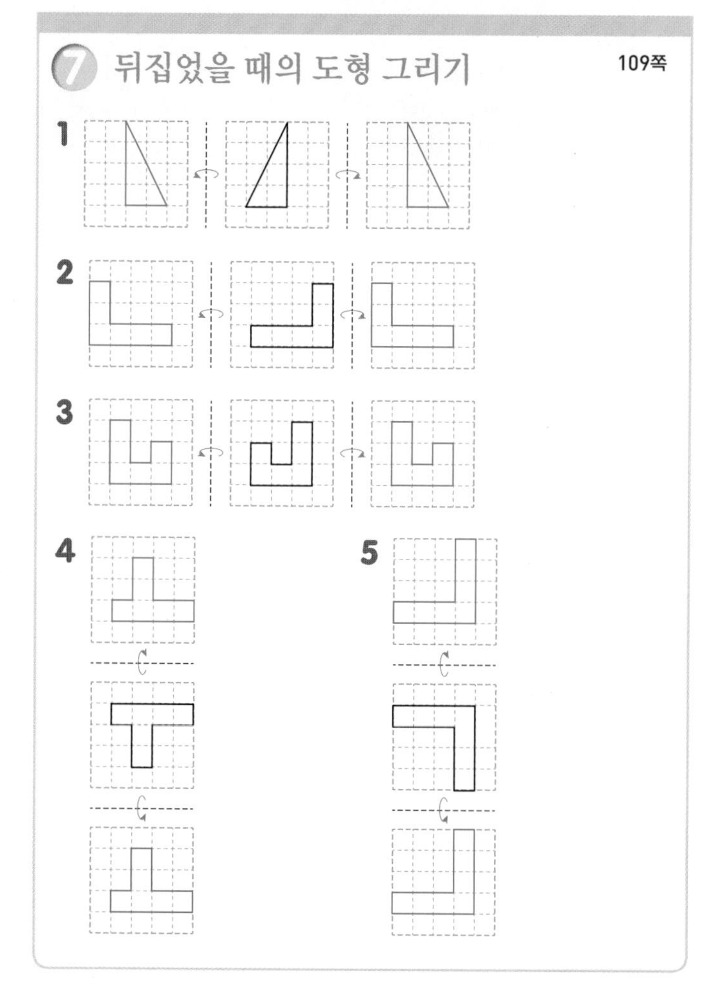

1~3 도형을 왼쪽이나 오른쪽으로 뒤집으면 도형의 오른쪽과 왼쪽이 서로 바뀝니다.

4~5 도형을 아래쪽이나 위쪽으로 뒤집으면 도형의 아래쪽과 위쪽이 서로 바뀝니다.

8 돌렸을 때의 도형 그리기 109쪽

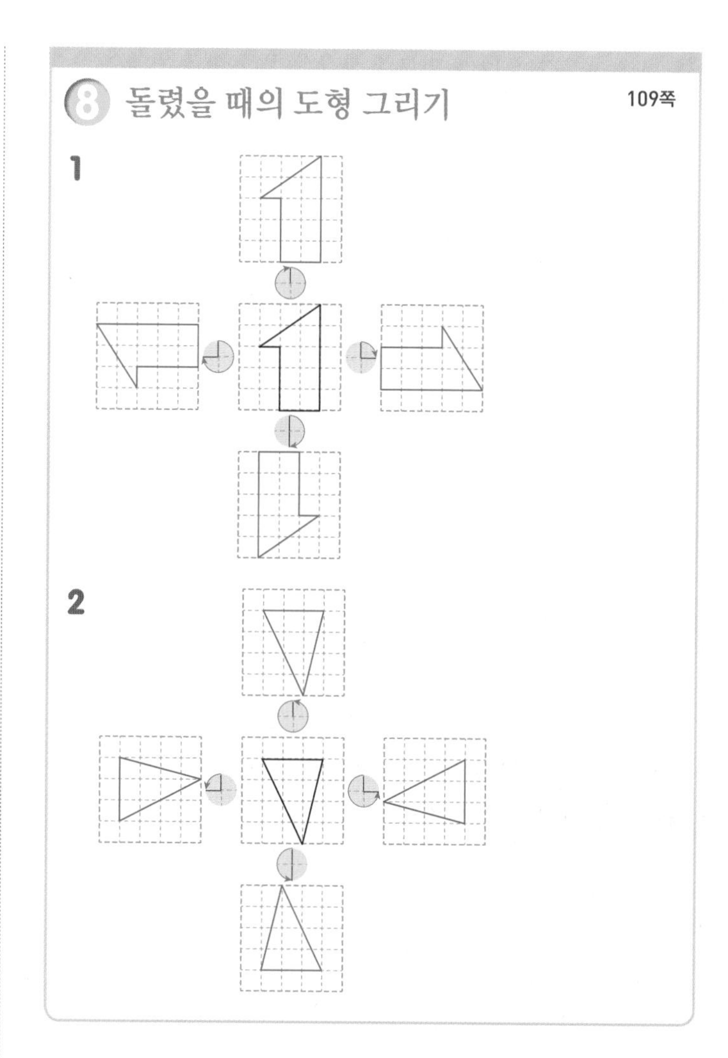

9 도형을 주어진 길이만큼 밀기 110쪽

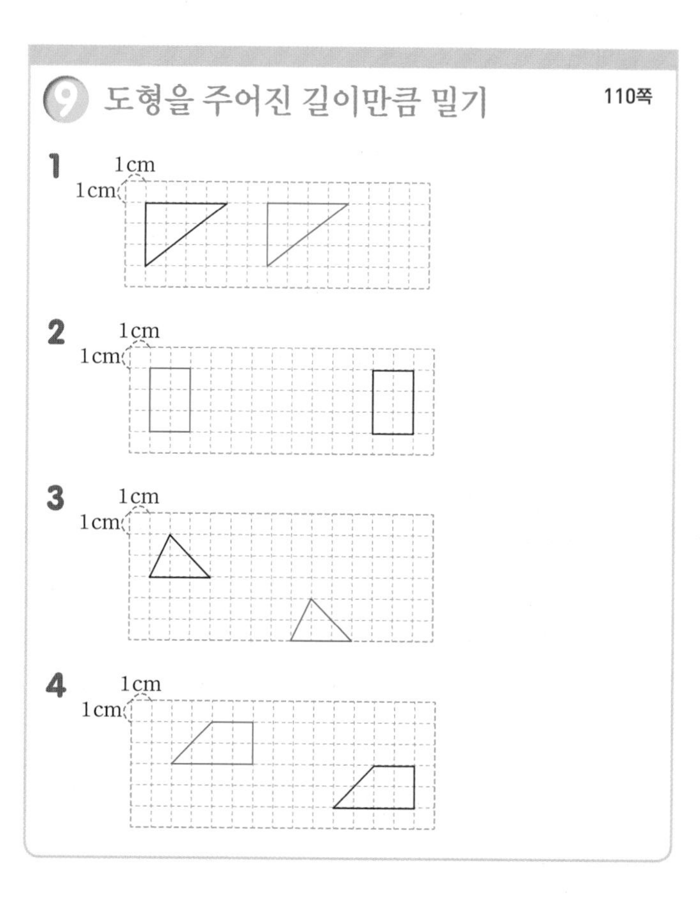

1 모눈 한 칸이 1cm이므로 삼각형의 한 변을 기준으로 오른쪽으로 6칸 밀었을 때의 도형을 그립니다.

2 모눈 한 칸이 1cm이므로 사각형의 한 변을 기준으로 왼쪽으로 11칸 밀었을 때의 도형을 그립니다.

3 모눈 한 칸이 1cm이므로 삼각형의 한 변을 기준으로 오른쪽으로 7칸 민 다음 아래쪽으로 3칸 밀었을 때의 도형을 그립니다.

4 모눈 한 칸이 1cm이므로 사각형의 한 변을 기준으로 위쪽으로 2칸 민 다음 왼쪽으로 8칸 밀었을 때의 도형을 그립니다.

10 도형을 여러 방향으로 뒤집기 110쪽

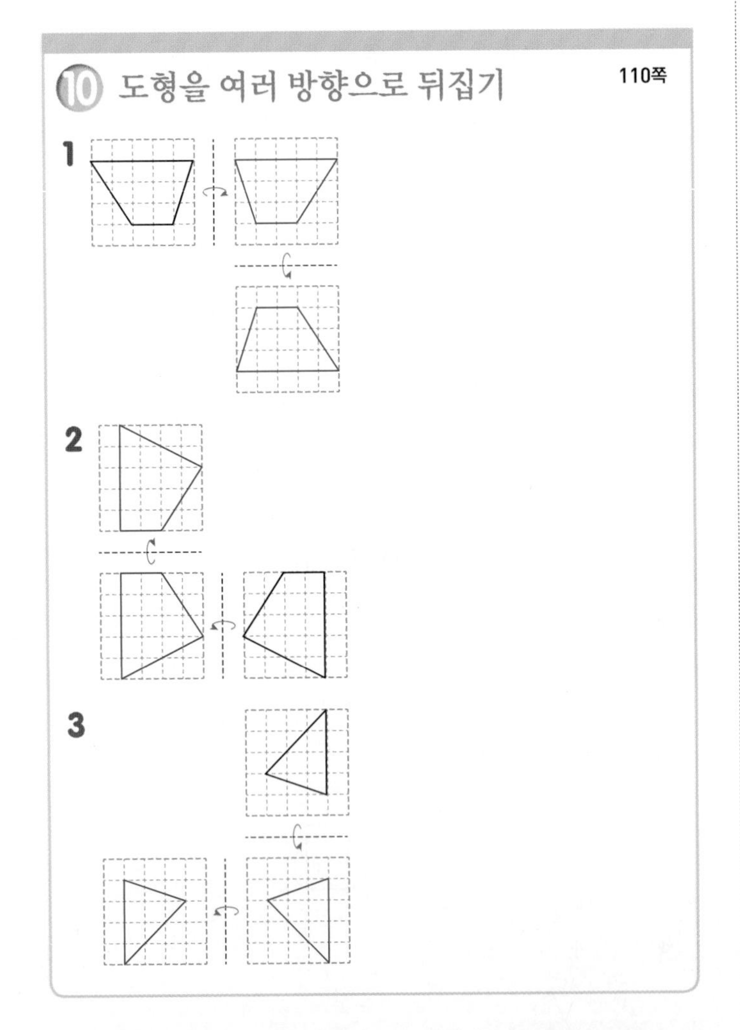

1 도형을 오른쪽으로 뒤집으면 도형의 오른쪽과 왼쪽이 서로 바뀌고, 다시 도형을 아래쪽으로 뒤집으면 도형의 위쪽과 아래쪽이 서로 바뀝니다.

2 도형을 왼쪽으로 뒤집으면 도형의 오른쪽과 왼쪽이 서로 바뀌고, 다시 도형을 위쪽으로 뒤집으면 도형의 위쪽과 아래쪽이 서로 바뀝니다.

3 도형을 아래쪽으로 뒤집으면 도형의 위쪽과 아래쪽이 서로 바뀌고, 다시 도형을 왼쪽으로 뒤집으면 도형의 오른쪽과 왼쪽이 서로 바뀝니다.

11 퍼즐 조각 맞추기 111쪽

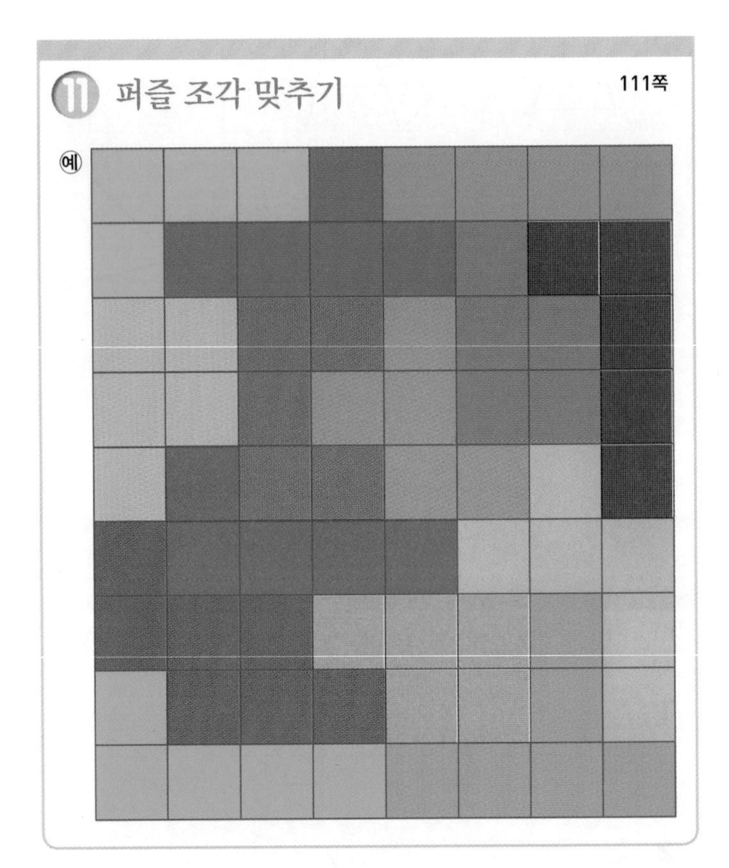

12 도형을 여러 번 돌리기 112쪽

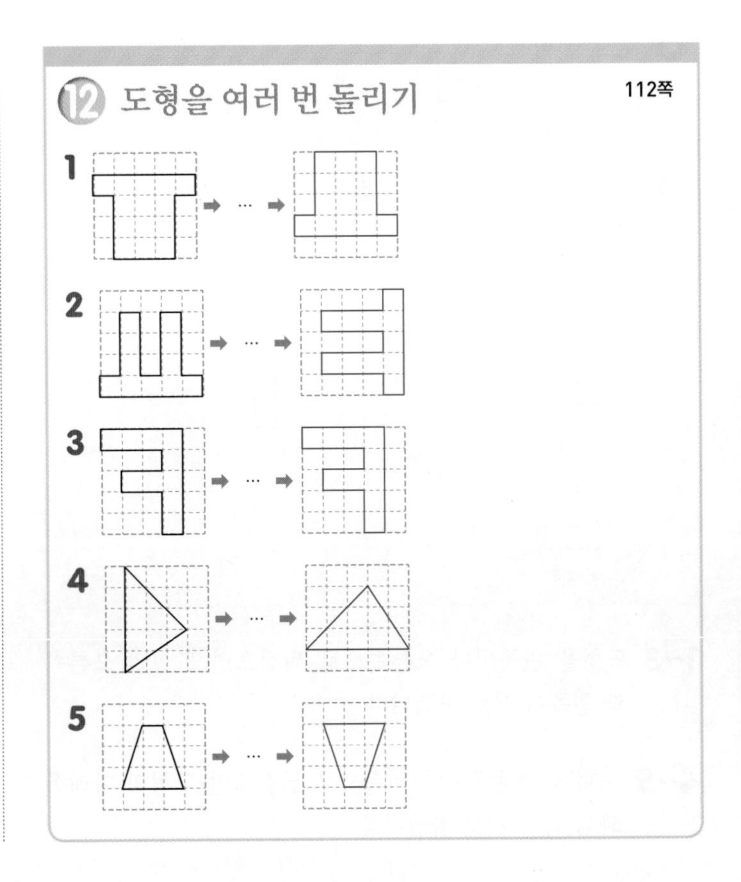

2 도형을 시계 방향으로 90°만큼 3번 돌린 도형은 시계 방향으로 270°만큼 돌린 도형과 같습니다.

3 도형을 시계 방향으로 90°만큼 4번 돌린 도형은 시계 방향으로 360°만큼 돌린 도형과 같습니다.

4 도형을 시계 반대 방향으로 90°만큼 4번 돌린 도형은 처음 도형과 같으므로 시계 반대 방향으로 90°만큼 5번 돌린 도형은 시계 반대 방향으로 90°만큼 돌린 도형과 같습니다.

5 도형을 시계 반대 방향으로 90°만큼 4번 돌린 도형은 처음 도형과 같으므로 시계 반대 방향으로 90°만큼 6번 돌린 도형은 시계 반대 방향으로 90°만큼 2번 돌린 도형과 같습니다.

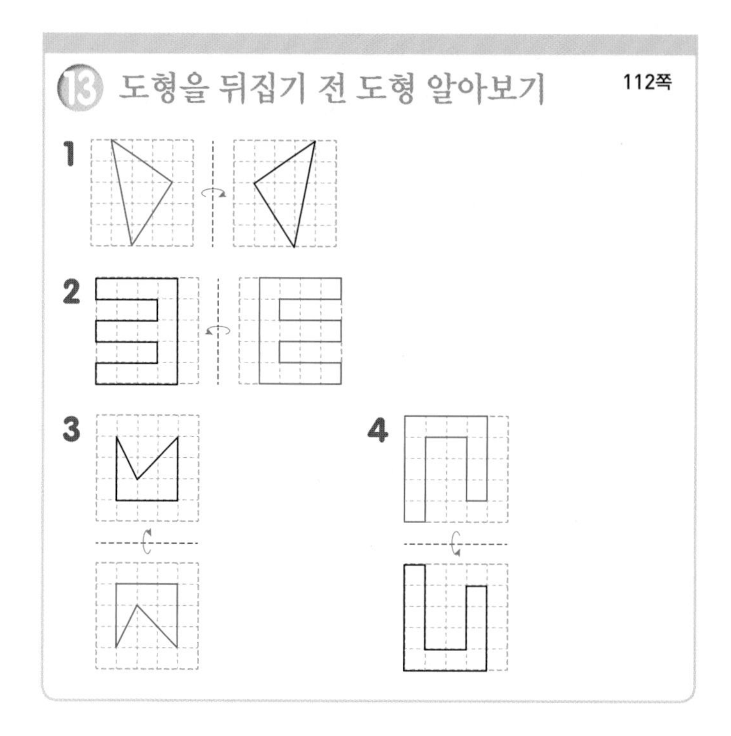

1 오른쪽으로 뒤집은 도형을 왼쪽으로 뒤집으면 처음 도형이 됩니다.

2 왼쪽으로 뒤집은 도형을 오른쪽으로 뒤집으면 처음 도형이 됩니다.

3 위쪽으로 뒤집은 도형을 아래쪽으로 뒤집으면 처음 도형이 됩니다.

4 아래쪽으로 뒤집은 도형을 위쪽으로 뒤집으면 처음 도형이 됩니다.

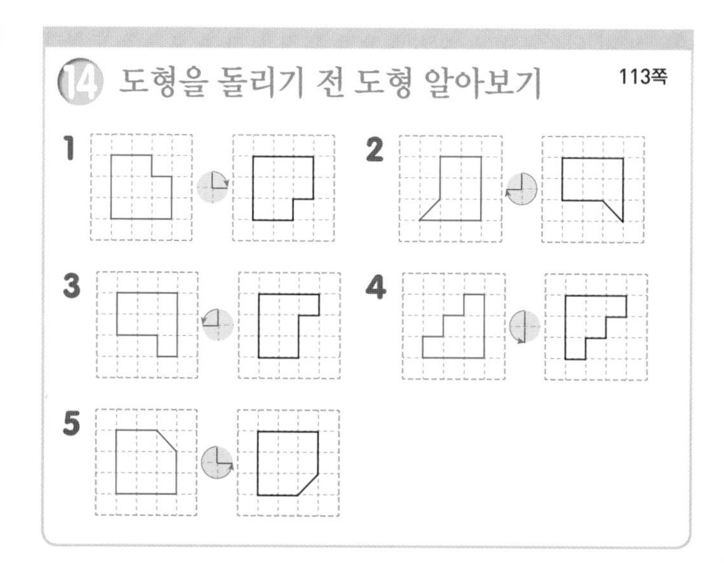

1 시계 방향으로 90°만큼 돌린 도형을 시계 반대 방향으로 90°만큼 돌리면 처음 도형이 됩니다.

2 시계 방향으로 270°만큼 돌린 도형을 시계 반대 방향으로 270°만큼 돌리면 처음 도형이 됩니다.

3 시계 반대 방향으로 90°만큼 돌린 도형을 시계 방향으로 90°만큼 돌리면 처음 도형이 됩니다.

4 시계 반대 방향으로 180°만큼 돌린 도형을 시계 방향으로 180°만큼 돌리면 처음 도형이 됩니다.

5 시계 반대 방향으로 270°만큼 돌린 도형을 시계 방향으로 270°만큼 돌리면 처음 도형이 됩니다.

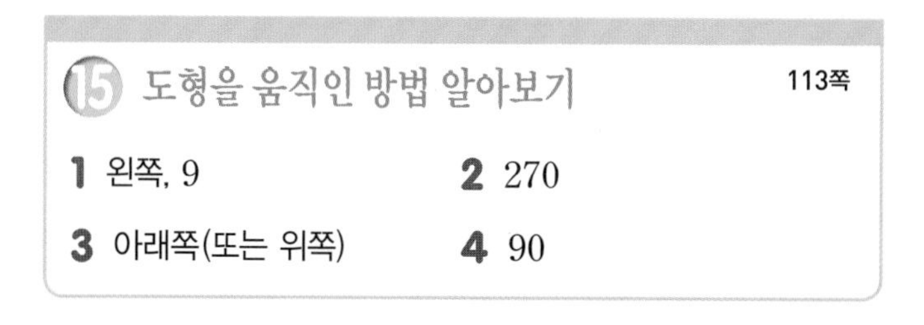

2 ㉮ 도형을 시계 반대 방향으로 270°만큼 돌리면 ㉯ 도형이 됩니다.

3 도형의 오른쪽과 왼쪽, 위쪽과 아래쪽이 서로 바뀌었으므로 왼쪽으로 뒤집기와 위쪽(아래쪽)으로 뒤집기를 각각 한 번씩 한 것입니다.

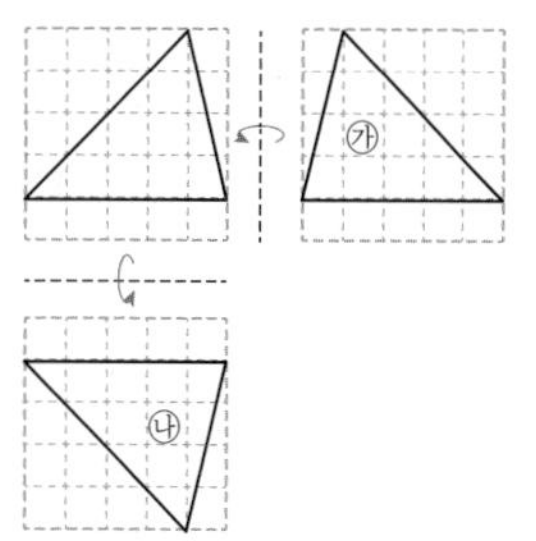

4 먼저 왼쪽 도형을 아래쪽으로 뒤집은 다음 오른쪽 도형과 비교합니다.

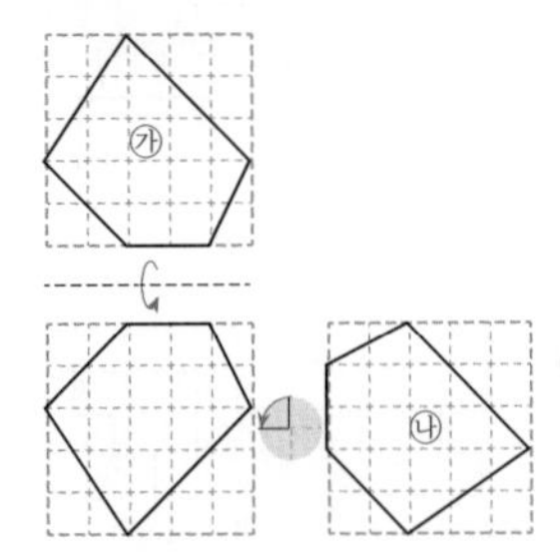

16 무늬 만들기

114쪽

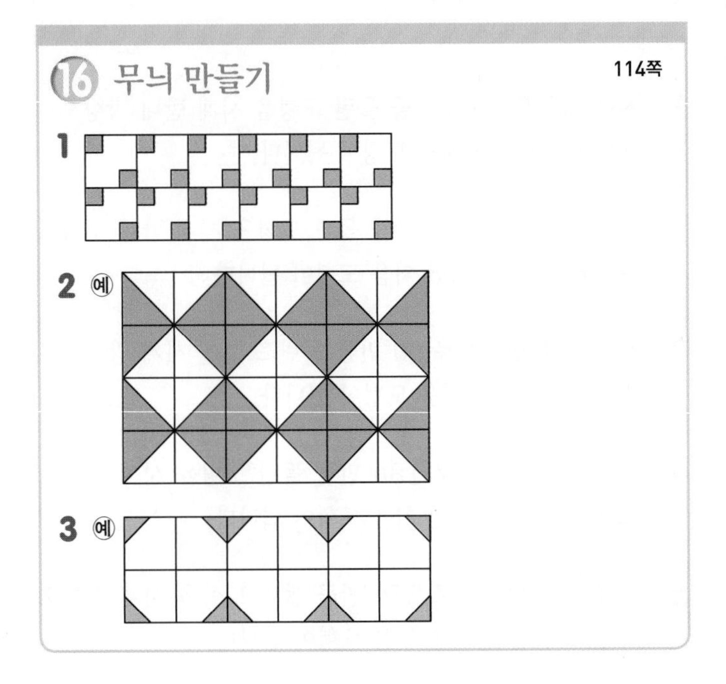

1 모양을 오른쪽으로 미는 것은 반복하여 첫째 줄의 모양을 만들고, 그 모양을 아래쪽으로 밀어서 무늬를 만들 수 있습니다.

2 모양을 오른쪽으로 뒤집는 것을 반복하여 첫째 줄의 모양을 만들고, 그 모양을 아래쪽으로 뒤집는 것을 반복하여 무늬를 만들 수 있습니다.

3 모양을 시계 방향으로 90°만큼 돌리는 것을 반복하여 모양을 만들고, 그 모양을 오른쪽으로 밀어서 무늬를 만들 수 있습니다.

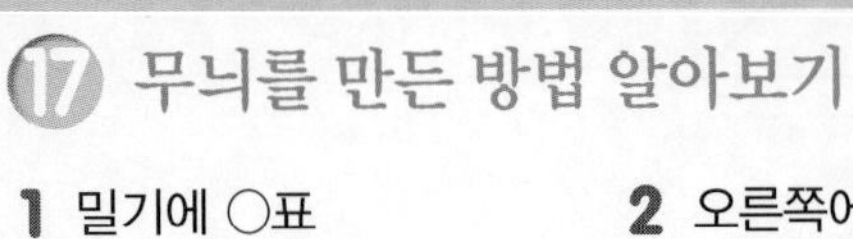

17 무늬를 만든 방법 알아보기

114쪽

1 밀기에 ○표 **2** 오른쪽에 ○표

3 밀기, 아래쪽에 ○표 **4** 90°, 밀기에 ○표

단원 평가

115~117쪽

1 ㄹ

2

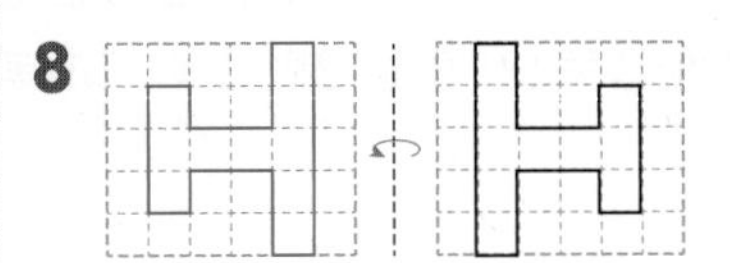

3 (○) (   ) (   )

4 왼쪽, 5

5 예 왼쪽, 6 / 아래쪽, 4

6 ㉢

7 위쪽(또는 아래쪽)

8

9 ③, ⑤

10

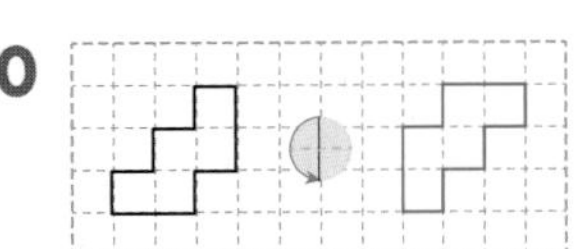

11 ㉢, ㉣

12 ㉯

13 ㉮

14

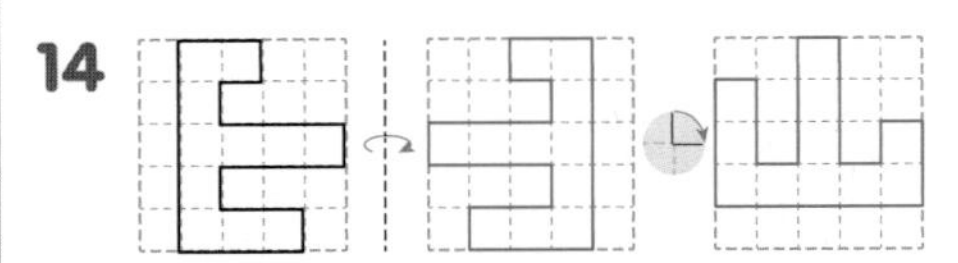

15 (   ) (○) (   )

16 예

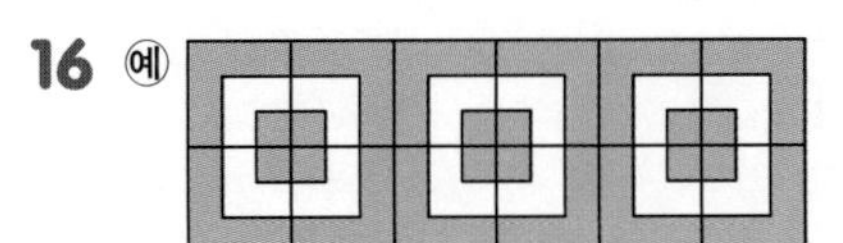

17 ㉢

18

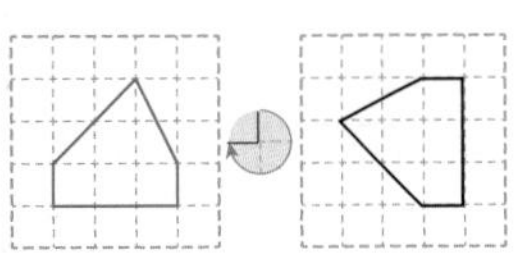

19 예 방향으로 180°만큼 돌렸습니다.

20 예 아래쪽으로 뒤집었을 때 생기는 수는 85입니다. / 85

1

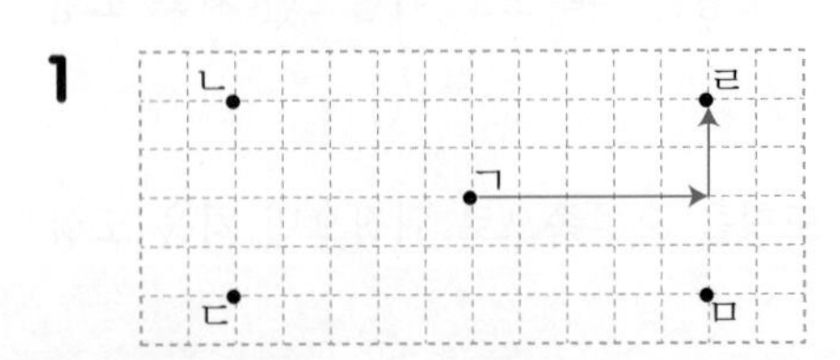

2 모눈 한 칸이 1 cm이므로 점 ㄱ을 왼쪽으로 4칸, 아래쪽으로 3칸 이동합니다.

3 모양 조각을 왼쪽으로 밀어도 모양은 변하지 않습니다.

4 가 조각을 왼쪽으로 5cm만큼 밀면 빨간색 사각형이 완성됩니다.

5 점 ㄱ을 먼저 아래쪽으로 4칸 이동한 다음 왼쪽으로 6칸 이동해도 됩니다.

6 도형의 위쪽과 아래쪽이 서로 바뀐 도형은 ㉢입니다.

7 도형의 위쪽과 아래쪽이 서로 바뀌었으므로 위쪽이나 아래쪽으로 뒤집은 것입니다.

8 도형을 왼쪽으로 뒤집으면 도형의 오른쪽과 왼쪽이 서로 바뀝니다.

9 도형의 위쪽이 왼쪽으로 이동했으므로 시계 반대 방향으로 90°만큼 돌린 것입니다.
만큼 돌린 도형과 만큼 돌린 도형은 같습니다.

10 도형을 시계 반대 방향으로 180°만큼 돌리면 도형의 위쪽이 아래쪽으로, 왼쪽이 오른쪽으로 이동합니다.

11 오른쪽으로 뒤집었을 때 처음 모양과 같으려면 도형의 왼쪽과 오른쪽이 서로 같아야 합니다.

12 ㉮ 도형의 위쪽이 오른쪽으로 이동한 도형은 ㉯ 도형이므로 ㉮ 도형을 시계 방향으로 90°만큼 돌리면 ㉯ 도형이 됩니다.

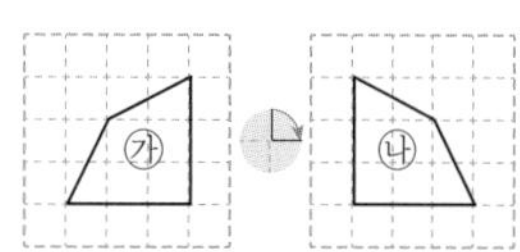

13 ㉰ 도형의 위쪽이 아래쪽으로, 왼쪽이 오른쪽으로 이동한 도형은 ㉮ 도형이므로 ㉰ 도형을 시계 반대 방향으로 180°만큼 돌리면 ㉮ 도형이 됩니다.

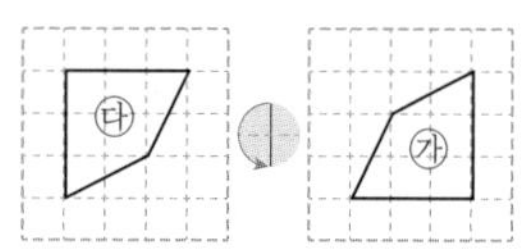

14 도형을 오른쪽으로 뒤집으면 도형의 오른쪽과 왼쪽이 서로 바뀌고, 다시 시계 방향으로 90°만큼 돌리면 도형의 위쪽이 오른쪽으로 이동합니다.

15 나 라가 찍히려면 도장에 새긴 모양은 왼쪽과 오른쪽 또는 위쪽과 아래쪽이 서로 바뀐 모양이 되어야 합니다.

16 모양을 오른쪽으로 뒤집는 것을 반복하여 첫째 줄의 모양을 만들고, 그 모양을 아래쪽으로 뒤집어서 무늬를 만들 수 있습니다.

17 모양을 시계 방향으로 90°만큼 돌리는 것을 반복하여 모양을 만들고, 그 모양을 오른쪽으로 밀어서 무늬를 만들었습니다.

18 시계 방향으로 270°만큼 돌린 도형을 시계 반대 방향으로 270°만큼 돌리면 처음 도형이 됩니다.

서술형
19

평가 기준	배점(5점)
도형의 이동 방법을 바르게 설명했나요?	5점

다른 풀이
도형을 시계 반대 방향으로 180°만큼 돌려도 됩니다.

서술형
20

평가 기준	배점(5점)
수 카드를 아래쪽으로 뒤집었을 때 생기는 수를 구했나요?	5점

1 막대그래프 알아보기 121쪽

① ① 색깔, 학생 수 ② 1 ③ 막대그래프

② ① 종이류 ② 캔류

1 ② 세로 눈금 5칸이 5명을 나타내므로 세로 눈금 한 칸은 1명을 나타냅니다.

③ 표는 조사한 자료별 수량과 합계를 알아보기 쉽습니다. 막대그래프는 수량의 많고 적음을 한눈에 비교하기 쉽습니다.

2 ① 막대의 길이가 가장 긴 재활용품은 종이류입니다.

② 막대의 길이가 가장 짧은 재활용품은 캔류입니다.

2 막대그래프 나타내기 123쪽

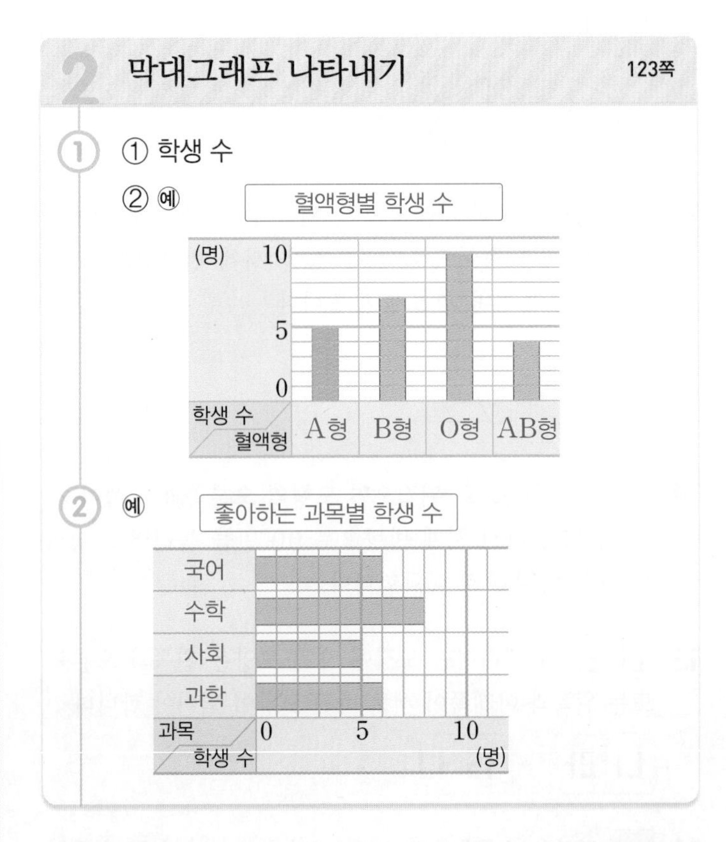

1 ② 세로 눈금 한 칸은 1명을 나타내므로 A형은 5칸, B형은 7칸, O형은 10칸, AB형은 4칸으로 나타냅니다.

2 가로 눈금 5칸이 5명을 나타내므로 가로 눈금 한 칸은 1명을 나타냅니다.
따라서 국어는 6칸, 수학은 8칸, 사회는 5칸, 과학은 6칸으로 나타냅니다.

3 막대그래프 활용하기 125쪽

① 음식물, ㉠ 급식으로 가져온 음식 남기지 말기
② ① 줄어들었습니다에 ○표 ② 줄어들에 ○표

1 '음식을 먹을 만큼만 가져 오기' 등 음식물 쓰레기를 줄일 수 있는 방법을 썼으면 정답입니다.

기본기 강화 문제

① 세로로 된 막대그래프 알아보기 126쪽

1 반려동물 **2** 학생 수
3 기르고 싶은 반려동물별 학생 수
4 고양이 **5** 햄스터

② 세로 눈금 한 칸의 크기 알아보기 126쪽

1 1명 **2** 2명 **3** 50대

1 세로 눈금 5칸이 5명을 나타내므로 세로 눈금 한 칸은 1명을 나타냅니다.

2 세로 눈금 5칸이 10명을 나타내므로 세로 눈금 한 칸은 $10 \div 5 = 2$(명)을 나타냅니다.

3 세로 눈금 2칸이 100대를 나타내므로 세로 눈금 한 칸은 $100 \div 2 = 50$(대)를 나타냅니다.

③ 가로로 된 막대그래프 알아보기 127쪽

1 붙임딱지 수 **2** 이름
3 학생별 모은 붙임딱지 수 **4** 서영
5 민혁

④ 가로 눈금 한 칸의 크기 알아보기 127쪽

1 1권 **2** 2마리 **3** 40명

1 가로 눈금 5칸이 5권을 나타내므로 가로 눈금 한 칸은 1권을 나타냅니다.

2 가로 눈금 5칸이 10마리를 나타내므로 가로 눈금 한 칸은 $10 \div 5 = 2$(마리)를 나타냅니다.

3 가로 눈금 5칸이 200명을 나타내므로 가로 눈금 한 칸은 $200 \div 5 = 40$(명)을 나타냅니다.

⑤ 막대그래프의 내용 알아보기 128쪽

1 9명 **2** 사과, 자두
3 6명 **4** ㉠ 자두

1 세로 눈금 한 칸은 1명을 나타내므로 사과를 좋아하는 학생은 9명입니다.

2 막대의 길이가 귤보다 더 긴 과일은 사과와 자두입니다.

3 자두를 좋아하는 학생은 10명이고, 포도를 좋아하는 학생은 4명이므로 자두를 좋아하는 학생은 포도를 좋아하는 학생보다 $10 - 4 = 6$(명) 더 많습니다.

4 자두를 좋아하는 학생이 가장 많으므로 자두를 선물하는 것이 좋겠습니다.

⑥ 막대그래프 완성하기 128쪽

1 배우고 싶은 전통 악기별 학생 수

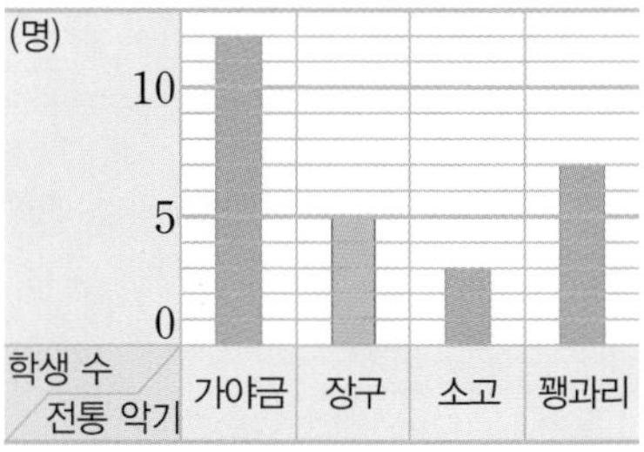

(명)
10
5
0
학생 수 / 전통 악기 | 가야금 | 장구 | 소고 | 꽹과리

2

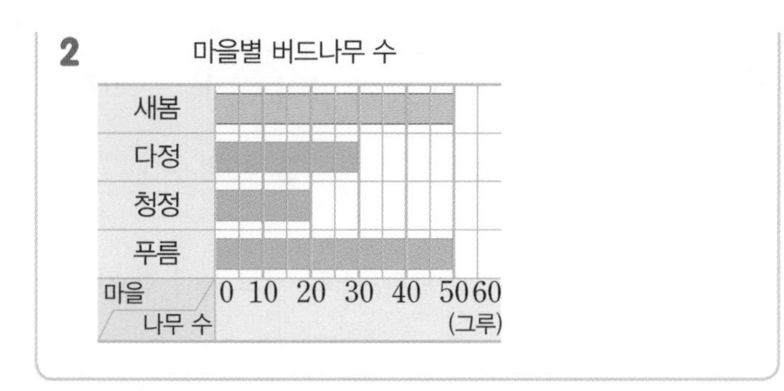

1 가야금: 12명, 소고: 3명, 꽹과리: 7명
➡ (장구를 배우고 싶은 학생 수)
=27−12−3−7=5(명)

2 다정 마을: 30그루, 청정 마을: 20그루, 푸름 마을: 50그루
➡ (새봄 마을에서 자라는 버드나무 수)
=150−30−20−50=50(그루)

7 자료를 조사하여 막대그래프로 나타내기 129쪽

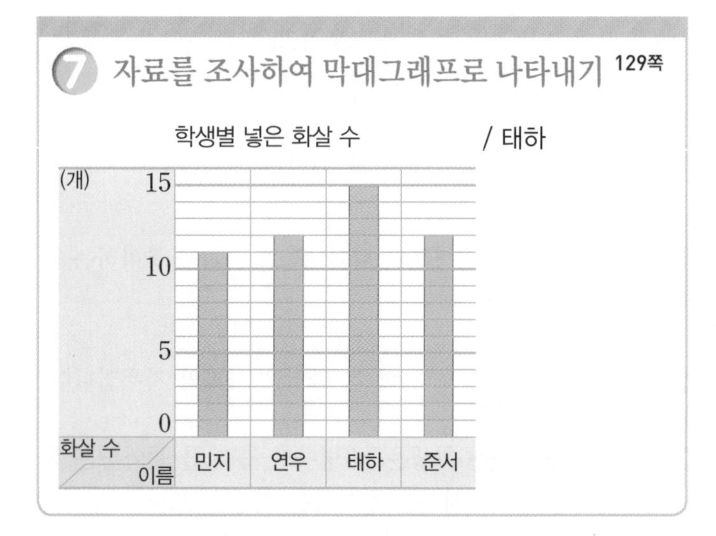

- (민지가 넣은 전체 화살 수)=5+6=11(개)
(연우가 넣은 전체 화살 수)=8+4=12(개)
(태하가 넣은 전체 화살 수)=6+9=15(개)
(준서가 넣은 전체 화살 수)=7+5=12(개)
따라서 우승 상품을 받은 사람은 화살을 가장 많이 넣은 태하입니다.

8 이야기를 읽고 막대그래프 완성하기 130쪽

1

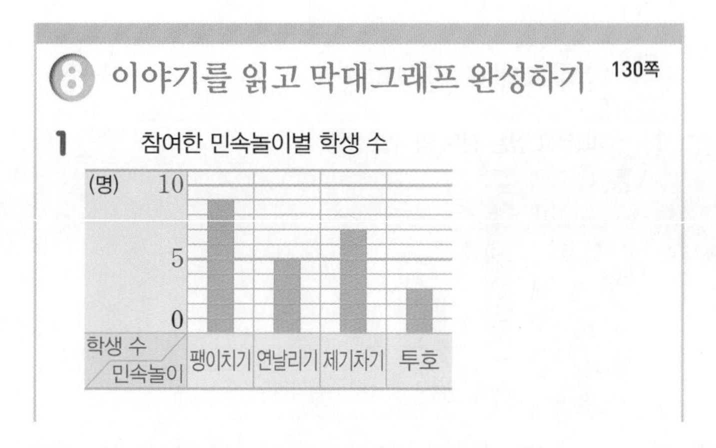

2 ㉑

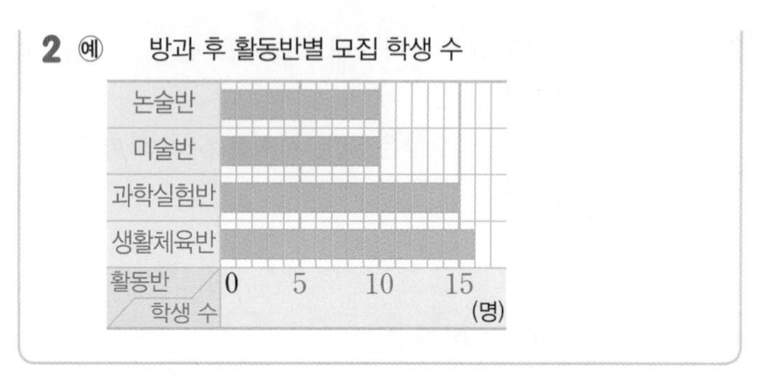

2 가로에 학생 수, 세로에 활동반을 씁니다.

9 막대그래프를 보고 알 수 있는 내용 쓰기 130쪽

1 ㉑ 2018년에 메달을 가장 많이 획득했습니다.
2014년에 메달을 가장 적게 획득했습니다.

2 ㉑ 2014년의 자동차 등록 대수는 2000만 대입니다.
2014년부터 자동차 등록 대수가 늘어나고 있습니다.

2 막대 길이를 살펴보면 해마다 늘어나는 것을 알 수 있습니다.

단원 평가 131~133쪽

1 1명 **2** 9, 7, 11, 4, 31
3 도넛 **4** 막대그래프
5 7명 **6** 1반
7 3명 **8** 42명
9 8명
10

좋아하는 색깔별 학생 수

(명) 10 5 0
학생 수 / 색깔
빨간색 노란색 파란색 보라색 초록색

11 파란색, 보라색 **12** ㉑ 파란색

13 학생 수

14 예 가고 싶은 체험 학습 장소별 학생 수

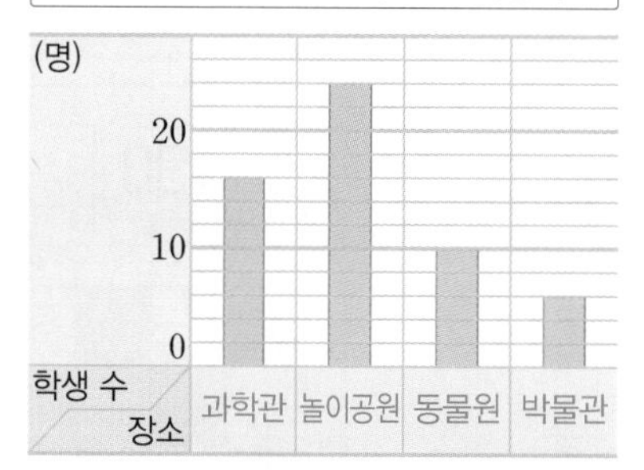

15 예 가고 싶은 체험 학습 장소별 학생 수

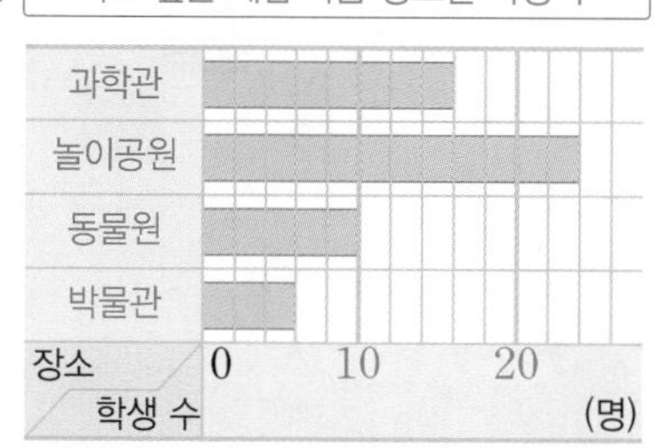

16 35대 **17** 12상자

18 예 귤

19 예 1명을 나타내므로 1반에서 방학 캠프에 참가한 학생은 18명입니다. / 18명

20 예 학생이 가장 적은 반은 2반입니다.

1 세로 눈금 5칸이 5명을 나타내므로 세로 눈금 한 칸은 1명을 나타냅니다.

2 (합계)$=9+7+11+4=31$(명)

3 가장 많은 학생들이 좋아하는 간식은 막대의 길이가 가장 긴 도넛입니다.

4 표는 조사한 자료의 수량과 합계를 알아보기 쉽고, 막대그래프는 자료별 수량의 많고 적음을 한눈에 비교하기 쉽습니다.

5 세로 눈금 한 칸은 1명을 나타내므로 2반에서 안경을 쓴 학생은 7명입니다.

6 안경을 쓴 학생이 가장 적은 반은 막대의 길이가 가장 짧은 1반입니다.

7 안경을 쓴 학생이 3반은 12명, 4반은 9명이므로 3반은 4반보다 안경을 쓴 학생이 $12-9=3$(명) 더 많습니다.

8 1반: 4명, 2반: 7명, 3반: 12명, 4반: 9명, 5반: 10명
➡ (합계)$=4+7+12+9+10=42$(명)

9 빨간색: 6명, 노란색: 7명, 파란색: 10명, 초록색: 3명
➡ (보라색을 좋아하는 학생 수)
$=34-6-7-10-3=8$(명)

10 세로 눈금 한 칸이 1명을 나타내므로 보라색은 8칸이 되도록 막대를 그립니다.

11 노란색보다 막대의 길이가 더 긴 색깔은 파란색, 보라색입니다.

12 파란색을 좋아하는 학생들이 가장 많으므로 파란색으로 정하는 것이 좋겠습니다.

13 가로에 체험 학습 장소를 나타냈으므로 세로에는 학생 수를 나타내야 합니다.

14 세로 눈금 5칸이 10명을 나타내므로 세로 눈금 한 칸은 $10\div5=2$(명)을 나타냅니다.
따라서 과학관은 $16\div2=8$(칸), 놀이공원은 $24\div2=12$(칸), 동물원은 $10\div2=5$(칸), 박물관은 $6\div2=3$(칸)으로 나타냅니다.

15 가로 눈금 한 칸을 2명으로 하여 과학관은 8칸, 놀이공원은 12칸, 동물원은 5칸, 박물관은 3칸이 되도록 막대를 가로로 그립니다.

16 가로 눈금 5칸이 25대를 나타내므로 가로 눈금 한 칸은 $25\div5=5$(대)를 나타냅니다. 자동차를 가장 많이 판 대리점은 D 대리점으로 80대이고, 자동차를 가장 적게 판 대리점은 C 대리점으로 45대입니다.
따라서 두 대리점의 판매량의 차는 $80-45=35$(대)입니다.

17 세로 눈금 5칸이 10상자를 나타내므로 세로 눈금 한 칸은 $10\div5=2$(상자)를 나타냅니다.
포도는 6칸이므로 12상자를 팔았습니다.

18 가장 많이 팔린 귤을 가장 많이 준비해야 합니다.

서술형
19

평가 기준	배점(5점)
가로 눈금 한 칸의 크기를 알았나요?	2점
1반에서 방학 캠프에 참가한 학생 수를 구했나요?	3점

서술형
20 다른 풀이

방학 캠프에 참가한 학생 수가 많은 반부터 차례로 쓰면 3반, 1반, 4반, 2반입니다.

평가 기준	배점(5점)
막대그래프에서 알 수 있는 내용을 썼나요?	5점

6 규칙 찾기

민주와 친구는 타일로 된 벽을 규칙적으로 색칠하고 있어요.
11시 30분에 색칠해야 할 타일에 알맞게 색칠해 보세요.

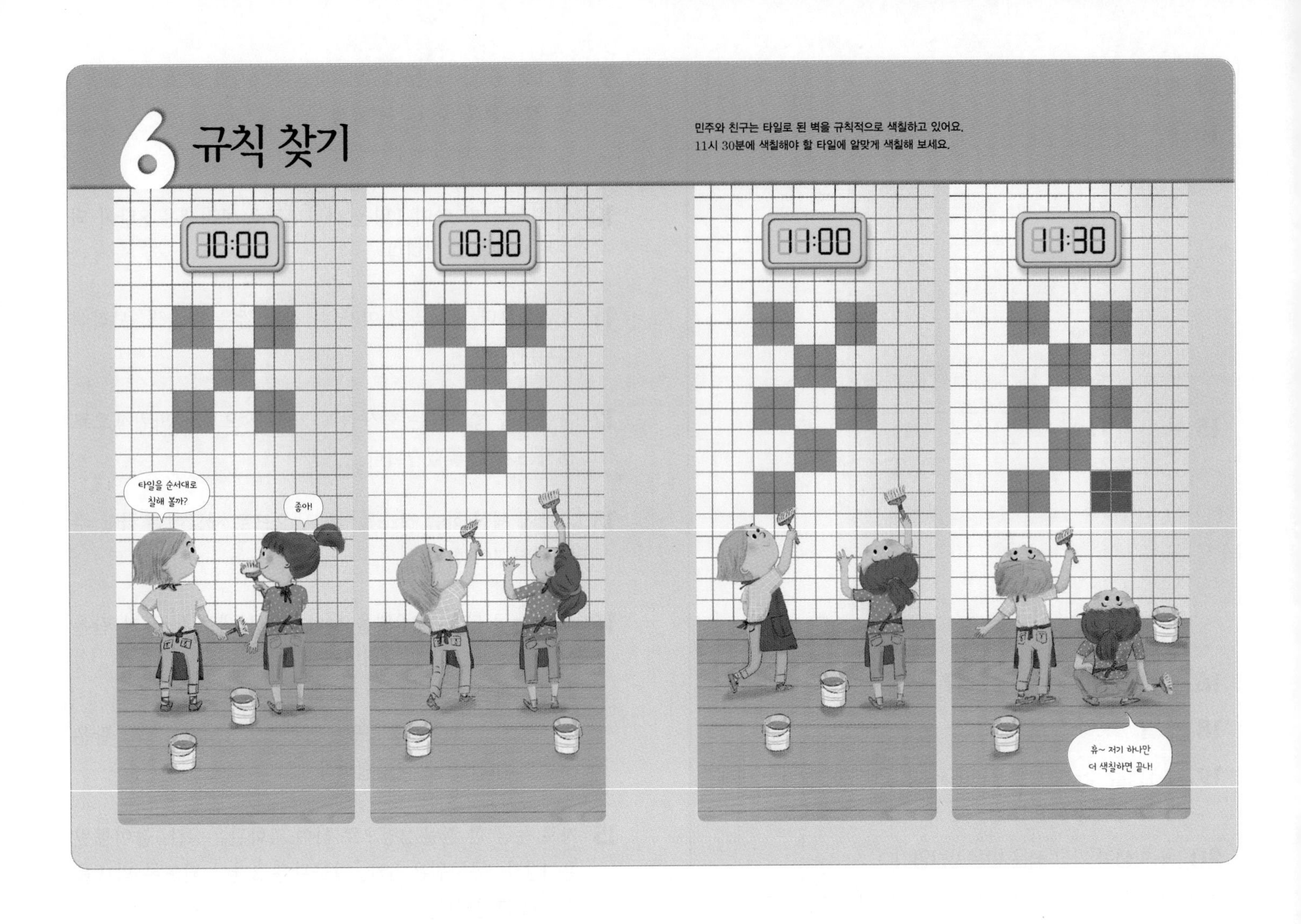

1 수의 배열에서 규칙 찾기 137쪽

① ① 100 ② 1000

② (위에서부터) 400, 1000, 2500

③ ① 일 ② (위에서부터) 9, 6, 5, 0

1 ① 2003부터 시작하여 오른쪽으로 백의 자리 수가 1씩 커지므로 100씩 커지는 규칙입니다.
② 6103부터 시작하여 아래쪽으로 천의 자리 수가 1씩 작아지므로 1000씩 작아지는 규칙입니다.

2 • 가로(→)는 오른쪽으로 2씩 곱하는 규칙입니다.
• 세로(↓)는 아래쪽으로 5씩 곱하는 규칙입니다.

3 ① $11\times111=1221$ ➡ 1, $11\times112=1232$ ➡ 2, $11\times113=1243$ ➡ 3
두 수의 곱셈의 결과에서 일의 자리 수를 씁니다.
② $13\times113=1469$ ➡ 9, $14\times114=1596$ ➡ 6, $15\times115=1725$ ➡ 5, $15\times116=1740$ ➡ 0

2 모양의 배열에서 규칙 찾기 139쪽

① ① 3, 3, 3 ② 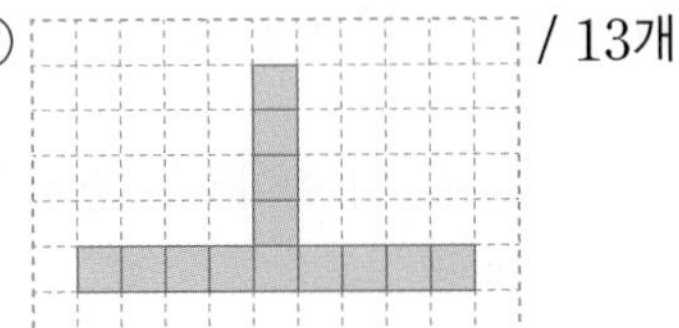 / 13개

② ① (왼쪽에서부터) 9 / $1+3+5+7$, 16
② $1+3+5+7+9$ / 25

1 ② 다섯째 식은 $1+3+3+3+3$이므로 다섯째에 알맞은 쌓기나무는 13개입니다.

2 ① 사각형이 1개에서 시작하여 3개, 5개, 7개, ...씩 늘어납니다.
셋째: $1+3+5=9$
넷째: $1+3+5+7=16$
② 다섯째: $1+3+5+7+9=25$

기본기 강화 문제

① 수 배열표에서 규칙 찾기 140쪽

1 100

2 ⓔ 4200부터 시작하여 ↘ 방향으로 1200씩 커지는 규칙입니다.

3 ⓔ 123부터 시작하여 아래쪽으로 100, 200, 300, ...씩 커지는 규칙입니다.

1 8007부터 시작하여 오른쪽으로 백의 자리 수가 1씩 커지므로 100씩 커지는 규칙입니다.

2 4200부터 시작하여 오른쪽으로 100씩 커지고, 아래쪽으로 1100씩 커지므로 ↘ 방향으로 1200씩 커지는 규칙입니다.

3 123부터 시작하여 아래쪽으로 백의 자리 수가 1, 2, 3, ...씩 커지므로 100, 200, 300, ...씩 커지는 규칙입니다.

② 수 배열표에서 빈칸에 알맞은 수 구하기 140쪽

1 (위에서부터) 545, 625, 805, 935, 945

2 (위에서부터) 4501, 4601, 3201, 3601, 2301

3 (위에서부터) 10305, 20406, 30204, 40305, 50103

4 (위에서부터) 45, 339, 342, 633, 1039

1 가로(→)는 오른쪽으로 10씩 커지고, 세로(↓)는 아래쪽으로 100씩 커지는 규칙입니다.

2 가로(→)는 오른쪽으로 100씩 커지고, 세로(↓)는 아래쪽으로 1000씩 작아지는 규칙입니다.

3 가로(→)는 오른쪽으로 101씩 커지고, 세로(↓)는 아래쪽으로 10000씩 커지는 규칙입니다.

4 가로(→)는 오른쪽으로 3씩 커지고, 세로(↓)는 아래쪽으로 100, 200, 300, ...씩 커지는 규칙입니다.

③ 수의 배열에서 규칙 찾기 141쪽

1 (1) 3 (2) 4

2 (1) 2 (2) 8

3 (1) 2 (2) 5

1 (1) 가로: 4−7−10−13이므로 오른쪽으로 3씩 커지는 규칙입니다.
(2) ↘ 방향: 1−5−9−13이므로 4씩 커지는 규칙입니다.

2 (1) ◎ 방향: 2−4−6−8−⋯이므로 2씩 커지는 규칙입니다.
(2) ↑ 방향: 8−16−24이므로 8씩 커지는 규칙입니다.

3 (1) 가로: 3−5−7−9−11이므로 오른쪽으로 2씩 커지는 규칙입니다.
(2) ↘ 방향: 1−6−11−16이므로 5씩 커지는 규칙입니다.

④ 수의 배열에서 빈칸에 알맞은 수 구하기 141쪽

1 1702, 1502, 1402

2 4803, 5803, 7803

3 2405, 2705

4 168, 336

5 18, 6

1 1902부터 시작하여 오른쪽으로 100씩 작아지는 규칙입니다.

2 2803부터 시작하여 오른쪽으로 1000씩 커지는 규칙입니다.

3 2205부터 시작하여 오른쪽으로 100씩 커지는 규칙입니다.

4 21부터 시작하여 오른쪽으로 2씩 곱하는 규칙입니다.

5 486부터 시작하여 오른쪽으로 3으로 나누는 규칙입니다.

5 규칙을 찾아 식으로 나타내기 142쪽

1 3 / 3, 4　　**2** 5 / 7

3 6 / 9　　**4** 4 / 4, 5

2 둘째 줄에 바둑돌을 2개씩 더 놓은 규칙입니다.

3 바둑돌을 위쪽, ↗ 방향, 오른쪽으로 각각 1개씩 많아지는 규칙입니다.

4 1부터 시작하여 이웃한 두 자연수를 곱하면서 곱하는 수가 1씩 커지는 규칙입니다.

6 다음에 알맞은 모양 그리기 143쪽

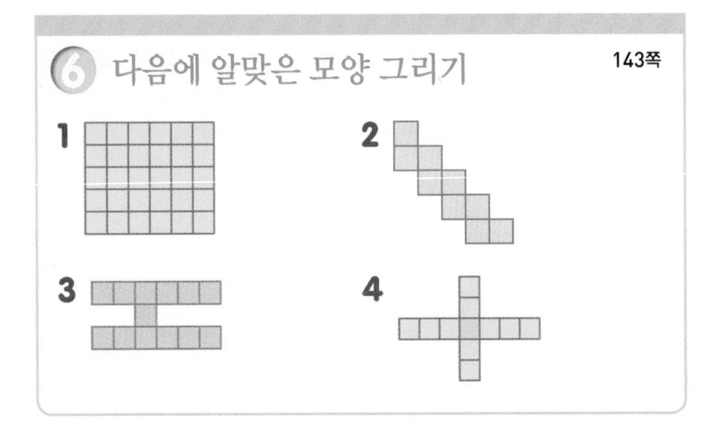

1 가로와 세로가 각각 1줄씩 더 늘어나서 이루어진 직사각형 모양입니다.

2 1개에서 시작하여 오른쪽 아래로 2개씩 늘어납니다.

3 3개에서 시작하여 오른쪽으로 2개씩, 왼쪽으로 2개씩 번갈아 가며 늘어납니다.

4 1개에서 시작하여 분홍색 사각형을 중심으로 왼쪽과 오른쪽에 1개씩, 위쪽과 아래쪽에 1개씩 번갈아 가며 늘어납니다.

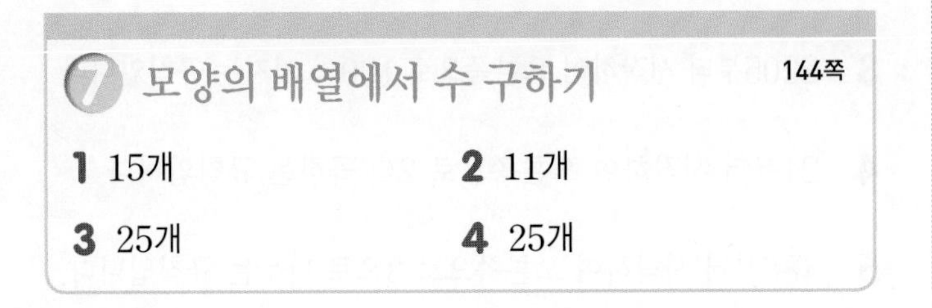

7 모양의 배열에서 수 구하기 144쪽

1 15개　　**2** 11개

3 25개　　**4** 25개

1 다섯째에 알맞은 모형은 $1+2+3+4+5=15$(개)입니다.

2 모형이 2개씩 늘어나는 규칙이므로 다섯째에 알맞은 모형은 $3+2+2+2+2=11$(개)입니다.

3 첫째: 1개
둘째: $2\times2=4$(개)
셋째: $3\times3=9$(개)
넷째: $4\times4=16$(개)
다섯째: $5\times5=25$(개)

4 첫째: 1개
둘째: $1+3=4$(개)
셋째: $1+3+5=9$(개)
넷째: $1+3+5+7=16$(개)
다섯째: $1+3+5+7+9=25$(개)

8 모양의 배열에서 규칙 찾기 144쪽

1 예 사각형이 3개에서 시작하여 오른쪽으로 3개씩 늘어납니다.

2 예 사각형이 0개에서 시작하여 가로로 1줄씩, 세로로 2줄씩 늘어나는 직사각형 모양입니다. /
예 사각형이 1개에서 시작하여 오른쪽으로 1개씩, 아래쪽으로 2개씩 늘어납니다.

3 예 사각형이 2개에서 시작하여 분홍색 사각형을 중심으로 하늘색 사각형이 시계 방향으로 90°만큼 돌리기 하며 1개씩 늘어납니다.

9 규칙을 찾아 빈칸에 알맞게 색칠하기 145쪽

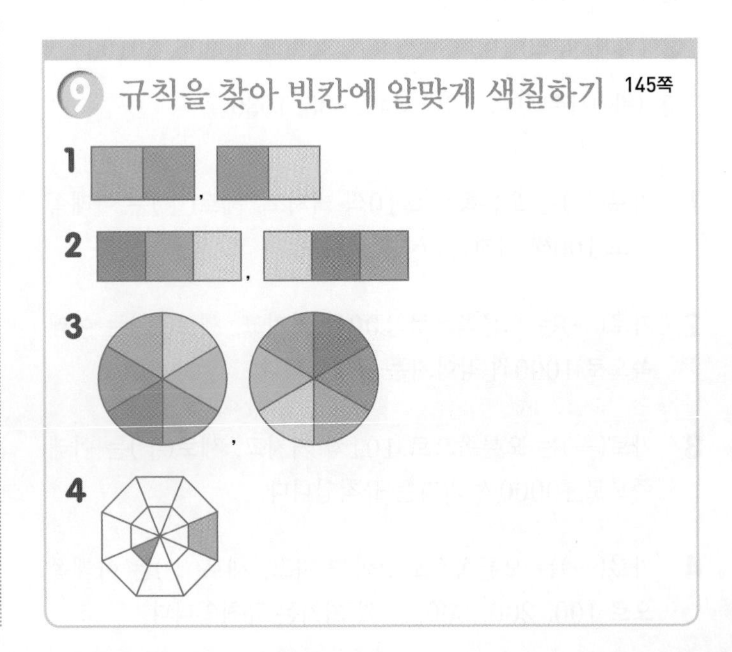

1 가 반복됩니다.

2 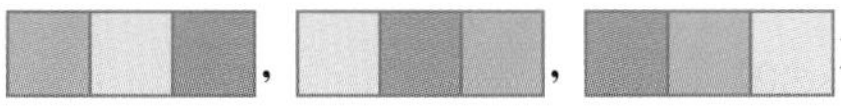가 반복됩니다.

3 색깔이 시계 방향으로 한 칸씩 이동하여 색칠되는 규칙입니다.

4 빨간색으로 칠한 부분은 시계 방향으로 한 칸씩 이동하여 색칠되는 규칙이고, 초록색으로 칠한 부분은 시계 반대 방향으로 한 칸씩 이동하여 색칠되는 규칙입니다.

3 계산식의 배열에서 규칙 찾기 147쪽

(1) ① ㉮ ② ㉰

(2) ① ㉯ ② ㉮

1 ① ㉮에서 백의 자리 수가 똑같이 작아지는 두 수의 차는 항상 235로 일정합니다.
② ㉰에서 백의 자리 수가 1씩 작아지는 수와 1씩 커지는 두 수의 합은 항상 일정하므로 다음에 알맞은 계산식은 123+812=935입니다.

2 ② ㉮에서 나누어지는 수는 110씩 커지고 나누는 수는 10씩 커지면 몫이 11로 같으므로 다음에 알맞은 계산식은 660÷60=11입니다.

4 등호(=)가 있는 식 알아보기 149쪽

(1) ① 4×3
② 예  / 5+7
③ 예 4×3=5+7

(2) 3, 커지고에 ○표 / 3, 커집니다에 ○표 / 옳은에 ○표

(3) ① ○ ② × ③ × ④ ○

3 ① 15=10+5이므로 15+4=10+5+4입니다.
② 32에서 64로 2배가 되었으므로 8에서 16으로 2배가 되어야 합니다.
③ 42에서 40으로 2만큼 작아졌으므로 25에서 23으로 2만큼 작아져야 합니다.
④ 곱셈에서 곱하는 순서를 바꾸어 곱해도 곱은 같습니다.

10 덧셈식과 뺄셈식의 배열에서 규칙에 따라 식 쓰기 150쪽

1 6000+37000=43000

2 28000+23000=51000

3 95000−43000=52000

4 89000−24000=65000

1 같은 수에 10000씩 커지는 수를 더하면 합도 10000씩 커집니다.

2 10000씩 커지는 두 수를 더하면 합은 20000씩 커집니다.

3 같은 수에서 10000씩 커지는 수를 빼면 차는 10000씩 작아집니다.

4 10000씩 커지는 수에서 10000씩 작아지는 수를 빼면 차는 20000씩 커집니다.

11 곱셈식과 나눗셈식의 배열에서 규칙에 따라 식 쓰기 150쪽

1 11×500=5500 **2** 50×21=1050

3 1100÷22=50 **4** 660÷66=10

1 11에 100씩 커지는 수를 곱하면 계산 결과는 1100씩 커집니다.

2 10씩 커지는 수에 21을 곱하면 계산 결과는 210씩 커집니다.

3 220씩 커지는 수를 22로 나누면 계산 결과는 10씩 커집니다.

4 110씩 커지는 수를 11씩 커지는 수로 나누면 계산 결과는 같습니다.

⑫ 덧셈식의 배열에서 규칙 찾기 151쪽

1 (1) $5+6+7+8=26$ (2) 여섯째

2 (1) $12+14+16+18+20=80$ (2) 일곱째

1 더하는 4개의 수가 모두 1씩 커지므로 계산 결과는 4씩 커집니다.

2 더하는 5개의 수가 모두 2씩 커지므로 계산 결과는 10씩 커집니다.

⑬ 계산 결과에 맞는 계산식 구하기 151쪽

1 $1+3+5+7+9+11+13=49$

2 $505050505\times5=2525252525$

3 $1234567654321\div1111111=1111111$

1 1에 3, 5, 7, ...과 같이 2씩 커지는 수를 차례로 더하면 2×2, 3×3, 4×4, ...와 같은 결과가 나옵니다. 결과가 $49=7\times7$이 나오는 계산식은 여섯째 계산식이므로 $1+3+5+7+9+11+13=49$입니다.

2 5, 505, 50505, ...와 같이 자리 수가 둘씩 늘어나는 수에 5를 곱하면 결과는 25, 2525, 252525, ...와 같이 자리 수가 둘씩 늘어납니다.

3 121, 12321, 1234321, ...과 같이 자리 수가 둘씩 늘어나는 수를 11, 111, 1111, ...과 같이 자리 수가 늘어나는 수로 나누면 결과는 11, 111, 1111, ...과 같이 자리 수가 늘어납니다. 결과가 일곱 자리 수인 1111111이 나오는 계산식은 여섯째 계산식이므로 $1234567654321\div1111111=1111111$입니다.

⑭ 비밀번호 찾기 152쪽

(위에서부터) 6, 4, 9, 5, 3, 7 / 649537

⑮ 저울의 균형 맞추기 153쪽

1 $50-20$, $90\div3$에 ○표

2 $10+15+10$, 7×5에 ○표

3 $93-13$, 2×40에 ○표

1 $50-20=30$(○), $10\times4=40$(×)
$25+15=40$(×), $90\div3=30$(○)

2 $10+25=35$이므로 계산 결과가 35인 것을 찾습니다.
$10+15+10=35$(○), $7\times5=35$(○)
$65-20=45$(×), $140\div7=20$(×)

3 $4\times20=80$이므로 계산 결과가 80인 것을 찾습니다.
$160\div4=40$(×), $93-13=80$(○)
$2\times40=80$(○), $20+20+20=60$(×)

⑯ 옳은 식 만들기 153쪽

1 10 **2** 33 **3** 7
4 20 **5** 80 **6** 6
7 7 **8** 6 **9** 16

2 덧셈에서 더하는 두 수의 순서를 바꾸어 더해도 합은 같습니다.

3 $57=50+7$이므로 $57+16=50+7+16$입니다.

4 69에서 62로 7만큼 작아졌으므로 27에서 20으로 7만큼 작아져야 합니다.

5 34에서 36으로 2만큼 커졌으므로 78에서 80으로 2만큼 커져야 합니다.

6 곱셈에서 곱하는 두 수의 순서를 바꾸어 곱해도 곱은 같습니다.

7 $35=7\times5$이므로 $35\times8=7\times5\times8$입니다.

8 30에서 90으로 3배가 되었으므로 2에서 6으로 3배가 되어야 합니다.

9 60에서 240으로 4배가 되었으므로 4에서 16으로 4배가 되어야 합니다.

17 카드로 식 완성하기 154쪽

1 예 8, ×, 1
2 예 2, +, 8
3 예 0, +, 9
4 예 2, ×, 6, 3, ×, 4

1 8=1×8, 8=8÷1, 8=8+0, 8=0+8, 8=8−0

2 10=8+2, 10=2×5, 10=5×2

3 3+6=6+3, 3+6=9+0, 3+6=9−0, 3+6=3×3

4 2×6=4×3, 6×2=3×4, 6×2=4×3, 6÷3=4÷2, 3−2=4−3, 2+4=3+3 등

18 규칙적인 계산식을 찾아 빈칸 채우기 154쪽

1 예 311+315=312+314
2 예 310+314+318=312+314+316
3 예 310+311+312=311×3
4 예 310+316=313×2

1 이웃한 4개의 수에서 ↘ 방향으로 더한 결과와 ↗ 방향으로 더한 결과는 같습니다.

2 이웃한 9개의 수에서 ↘ 방향으로 더한 결과와 ↗ 방향으로 더한 결과는 같습니다.

3 세로로 이웃한 세 수의 합은 가운데 있는 수의 3배입니다.

4 가로로 이웃한 세 수 중 양쪽 두 수의 합은 가운데 있는 수의 2배입니다.

19 생활에서 규칙적인 계산식 찾기 155쪽

1 (위에서부터) 9, 10
2 (위에서부터) 12, 12, 20
3 265, 262

2 이웃한 4개의 수에서 ↘ 방향으로 더한 결과와 ↙ 방향으로 더한 결과는 같습니다.

단원 평가 156~158쪽

1 (위에서부터) 711, 811, 921
2 512
3 36+45=33+48
4 376
5 3 / 4, 4
6 (왼쪽에서부터) 6 / 2+2+2+2, 8
7 2+2+2+2+2 / 10
8 316+202=518
9 400, 300 / 예 같은 수에서 100씩 작아지는 수를 빼면 차는 100씩 커집니다.
10 / 30+30=20×3 / 5×16=16×5
11 2, 4
12 예 3, ×, 1 / 예 3, −, 0
13 D14
14 6×100007=600042
15 10000008÷9=1111112
16 13개
17 987654×9=8888888−2
18 예 20+28=21+27
19 예 오른쪽으로 11씩 커지므로 ㉠에 알맞은 수는 445입니다. / 445
20 × / 예 다른 14와 24를 각각 더했으므로 26+14와 26+24는 크기가 같지 않습니다.

1 • 가로(→)는 오른쪽으로 100씩 커집니다.
• 세로(↓)는 아래쪽으로 10씩 커집니다.

2 2부터 시작하여 오른쪽으로 4씩 곱합니다.

3 36에서 33으로 3만큼 작아졌으므로 45는 48로 3만큼 커져야 두 양의 크기가 같아집니다.

4 가로(→)는 오른쪽으로 3씩 커지므로 ■에 알맞은 수는 373보다 3만큼 더 큰 수인 376입니다.

5 1부터 시작하여 1씩 커지는 같은 수 2개를 곱하여 나타낸 규칙입니다.

8 십의 자리 수가 각각 1씩 작아지는 두 수의 합은 20씩 작아집니다.

11 두 수의 곱셈의 결과에서 일의 자리 수를 씁니다.
4×403=1612 ➡ 2, 6×404=2424 ➡ 4

12 3=1×3, 3=3÷1, 3=3+0, 3=0+3

13 가로로 보면 D9에서 시작하여 알파벳은 그대로이고 수만 1씩 커지므로 ■는 D14입니다.

14 6에 107, 1007, 10007, ...과 같이 자리 수가 늘어나는 수를 곱하면 곱은 642, 6042, 60042, ...와 같이 자리 수가 늘어납니다.

15 108, 1008, 10008, ...과 같이 자리 수가 늘어나는 수를 9로 나누면 몫은 12, 112, 1112, ...와 같이 자리 수가 늘어납니다.

16 1개부터 시작하여 3개씩 늘어나는 규칙이므로 다섯째에 알맞은 사각형은 $1+3+3+3+3=13$(개)입니다.

17 9, 98, 987, ...과 같이 자리 수가 늘어나는 수에 9를 곱하면 결과는 88, 888, 8888, ...과 같이 자리 수가 늘어나는 수에서 7, 6, 5, ...와 같이 1씩 작아지는 수를 뺀 값과 같습니다. 따라서 여섯째에 알맞은 계산식은 $987654 \times 9 = 8888888 - 2$입니다.

18 이웃한 4개의 수에서 ↘ 방향으로 더한 결과와 ↙ 방향으로 더한 결과는 같습니다.

서술형
19

평가 기준	배점(5점)
수 배열표에서 규칙을 찾았나요?	2점
㉠에 알맞은 수를 구했나요?	3점

서술형
20

평가 기준	배점(5점)
바르게 ○표, ×표 했나요?	2점
그 까닭을 썼나요?	3점

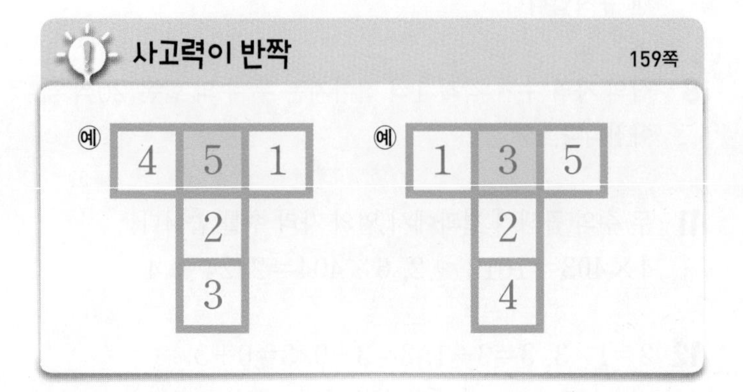